国家科学技术学术著作出版基金资助出版

青藏高原东北部黄河流域水碳过程与人类活动

勾晓华　李　育　牟翠翠　主编

科学出版社
北　京

内 容 简 介

本书聚焦青藏高原东北部黄河流域，以水-碳耦合过程为主题，涵盖气候、地貌、冻土、植被、土壤、生态系统、社会经济和人类活动等基本要素，侧重介绍黄河上游水系发育和流域地貌演化、不同时间尺度水文气候变化及未来预估、高寒生态系统变化及碳循环、三江源国家公园相关政策等主要内容。

本书可供地理学、生态学、水文学等相关专业的本科生和研究生野外考察和实习使用，亦可以作为高等院校相关专业教师及各相关领域科研技术人员的参考书。

审图号：GS 京（2023）1434 号

图书在版编目（CIP）数据

青藏高原东北部黄河流域水碳过程与人类活动 / 勾晓华，李育，牟翠翠主编. —北京：科学出版社，2023.12

ISBN 978-7-03-077304-3

Ⅰ. ①青… Ⅱ. ①勾… ②李… ③牟… Ⅲ. ①青藏高原-黄河流域-生态系-研究 Ⅳ. ①X321.7

中国国家版本馆 CIP 数据核字（2023）第 252988 号

责任编辑：郭允允　李　洁 / 责任校对：郝甜甜

责任印制：徐晓晨 / 封面设计：无极书装

科 学 出 版 社 出版

北京东黄城根北街 16 号

邮政编码：100717

http://www.sciencep.com

北京建宏印刷有限公司 印刷

科学出版社发行　各地新华书店经销

*

2023 年 12 月第　一　版　开本：787×1092　1/16

2023 年 12 月第一次印刷　印张：17 3/4

字数：420 000

定价：228.00 元

（如有印装质量问题，我社负责调换）

编写委员会

主编 勾晓华 李　育 牟翠翠

编委 （按姓氏汉语拼音排序）

陈　龙 陈永乐 邓　洋 冯杰文
付　博 高琳琳 郭焱明 韩　彬
胡振波 寇敬雯 李　芳 李程祎
李宏庆 李继春 李京忠 李兴远
李宇宁 梁　钰 刘和斌 刘晓洁
陆选文 吕咏洁 马维兢 马轩龙
蒙圆圆 彭　飞 彭小清 钱继坤
苏同宣 涂振宇 王　放 王学佳
肖　骁 薛　冰 杨新军 尹定财
翟家宁 张宝庆 张国飞 张海燕
张军周 张占森 张子涵 张子龙
赵冰玉 邹松兵

前　言

本书选取青藏高原东北部黄河流域为研究区域，涵盖黄河上游上段地区及水源涵养区，包括青藏高原和黄土高原。根据《全国重要生态系统保护和修复重大工程总体规划(2021—2035年)》的总体布局，黄河上游位于青藏高原生态屏障区、黄河重点生态区和北方防沙带之间的过渡地带，是我国重要的生态安全屏障和水源涵养区，其包含湿地、森林、草原等多种类型生态系统，也是我国重要的陆地碳汇。当前，全球温度和二氧化碳浓度在人类活动影响下剧烈升高，降水格局也随之发生变化，环境变化正深刻影响着生态脆弱地区的水、碳循环过程与机理，而生态系统水-碳耦合过程中，又通过能量流动和物质循环对气候系统产生反馈。因此，全球变化背景下生态脆弱区的水-碳耦合过程与机理已成为近年来全球变化领域关注的热点和前沿科学问题。此外，基于水-碳耦合的基础研究，探索和研发生态脆弱区水源涵养与碳汇能力提升关键技术，也是西部生态文明建设和实现“双碳”目标的要求。

全书共有三篇。第一篇为水循环，包括第1～6章。第1章主要分析积石峡以上黄河流经青藏高原南部地势平缓区向北部高起伏区过渡的地带，探讨盆地沉降时的水系格局向现代深切河谷水系演化过程；第2章利用古环境记录，并结合古气候和湖泊演化模拟，探讨该区域自全新世以来的干湿变化及驱动因素；第3章通过搜集整理黄河上游地区基于高分辨率树木年轮资料的研究，对黄河上游过去千年的水文气候变化特征与规律进行归纳总结，探讨影响区域水文气候变化的驱动因素；第4章分析黄河流域上游过去几十年的气候要素变化特征及未来气候变化预估；第5章在区域尺度评估黄河源区蒸散耗水变化趋势，评估受耗水变化影响的水源涵养功能变化，并从多时间尺度对黄河源区地表干湿变化进行分析；第6章定量评估气候变化(包括降水和潜在蒸散发)和人类活动对黄河源区白河和黑河流域径流变化的影响程度。第二篇为碳循环，包括第7～12章。第7章梳理黄河上游森林分布格局与动态，森林生态系统物质循环及森林生态对气候变化的响应；第8章通过对黄河上游大通河流域祁连圆柏进行长期径向生长动态监测研究，阐述祁连圆柏径向生长对极端环境的适应性；第9章梳理黄河源区冻土退化现状，并阐述高寒草地生态系统的分布、变化过程机制及对碳循环的影响；第10章分析甘南水源涵养区各类型生态系统格局及其动态变化特征、生态系统相互转化的时空特征；第11章总结高寒草甸退化现状、过程、成因和恢复研究，并针对问题提出未来研究的着力点，以更好地恢复和保护三江源；第12章综合阐述青藏高原土壤微量元素的地球化学特征、示踪意义及其资源环境效应。第三篇为人类活动，包括第13～16章。第13章开展三江源国家公园体制试点生态环境和社会经济效果应用评价分析；第14章构建黄河中上游流域像元尺度的林草生态调节服务功能价值评估体系，明确其生态服务功能价值组成及空间格局；第15章通过揭示产业系统、城市系统及村落系统水-碳耦合过程及特征机制，提出人类活动系统的水-碳优化策略建议；第16章分析黄河上游食物消费水足迹结构及其动态演化过程，探究食物消费水足迹与社会经济之间的关系。

本书受到国家自然科学基金联合基金重点支持项目（U21A2006）、中国科学院A类战略性先导科技专项子课题（XDA20100102）、第二次青藏高原综合科学考察研究子专题（2019QZKK0301）和国家重点研发计划项目“典型脆弱生态修复与保护研究”重点专项（2019YFC0507401）等项目的资助。本书在编写过程中召开多次研讨会，是参编人员协同合作的结晶。绪论以王学佳为主撰写，李继春、张子涵参与；第1章以胡振波为主撰写；第2章以李育为主撰写，张占森参与；第3章以高琳琳为主撰写，勾晓华、邓洋参与；第4章以王学佳为主撰写，张子涵参与；第5章以张宝庆为主撰写，苏同宣、冯杰文、李宇宁参与；第6章以邹松兵为主撰写，李芳、钱继坤、涂振宇参与；第7章以勾晓华、尹定财为主撰写，陈龙参与；第8章以张军周为主撰写，勾晓华、王放参与；第9章以牟翠翠为主撰写，彭小清、张国飞、刘和斌参与；第10章以马轩龙为主撰写，梁钰参与；第11章以彭飞为主撰写，梁钰参与；第12章以李兴远为主撰写，陈永乐参与；第13章以刘晓洁为主撰写，张海燕、郭焱明、吕咏洁参与；第14章以肖骁为主撰写，薛冰、李京忠、杨新军、张子龙参与；第15章以翟家宁为主撰写，韩彬、赵冰玉、付博、李宏庆、薛冰参与；第16章以马维兢为主撰写，寇敬雯、蒙圆圆、陆选文、李程祎参与。全书由勾晓华、李育和牟翠翠统稿、定稿。

感谢青海省人民政府-北京师范大学高原科学与可持续发展研究院为本书出版提供支持。本书编写过程中，引用和参阅了大量国内外论文与网站资料，未能逐一列注，遗漏之处敬请海涵，特此致谢。

作　者

2022年10月

目 录

第二篇　碳　循　环

第三篇　人类活动

绪 论

1 地理位置

黄河是世界第五长河、中国第二长河。黄河流域位于 96°E～119°E、32°N～42°N(图 1)。黄河西起巴颜喀拉山、东临渤海，跨度约 1900 km；南起秦岭、北抵阴山，跨度约 1100 km。流域面积为 79.5 万 km^2，横跨中国东部、中部和西部三大地势阶梯，海拔由西向东呈阶梯状降低，地形地貌种类复杂，地理环境多样(买苗等，2006)，气候变化复杂多样，是我国重要的生态屏障区。黄河上游为黄河源区至内蒙古托克托县河口镇的黄河河段，干流河道长 3472 km，流域面积为 55.06 万 km^2(叶培龙等，2020)，是黄河流域主要的清澈水源，主要位于青藏高原、内蒙古高原、黄土高原三大高原的交会地带。在行政区划上，黄河上游横跨甘肃、青海、宁夏、四川、内蒙古 5 个省(自治区)。黄河上游三江源地区是中国重要的生态屏障带，分布有 56 个国家级自然保护区，占全国国家级自然保护区的 12%(汪芳等，2020)。

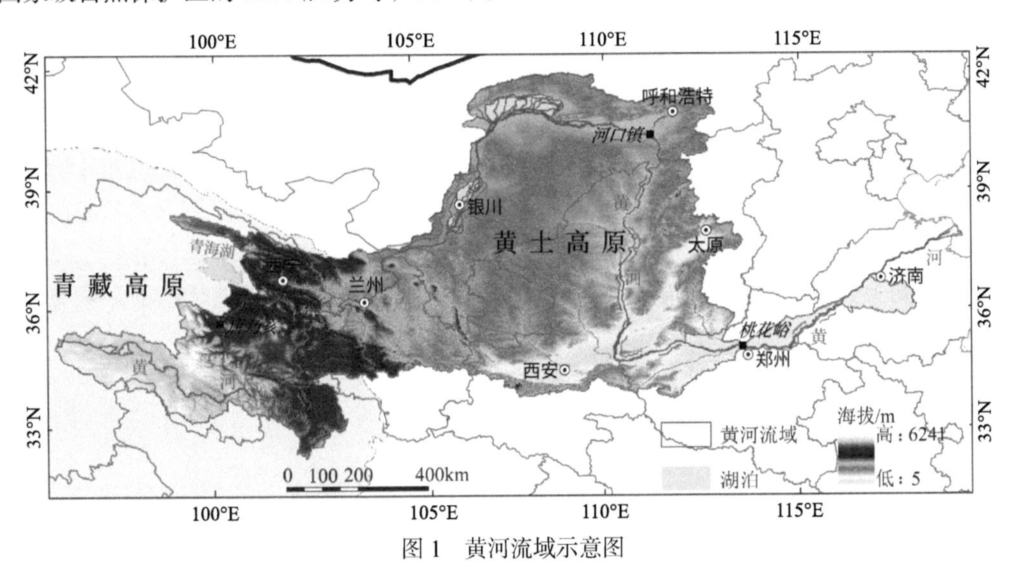

图 1 黄河流域示意图

黄河上游上段地区(兰州段以上的黄河上游地区)为黄河上游水源涵养区，包括青海东部和甘肃中南部地区，南接巴颜喀拉山，北临柴达木盆地，西接昆仑山，东依黄土高原，是 2021 年 10 月中共中央、国务院印发的《黄河流域生态保护和高质量发展规划纲要》中重点强调的“中华水塔”和“重要水源补给地”，对整个黄河流域生态保护和高质量发展具有至关重要的作用，流域面积约为 22.4 万 km^2，占黄河流域总面积的 28.2%。黄河源区一般指龙羊峡水库唐乃亥水文站以上，位于青藏高原东北部的黄河流域范围，涉及青海、四川、甘肃 3 省，流域面积为 12.2 万 km^2，占黄河流域面积的 15.3%。

2　地质地貌特征

黄河流域地质构造复杂，中上游由于受到青藏高原隆升持续向大陆腹地扩展的影响，抬升速率快，构造运动强烈。黄河上游地处中国地质构造南北部交界的联结地带，横跨松潘-甘孜造山带、昆仑-祁连地块和华北克拉通三个不同的构造单元，地层破碎，大面积分布着陆源碎屑岩、碳酸盐岩及较多的中酸性侵入岩、片麻岩和片岩等。自太古宙至新生代，黄河上游流域均有火山喷发和岩浆侵入的记录，地质构造十分复杂且新构造活动活跃，山谷纵深，岩石变质多，岩层断裂构造发育，六盘山山脉西部的陇西盆地、呼和浩特盆地和青铜峡以下到河口段的银川盆地都位于地震带上，因此地质灾害频发(李维东，2020)。

黄河上游地貌类型丰富多样，东西海拔差异悬殊，包含高原、山地、丘陵等地形，整体地势呈西高东低的特点。黄河源区所在的青藏高原，平均海拔在 4063.2 m 以上，山脉耸立，地势起伏较大，西部分布着巴颜喀拉山，中北部分布着黄河源区海拔最高的阿尼玛卿山，东南部分布着广阔的若尔盖高原。黄河源区内分布着冻土、冰川、积雪、湖泊、沼泽、草原和湿地；而唐乃亥至下游的兰州谷地属于沟壑纵横的黄土高原，地势平坦，平均海拔为 2709.5 m。黄河上游水源涵养区植被类型主要包括草地、森林和耕地等，以草地为主，黄河源区属于高寒地区，多年冻土和季节冻土广泛发育，高寒草地是主要的生态系统，植被生长周期短，按照土壤水分和植被优势种，高寒草地生态系统可分为高寒沼泽草甸、高寒草甸、高寒草原和高寒荒漠，面积约占黄河源区的 80%(张镱锂等，2006)。外营力的作用，特别是流域内的降水、蒸散发、水流、冰川、持久强劲的风力等，不断对流域表层物质进行强烈风化、侵蚀、剥蚀、沉积、搬运和堆积，形成了现在的地表上各种地貌景观。流域内的土壤多为寒漠土、草黏土、黑黏土、钙土、沼泽土、盐土、褐土、黄坊土等(高志学和宋昭升，1984)。黄河上游地区生态功能退化严重，重要的水源补给地出现草地退化、沙化和盐碱化等现象(王金南，2020)。

3　气 候 特 征

黄河上游位于我国一、二级阶梯的交替地带，气候类型复杂多样，跨越温带、干旱与半干旱等气候区，逐渐从高寒湿润气候区过渡到荒漠干旱区，区域性气候特征鲜明。气温年较差大，最高温一般出现在 8 月，最低温出现在 1 月。风力资源丰富，冬半年盛行西风，风沙大，夏半年风力较小，高空盛行西南风，为水汽输入提供动力条件(高志学和宋昭升，1984)。黄河上游水源涵养区年平均气温为 2.7℃，日照时长为 2554.7 h，年蒸发量为 1428.9 mm，年平均降水量为 446.4 mm(苏贤保等，2021)。流域所处地理位置不同，地形、地势差异较大，致使流域内降水的分布很不均匀，呈现降水面积大、历时长但强度小，有明显的季节性等特点(仇杰，2011)，区域内气温变化也复杂，呈西南—东北逐渐升高的特点。黄河源区气候属于典型的高原大陆性气候，主要是湿润半湿润区。源区年均气温约为–2.3℃，具有辐射强、光照充足、昼夜温差大、年温差小的特点，多年平均蒸发量为 386.3～516.0 mm(陈怡璇等，2021)；其水汽来源较为多样，降水受到东亚季风、印度季风和西风的综合影响，加之源区复杂的山地地形，造成源区降水量在季节和空间上异质性较大，年平均降水量为 527 mm，5～9 月降水量占全年降水量的 90%，空间上呈现从东南向西北递减的趋势(李琼等，2016)。

4 水文特征

黄河是我国西北和华北地区的重要水源，天然年径流量并不高，仅占全国河川径流量的 2.2%，承担全国 15%耕地和 12 %人口的供水任务。黄河上游径流的来源包括降水、地下水和冰雪消融，其中降水是主要来源，其次是融雪(颜艳梅，2017)。自 20 世纪 90 年代以来，汛期降水量明显减少，直接影响到径流量的减少(张国胜和李林，2000)。降水主要集中在 5～10 月，占全年降水量的 90%以上，10 月至次年 5 月为固态降水期(Li et al.，2016)。而径流主要集中在夏、秋两季，占全年的 71%，冬季以固态降水为主，径流以地下水补给为主，12 月至次年 3 月的径流量占全年的 10%(仇杰，2011)，显然，地下水也是一个不可忽视的来源。黄河源至唐乃亥称为河源区，年平均径流量为 $2.0 \times 10^{10}\ m^3$，占全河的 36.2%，为黄河上游主要产水区，被誉为“黄河水塔”，区域内水资源存在形式多样，包括河流、冰川、湖泊、沼泽、地下水等，冰川冰储量为 191.95 亿 m^3，地下水补给量达 6.02 亿 m^3。另外，多年冻土广泛分布，3～5 m 深的地下冰储量约为 $51.68 \pm 18.81\ km^3$ (Wang et al.，2022)。湖泊和沼泽一方面能够补充河流流量，另一方面调控流域的产汇流过程。因为黄河上游表面物质多为较少黄土的坚硬基岩，植被覆盖率高，水土保持较好，所以河流含沙量较小，河水清澈，径流比较稳定；唐乃亥至兰州，有洮河、湟水等重要支流汇入，使黄河水量大增，水能资源丰富，分布着诸如龙羊峡、刘家峡等大型水利枢纽(王云璋等，2004)。此外，黄河上游区河流存在结冰现象，但并无凌汛发生。

5 人文特征

黄河是中华民族及华夏文化的重要发源地和多民族融合的主要区域，孕育了光辉灿烂的中华文明。中国早期文明如仰韶文化、半坡文化、大汶口文化等诞生于黄河流域。黄河上游文化样貌多元，既是华夏文明发源地之一，又是黄河上游多民族文化的集聚区。黄河上游分布有藏族、汉族、回族、蒙古族等多个民族，以农耕文化为代表的华夏文化和以游牧文化为代表的少数民族文化在此融合、交汇，创造并留存了丰富多彩且极具地域特色的历史文化遗产，具体表现为大地湾、马家窑、炳灵寺石窟、索桥古渡口等以物质实体为承载的文化遗产和兰州水车、临夏砖雕、岷县洮砚、天水伏羲大典、西宁塔尔寺等展现生产生活的非物质文化遗产。流域内以第一产业农业、林业、牧业为主(谢丽霞等，2021)，是我国粮食(小麦、青稞、豌豆、马铃薯、油菜)、畜牧品(绵羊、牦牛、马、藏绵羊、藏山羊)、中药材等的重要生产基地；区域内自然资源丰富，矿产、有色金属、天然气、石油资源均位居全国前列，虽建有不少水电站和工厂等，但工业产值和经济效益较低，属于资源型工业结构。黄河上游水源涵养区人口集中在黄河干支流河谷盆地的区域中心城市和民族经济中心城市，兰州、西宁和临夏是3个人口高密度中心(罗君等，2020)。从古至今，兰州作为黄河上游水源涵养区政治、经济、文化和交通中心，无论是古代丝绸之路的重镇还是现在的"一带一路"的重要节点，在沟通和促进中西经济文化交流中发挥了重要作用。在黄河上游宁蒙河段，黄河为这里的工农业生产创造有利条件，促进当地社会经济发展，有着"天下黄河富宁夏""无水是荒漠，有水成绿洲"的说法。

参 考 文 献

陈怡璇, 文军, 刘蓉, 等. 2021. 黄河源区陆面蒸散量的时空分布特征研究. 高原山地气象研究, 41(4): 35-42.
高志学, 宋昭升. 1984. 黄河上游地区的水文地理概况. 水文, 3: 55-58.
何金梅, 李照荣, 闫昕旸, 等. 2019. 黄河兰州上游流域近 4a 汛期降水变化特征. 干旱气象, 37(6): 899-905, 943.
黄建平, 张国龙, 于海鹏, 等. 2020. 黄河流域近40年气候变化的时空特征. 水利学报, 51(9): 1048-1058.
李琼, 杨梅学, 万国宁, 等. 2016. TRMM 3B43 降水数据在黄河源区的适用性评价. 冰川冻土, 38(3): 620-633.
李维东. 2020. 黄河上游晚新生代沉积物的物源分析与河流演化. 北京: 中国地质科学院.
刘吉峰, 王金花, 焦敏辉, 等. 2011. 全球气候变化背景下中国黄河流域的响应. 干旱区研究, 28(5): 860-865.
柳春, 王守荣, 梁有叶, 等. 2013. 1961—2010年黄河流域蒸发皿蒸发量变化及影响因子分析. 气候变化研究进展, 9(5): 327-334.
罗君, 石培基, 张学斌. 2020. 黄河上游兰西城市群人口时空特征多维透视. 资源科学, 42(3): 474-485.
买苗, 曾燕, 邱新法, 等. 2006. 黄河流域近 40 年日照百分率的气候变化特征. 气象, (5): 62-66.
仇杰. 2011. 2010年黄河上游水文情势分析. 甘肃水利水电技术, 47(3): 6-8.
苏贤保, 李勋贵, 王义鹏, 等. 2021. 多时间尺度下黄河上游径流复杂度变化特征研究. 水资源与水工程学报, 32(5): 1-10.
唐芳芳, 徐宗学, 左德鹏. 2012. 黄河上游流域气候变化对径流的影响. 资源科学, 34(6): 1079-1088.
汪芳, 安黎哲, 党安荣, 韩建业, 等. 2020. 黄河流域人地耦合与可持续人居环境. 地理研究, 39(8): 1707-1724.
王丹, 潘红忠, 白钰. 2021. 黄河上游径流与海温关系及大气环流特征解析. 人民珠江, 42(1): 13-19.
王金南. 2020. 黄河流域生态保护和高质量发展战略思考. 环境保护, 48(S1): 18-21.
王云璋, 康玲玲, 王国庆. 2004. 近 50 年黄河上游降水变化及其对径流的影响. 人民黄河, 26(2): 5-7.
谢丽霞, 白永平, 车磊, 等. 2021. 基于价值-风险的黄河上游生态功能区生态分区建设. 自然资源学报, 36(1): 196-207.
徐兴波. 2021. 黄河上游生态保护与旅游业高质量发展研究. 兰州: 兰州大学.

颜艳梅. 2017. 黄河上游水资源状况模拟与未来演变. 上海: 华东师范大学.
叶培龙, 张强, 王莺, 等. 2020. 1980—2018 年黄河上游气候变化及其对生态植被和径流量的影响. 大气科学学报, 43(6): 967-979.
张国胜, 李林. 2000. 黄河上游地区气候变化及其对黄河水资源的影响. 水科学进展, 11(3): 277-283.
张镱锂, 刘林山, 摆万奇, 等. 2006. 黄河源地区草地退化空间特征. 地理学报, 61(1): 3-14.
祝青林, 张留柱, 于贵瑞, 等. 2005. 近 30 年黄河流域降水量的时空演变特征. 自然资源学报, 20(4): 477-482.
Kong D, Miao C, Wu J, et al. 2016. Impact assessment of climate change and human activities on net runoff in the Yellow River Basin from 1951 to 2012. Ecological Engineering, 91: 566-573.
Li Q, Yang M, Wan G, et al. 2016. Spatial and temporal precipitation variability in the source region of the Yellow River. Environmental Earth Sciences, 75(7): 1-14.
Wang X, Ran Y, Pang G, et al. 2022. Contrasting characteristics, changes, and linkages of permafrost between the Arctic and the Third Pole. Earth-Science Reviews, 230: 104042.
Zhang Q, Xu C, Yang T. 2009. Variability of water resource in the Yellow River basin of past 50 years, China. Water Resource Manage, 23(6): 1157-1170.
Zhang Q, Zhang Z, Shi P, et al. 2018. Evaluation of ecological instream flow considering hydrological alterations in the Yellow River basin, China. Global and Planet Change, 160: 61-74.
Zhao Y, Xu X, Huang W, et al. 2019. Trends in observed mean and extreme precipitation within the Yellow River Basin, China. Theoretical Applied Climatology, 136(3-4): 1387-1396.

第一篇

水 循 环

第1章

青藏高原东北部黄河形成发育与流域地貌演化

巨型河流系统是人类活动、植被演替、岩性分布、气候变化、构造活动、海平面升降等要素相互作用下的关键介质，塑造了陆地表层地貌形态(Schumm，1977)，因此重建其形成演化过程被认为是揭示地球不同圈层相互作用机制的理想窗口(Willett et al.，2014)。另外，人类主要文明也起源于大河流域，它们的形成演化过程也被认为是人类文明史的一部分(姜守明和贾雯，2011)，具有重要的通识意义(任美锷，2002)。

1.1 积石峡以上黄河流域特征

三角洲钻孔岩芯中的河流碎屑锆石 U-Pb 年龄谱、锶-钕同位素和重矿物多指标物源示踪显示，现今世界最长的尼罗河在 31 Ma 前就已经形成(Fielding et al.，2018)，挑战了原有“晚上新世-早更新世形成”的观点(Macgregor，2012；Shukri，1950)。整合地貌、地层、三角洲物源、古生物和热年代学证据，Hoorn 等(2010)系统重建了基于安第斯山脉隆升背景下南美水系格局的演化过程，发现东流并注入大西洋的现代亚马孙河出现在距今 7 Ma 左右。北美墨西哥湾和加拿大西部盆地两大河流碎屑源-汇系统的锆石 U-Pb 年龄谱对比分析显示，早白垩纪起源于阿巴拉契亚山脉的河流率先注入墨西哥湾并不断向西和向北扩展，至古新世已具现代密西西比河的物源格局(Blum and Pecha，2014)。Karlstrom 等(2014)不仅通过磷灰石裂变径迹定年确定了美国大峡谷缺失年代控制河段的形成时代，而且统一过去 70～55 Ma 前、25～15 Ma 前和 6～5 Ma 前形成的三种对立观点(Flowers and Farley，2013；Lee et al.，2013；Wernicke，2011)，认为不同段落的形成时代有差异地反映出水系格局经历了三次重组过程，最终形成现今的科罗拉多河。通过锶-钕同位素和多指标元素示踪，发现来自冈底斯山的物质至少在 19 Ma 前已稳定汇入尼科巴和孟加拉湾海底扇，指示布拉马普特拉河在此之前完成袭夺雅鲁藏布江形成现代恒河水系格局(Chen et al.，2020；Pickering et al.，2020)，更新了以前东喜马拉雅前陆盆地记录的“10～7 Ma 前袭夺”观点(Cina et al.，2009)。最新的岩石地层结合物源示踪研究显示，随着扎格罗斯山脉中新世强烈隆起，其西麓发育的系列前陆盆地被局地河湖系统占据并不断相互连通，至晚上新世形成以幼发拉底河和底格里斯河两大支流并存的现代阿拉伯河水系格局(Koshnaw et al.，2021；Stow et al.，2020；Garzanti et al.，2016)。在我国，根据剑川盆地地层年代框架及其碎屑锆石 U-Pb 年龄谱物源示踪，Zheng 等(2021)认为(古)金沙江在晚始新世前向南注入南海，此后由于盆地回返才转向东南流，形成现今长江第一湾。相比于以上长时间尺度水系重组过程研究，Shugar 等(2017)通过多期遥感影像及水文调查观测到北美卡斯卡沃尔什冰川退缩导致前缘地势较低的河流径流增大，从而向北快速袭夺斯莱姆斯河的过程。

以上进展显示大型河流形成演化过程的研究已经从限定单一河段历史上升到构建整个流域水系格局的发育过程，并在此基础上更注重河段或流域规模袭夺所导致的水系重组过程。然而水系重组的模式除袭夺外，还可能以河流改道、洪泛重组、淤泛重组、河湖串联等其他形式进行(Schumm，1977)，那么它们发生的过程是怎样的？另外，大型河流作为一个系统，下游河段又将对其上游重组过程做出怎样的响应？目前这两方面的研究依然十分薄弱。究其原因，缺乏不同河段地质、地貌和气候环境对比鲜明的巨水系研究载体可能是问题的关键。

黄河全长 5464 km，涵盖的流域面积为 79.5 万 km^2。相比于世界其他巨型河流，无论在长度、流域面积还是径流量方面，它虽然都不能成为佼佼者，但流经青藏高原、黄土高原与鄂尔多斯高原、华北平原为代表的我国三大阶梯，使其流域以活跃复杂的地质构造、多样的流域地貌、差异明显的水文气候、频发的各类地质灾害闻名于世。中上游受青藏高原向大陆内部扩展的前缘部位控制，抬升速率快，新构造运动活跃，断层带分布多，历史地震频繁，地层破碎程度高且风化强烈；下游构造沉降对河道的形成、演化以及悬河的形成产生重要影响。黄河流域跨越多个地貌单元，从西到东横跨青藏高原、黄土高原、内蒙古高原和黄淮海平原四个地貌单元，地形总高差超过 4000 m，中上游以山地、峡谷为主，下游以平原为主，在形成演化过程中表现出鲜明的河段差异性特征。另外，黄河流域不仅涵盖青藏高原高寒区、内陆干旱区和东部季风区我国三大自然带，而且整个流域降水也越来越趋于时空集中，导致突发性洪水频发。在上述特征的影响下，黄河中上游河流侵蚀搬运能力强，而下游河流泥沙搬运能力急剧减弱，沉积作用加强，水沙过程具有明显的分区分带特征，导致巨型河流系统演化对不同河段气候响应产生明显的差异性。黄河流域巨灾类型多且频发，上游地质地貌过程复杂，从而产生了上游沿河两岸遍布的巨型滑坡和堰塞湖溃坝灾害，中游黄土高原占全国近 1/3 的崩滑流灾害，下游决口和河流改道频繁，历史上多次发生大洪水灾害，现在的悬河段面临着极大的溃决风险。黄河流域复杂的地质、地貌、气候过程，加之各河段极大的差异性和地质灾害类型的多样性，导致流域尺度的演化过程不清。尽管如此，黄河不同河段对比强烈的流域环境和水系发育过程也为解决以上巨水系演化研究的两大问题提供了契机。这关乎黄河响应外部环境的规律认识，是“黄河流域生态保护和高质量发展”国家战略实施中亟须解决的基础科学问题。

1.2 青藏高原东北部黄河流域盆地堆积物所反映的古水系格局

受印度板块持续向欧亚大陆推挤的影响，青藏高原东北部已成为世界上构造变形最为强烈、活动断层分布最为密集、地震活动最为频繁的地区之一(张培震等，2013；Yuan et al.，2013)。正是在这种活跃的地质构造背景下，黄河上游切开积石峡后不断向高原内部延伸，贯通了化隆、贵德、共和、兴海、若尔盖等多个盆地(Craddock et al.，2010)，形成了代表中上游宏观构造格局的典型盆-山相间耦合系统(图 1-1)。其中，这些盆地都保存较连续的河流沉积和不同时期的地貌记录，为探索高原东北部黄河形成发育与流域地貌演化过程提供了有利条件(Zhao et al.，2020；Zhang et al.，2012，2014；Craddock et al.，2010，2011；施炜等，2006；Hu et al.，1999；吴敬禄等，1997；陈发虎等，1995；徐叔鹰，1987；郑绍华等，1985)。一旦获得突破，对理解青藏高原东部隆升和扩展过程以及环境效应也具有深远的意义(Molnar et al.，2010)，需要加强研究。

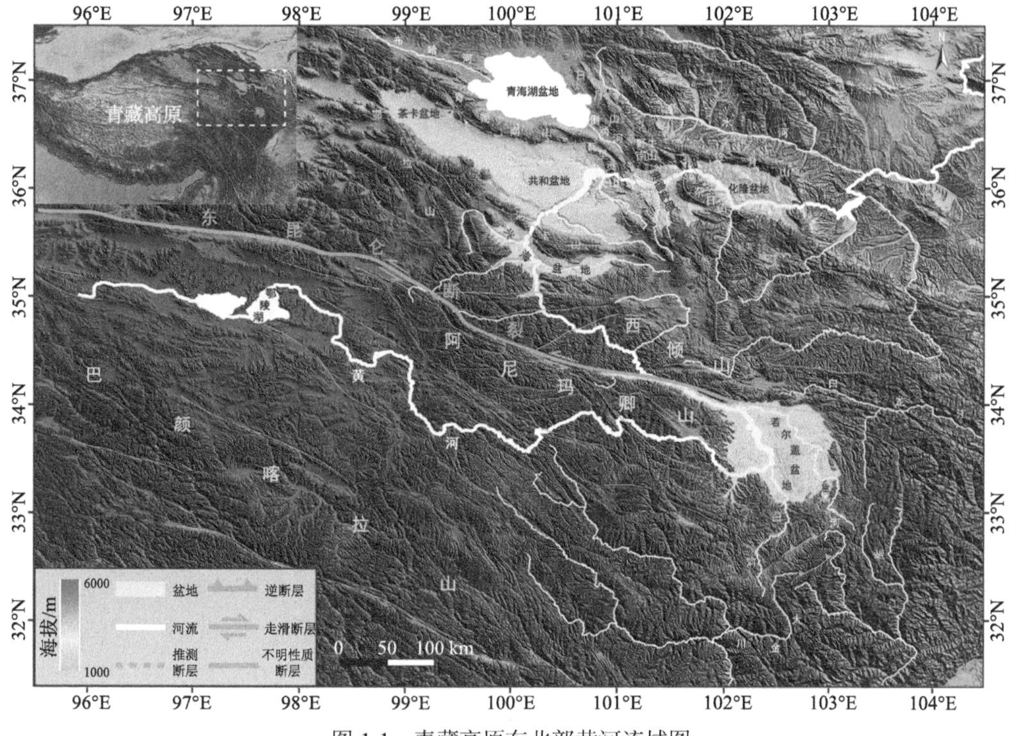

图 1-1　青藏高原东北部黄河流域图

晚中新世青藏高原持续、快速抬升，致使其东北部系列前陆挤压盆地转变为山间盆地，形成现今盆-山耦合地貌格局(Craddock et al.，2014；Li et al.，2014；Zhang et al.，2012；Hough et al.，2011；Lease et al.，2011；Yuan et al.，2011)。在化隆盆地，堆积物上部碎屑沉积对应下游临夏盆地积石组砾岩(杨永锋等，2013；张楗钰等，2010；骆满生等，2010；季军良等，2010；Fang et al.，2003)，但厚度相对较厚，说明从化隆到临夏西高东低的地势可能已经形成(骆满生等，2010)。对兰州五泉砾岩定年、沉积相分析、岩性成分调查、古水流重建和锆石 U-Pb 年龄谱示踪结果揭示，五泉砾岩与积石组砾岩和黄河阶地砾石层可以对比，指示相关古水系 3.6 Ma 前可能已经东流出青藏高原东北部(Guo et al.，2018)，这与银川盆地的地层分析结果一致(Lin et al.，2001)。那么，此时的古水系是否已经切开积石峡进入化隆盆地，甚至伸入贵德盆地与共和盆地呢？这些盆地堆积时的古水系格局又是怎样的？是否彼此间有水系联系呢？与现代黄河水系究竟有怎样的关系呢？目前缺乏资料。

在贵德盆地，贵德群的上部是贺尔加、甘家和阿米岗组(共和组)(方小敏等，2007；宋春晖等，2003)。其中甘家组砾岩具定向排列(宋春晖等，2001)，堆积于 3.6～2.6 Ma 前(Fang et al.，2005)，对应积石组砾岩(Li et al.，2014；徐增连等，2013；刘少峰等，2007)。那么，这两套砾岩是否有水系联系？是否与更下游的兰州五泉砾岩指示统一的东流水系呢？然而古流向分析表明，甘家组砾岩代表辫状河沉积，南偏西方向流动(Lease et al.，2012)，揭示贵德盆地与以东的化隆盆地可能彼此独立(刘少峰等，2007)，这与古地形重建和古地磁分析结果认识一致(张会平和刘少峰，2009；Yan et al.，2006)。已有研究发现贵德群向西与共和盆地的新近纪曲沟组相连，向西北经倒淌河谷地与青海湖盆地的新近纪地层连成一片，代表了占据这些盆地并且相通的“青东古湖”(潘保田，1994)。它之上堆积了第四纪河湖相沉积的阿米岗组(宋春晖等，2001；郑绍华等，1985)。先前的研究认为阿米岗组经龙羊峡、多隆河和哇什滩(贵德盆地与共和盆地的三处分水岭)与共和盆地的共和组相连，形成一致的盆地堆积顶面，说明贵德盆地与共和盆地一直存在水系联系(潘保田，1991)。那么“青东古湖”是何时、如何瓦解的？与 3.6 Ma 前的古水系发育有何联系？贯通了循化盆地、贵德盆地、共和盆地的现代黄河又是如何形成的呢？目前不甚清楚。

早中新世前兴海盆地、共和盆地、青海湖盆地、贵德盆地可能还未被共和南山(河卡山)、青海南山、瓦里贡山和野牛南山(日月山南部)完全分割(Zhang et al.，2012，2014；Craddock et al.，2010，2011；潘保田，1991)。其中，兴海盆地与共和盆地(包括茶卡子盆地)组成盆地复合体(Craddock et al.，2011)，堆积了一套湖相地层，称为曲沟组(王吉玉和张兴鲁，1979)。已有古地磁年代显示(Craddock et al.，2011)，曲沟组在兴海盆地与共和盆地复合体的堆积始于早中新世、结束于 7～6 Ma 前，并上覆一套粗大砂、砾石构成的共和组河湖相地层(郑绍华等，1985；徐叔鹰等，1984)，指示青海南山、共和南山等山体开始隆起(Zhang et al.，2012)。但“青东古湖”在共和组堆积的初期可能还未充分解体(潘保田，1991)。第一种观点认为，除日月山隆起因素外(Zhang et al.，2017；Wang et al.，2011)，青海南山反“S”形构造与“山”字形西翼前弧构造的共同作用还使布哈河—青海湖—倒淌河沿线断堑发育(俞洪新，1979)，导致青海湖不再外泄湟水而是经倒淌河谷地汇入贵德盆地与共和盆地，形成一致的盆地堆积顶面(Zhang et al.，2014)；第二种观点认为，与共和组对应的贵德群上部向西越过瓦里贡山有明显增厚的趋势(郑绍华等，1985)，推测古水系从贵德盆地和倒淌河谷地向西流入共和盆地(杨达源等，1996)；第三种观点认为，共和组与现今兰州至河套段黄河的河床沉积在物源特征上可以对比(李维东，2020)，是上新世东流黄河的沉积记录(赵希涛等，2021)。由此可见，共和组河湖相地层所代表的水系格局目前仍不清楚。究其原因：一方面它的堆积历史仍然有较大分歧，从早期古生物化石、古地磁和宇生核素定年确定的第四纪初甚至上新世前开始至晚中更新世结束沉积(Zhang et al.，2012；Perrineau et al.，2011；Craddock et al.，2010，2011；施炜等，2006；徐叔鹰，1987；郑绍华等，1985)，到石英活化法 ESR 限定的 2.9 Ma 就已结束堆积(赵希涛等，2021)；另一方面它的岩性岩相变化大，从共和盆地北缘岩性单一且分选和磨圆均较差的洪积砾石(Zhang et al.，2012)，到盆地中部逐渐增厚且变细的水平层理砂与粉砂互层(徐叔鹰等，1984)，再到盆地南缘尤其是羊曲附近岩性复杂、分选与磨圆都较好的冲积砾石(Craddock et al.，2011)。系统的磁性地层学结合沉积相和岩性分析也指出，至少上新世前已有长距离河流向北通过兴海盆地后同步切开隆起的共和南山而在羊曲注入共和盆地(Harkins et al.，2007；Craddock et al.，2010)，其运移的物质参与到共和组堆积(Craddock et al.，2011)。那么，该河流上游延伸到哪？是否已贯通拉加峡并袭夺若尔盖以上水系？如若不是，现今贯通兴海盆地和若尔盖盆地段的黄河又是何时、如何形成的？与该河流又有怎样的联系呢？目前不甚清楚。

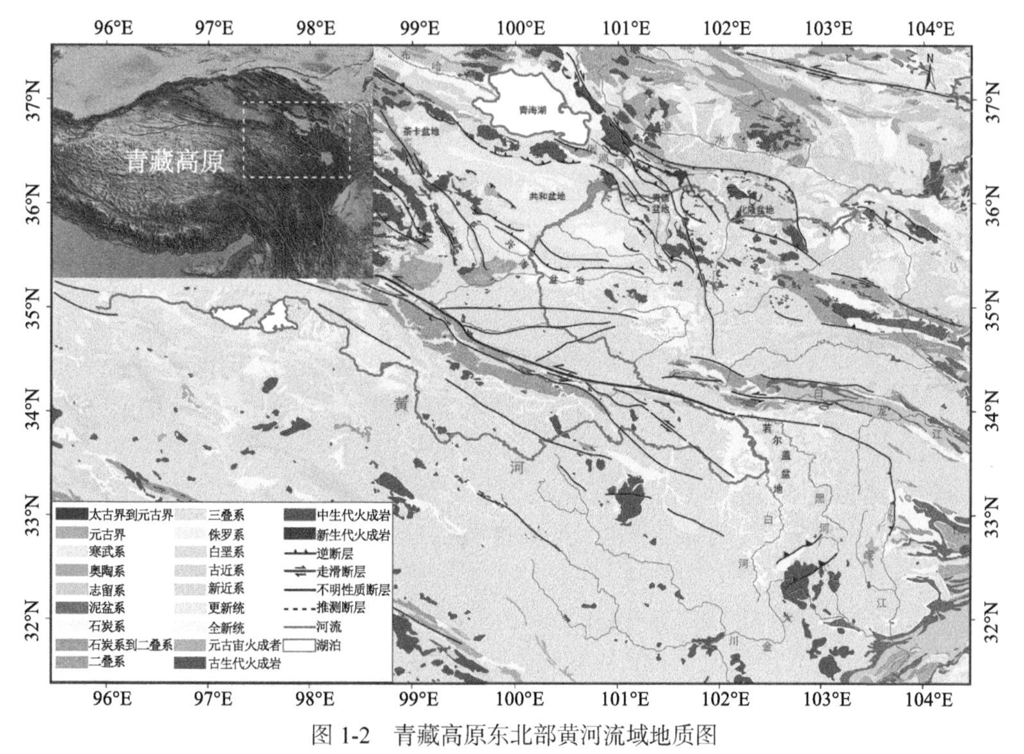

图 1-2　青藏高原东北部黄河流域地质图

改自四川省地质矿产局区域地质调查队六分队(1984)；李建军等(2016)；盛海洋(2007)

上新世若尔盖盆地相对于周缘强烈掀斜抬升的山地开始坳陷(王海燕等，2007；徐茂其，1988)，堆积了一套河湖相地层(图 1-2)，其沉积结束年代被认为代表了黄河贯通若尔盖盆地的时代(潘保田，1991)。早期通过钻取地层岩芯并结合 AMS-^{14}C 测年，确定该盆地在 3 万年前左右结束沉积(Hu et al.，1999；王苏民和薛滨，1996；陈发虎等，1995；王云飞等，1995)，后期又进一步更正到 2 万年前左右(吴敬禄等，1997)。对一系列浅钻岩芯的孢粉分析却显示，若尔盖盆地在约 1.1 万年前开始发育泥炭地(孙晓红等，2017；Zhao et al.，2011)，与 OSL 和 ^{14}C 直接测定的盆地堆积顶面年代可以对比(Liu et al.，2021；潘保田等，1993)。然而，古河道沉积和年代学研究又进一步将黄河贯通若尔盖盆地的历史前推至 13 万年前(盛海洋和王丽，2008；盛海洋，2007)。这些年代差异究竟是测年方法或载体不同所致，还是实际反映了黄河贯通若尔盖盆地的水系重组过程，目前无法回答。地形分析发现，现今阿万仓以上的黄河河谷是继承原有宽谷而进一步下切形成的（赵卿宇等，2019），说明在若尔盖盆地堆积的过程中上游已有河流向东汇入盆地（韩建恩等，2013；盛海洋和王丽，2008）。综合对比目前已有的地层结果也印证了上述发现，显示若尔盖盆地由西向东有从冲积砾石向河湖相粉砂与黏土互层逐渐过渡的沉积相转变趋势（李建军等，2016；盛海洋，2007；程捷等，2005；郑本兴和王苏民，1996；王苏民和薛滨，1996），且年代至少可以追溯至 1.7 Ma 前（Zhao et al.，2020，2021）。由于四川盆地大邑砾岩物源示踪与测年限定岷江形成于 3.6 Ma 前（李勇等，2005），老于若尔盖盆地河湖相地层已有年代，加之盆地东南部黄河与长江分水岭十分低矮，因此诸多学者提出若尔盖盆地堆积时其上游河流可能向东南通过白河和黑河（黄河在若尔盖盆地的两大支流）汇入岷江与大金川河（杨达源等，1996；张保升，1979；俞洪新，1979；Barbour，1935；徐近之，1934）。然而，该观点当前仍然缺乏分水岭上相关河流沉积记录的直接证据支撑。由此可见，若尔盖盆地堆积时的古水系格局是怎样的？是否向东南流入长江？目前仍缺乏资料。它究竟是何时、如何演化到现今黄河贯通盆地的水系格局的？也依然不够清楚。

1.3 青藏高原东北部黄河形成演化研究进展

孟达山阶地是目前已知循化盆地的最高级黄河阶地，砾石层底界年代初步推测为 1.1 Ma 前（潘保田等，1996），而西宁盆地保存系列新近纪阶地（Zhang et al.，2017；Wang et al.，2012；鹿化煜等，2004，2014；曾永年等，1995），因此 3.6 Ma 前东出青藏高原的古水系被认为可能起源于湟水和大通河（李吉均等，1996）。然而，西宁地区湟水老于 1.2 Ma 前的阶地砾石层倾向东，可能是西流水系（Miao et al.，2008），直至 1.2 Ma 前日月山进一步隆升成为青海湖与湟水的分水岭，才迫使湟水东流（Wang et al.，2011；Zhang et al.，2017）。青海湖经倒淌河保持与贵德盆地及共和盆地的水系联系，可能直至 0.5 Ma 前倒淌河谷地响应黄河在两盆地下切和流域侵蚀卸载发生均衡抬升和北倾，在变干的气候背景下致使流向倒转，青海湖彻底脱离“青东古湖”成为内陆湖（Zhang et al.，2014）。但残留在倒淌河分水岭上的河湖相地层 OSL 定年却认为，这套地层结束于 10 万年前，指示流向此后可能才发生倒转（张焜等，2010）。共和盆地初步的阶地序列和龙羊峡谷顶面的宇生核素暴露年龄研究结果也表明盆地切割晚于 0.5 Ma，可能发生在 25 万～12 万年前（Perrineau et al.，2011；孙延贵等，2007）。另外，已开展的贵德盆地阶地序列定年工作也指出盆地切割发生在 187 ka 前（苗琦等，2012）。然而，相关学者采用 ESR 测年重新厘定了共和盆地黄河阶地的年代序列，认为黄河在 2.47 Ma 前已经开始深切盆地沉积物（Jia et al.，2017），颠覆了阶地面下伏共和组是第四纪沉积的认识（郑绍华等，1985）。磁性地层定年也显示下游贵德盆地河湖相填充早在 1.8 Ma 前就结束沉积，说明黄河可能此时已在盆地出现（Fang et al.，2005）。

早期盆地钻孔岩芯、堆积面上砂楔和河流阶地测年依次限定，黄河贯通兴海盆地与共和盆地复合体、拉加峡中部军功和若尔盖盆地发生于距今 15 万～10 万年（王书兵等，2013；施炜等，2006；潘保田，1991；徐叔鹰，1987）、3.7 万年（Li et al.，1995）和 3 万～

2 万年(Hu et al., 1999；陈发虎等，1995；吴敬禄等，1997；王苏民和薛滨，1996；杨达源等，1996；王云飞等，1995)，呈显著向上游变年轻的趋势。因此，Li(1991)提出黄河以溯源侵蚀的方式袭夺若尔盖盆地水系并最终在 1 万年前左右伸入鄂陵湖(潘保田，1991)，与现今河道陡峭指数和盆地侵蚀速率空间变化的分析结果一致(Harkins et al., 2007；高明星和刘少峰，2013)。然而近年来的研究成果却明显偏离该年代框架。基于宇生核素埋藏测年得到兴海盆地与共和盆地复合体在 25 万～15 万年前结束堆积(Perrineau et al., 2011)，后期磁性地层结合宇生核素埋藏测年又进一步将该年代提前至距今 50 万年左右(Zhang et al., 2014；Craddock et al., 2010, 2011)。最新的 ESR 测年甚至把黄河贯通兴海盆地与共和盆地复合体的年代推至上新世晚期(赵希涛等，2021)。不仅如此，拉加峡中部军功的最高级黄河阶地也被重新测定为 10 万年前(Harkins et al., 2007)，明显老于原有结果。即使在峡谷南部的泽曲，最高级黄河阶地也要老于 3 万年前(Harkins et al., 2007)。虽然最新的 OSL 测年结果显示若尔盖盆地最高级黄河阶地形成于距今 1 万年左右(Liu et al., 2021)，但古河道年代却将黄河贯通盆地的历史提前至距今 15 万～13 万年(盛海洋和王丽，2008；盛海洋，2007)，并得到该盆地以上黄河沿岸保存有中更新世晚期河流阶地的证据支持(韩建恩等，2013)。因此综合上述研究成果，目前地学界对青藏高原东北缘的黄河贯通历史远未达成统一认识。

1.4　结　　论

研究区盆地沉积和地貌记录研究表明，晚上新世东出青藏高原东北部的古水系格局仍然不明朗，而且对黄河各段的形成时代仍有较大意见分歧。这导致的问题有如下三点：

(1)积石峡以上黄河是以何种方式贯通存在争议。

(2)积石峡以上黄河何时形成仍存在较大分歧。

(3)积石峡以上黄河发育与流域地貌演化的驱动因素与机制还有待进一步研究。

以上争议使人们目前仍然无法回答青藏高原东北部现代黄河水系形成过程与晚上新世前各盆地堆积时的古水系发育到底有何联系，从而无法建立区内完整的水系演化过程以及与临夏盆地以下黄河演化的联动关系。究其原因，除盆地堆积物和阶地的年代研究尚需加强外，它们之间缺乏物源示踪、组构分析和阶地序列空间对比也是重要原因。

参 考 文 献

陈发虎, 王苏民, 李吉均, 等. 1995. 青藏高原若尔盖湖芯磁性地层研究. 中国科学(B 辑: 化学 生命科学 地学), 25(7): 772-777.

程捷, 姜美珠, 昝立宏, 等. 2005. 黄河源区第四纪地质研究的新进展. 现代地质, 19(2): 239-246.

方小敏, 宋春晖, 戴霜, 等. 2007. 青藏高原东北部阶段性变形隆升: 西宁、贵德盆地高精度磁性地层和盆地演化记录. 地学前沿, 14(1): 230-242.

高明星, 刘少峰. 2013. 青海贵德-共和-同德地区更新统最小古沉积面恢复与全新世侵蚀量计算. 国土资源遥感, 25(1): 99-104.

韩建恩, 邵兆刚, 朱大岗, 等. 2013. 黄河源区河流阶地特征及源区黄河的形成. 中国地质, 40(5): 1531-1541.

季军良, 张克信, 强泰, 等. 2010. 青海循化盆地新近纪磁性地层学. 中国地质大学学报, 35(5): 803-810.

姜守明, 贾雯. 2011. 世界大河文明. 济南: 山东画报出版社.

李吉均, 方小敏, 马海洲, 等. 1996. 晚新生代黄河上游地貌演化与青藏高原隆起. 中国科学(D辑: 地球科学), 26(4): 316-322.

李建军, 张军龙, 郭玉涛. 2016. 晚更新世以来若尔盖盆地的地层划分及构造-气候意义. 地震地质, 38(4): 950-963.

李维东. 2020. 黄河上游晚新生代沉积物的物源分析与河流演化. 北京: 中国地质科学院.

李勇, 曹叔尤, 周荣军, 等. 2005. 晚新生代岷江下蚀速率及其对青藏高原东缘山脉隆升机制和形成时限的定量约束. 地质学报, 79(1): 28-37.

刘少峰, 张国伟, Heller P L. 2007. 循化-贵德地区新生代盆地发育及其对高原增生的指示. 中国科学(D辑: 地球科学), 37(S1): 235-248.

鹿化煜, 安芷生, 王晓勇, 等. 2004. 最近 14 Ma 青藏高原东北缘阶段性隆升的地貌证据. 中国科学(D辑: 地球科学), 34(9): 855-864.

鹿化煜, 王先彦, Vandenberghe J. 2014. 青藏高原东北部地貌演化与隆升. 自然杂志, 36(3): 176-181.

骆满生, 张克信, 林启祥, 等. 2010. 青藏高原东北缘循化-化隆地区新生代沉积古地理演化. 地质科技情报, 29(3): 23-31.

苗琦, 李丽松, 钱方, 等. 2012. 青海黄河贵德段河流阶地及新构造运动研究. 地质与资源, 21(5), 493-496.

潘保田. 1991. 黄河发育与青藏高原隆起问题. 兰州: 兰州大学.

潘保田. 1994. 贵德盆地地貌演化与黄河上游发育研究. 干旱区地理, 17(3): 43-50.

潘保田, 李吉均, 曹继秀, 等. 1996. 化隆盆地地貌演化与黄河发育研究. 山地研究, 14(3): 153-158.

潘保田, 李吉均, 周尚哲. 1993. 黄河最上游发育历史初步研究//中国地理学会地貌与第四纪专业委员会. 地貌过程与环境. 北京: 地震出版社.

任美锷. 2002. 黄河: 我们的母亲河. 北京: 清华大学出版社.

盛海洋. 2007. 青藏高原东北缘若尔盖盆地晚新近纪地质及其环境演变. 成都: 成都理工大学.

盛海洋, 王丽. 2008. 黄河上游若尔盖盆地黄河古河道研究. 人民黄河, 30(12): 6-8.

施炜, 马寅生, 吴满路, 等. 2006. 青藏高原东北缘共和盆地第四纪磁性地层学研究. 地质力学学报, 12(3): 317-323.

四川省地质矿产局区域地质调查队六分队. 1984. 中华人民共和国区域地质调查报告(1∶20 万若尔盖幅、红原幅、阿坝幅、龙日坝幅). 武汉: 中国地质大学出版社.

宋春晖, 方小敏, 高军平, 等. 2001. 青藏高原东北部贵德盆地新生代沉积演化与构造隆升. 沉积学报, 19(4): 493-500.

宋春晖, 方小敏, 李吉均, 等. 2003. 青藏高原东北部贵德盆地上新世沉积环境分析及其意义. 第四纪研究, 23(1): 92-102.

孙晓红, 赵艳, 李泉. 2017. 青藏高原东部若尔盖盆地全新世泥炭地发育和植被变化. 中国科学: 地球科学, 47(9): 1097-1109.

孙延贵, 方洪宾, 张焜, 等. 2007. 共和盆地层状地貌系统与青藏高原隆升及黄河发育. 中国地质, 34(6): 1141-1147.

王海燕, 高锐, 马永生, 等. 2007. 若尔盖与西秦岭地震反射岩石圈结构和盆山耦合. 地球物理学报, 50(2): 472-481.

王吉玉, 张兴鲁. 1979. 青海省共和盆地的第四纪地层. 地质论评, 25(2): 15-20.

王书兵, 蒋复初, 傅建利, 等. 2013. 关于黄河形成时代的一些认识. 第四纪研究, 33(4): 705-714.

王苏民, 薛滨. 1996. 中更新世以来若尔盖盆地环境演化与黄土高原比较研究. 中国科学(D 辑: 地球科学), 26(4), 323-328.

王云飞, 王苏民, 薛滨, 等. 1995. 黄河袭夺若尔盖古湖时代的沉积学依据. 科学通报, 40(8): 723-725.

吴敬禄, 王苏民, 潘红玺, 等. 1997. 青藏高原东部 RM 孔 140 ka 以来湖泊碳酸盐同位素记录的古气候特征. 中国科学(D 辑: 地球科学), 27(3): 255-259.

徐近之. 1934. 西宁松潘间之草地旅行. 地理学报, (1): 157-168, 212.

徐茂其. 1988. 川西北若尔盖高原第四纪环境演变概要. 西南师范大学学报, (4): 94-100.

徐叔鹰. 1987. 青海共和组地层的沉积时代与沉积环境——“青藏高原东北边缘地区晚新生代古地理环境演变”. 兰州大学学报: 自然科学版, 23(2): 109-119.

徐叔鹰, 徐德馥, 石生仁. 1984. 共和盆地地貌发育与环境演化探讨. 兰州大学学报, 20(1): 146-157.

徐增连, 骆满生, 张克信, 等. 2013. 青藏高原循化、临夏和贵德盆地新近纪沉积填充速率演化及其对构造隆升的响应. 地质通报, 32(1): 93-104.

杨达源, 吴胜光, 王云飞. 1996. 黄河上游的阶地与水系变迁. 地理科学, 16(2): 137-143.

杨永锋, 张克信, 徐亚东, 等. 2013. 青藏高原东北部新近纪古流向与物源分布对隆升的响应. 地质学报, 87(6): 797-813.

俞洪新. 1979. 黄河源区构造地貌初探. 青海地质, (1): 47-54.

张保升. 1979. 黄河水系的形成及其各河段的利用. 西北大学学报(自然科学版), (3): 75-85.

张会平, 刘少峰. 2009. 青藏高原东北缘循化-贵德盆地及邻区更新世时期沉积与后期侵蚀样式研究. 第四纪研究, 29(4): 806-816.

张楗钰, 张克信, 季军良, 等, 2010. 青藏高原东北缘循化盆地渐新世-上新世沉积相分析与沉积演化. 地球科学(中国地质大学学报), 35(5): 774-788.

张焜, 孙延贵, 巨生成, 等. 2010. 青海湖由外流湖转变为内陆湖的新构造过程. 国土资源遥感, (S1): 77-81.

张培震, 邓起东, 张竹琪, 等. 2013. 中国大陆的活动断裂、地震灾害及其动力过程. 中国科学: 地球科学, 43(10): 1607-1620.

赵卿宇, 肖国桥, 李辉. 2019. 黄河源地区的河谷地貌特征及其对黄河上游形成和演化的启示. 第四纪研究, 39(2): 339-349.

赵希涛, 杨艳, 贾丽云, 等. 2021. 论晚期共和古湖时代、演化过程及其与地壳运动和黄河发育的关系. 地球学报, 42(4): 451-471.

郑本兴, 王苏民. 1996. 黄河源区的古冰川与古环境探讨. 冰川冻土, 18(3): 20-28.

郑绍华, 吴文裕, 李毅. 1985. 青海贵德、共和两盆地晚新生代哺乳动物. 古脊椎动物学报, 23(2): 89-134, 173-182.

曾永年, 马海洲, 李珍, 等. 1995. 西宁地区湟水阶地的形成与发育研究. 地理科学, 15(3): 253-258.

Barbour G B. 1935. Physiographic history of the Yangtze: A paper read at the Afternoon Meeting of the Society on Ⅱ November 1935. The Geographical Journal, 87: 17-32.

Blum M, Pecha M. 2014. Mid-Cretaceous to Paleocene North American drainage reorganization from detrital zircons. Geology, 42: 607-610.

Chen W, Yan Y, Clift P D, et al. 2020. Drainage evolution and exhumation history of the eastern Himalaya: Insights from the Nicobar Fan, northeastern Indian Ocean. Earth and Planetary Science Letters, 548: 116472.

Cina S E, Yin A, Grove M, et al. 2009. Gangdese arc detritus within the eastern Himalayan Neogene foreland basin: Implications for the Neogene evolution of the Yalu-Brahmaputra river system. Earth and Planetary Science Letters, 285: 150-162.

Craddock W H, Kirby E, Harkins N W, et al. 2010. Rapid fluvial incision along the Yellow River during headward basin integration. Nature Geoscience, 3: 209-213.

Craddock W, Kirby E, Zhang H. 2011. Late Miocene-Pliocene range growth in the interior of the northeastern Tibetan Plateau. Lithosphere, 3: 420-438.

Craddock W H, Kirby E, Zhang H, et al. 2014. Rates and style of Cenozoic deformation around the Gonghe Basin, northeastern Tibetan Plateau. Geosphere, 10: 1255-1282.

Fang X, Garzione C, van der Voo R, et al. 2003. Flexural subsidence by 29 Ma on the NE edge of Tibet from the magnetostratigraphy of Linxia Basin, China. Chinese Science Bulletin, 44: 2264-2267.

Fang X, Yan M, van der Voo R, et al. 2005. Late Cenozoic deformation and uplift of the NE Tibetan Plateau: Evidence from high-resolution magnetostratigraphy of the Guide Basin, Qinghai Province, China. Geological Society of America, 117: 1208-1225.

Fielding L, Najman Y, Millar I, et al. 2018. The initiation and evolution of the River Nile. Earth and Planetary Science Letters, 489: 166-178.

Flowers R M, Farley K A. 2013. Response to comments on apatite $^4He/^3He$ and (U-Th)/He evidence for an ancient Grand Canyon. Science, 340: 143-146.

Garzanti E, Al-Juboury A I, Zoleikhaei Y, et al. 2016. The Euphrates-Tigris-Karun river system: Provenance, recycling and dispersal of quartz-poor foreland-basin sediments in arid climate. Earth-Science Reviews, 162: 107-128.

Guo B, Liu S, Peng T, et al. 2018. Late Pliocene establishment of exorheic drainage in the northeastern Tibetan Plateau as evidence by the Wuquan Formation in the Lanzhou Basin. Geomorphology, 303: 271-283.

Harkins N, Kirby E, Heimsath A, et al. 2007. Transient fluvial incision in the headwaters of the Yellow River, northeastern Tibet, China. Journal of Geophysical Research: Earth Surface, 112: F03S04.

Hoorn C, Wesselingh F P, Ter Steege H, et al. 2010. Amazonia through time: Andean uplift, climate change, landscape evolution, and biodiversity. Science, 330: 927-931.

Hough B G, Garzione C N, Wang Z C, et al. 2011. Stable isotop evidence for topographic growth and basin segmentation: Implications for the evolution of the NE Tibetan Plateau. Geological Society of America Bulletin, 123: 168-185.

Hu S, Appel E, Wang S, et al. 1999. A preliminary magnetic study on lacustrine sediments from Zoigê Basin, eastern Tibetan Plateau, China: Magnetostratigraphy and environmental implications. Physics and Chemistry of the Earth, Part A: Solid Earth and Geodesy, 24: 811-816.

Jia L, Hu D, Wu H, et al. 2017. Yellow River terrace sequences of the Gonghe-Guide section in the northeastern Qinghai-Tibet: Implications for plateau uplift. Geomorphology, 295: 323-336.

Karlstrom K E, Lee J P, Kelley S A, et al. 2014. Formation of the Grand Canyon 5 to 6 million years ago through integration of older palaeocanyons. Nature Geoscience, 7: 239-244.

Koshnaw R I, Schlunegger F, Stockli D F. 2021. Detrital zircon provenance record of the Zagros mountain building from the Neotethys obduction to the Arabia-Eurasia collision, NW Zagros fold-thrust belt, Kurdistan region of Iraq. Solid Earth, 12: 2479-2501.

Lease R O, Burbank D, Clark M K, et al. 2011. Middle Miocene reorganization of deformation along the northeastern Tibetan Plateau. Geology, 39: 359-362.

Lease R O, Burbank D W, Hough B, et al. 2012. Pulsed Miocene range growth in northeastern Tibet: Insight from Xunhua Basin magnetostratigraphy and provenance. Geology, 124: 657-677.

Lee J P, Stockli D F, Kelley S A, et al. 2013. New thermochronometric constraints on the Tertiary landscape evolution of Central and Eastern Grand Canyon, Arizona. Geosphere, 9: 21-36.

Li J. 1991. The environmental effects of the uplift of the Qinghai-Xizang Plateau. Quaternary Science Reviews, 10: 479-483.

Li J, Fang X, Song C, et al. 2014. Late Miocene-Quaternary rapid stepwise uplift of the NE Tibetan Plateau and its effects on climatic and environmental changes. Quaternary Research, 81: 400-423.

Li J, Shi Y, Li B, et al. 1995. Uplift of the Qinghai-Xizang（Tibet）Plateau and Global Change. Lanzhou: Lanzhou University Press.

Lin A, Yang Z, Sun Z, et al. 2001. How and when did the Yellow River develop its square bend?. Geology, 29: 951-954.

Liu Y, Wang X, Su Q, et al. 2021. Late quaternary terrace formation from knickpoint propagation in the headwaters of the yellow river, NE Tibetan Plateau. Earth Surface Processes and Landforms, 46(14): 2788-2806.

Macgregor D S. 2012. The development of the Nile drainage system: Integration of onshore and offshore evidence. Petroleum Geoscience, 18: 417-431.

Miao X, Lu H, Li Z, et al. 2008. Paleocurrent and fabric analyses of the imbricated fluvial gravel deposits in Huangshui Valley, the northeastern Tibetan Plateau, China. Geomorphology, 99: 433-442.

Molnar P, Boos W R, Battisti D S. 2010. Orographic controls on climate and paleoclimate of Asia: Thermal and mechanical roles for the Tibetan Plateau. Annual Review of Earth and Planetary Sciences, 38: 77-102.

Perrineau A, van der Woerd J, Gaudemer Y, et al. 2011. Incision rate of the Yellow River in Northeastern Tibet constrained by ^{10}Be and ^{26}Al cosmogenic isotope dating of fluvial terraces: Implications for catchment evolution and plateau building//Gloaguen R, Ratschbacher L. Growth and Collapse of the Tibetan Plateau. London: Special Publications of the Geological Society, 353: 189-219.

Pickering K T, Pouderoux H, Mcneill L C, et al. 2020. Sedimentology, stratigraphy and architecture of the Nicobar Fan（Bengal-Nicobar Fan System）, Indian Ocean: Results from International Ocean Discovery Program Expedition 362. Sedimentology, 67: 2248-2281.

Schumm S A. 1977. The Fluvial System. New York: John Wiley.

Shugar D H, Clague J J, Best J L, et al. 2017. River piracy and drainage basin reorganization led by climate-driven glacier retreat. Nature Geoscience, 10: 370-375.

Shukri N M. 1950. The mineralogy of some Nile sediments. Quarterly Journal of the Geological Society, 106: 466-467.

Stow D, Nicholson U, Kearsey S, et al. 2020. The Pliocene-Recent Euphrates river system: Sediment facies and architecture as an analogue for subsurface reservoirs. Energy Geoscience, 1: 174-193.

Wang E, Shi X, Wang G, et al. 2011. Structural control on the topography of the Laji-Jishi and Riyue Shan belts in the NE margin of the Tibetan plateau: Facilitation of then headward propagation of the Yellow River system. Journal of Asian Earth Sciences, 40: 1002-1014.

Wang X, Lu H, Vandenberghe J, et al. 2012. Late Miocene uplift of the NE Tibetan Plateau inferred from basin filling, planation and fluvial terraces in the Huang Shui catchment. Global and Planetary Change, 88-89: 10-19.

Wernicke B. 2011. The California River and its role in carving Grand Canyon. Geological Society of America Bulletin, 123: 1288-1316.

Willett D S, Mccoy W S, Perron T J, et al. 2014. Dynamic reorganization of river basins. Science, 343: 1248765.

Yan M, van der Voo R, Fang X, et al. 2006. Paleomagnetic evidence for a mid-Miocene clockwise rotation of about 25° of the Guide Basin area in NE Tibet. Earth and Planetary Science Letters, 241: 234-247.

Yuan D, Champagnac D J, Ge W, et al. 2011. Late Quaternary right-lateral slip rates of active faults adjacent to lake Qinghai, northeastern margin of the Tibetan Plateau. Geological Society of America Bulletin, 123: 2016-2030.

Yuan D, Ge W, Chen Z, et al. 2013. The growth of northeastern Tibet and its relevance to large-scale continental geodynamics: A review of recent studies. Tectonics, 32: 1358-1370.

Zhang H, Craddock W H, Lease R O, et al. 2012. Magnetostratigraphy of the Neogene Chaka basin and its implications for mountain building processes in the north-eastern Tibetan Plateau. Basin Research, 24: 31-50.

Zhang H, Zhang P, Champagnac J D, et al. 2014. Pleistocene drainage reorganization driven by the isostatic response to deep incision into the northeastern Tibetan Plateau. Geology, 42: 303-306.

Zhang W, Zhang T, Song C, et al. 2017. Termination of fluvial-alluvial sedimentation in the Xining Basin, NE Tibetan Plateau, and its subsequent geomorphic evolution. Geomorphology, 297: 86-99.

Zhao Y, Liang C, Cui Q, et al. 2021. Temperature reconstructions for the last 1.74-Ma on the eastern Tibetan Plateau based on a novel pollen-based quantitative method. Global and Planetary Change, 199: 103433.

Zhao Y, Tzedakis P C, Li Q, et al. 2020. Evolution of vegetation and climate variability on the Tibetan Plateau over the past 1.74 million years. Science Advances, 6: eaay6193.

Zhao Y, Yu Z, Zhao W. 2011. Holocene vegetation and climate histories in the eastern Tibetan Plateau: Controls by insolation-driven temperature or monsoon-derived precipitation changes?. Quaternary Science Reviews, 30: 1173-1184.

Zheng H, Clift P D, He M, et al. 2021. Formation of the First Bend in the late Eocene gave birth to the modern Yangtze River, China. Geology, 49: 35-39.

第2章

黄河上游湖泊与泥炭所指示的千年尺度干湿变化

联合国政府间气候变化专门委员会(Intergovernmental Panel on Climate Change，IPCC)第五次评估报告(Fifth Assessment Report，AR5)中大量观测资料表明，在全球范围内，持续的气候变暖已经是毫无争议的趋势(IPCC，2013)。在现代气候变化过程中，青藏高原是全球气候变暖最强烈的地区之一，也是未来气候变化影响不确定性最大的地区之一；青藏高原的气候变化具有超前性，尤其高原东部是东亚气候变化的启动区；它的热力和动力作用，对东亚季风和中亚干旱起着放大器的作用(吴国雄等，2005；Liu et al.，2009)。陆地水循环直接影响人类的生产生活及生态平衡，在未来更温暖的气候背景下，预测未来干湿变化成为研究热点之一(Feng and Zhang，2015)。气候变率与可预测性计划(Climate Variability and Predictability Programme，CLIVAR)以及国际过去全球变化计划(Past Global Changes，PAGES)均将过去千年的气候变化列为研究重点，因为过去千年是地质历史时期气候变化与现代气候变化的接轨点，同时百年尺度和年代际尺度的气候变化关系到现在与未来人类的生存环境。因此，研究历史时期的气候变化，可以为预测未来气候变化提供一个历史参照。

黄河上游位于青藏高原东北缘，地处我国第一、第二级阶梯的交界地带，大部分地区海拔为2000～4000 m，包括河西走廊东段、甘肃西南部、青海东部、四川西北部和西藏东北部。该区域分布着大量河流、冰川和湖泊，并逐步发育形成了多个径流区(图2-1)，是我国乃至亚洲水资源产生、赋存和运移的战略要地(Jane，2008)。此外，青藏高原东北缘不仅是黄河流域最大的产流区，还是我国淡水资源最重要的生态功能区和主要补给区(王亚迪等，2018)。印度西南季风带来的暖湿气流使得该区域形成了很多大面积的湖泊和湿地(何奕忻等，2014)，如我国最大的内陆咸水湖——青海湖、世界最大的高原泥炭沼泽湿地——若尔盖泥炭湿地等(Cheng et al.，2005)。该区域具有丰富的自然资源和重要的生态功能，对气候变化格外敏感，生态系统极其脆弱，对国家生态系统的稳定、区域自身乃至周边地区的生态安全提出了巨大挑战(王根绪等，2002；Cheng and Wu，2007)。

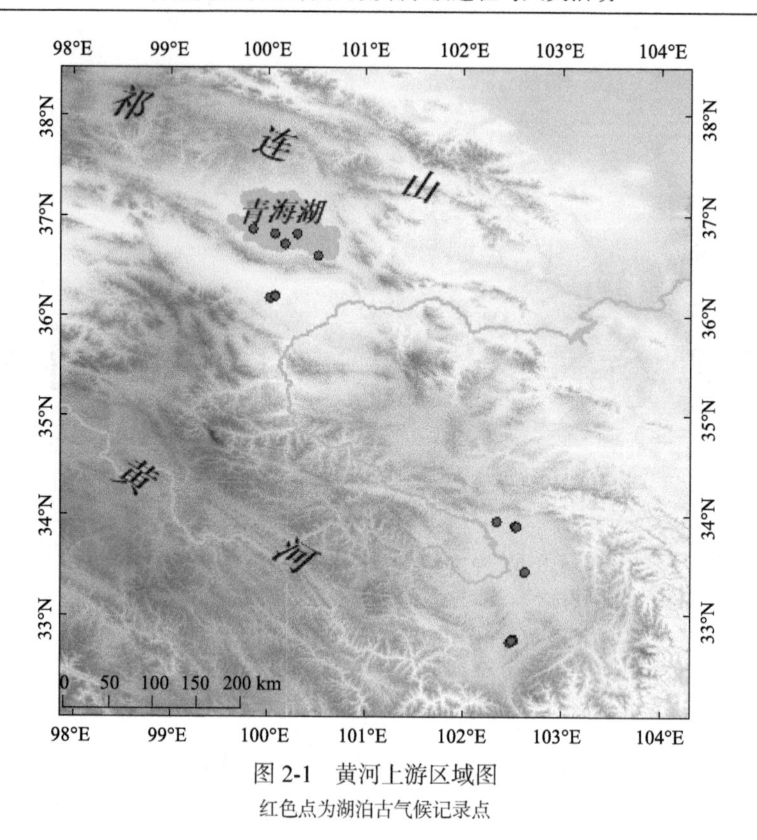

图 2-1　黄河上游区域图

红色点为湖泊古气候记录点

黄河上游地处现代亚洲夏季风水汽输送边缘区，对夏季风变化响应敏感，生态环境脆弱，对全球气候变化和人类活动具有独特的响应（Wang et al.，2010）。季风作为全球大气环流系统的一个重要组成部分，与人类生活息息相关。而季风边缘的位置会随着季风强弱和空间位置的变化而有年际和年代际的变动，从而使得季风边缘区成为气候敏感带和灾害多发带（Qian et al.，2007；Fu，2003）。亚洲季风区作为全球人口最多的地区之一，其边缘区的干湿变化会给国民经济和人们的生产生活带来巨大的影响，了解亚洲季风的变化对社会和生态系统具有重要意义（陈婕，2021；Webster et al.，1998）。因此，亚洲季风边缘区一直都是学术界的热点研究区域。钱维宏（2004）将 5 mm 日降水量等雨量线推进所能到达的最北位置定义为东亚夏季风的最北边缘线。Tang 等（2010）将东亚夏季风的位置迁移与当地的气候变率联系起来，用以理解局地气候和大尺度环流之间的关系。Chen 等（2015）指出受季风环流控制的中纬度东亚季风区在亚轨道尺度上表现出晚全新世干旱的气候特征，百年尺度上表现出中世纪暖期湿润、小冰期干旱的特征，在现代全球变暖的背景下表现出降水逐渐减少的趋势。

许多科学家利用冰芯、树轮、泥炭、风沙剖面、湖泊沉积等多种载体重建了该区域全新世以来的环境变化、亚洲季风和西风演化历史（Gou et al.，2014；Zeng et al.，2017；Yu et al.，2006；王乃昂等，1999）。气候记录显示，全新世期间该地区发生了几次重大的千年尺度干湿变化事件。例如，部分学者通过碳酸盐、δ^{18}O、Rb/Sr 等指标重建的全新世古气候变化呈现出早全新世最为湿润的特征（An et al.，2012；Jin et al.，2015）。然而，也有学者通过孢粉记录发现该区域全新世气候表现为早全新世相对干旱(Shen et al., 2005; Liu et al., 2015)。Cheng 等(2013)使用孢粉记录重建了达连海自全新世以来的气候变化，指出 9.4～3.9 ka BP 的中全新世达连海气候较为湿润，而 12.9～9.4 ka BP 的早全新世和 3.9～1.4 ka BP 的晚全新世气候相对干旱，1.4 ka BP 以来气候又变湿润。Qiang 等(2013)通过共和盆地更尕海的沉积钻孔重建 16 ka BP 以来的湖面水位变化，重建结果指示湖泊 15.3 ka 时开始形成，并且直到 11.4 ka 都保持一个较低的水位，11.4～6.3 ka BP 形成较高的湖水水位线，其中 9.2～7.4 ka BP 水位线相对较低，5.5～4.1 ka BP 水位线波动，低水位线存在于 4.1～2.1 ka BP 和 1.6～0.3 ka BP 阶段。Chen 等(2016)讨论并评估了不同载体和指标用于指示古气候变化的可靠性，并最终得到该区域全新世较可能的气候演化模式，即中全新世最湿润。然而，这些结论之间仍存在差异，而且由于黄河上游特殊的地理位置，其气候变化在长时间尺度上对季风、西风及二者协同作用的响应格局及机制尚不明确(Li et al., 2021; Alley et al., 2003; Broecker, 2003)。

2.1　黄河上游千年尺度古气候记录

2.1.1　数据与方法

湖泊沉积物作为古气候研究的重要载体，其连续的沉积地层和沉积物中保存的丰富信息可提供连续且高分辨率的环境记录。此外，湖泊以其充足的淡水资源、丰富的物产及适宜的气候吸引人们环湖而居，因此湖泊沉积还赋存着人与自然相互作用的丰富信息(沈吉，2012)。我国青藏高原以封闭、半封闭的咸水和微咸水湖为特征，区域蒸发和降水影响了湖泊的水量与盐量平衡，并最终导致湖泊盐度的变化和水生生物群落的演替。泥炭沼泽是一类由具有未完全分解的植物残体组成的泥炭层累积的沼泽湿地(Joosten and Clarke，2002)。泥炭沼泽中丰富的植被、较弱的水动力及厌氧的沉积环境，使通过泥炭沉积对区域古环境的分析具有可行性。泥炭中含有丰富的动植物遗存，这些动植物遗存是记录泥炭沼泽生态环境变化的良好信息载体，并被广泛地应用于长时间尺度生态系统演替的研究工作中(丛金鑫，2021)。除历史时期的气候、水文、植被等生态环境信息外，在泥炭沉积中还保存着一些被用于评估人类活动特征变化的信息。因此，湖泊和泥炭沉积集成了物理、化学、生物等方面的综合环境信息，能够良好地反映当地的水热条件，且具有较高的年代分辨率，是研究区域干湿变化的理想材料(沈吉，2009；柴岫，1990)。

为了探究黄河上游地区千年尺度的干湿变化，作者团队收集了该地区青海湖、更尕海、若尔盖泥炭湿地及周边区域的 20 条古气候记录(表 2-1)。本书使用的古气候指标包括同位素、地球化学指标、花粉、磁化率和粒度，由于不同指标对气候变化的响应方式存在差异，部分记录具有较低的时间分辨率且不连续，因此作者团队根据以下三个标准选择了表 2-1 中的古气候记录：①所选记录必须具有可靠的年表；②所选记录应连续覆盖全新世大部分时间；③代用指标能够反映气候干湿变化。

对无法获得公开原始数据的记录，作者团队使用图像数字化工具，并线性插值为统一的年代分辨率。

表 2-1　黄河上游地区古气候记录和关键信息

序号	纬度	经度	记录名称	指标类型	参考文献
1	36°48′N	100°08′E	青海湖	同位素、地球化学指标	An et al.，2012
2	36°45′N	100°10′E		地球化学指标	Ji et al.，2005
3	36°47′N	100°09′E		同位素	Li and Liu，2014
4	36°35′N	100°32′E		花粉、同位素、粒度、地球化学指标	Shen et al.，2005
5	36°49′N	100°06′E		粒度	Liu et al.，2016
6	32°46′N	102°30′E	若尔盖	同位素、地球化学指标	Zeng et al.，2017
7	33°57′N	102°21′E		同位素	吴敬禄等，2000
8	33°54′N	102°32′E		磁化率	Chen et al.，1995
9	33°54′N	102°33′E		花粉	刘光秀等，2012
10	33°27′N	102°38′E		花粉、地球化学指标	赵文伟，2012
11	32°47′N	102°31′E		花粉	王燕等，2006
12	32°45′N	102°29′E	红原	花粉	周卫健等，2011
13	32°46′N	102°30′E		同位素	徐海和洪业汤，2002
14	32°46′N	102°31′E		同位素、地球化学指标	Large et al.，2009
15	32°47′N	102°31′E		地球化学指标	Yu et al.，2006
16	32°46′N	102°30′E		同位素	Hong et al.，2003
17	36°11′N	100°06′E	更尕海	花粉、地球化学指标	Qiang et al.，2013
18	36°11′N	100°07′E		花粉	Li et al.，2021
19	36°11′N	100°06′E		同位素、粒度、地球化学指标	李渊，2018
20	36°11′N	100°06′E		同位素、粒度、磁化率、地球化学指标	宋磊，2012

2.1.2　黄河上游千年尺度干湿变化

由黄河上游地区不同剖面点的古气候记录可知，该区域早-中全新世气候温暖湿润，晚全新世气候变干。一般情况下，总有机碳(total organic carbon，TOC)含量上升指示降水增加的湿润环境，反之则指示降水减少的干燥环境。青海湖在早全新世 TOC 含量开始增高[图 2-2(a)]，在早全新世末期达到峰值，但早全新世 TOC 含量波动较为剧烈，多次出现低谷，表明在此期间存在多次干湿交替。随后 TOC 含量急剧下降，环境趋于干旱化，并在 4.5 ka BP 之后出现持续干旱。Ji 等(2005)的研究表明，青海湖沉积物的红度可以较好地指示季风变化，能够比花粉和 $\delta^{18}O$ 提供更多的季风变化细节，红度高对应季风更强烈的湿润气候，而红度低则对应季风更弱的干燥气候。青海湖沉积物红度在早全新世逐步增高，气候逐渐湿润。然而，在 4.5～2.3 ka BP，沉积物红度变化指示青海湖地区持续干旱。晚全新世沉积物红度再次增高，但多次出现低谷，说明晚全新世气候虽有所好转，但仍以干旱为主[图 2-2(b)]。红原泥炭湿地与若尔盖泥炭湿地位置相近，指标变化趋势相似[图 2-2(c)～(f)]。泥炭腐殖化度受温度和湿度控制，使得泥炭腐殖化度在一定程度上能反映气候的冷暖干湿。若尔盖泥炭湿地在早全新世 TOC 含量和腐殖化度高且稳定，气候温暖湿润，处于适宜期，但是在晚全新世 TOC 含量和腐殖化度剧烈下降，说明干旱化严重。$\delta^{13}C$ 可直接反映当地植被的特征，包括植被类型 C_3/C_4 比例的变化及植被的茂盛与衰退，在一些地区也可作为大气降水和温度变化的指标。红原泥炭湿地在早-中全新世时期腐殖化度处于较高值，$\delta^{13}C$ 持续偏正，说明气候温暖湿润，在晚全新世腐殖化度剧烈下降，$\delta^{13}C$ 多次偏负，干旱化严重。孢粉作为指示环境变化的重要指标，应用较广，通过重建花粉与植被关系，可以半定量区域生态环境的变化。更尕海乔木花粉含量结果显示，在 10～6 ka BP 森林扩张[图 2-2(h)]，反映更尕海地区季风增强、降水增多、气候湿润，鼎盛期出现在 8 ka BP，但是自 6 ka BP 以来乔木花粉含量越来越少，森林萎缩。通常认为，当沉积物有机质的 C/N<10 时，指示沉积物有机质主要来自内源自身水生植物的影响，C/N>10 时，指示沉积物有机质主要来自外源陆生植物的影响，比值越高外源所占比例也就越高。因而当气候条件较为暖湿时，湖泊周围植被大量发育，陆源有机质输入较多，湖泊中湖泊沉积物的 C/N 较高，反之 C/N 较低。更尕海在早全新世时期 C/N 升高[图 2-2(g)]，并出现峰值，表明该时期降水增多，气候湿润；中-晚全新世时期 C/N 降低，指示该时期气候开始变干。各地区气候差异明显，可能是因为不同区域的下垫面不同。下垫面能够影响地表蒸散发、地表水下渗和土壤水运动等水文循环过程，而不同

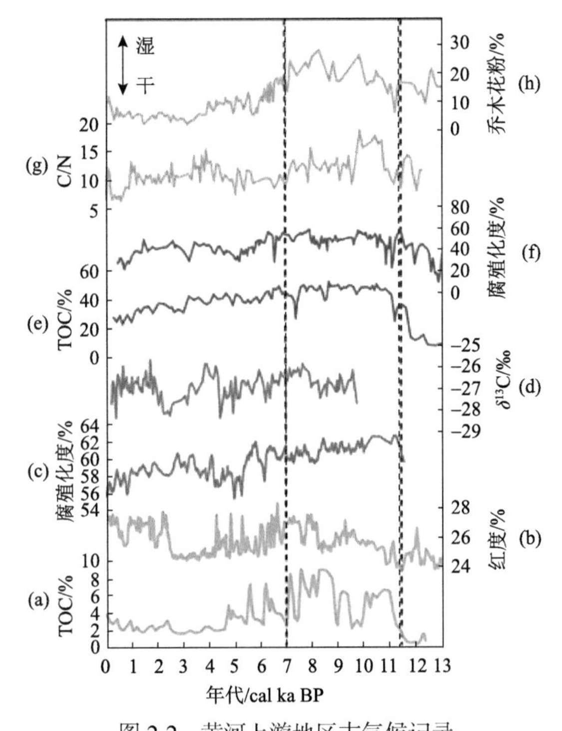

图 2-2　黄河上游地区古气候记录

(a)、(b)青海湖 TOC 含量(Shen et al., 2005)和沉积物红度(Ji et al., 2005)；(c)、(d)红原泥炭腐殖化度(Yu et al., 2006)和 $\delta^{13}C$ 含量(Large et al., 2009)；(e)、(f)若尔盖泥炭 TOC 含量和腐殖化度(Zeng et al., 2017)；(g)、(h)更尕海 C/N(Qiang et al., 2013)和乔木花粉含量(Li et al., 2021)

的水循环过程对气候变化响应的差异可能引发不同的环境条件（付军，2015）。但总体来说，黄河上游地区在早全新世气候温暖湿润，在中全新世早期出现气候适宜期，但晚全新世气候剧烈波动，有显著干旱化趋势。

2.2　青海湖千年尺度水量平衡模拟

2.2.1　青海湖生态环境演化历史

位于黄河上游地区的青海湖是世界第二大咸水湖，也是阻止西部荒漠化向东蔓延的天然屏障，被称为中国西北部的“气候调节器”“空气加湿器”，以及青藏高原物种基因库。因此，青海湖是黄河上游最为重要的地区之一，虽然许多学者针对青海湖展开了大量的气候变化重建工作，但仍存在诸多争议。例如，青海湖不同位置岩芯或者同一岩芯的不同代用指标获得的气候重建结果并不完全一致。自 20 世纪 80 年代以来，国内外学者相继在青海湖不同位置钻取了 QH85-14B、QH-2000、QH-2005、1Fs、QH07、QH-2011 等多组沉积岩芯（Shen et al.，2005；An et al.，2012；Liu et al.，2013；Li and Liu，2014；Wang et al.，2014；Thomas et al.，2016），并利用不同岩芯沉积物粒度、元素、同位素等理化指标，以及孢粉、介形虫种属等生物学指标开展了全新世气候变化重建工作。岩芯 QH85-14B、QH-2000、QH-2005 与 1Fs 沉积物中介形虫壳体氧同位素记录显示，青海湖早全新世气候湿润，有效湿度较高。Li 和 Liu 等（2014）综合分析了岩芯 QH07 与 1Fs 沉积物粒度组成、碳酸盐、TOC 及元素含量，认为大约在 11.5 ka BP 亚洲季风突然爆发，季风带来的降水也开始深入青藏高原，导致青海湖早全新世气候最为适宜。然而，Liu 等（2013）和 Wang 等（2014）分别利用岩芯 1Fs 沉积物有机碳同位素与岩芯 QH-2011 沉积物中古菌浓度重建了全新世以来青海湖盐度变化历史，认为早全新世强烈的蒸发作用导致青海湖盐度较高，流域有效湿度相对较低，但是强烈的蒸发作用很难解释青海湖沉积介形虫壳体 $\delta^{18}O$ 的显著偏负。

2.2.2　数据与方法

为了能够更准确和清楚地了解青海湖过去千年的环境变化，本书运用基于连续气候模拟模式 TraCE-21Ka 的虚拟湖泊能量与水量平衡模型计算得到末次冰消期以来青海湖的水量平衡演化。TraCE-21Ka 是一种大气-海洋环流同步耦合模型，提供了四维的模型数据集，该项目研究了大气-海洋-海冰-地表耦合的机制和反馈，同时可以解释过去 21000 年气候系统的演化（He et al.，2013；Cheng et al.，2014）。该模型假设全球每一个陆面的网格单元为一个单独的湖泊，湖泊水深为 1 m，且湖水垂直方向之间不混合，每个湖泊处于水文平衡状态，同时不存在气候变化过程不稳定的情况（李育等，2020）。

1. 湖泊能量平衡模型

根据 Li 和 Morrill（2010）的湖泊能量平衡模型，湖泊表层的蒸发量由湖泊表层能量平衡控制。计算公式如下：

$$C_{\mathrm{w}}\rho_{\mathrm{w}}z\frac{\partial T}{\partial t}=\varphi_{\mathrm{s}}+\varphi_{\mathrm{ld}}-\varphi_{\mathrm{lu}}\pm Q_{\mathrm{e}}\pm Q_{\mathrm{h}} \tag{2-1}$$

式中，C_{w} 为水比热，J/(kg · K)；ρ_{w} 为水体密度，kg /m^3；z 为湖泊深度，m；T 为湖泊表层温度，K；t 为时间，s；φ_{s} 和 φ_{ld} 分别为被水体吸收的短波和长波辐射；φ_{lu} 为湖泊发出的长波辐射；Q_{e} 为潜热通量；Q_{h} 为感热通量。潜热通量和感热通量分别采用式(2-2)和式(2-3)计算：

$$Q_{\mathrm{e}}=L_{\mathrm{v}}\rho_{\mathrm{a}}C_{\mathrm{D}}V_{\mathrm{a}}(q_{\mathrm{s}}-q_{\mathrm{a}}) \tag{2-2}$$

$$Q_{\mathrm{h}}=C_{\mathrm{p}}\rho_{\mathrm{a}}C_{\mathrm{D}}V_{\mathrm{a}}(T_{\mathrm{s}}-T_{\mathrm{a}}) \tag{2-3}$$

式中，下标 a 和 s 分别表示空气和地面；L_{v} 为汽化潜热，kJ/kg；ρ_{a} 为空气密度，kg/m^3；V_{a} 为风速，m/s；q 为比湿；C_{p} 为空气比热；T 为温度，K；C_{D} 为动量阻力系数，受控于地表粗糙度、风速及近地面温度梯度。湖泊中各层之间的热量垂直传递(z=1 m)是通过对流混合、涡流和分子扩散实现的。

2. 湖泊水量平衡模型

稳定条件下的湖泊水量平衡公式如下：

$$V=A_{\mathrm{B}}R+A_{\mathrm{L}}(P_{\mathrm{L}}-E_{\mathrm{L}}) \tag{2-4}$$

式中，V 为湖泊水量的变化，m^3/a；A_{B}、A_{L} 分别为流域面积、湖泊面积，m^2；R 为流域径流量，m/a；P_{L} 为降水量，m/a；E_{L} 为湖泊表面蒸发量，m/a。对于假想的湖泊需要 A_{B}、A_{L} 确定的数值，因此不能很好地计算湖泊水量变化过程。这是由于 $P_{\mathrm{L}}-E_{\mathrm{L}}\geqslant 0$ 的网格单元代表的湖泊是开放的湖泊，无论湖泊水量如何变化，开放的湖泊都会通过湖水的排放来调节水量平衡，而 $P_{\mathrm{L}}-E_{\mathrm{L}}<0$ 的网格单元代表的湖泊水净损失需要径流来弥补。因此，将式(2-4)进行简化：

$$\frac{A_{\mathrm{L}}}{A_{\mathrm{B}}}=\frac{R}{E_{\mathrm{L}}-P_{\mathrm{L}}} \tag{2-5}$$

由于长时间尺度上，湖泊演化主要受控于千年尺度大气环流的影响，因此在本模型中不考虑人类活动的影响。流域的水量和能量平衡模型如下：

$$PS+R=E_{\mathrm{W1}}S_{\mathrm{W1}}+E_{\mathrm{W2}}S_{\mathrm{W2}}+E_{\mathrm{L}}S_{\mathrm{L}}+I \tag{2-6}$$

式中，P、R、E 和 I 分别为流域的降水量、径流量、蒸发量和入渗量；S 为流域面积；S_{W1}、S_{W2} 和 S_{L} 分别为湖泊面积、河流面积和陆地表面积；E_{W1} 为年平均湖泊蒸发量；E_{W2} 为年平均河流蒸发量；E_{L} 为年平均陆地表面蒸发量。E 由 Kutzbach(1980)的潜在蒸发方程计算得到。

$$E=\frac{Q}{(1+B)L} \tag{2-7}$$

式中，Q 为净辐射；B 为波文比；L 为蒸发潜热。

模拟结果显示，青海湖早-中全新世湖泊水位较高，晚全新世湖泊水位逐渐降低。青海湖水位模拟结果与古气候记录相似，早全新世青海湖沉积物 TOC 含量和总氮(total nitrogen，TN)含量的增加对应湖泊水位升高[图 2-3(a)、(b)、(d)]，10.5～8.5 ka BP TOC 含量与 TN 含量波动较大，TN 主要来源于陆生维管植物与内源水生植物共同作用，高值反映该流域有效湿度大，水文条件偏湿，反之反映水文条件偏干，说明在此期间存在多次冷暖与干湿交替，使得湖泊水位发生剧烈变化。由 TOC 含量与 TN 含量变化可知，晚全新世气候开始向冷干方向转变，湖泊水位降低。湖泊水位波动主要是由湖面降水、湖面蒸发和流域径流的变化引起的，且这些变化受到诸多气候及水文过程的制约(Morrill，2004)。An 等(2012)基于青海湖沉积物中的碳酸盐含量和 TOC 含量重建了亚洲夏季风指数[图 2-3(c)]，表明早全新世东亚夏季风最盛，晚全新世东亚夏季风减弱，其结果与青海湖水位变化一致。亚洲季风区受到纬度轨道尺度太阳辐射变化和赤道辐合带位置变化的综合作用，东亚夏季风从晚冰期开始逐渐增强，一直持续到中全新世(An et al.，2012)。Chen 等(2015)通过研究发现全新世东亚夏季风受太阳辐射和高纬度冰盖变化的双重驱动，但高纬度冰盖及冰川融水注入大西洋引起的北大西洋径向环流的减弱对东亚夏季风有重要调控作用，抑制末次冰消期的夏季风增强，导致 9.5～8.5 ka BP 东亚夏季风明显减弱，而晚全新世厄尔尼诺-南方涛动(El Niño-Southern Oscillation，ENSO)的影响致使东亚夏季风快速衰退，降水减少，湖泊水位降低。在末次冰消期青海湖为浅水湖，自末次冰消期以来，冰川融化，使得青海湖入湖径流量开始上升，湖泊水位升高。早-中全新世青海湖地区气候温暖湿润，降水模拟结果显示[图 2-3(e)]，虽然此时降水量波动很大，但

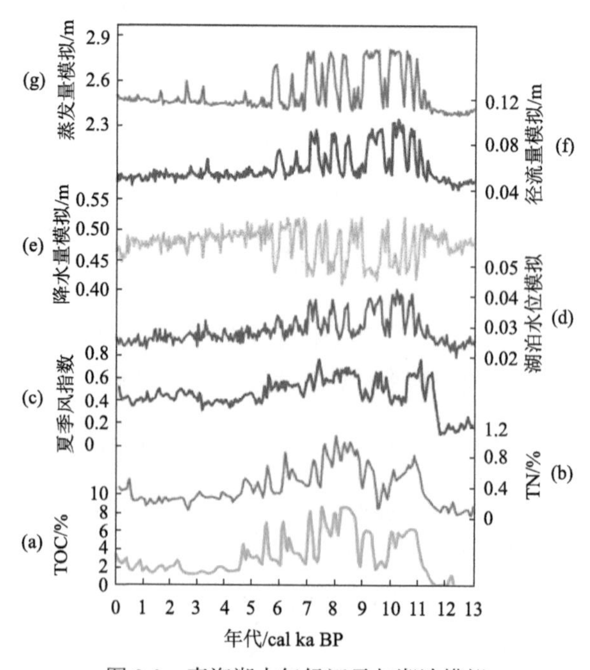

图 2-3　青海湖古气候记录与湖泊模拟

(a)、(b)青海湖 TOC 和 TN 含量(Shen et al.，2005)；(c)青海湖夏季风指数(An et al.，2012)；(d)～(g)青海湖水位模拟、降水量模拟、径流量模拟和蒸发量模拟

处于较高值，降水使得径流量增加[图 2-3（f）]，青海湖水位持续升高。晚全新世太阳辐射减弱使得东亚夏季风逐渐减弱，青海湖地区降水量减少，气候由暖湿转为冷干，径流量和蒸发量持续低值，湖泊水位与降水量变化趋势相同，呈现逐渐降低趋势。Chen 等（2016）通过青海湖及周边地区的沉积记录，重建了该地区全新世的水分模式变化和夏季风演化，结果表明季风强度是青藏高原东北缘全新世水分变化的主控因素，早-中全新世东亚季风强度增加，降水增加；晚全新世东亚季风强度减小，降水减少。李育等（2020）的研究表明，青藏高原东北缘季风水汽含量波动主要受控于低纬度夏季太阳辐射变化引起的亚洲季风的变化，自全新世以来青藏高原有效水分含量的下降是亚洲夏季风减弱导致降水减少的结果。因此，青海湖全新世湖泊水位变化主要受到季风降水的影响。

2.3　黄河上游千年尺度干湿变化驱动机制

自全新世以来黄河上游气候变化模式基本上与亚洲夏季风主导的其他边缘地区一致[图 2-4（a）～（d）]。在 12～8.3 ka BP，青海湖季风指数、若尔盖泥炭湿地 TOC 含量、大布苏湖平均粒度、董哥洞 δ^{18}O 含量均逐渐上升，并出现峰值，气候最为湿润。在 8.3～5.9 ka BP，各指标均出现明显的低谷，气候剧烈波动。在 5.9～0 ka BP，青海湖季风指数、若尔盖泥炭湿地 TOC 含量、董哥洞 δ^{18}O 含量不断下降，气候条件向干旱方向发展。这种一致的气候变化模式表明，在 12～11 ka BP 亚洲夏季风较弱，在 11～8.3 ka BP 亚洲夏季风显著增强，8.3 ka BP 之后亚洲夏季风逐渐减弱。季风区的干湿变化通常与季风强度有关，季风增强会带来更多的降水，气候更加湿润，相反，季风减弱会使季风区夏季降水减少，导致气候干旱（Hu and Qian，2007；汤绪等，2007）。已有研究大多关注亚洲夏季风的变化，但对其边缘地带不同时间尺度干湿变化的影响因素和机制的研究尚有不足。许多研究表明季风边缘区的干湿变化受到季风强度的强烈影响（Hu and Qian，2007；Chen et al.，2018）。然而，在冬季降水更为重要的北美季风区北缘，厄尔尼诺现象导致冬季降水增加，而拉尼娜现象导致冬季干燥（Metcalfe et al.，2015）。Bhattacharya 等（2017，2018）认为，在冰期-间冰期时间尺度上，由冰盖引起的大气变化对北美季风强度具有关键影响。Lu 等（2011）认为青藏高原东北缘自全新世以来的气候变化不能简单地解释为夏季日晒强迫季风降水变化的直接响应。有效水分含量的变化是由季风降水和蒸发损失之间的平衡决定的，除亚洲季风和西风带的大尺度变化外，黄河上游地区的气候变化可能还受到季风环流、局地对流和蒸发效应之间相互作用的影响。因此，季风强度并不一定是季风边缘区干湿变化的主要影响因素。

早全新世，黄河上游地区气候持续湿润，归因于轨道强迫导致的夏季太阳辐射增加[图 2-4（e）]，春季和夏季陆地与海洋的热对比增加，从而导致亚洲夏季风增强和季风降水增多（Large et al.，2009）。ENSO 的演化在很大程度上取决于海-气相互作用的强度及其对岁差强迫的响应。Peng 等（2020）提出，拉尼娜事件将导致菲律宾水域赤道气旋和对流活动增加，以及西太平洋副热带高压向北移动，这将增加中国北方的夏季降水量，并将东亚夏季风的北部边界向北推进，最终导致季风边缘区的降水量增加。千年尺度古气候记录显示干湿变化与全新世的 ENSO 呈负相关，但是在中全新世之后，ENSO 的变化与热带太平洋东部的海面温度(sea-surface temperature，SST)变化一致[图 2-4(f)、(g)]。根据以往的研究，热带大气深层对流是由 SST 梯度触发的(Webster，1994；Pierrehumbert，2000)。SST 的变化通过与对流相关的水文循环和 ENSO 活动对季风及大气环流产生影响(Qu et al.，2005；Wang et al.，2017)。其中，ENSO 通过改变沃克环流和相关的大气遥相关直接影响季风降水(Wen et al.，2016)。SST 和 ENSO 将导致西太平洋副热带高压北移(Huang and Li，1987)，使中国北部夏季降水增加，并将东亚夏季北边界向北推(Wu et al.，2005)，最终导致东亚夏季边缘区降水增加。因此，自中全新世以来东亚夏季风受到 ENSO 的影响快速衰退，黄河上游持续的干燥可归因于中全新世以来的 SST 升高，并与夏季太阳辐射减弱和海陆热力梯度下降有关。

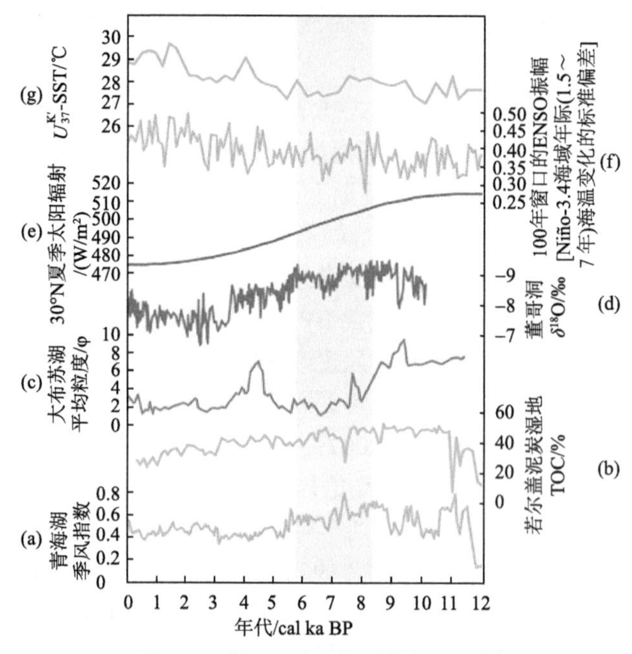

图 2-4　黄河上游地区干湿驱动机制

(a)青海湖季风指数(An et al.，2012)；(b)若尔盖泥炭湿地 TOC 含量(Zeng et al.，2017)；(c)大布苏湖平均粒度(李志民和吕金福，2001)；(d)董哥洞 $\delta^{18}O$ 含量(Dykoski et al.，2005)；(e)30°N 夏季太阳辐射(Berger and Loutre，1991)；(f)100 年窗口的 ENSO 振幅[Niño-3.4 海域年际(1.5～7 年)海温变化的标准偏差](Peng et al.，2020)；(g)赤道东太平洋 $U^{K'}_{37}$-SST(Leduc et al.，2007)

阴影部分表示，8～6 cal ka BP 青藏高原东北缘干湿变化与 ENSD 负相关

2.4　结　　论

本研究以青海湖、更尕海、红原泥炭和若尔盖泥炭为代表收集 20 条古环境记录，探究黄河上游地区千年尺度上的干湿变化；并基于连续气候模拟模式 TraCE-21Ka 的虚拟湖泊能量与水量平衡模型，计算得到末次冰消期以来青海湖的水量平衡演化；在此基础上，进一步探究黄河上游千年尺度干湿变化机理。

(1) 由黄河上游地区青海湖、更尕海、红原泥炭和若尔盖泥炭的古气候记录可知，在 11.5～7 ka BP 黄河上游气候温暖湿润，在 7～4.5 ka BP 气候波动剧烈，在 4.5～2.3 ka BP 出现持续干旱，2.3 ka BP 之后气候虽有好转，但仍以干旱为主。

(2) 青海湖在末次冰消期为浅水湖，进入早全新世时气候转暖、冰川融化，使得青海湖入湖径流量开始上升，湖泊水位升高；中全新世青海湖地区气候温暖湿润，降水量波动很大，但处于较高值，青海湖水位持续升高；晚全新世青海湖地区降水量减少，气候由暖湿转为冷干，湖泊水位与降水量呈现逐渐降低趋势。青海湖全新世湖泊水位变化主要受到季风降水的影响。

(3) 自全新世以来黄河上游的气候变化模式基本上与亚洲夏季风主导的其他边缘地区一致。早全新世，黄河上游地区轨道强迫导致的夏季太阳辐射增加，气候持续湿润；中全新世，黄河上游地区持续的干燥可归因于中全新世以来的 SST 升高，并与夏季太阳辐射减弱和海陆热力梯度下降有关。千年尺度上黄河上游干湿变化主要受控于低纬度太阳辐射影响的季风变化和太平洋 SST 变化。

(4) 黄河上游地区因其特殊的地理位置，目前的气候模型依然无法准确预测未来气候变化。然而，长时间尺度气候变化的研究对该区域未来气候的预测也有所启示。太平洋 SST 的变化一直以来都影响着黄河上游的气候，未来人为温室气体的排放将导致 SST 加速升高，意味着 ENSO 事件的增加，季风边缘区的降水会减少，从而导致干旱加剧 (Cai et al.，2018；Cheng et al.，2019)。这预示着未来黄河上游将面临着重大的环境挑战和风险，该地区迫切需要制定积极规划和适应战略。因此，为了阻止黄河流域的环境恶化，要进一步加强在灾害风险预防、生态系统服务、水资源管理等方面政策和决策的制定。

参 考 文 献

柴岫. 1990. 泥炭地学. 北京: 地质出版社.

陈婕. 2021. 中全新世和现代东亚季风边缘区气候变化及其西风-季风协同作用机制研究. 兰州: 兰州大学.

丛金鑫. 2021. 近百年环境变化对大兴安岭泥炭沼泽碳库稳定性影响研究. 北京: 中国科学院大学.

付军. 2015. 环境变化对区域水循环要素及水资源演变影响的研究. 天津: 天津大学.

何奕忻, 吴宁, 朱求安, 等. 2014. 青藏高原东北部 5000 年来气候变化与若尔盖湿地历史生态学研究进展. 生态学报, 34(7): 1615-1625.

李育, 张宇欣, 张新中, 等. 2020. 以东亚及中亚地区虚拟湖泊水位变化为代表的全新世有效水分变化的连续模拟. 中国科学: 地球科学, 50(8): 1106-1121.

李渊. 2018. 晚冰期以来更尕海不同岩芯记录的水位与气候变化. 兰州: 兰州大学.

李志民, 吕金福. 2001. 大布苏湖地貌——沉积类型与湖泊演化. 湖泊科学, 13(2): 103-110.

刘光秀, 沈永平, 王苏民. 2012. 全新世大暖期若尔盖的植被与气候. 冰川冻土, 17(3): 247- 249.

钱维宏. 2004. 天气学. 北京: 北京大学出版社.

沈吉. 2009. 湖泊沉积研究的历史进展与展望. 湖泊科学, 21(3): 307-313.

沈吉. 2012. 末次盛冰期以来中国湖泊时空演变及驱动机制研究综述: 来自湖泊沉积的证据. 科学通报, 57(34): 15.

宋磊. 2012. 晚冰期以来青藏高原东北部更尕海沉积记录的气候变化. 兰州: 兰州大学.

汤绪, 孙国武, 钱维宏. 2007. 亚洲夏季风北边缘研究. 北京: 气象出版社.

王根绪, 郭晓寅, 程国栋. 2002. 黄河源区景观格局与生态功能的动态变化. 生态学报, 22(10): 1587-1598.

王乃昂, 赵晶, 高顺尉. 1999. 东亚季风边缘区气候代用指标的分形比较及其意义. 海洋地质与第四纪地质, 19(4): 59-65.

王亚迪, 权全, 薛涛涛, 等. 2018. 气候变化对黄河源区的水文影响分析. 水文水资源, 7: 135.

王燕, 赵志中, 乔彦松, 等. 2006. 川北若尔盖高原红原泥炭剖面孢粉记录的晚冰期以来古气候古环境的演变. 地质通报, 25(7): 827-832.

吴国雄, 刘屹岷, 刘新, 等. 2005. 青藏高原加热如何影响亚洲夏季的气候格局. 大气科学, 29: 47-56

吴敬禄, 王苏民, 施雅风, 等. 2000. 若尔盖盆地 200ka 以来氧同位素记录的古温度定量研究. 中国科学(D 辑: 地球科学), 30(1): 73-80.

徐海, 洪业汤. 2002. 红原泥炭纤维素氧同位素指示的距今 6ka 温度变化. 科学通报, 47(15): 1181-1186.

赵文伟. 2012. 若尔盖泥炭地孢粉和炭屑记录的全新世环境变化. 兰州: 兰州大学.

周卫健, 刘钊, 王浩, 等. 2011. 13500 年以来青藏高原红原泥炭沉积的孢粉记录. 地球环境学报, 2(5): 605-612.

Alley R B, Marotzke J, Nordhaus W D, et al. 2003. Abrupt climate change. Science, 299(5615): 2005-2010.

An Z, Colman S M, Zhou W, et al. 2012. Interplay between the Westerlies and Asian monsoon recorded in Lake Qinghai sediments since 32 ka. Scientific Reports, 2(1): 1-7.

Berger A, Loutre M F. 1991. Insolation values for the climate of the last 10 million years. Quaternary Science Reviews, 10(4): 297-317.

Bhattacharya T, Tierney J E, Addison J A, et al. 2018. Ice-sheet modulation of deglacial North American monsoon intensification. Nature Geoscience, 11(11): 848-852.

Bhattacharya T, Tierney J E, DiNezio P. 2017. Glacial reduction of the North American Monsoon via surface cooling and atmospheric ventilation. Geophysical Research Letters, 44(10): 5113- 5122.

Broecker W S. 2003. Does the trigger for abrupt climate change reside in the ocean or in the atmosphere?. Science, 300(5625): 1519-1522.

Cai W, Wang G, Dewitte B, et al. 2018. Increased variability of eastern Pacific El Niño under greenhouse warming. Nature, 564(7735): 201-206.

Chen F, Wang S, Li J, et al. 1995. Palaeomagnetic record from RH lacustrine core in Zoige Basin of Tibetan Plateau. Science in China Series A Mathematics, Physics, Astronomy, 12(38): 1513- 1521.

Chen F, Wu D, Chen J, et al. 2016. Holocene moisture and East Asian summer monsoon evolution in the northeastern Tibetan Plateau recorded by Lake Qinghai and its environs: A review of conflicting proxies. Quaternary Science Reviews, 154: 111-129.

Chen F, Xu Q, Chen J, et al. 2015. East Asian summer monsoon precipitation variability since the last deglaciation. Scientific Reports, 5(1): 1-11.

Chen J, Huang W, Jin L Y, et al. 2018. A climatological northern boundary index for the East Asian summer monsoon and its interannual variability. Science China Earth Sciences, 61(1): 13-22.

Cheng B, Chen F, Zhang J. 2013. Palaeovegetational and palaeoenvironmental changes since the last deglacial in Gonghe Basin, northeast Tibetan Plateau. Journal of Geographical Sciences, 23(1): 136-146.

Cheng G D, Wu T H. 2007. Responses of permafrost to climate change and their environmental significance, Qinghai-Tibet Plateau. Journal of Geophysical Research: Earth Surface, 112(F2): S03.

Cheng J , Jiang M Z , Zan L H , et al. 2005. Progress in research on the quaternary geology in the source area of the Yellow River. Geoscience, 19(2): 239.

Cheng J, Liu Z, He F, et al. 2014. Model-proxy comparison for overshoot phenomenon of Atlantic thermohaline circulation at Blling-Allerd. Chinese Science Bulletin, 59(33): 4510-4515.

Cheng L, Abraham J, Hausfather Z, et al. 2019. How fast are the oceans warming?. Science, 363(6423): 128-129.

Dykoski C A, Edwards R L, Cheng H, et al. 2005. A high-resolution, absolute-dated Holocene and deglacial Asian monsoon record from Dongge Cave, China. Earth and Planetary Science Letters, 233(1-2): 71-86.

Feng H, Zhang M. 2015. Global land moisture trends: Drier in dry and wetter in wet over land. Scientific Reports, 5(1): 1-6.

Fu C. 2003. Potential impacts of human-induced land cover change on East Asia monsoon. Global and Planetary Change, 37(3-4): 219-229.

Gou X, Deng Y, Chen F, et al. 2014. Precipitation variations and possible forcing factors on the Northeastern Tibetan Plateau during the last millennium. Quaternary Research, 81(3): 508-512.

He F, Shakun J D, Clark P U, et al. 2013. Northern Hemisphere forcing of Southern Hemisphere climate during the last deglaciation. Nature, 494(7435): 81-85.

Hong Y T, Hong B, Lin Q H, et al. 2003. Correlation between Indian Ocean summer monsoon and North Atlantic climate during the Holocene. Earth and Planetary Science Letters, 211(3-4): 371-380.

Hu H R, Qian W H. 2007. Identification of the northernmost boundary of East Asia summer monsoon. Progress in Natural Science , 17(1): 57-65.

Huang R H, Li C Y. 1987. Influence of the heat source anomaly over the tropical western Pacific on the subtropical high over East Asia. Chengdu: International Conference on the General Circulation of East Asia.

IPCC. 2013. Climate Change 2013: The Physical Science Basis. Contribution of Working Group Ⅰ to the Fifth Assessment Report of the Intergovernmental Panel on Climate Change. Cambridge: Cambridge University Press.

Jane Q. 2008. China: The third pole. Nature, 454(7203): 393-396.

Ji J, Shen J, Balsam W, et al. 2005. Asian monsoon oscillations in the northeastern Qinghai-Tibet Plateau since the late glacial as interpreted from visible reflectance of Qinghai Lake sediments. Earth and Planetary Science Letters, 233(1-2): 61-70.

Jin Z, An Z, Yu J, et al. 2015. Lake Qinghai sediment geochemistry linked to hydroclimate variability since the last glacial. Quaternary Science Reviews, 122: 63-73.

Joosten H, Clarke D. 2002. Wise use of mires and peatlands. Greifswald: International Mire Conservation Group and International Peat Society, 304.

Kutzbach J E. 1980. Estimates of past climate at Paleolake Chad, North Africa, based on a hydrological and energy-balance model. Quaternary Research, 14(2): 210-223.

Large D J, Spiro B, Ferrat M, et al. 2009. The influence of climate, hydrology and permafrost on Holocene peat accumulation at 3500 m on the eastern Qinghai-Tibetan Plateau. Quaternary Science Reviews, 28(27-28): 3303-3314.

Leduc G, Vidal L, Tachikawa K, et al. 2007. Moisture transport across Central America as a positive feedback on abrupt climatic changes. Nature, 445(7130): 908-911.

Li X, Liu W. 2014. Water salinity and productivity recorded by ostracod assemblages and their carbon isotopes since the early Holocene at Lake Qinghai on the northeastern Qinghai-Tibet Plateau, China. Palaeogeography, Palaeoclimatology, Palaeoecology, 407: 25-33.

Li Y, Morrill C. 2010. Multiple factors causing Holocene lake-level change in monsoonal and arid central Asia as identified by model experiments. Climate Dynamics, 35(6): 1119-1132.

Li Y, Qiang M, Huang X, et al. 2021. Lateglacial and Holocene climate change in the NE Tibetan Plateau: Reconciling divergent proxies of Asian summer monsoon variability. Catena, 199: 105089.

Liu W, Li X, An Z, et al. 2013. Total organic carbon isotopes: A novel proxy of lake level from Lake Qinghai in the Qinghai-Tibet Plateau, China. Chemical Geology, 347: 153-160.

Liu X, Cheng Z, Yan L, et al. 2009. Elevation dependency of recent and future minimum surface air temperature trends in the Tibetan Plateau and its surroundings. Global and Planetary Change, 68: 164.

Liu X, Vandenberghe J, An Z, et al. 2016. Grain size of Lake Qinghai sediments: Implications for riverine input and Holocene monsoon variability. Palaeogeography, Palaeoclimatology, Palaeoecology, 449: 41-51.

Liu X J, Lai Z, Madsen D, et al. 2015. Last deglacial and Holocene lake level variations of Qinghai Lake, north-eastern Qinghai-Tibetan Plateau. Journal of Quaternary Science, 30 (3) : 245-257.

Lu H, Zhao C, Mason J, et al. 2011. Holocene climatic changes revealed by aeolian deposits from the Qinghai Lake area (northeastern Qinghai-Tibetan Plateau) and possible forcing mechanisms. The Holocene, 21 (2) : 297-304.

Metcalfe S E, Barron J A, Davies S J. 2015. The Holocene history of the North American Monsoon: 'known knowns' and 'known unknowns' in understanding its spatial and temporal complexity. Quaternary Science Reviews, 120: 1-27.

Morrill C. 2004. The influence of Asian summer monsoon variability on the water balance of a Tibetan lake. Journal of Paleolimnology, 32 (3) : 273-286.

Peng S, Li Y, Li Y, et al. 2020. A link triggered by tropical Pacific sea surface temperature between the East Asian and North American summer monsoon marginal zone precipitation at various time scales. Global and Planetary Change, 195: 103318.

Pierrehumbert R T. 2000. Climate change and the tropical Pacific: The sleeping dragon wakes. Proceedings of the National Academy of Sciences of the United States of America, 97 (4) : 1355-1358.

Qian W, Lin X, Zhu Y, et al. 2007. Climatic regime shift and decadal anomalous events in China. Climatic Change, 84 (2) : 167-189.

Qiang M, Song L, Chen F, et al. 2013. A 16-ka lake-level record inferred from macrofossils in a sediment core from Genggahai Lake, northeastern Qinghai-Tibetan Plateau (China). Journal of Paleolimnology, 49 (4) : 575-590.

Qu T, Du Y, Strachan J, et al. 2005. Sea Surface Temperature and Its Variability. Oceanography, 18 (4) : 50.

Shen J, Xing Q L, Sumin W, et al. 2005. Palaeoclimatic changes in the Qinghai Lake area during the last 18000 years. Quaternary International, 136 (1) : 131-140.

Tang X, Chen B D, Liang P, et al. 2010. Definition and features of the north edge of the East Asian summer monsoon. Journal of Meteorological Research , 24: 43-49.

Thomas E K, Huang Y, Clemens S C, et al. 2016. Changes in dominant moisture sources and the consequences for hydroclimate on the northeastern Tibetan Plateau during the past 32 kyr. Quaternary Science Reviews, 131: 157-167.

Wang H, Dong H, Zhang C L, et al. 2014. Water depth affecting thaumarchaeol production in Lake Qinghai, northeastern Qinghai-Tibetan plateau: Implications for paleo lake levels and paleoclimate. Chemical Geology, 368: 76-84.

Wang H, Hong Y, Lin Q, et al. 2010. Response of humification degree to monsoon climate during the Holocene from the Hongyuan peat bog, eastern Tibetan Plateau. Palaeogeography, Palaeoclimatology, Palaeoecology, 286 (3-4) : 171-177.

Wang P X, Wang B, Cheng H, et al. 2017. The global monsoon across time scales: Mechanisms and outstanding issues. Earth-Science Reviews, 174: 84-121.

Webster P J. 1994. The role of hydrological processes in ocean-atmosphere interactions. Reviews of Geophysics, 32 (4) : 427-476.

Webster P J, Magana V O, Palmer T N, et al. 1998. Monsoons: Processes, predictability, and the prospects for prediction. Journal of Geophysical Research: Oceans, 103(C7): 14451-14510.

Wen X, Liu Z, Wang S, et al. 2016. Correlation and anti-correlation of the East Asian summer and winter monsoons during the last 21000 years. Nature Communications, 7(1): 1-7.

Wu C, Liu H, Xie A. 2005. Interdecadal characteristics of the influence of northward shift and intensity of summer monsoon on precipitation over northern China in summer. Plateau Meteorology, 24(5): 656-665.

Yu X, Zhou W, Franzen L G, et al. 2006. High-resolution peat records for Holocene monsoon history in the eastern Tibetan Plateau. Science in China Series D Earth Sciences, 49(6): 615- 621.

Zeng M, Zhu C, Song Y, et al. 2017. Paleoenvironment change and its impact on carbon and nitrogen accumulation in the Zoige wetland, northeastern Qinghai-Tibetan Plateau over the past 14000 years. Geochemistry, Geophysics, Geosystems, 18(4): 1775-1792.

第3章 黄河上游过去千年水文气候变化

黄河上游地区贡献了黄河年径流量的 50%以上，是黄河的主要产流区，在整个黄河流域的生态保护与可持续发展中发挥着重要作用。而依据现代水文气候观测数据来评估黄河上游的气候变化可能会严重低估该区域的自然气候波动变化范围，进而影响区域未来水文水资源规划、气候变化应对及防灾减灾预警机制的建立。了解黄河上游过去千年的水文与气候变化历史、特征、规律和机制对开展黄河上游生态系统保护与管理、水资源合理开发与利用及未来气候变化应对等都有极为重要的意义。

IPCC 第六次评估报告指出，在未来几十年里，全球几乎所有地区的气候变化都将加剧，气温升高将给不同地区带来多种不同的组合性变化，包括水循环加剧、更强的降雨和洪水及更严重的干旱等，这将对人类社会系统产生巨大的影响。Flörke 等(2018)的研究预估，至 2050 年全球 80%以上的大型城市将面临供水不足的问题，城市和农业用水矛盾会更加突出。受气候变化与人类活动共同影响，近几十年欧洲(Stahl et al.，2010)、北美(Milly and Dunne，2020)及亚洲(Rao et al.，2020)等许多地区的大型河流径流量呈现出显著下降的变化趋势，这对区域的水资源供给及社会经济发展产生了很大威胁。水文观测记录显示，黄河流域的年径流量自 1960 年以来也呈显著的下降趋势，这可能与人口的快速增长及人类工农业活动大量用水有关。但如果不考虑人类活动影响，黄河上游的天然径流量有可能达到近 1200 年以来的最高峰值。由此可见，全球气候变化对区域的水文气候影响存在差异，且对流域近几十年水文气候变化的评估应该置于长尺度的历史背景和框架下进行分析，这对充分认识区域长期的水文气候变化特征和规律及正确评估近期变化更具有参考意义。

气候代用资料，如树轮、冰芯、历史文献、珊瑚及高分辨率的石笋和湖泊沉积等，可以提供过去几百年甚至更长时间尺度的气候变化记录，且由于可以与器测时段的气候资料进行校准，能够被用于定量地重建过去气候变化历史。其中，树轮资料由于定年精确、连续性强、具有年分辨率以及分布范围广、样本量大等特点，成为研究过去一两千年气候变化的最重要代用指标之一，被广泛应用于研究全球或区域尺度的水文气候变化(Mann et al.，2009)。基于树木年轮资料与水文模型分析，Williams 等(2022)研究发现 2000～2021 年是美国西南部地区在过去 1200 年内最干旱的 22 年，而人类活动对这次严重干旱事件的影响和贡献达到42%，且未来若干年该地区干旱很可能将会持续。而利用树轮资料对亚洲东南部雅鲁藏布江过去7个多世纪水文变化历史的重建表明(Rao et al., 2020)，近期器测时段是过去7个多世纪最干旱的时段，而基于近期器测时段的洪水评估将会低估该区域洪水发生的频率和风险。在我国，随着树轮记录在空间和时间上的扩展与延伸，国内学者也开展了大量的水文气候变化历史研究。例如，Yang等(2021)利用柴达木盆地边缘的祁连圆柏树轮资料重建了过去6700年的亚洲季风降水变化历史；Liu等(2020)在黄河中上游流域利用树轮记录恢复了过去500年的黄河径流量变化；Gou等(2010)基于三大内陆河流域的树轮资料对我国西北干旱区的水文气候变化进行了系统分析。这些研究为了解我国水文气候变化历史提供了丰富的资料数据与科学依据。而黄河上游地区，由于其基本位于我国400 mm等降雨线以西，森林分布整体较少，但因为人口相对较少、人类活动相对较弱，天然森林保护整体比较好，该区域是开展树木年轮学研究比较理想的区域。同时，由于该区域地处干旱半干旱气候区，树木生存环境比较恶劣，该区域树轮记录不仅对气候变化响应非常敏感，而且树木生长缓慢、能够提供千年以上的长时间尺度连续气候变化记录。因此，黄河上游地区是国内树轮学研究开展较早的区域，取得了较丰硕的研究成果。

本章将通过系统收集和整理黄河上游地区基于树木年轮资料的过去千年水文气候变化研究，在简要分析树轮记录的基础上，试图总结黄河上游过去千年水文气候变化的特征和规律，探讨影响区域水文气候变化的驱动因素，以期为全面深入地理解黄河上游水文气候长时间尺度变化和未来预估及气候变化应对提供一定参考，也将为黄河上游生态保护与可持续发展政策制定提供一定支撑。

3.1 黄河上游过去千年水文气候变化特征与规律

水文气候变化要素主要包括径流、降水、干旱、温度等，这些要素及其组合的变化形成一个区域整体的水文气候特征。降水的变化会直接影响流域径流与区域干旱的变化，温度与降水之间也存在协同变化的关系，并通过影响冰冻圈变化以及植被生态系统和蒸散发等来调节区域干旱气候变化。本章将梳理并总结黄河上游过去千年的径流、降水与干旱、温度这三方面水文与气候要素的变化规律，并探讨温湿变化的关系与组合特征。

3.1.1 径流变化

黄河上游唐乃亥水文站记录显示，1956～2020年来黄河上游年总径流量变化存在剧烈的年际波动。1967年、1975年、1981～1983年、1989年、2018～2020年为高径流量年份，1956年、1970年、1991年、1996～1997年、2002年、2006年、2016年为低径流量年份，其中2002年为1956～2020年中径流量最低年份，年总径流量仅为1.058×10^{10} m^3。20世纪80～90年代黄河上游径流量整体呈下降趋势，自21世纪以来径流量呈现一定上升趋势，但个别年份(如2015～2016年)径流量又有下降(图3-1)。器测时段黄河上游径流量较短的记录及剧烈的年际波动变化使人们并不好判断和预估径流的变化趋势与规律，而千年尺度的径流变化重建则可能提供更丰富和准确的信息。

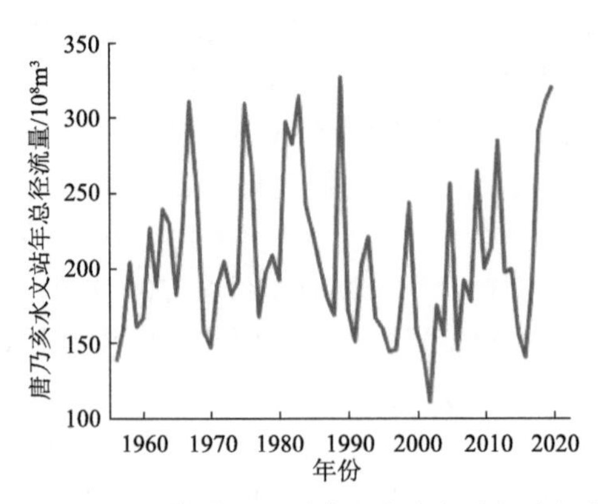

图 3-1　1956～2020 年黄河上游唐乃亥水文站年总径流量变化

大量的树木年轮学研究证据显示，包括黄河上游在内的青藏高原东北部地区树木径向生长主要受到水分条件的限制(Fang et al.，2013，2017；Gou et al.，2010；Liu et al.，2006，2013；Kang et al.，2014)，也即降水或干旱是影响树木生长的最主要因素。而在干旱半干旱区，河川径流的变化也主要受到降水的影响，河流径流量与大气降水之间通常呈现高度的相关性与一致变化。因此，对降水或干旱变化响应敏感的树轮记录一般也能够较好地反映河川径流量的变化，尽管两者之间属于间接联系。

基于树轮记录与实测河川径流量之间的高相关关系，黄河上游地区开展了一系列利用树轮资料进行的过去千年河流径流量变化研究。Gou 等(2007a，2010)率先利用采自黄河源区的祁连圆柏树轮资料与唐乃亥水文站的径流数据，重建了黄河上游过去 1234 年的径流量变化历史，首次对历史时期黄河的径流量变化特征和规律进行了分析，并通过与青藏高原及周边区域其他气候载体记录的对比，探讨了千年时间尺度上黄河上游地区整体的水文气候变化特征与规律。该研究结果表明，过去千年黄河上游曾多次出现径流量极低时段，如 12 世纪 40～50 年代、13 世纪 90 年代～14 世纪前 10 年、15 世纪 70 年代～16 世纪前 10 年、19 世纪 20～40 年代等超过或接近 20 年的连续低径流时段，以及 1602 年、1877 年、1928 年等极端低径流年份(图 3-2)。众所周知，20 世纪 20 年代末至 30 年代初我国北方地区发生了严重的大范围干旱，也是西北历史上成灾最重的大旱灾，陕西、甘肃两省死亡人数近 600 万人，甘肃仅 1929 年死亡人数就有 200 万人(沈社荣，2002)。然而，该黄河径流重建结果显示，20 世纪 20 年代末干旱导致的黄河低径流量并不是历史最低的，以上四个连续低径流时段均超过了 20 世纪 20 年代的黄河径流量下降程度，其中 15 世纪 80～90 年代是径流最低值时段。表明黄河上游地区历史时期曾经历过非常剧烈的干旱气候波动与河流径流量下降，而依据近期较短的气象水文观测数据将严重低估该区域水文气候的自然波动变化，不利于防灾减灾预警的科学规划。

Gou 等(2007a，2010)对过去千年黄河上游径流变化的研究结果也得到了周边地区其他气候代用指标记录的印证。例如，敦德冰芯记录的过去 600 年微粒含量变化显示 1430～1520 年是微粒含量增加的主要时期，说明这一时期该区域气候比较干冷(刘纯平等，1999)。同时，该时期青海湖盐度较高(Zhang et al.，2004)，库赛湖的总有机碳含量也比

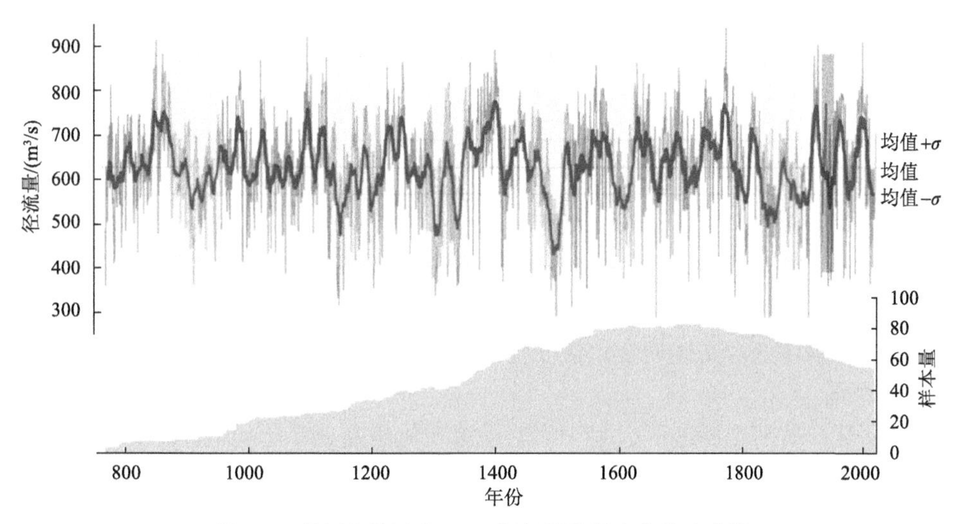

图 3-2　黄河上游过去 1234 年年径流量变化重建曲线

上图灰色细线为年分辨率的年均径流量值，蓝色粗线为 11 年滑动平均后的流量变化。黄色条带显示历史时期几个严重的干旱事件，橙色条带显示 20 世纪 20～30 年代发生在中国西北的干旱事件。下图为用于进行水文重建的树轮样品样本量。图片源自 Gou 等(2010)，对其略微进行了调整

较低(Liu et al.，2009)。过去千年中，黄河上游地区最干旱、径流最低值的时段(15 世纪 70 年代～16 世纪前 10 年)不仅在青藏高原东北部及其邻近地区有体现，巴基斯坦北部(Treydte et al.，2006)和印度(Yadav，2010)等地区的许多研究中也都记录了 15 世纪这次持续的大干旱，说明这可能是影响东亚大范围地区的一次严重历史干旱事件，对充分认识黄河上游与东亚地区水文气候变化的区域联系以及探讨气候形成机制有借鉴意义。

近期 Wang 等(2022)利用青藏高原东北部的 12 条祁连圆柏树轮记录将黄河上游的径流量变化序列延长到过去近 2000 年(159～2016 C.E.)。该重建序列表明，公元 3 世纪初、13 世纪初、16 世纪和 1900 年前后是黄河上游显著的高径流量时期，而公元 5 世纪末和 15 世纪末是明显的低径流量时期，这与 Gou 等(2007a，2010)的重建结果比较一致。过去 2000 年中，黄河上游枯水期的持续时间比丰水期长且量级更大，但较强丰水期的发生频次却高于枯水期。近几十年来，由于人口的激增以及人类工农业活动的增强、城市化的发展，黄河上游的水资源开发利用也在增强。基于器测水文记录的河流径流量变化与树轮重建水文记录之间出现了明显的分异，即树轮重建水文记录代表不受人类活动影响的天然径流量变化，而实测水文记录代表受气候变化和人类活动共同影响下的河流径流量变化。Li 等(2019)利用黄河中、上游地区的 68 条树轮记录(一半以上树轮记录在黄河上游，且千年以上的长记录全部来自黄河上游)重建了过去 1200 年的黄河径流量变化，发现如果不考虑人类活动的影响，近期黄河中、上游的径流量将达到过去 1200 年的最高值，这主要与青藏高原地区的升温和降水量增加有关。但由于人类大量用水影响，1969 年之后黄河径流观测记录与树轮重建记录之间出现了显著分异。该研究从过去千年的时间尺度上定量化地显示了近期人类活动对黄河径流的显著影响。

除了黄河干流流量变化研究，还有一些树轮研究对黄河的一级支流和二级支流径流

量变化历史进行了重建与分析。例如，刘禹等(2006)利用树轮资料重建了黄河上游最大的支流湟水过去 248 年的径流量变化历史，该重建序列能够很好地反映周边区域的水文气候变化历史，并得到了历史文献资料记载的旱涝灾害的验证，如《清实录》等文献资料记录的 1780 年、1804～1806 年、1905 年、1914 年的水灾，以及 1759 年、1865 年、1877 年、1928 年、1932 年、1934 年的旱灾在树轮记录中都有明显体现。此外，孙军艳等(2011)重建了大通河过去 480 年的径流变化。重建的大通河径流变化与刘禹等(2006)重建的湟水径流变化及 Gou 等(2010)重建的黄河上游径流变化在低频上具有相似的变化特征和趋势，尤其是大通河与湟水两条重建序列相关系数可达 0.55 (P<0.0001，n=248)，表明黄河上游整体的水文气候变化特征在空间上具有较强的一致性，可能受共同的气候因子调控影响。

综上所述，黄河上游地区过去千年的径流变化研究主要是利用长树龄的祁连圆柏树轮资料开展的气候重建。过去千年黄河上游地区出现了 4 次超过 20 世纪 20 年代干旱期低径流的极低流量时段，其中 15 世纪 80～90 年代是径流最低值时段。近几十年，受到人类大量用水的影响，黄河径流量下降显著，但如果不考虑人类活动的影响，青藏高原地区气候变暖及降水增加将使得黄河上游的天然径流量达到过去 1200 年以来的最高值，说明“人类世”时期人类活动对河流径流的影响已经超过气候变化的影响。但在过去千年中，黄河上游整体受人类活动干扰较小，树轮记录与周边区域其他气候代用指标共同揭示了 15 世纪末大范围严重气候干旱事件的特征，而区域近几百年的水文变化更是得到了历史文献资料的佐证。

3.1.2 温度变化

温度变化是全球气候最显著的变化特征，黄河上游地区近现代的温度变化与全球整体的升温趋势比较一致，但历史时期的温度变化却表现出一定的区域特征和规律。首先，由于黄河上游地区大部分属于干旱半干旱区，树木径向生长多数受水分条件限制，因此利用树轮记录开展过去温度变化的研究相对较少。但同时由于黄河上游地处青藏高原的东北缘，树木生长在海拔相对较高的山地，因此在一些山地冷谷和海拔较高的高山林线地区部分树木生长可能主要受低温限制，能够用于反映过去的温度气候变化历史。例如，Gou 等(2007b)通过分析采自青海西倾山河谷地带的树轮记录发现，该采样点树木生长与区域降水的相关关系并不显著，但却与区域冬半年最低温度变化之间呈现很强的相关关系，表明冬半年最低温度变化可能是限制该样点树木生长的主要气候因子，这可能也与该采样点接近区域森林分布的东界、降水相对充沛有关，而秋、冬季低温能够通过减少生长季后期有机物的储存以及增加冬季土壤冻结层的厚度等来影响次年的树木径向生长。利用该树轮记录，Gou 等(2007b)重建了区域过去 425 年的冬半年最低温度变化历史。该温度重建结果记录了 1610～1770 年和 1920～1940 年两个历史寒冷时期，以及 1770～1800 年和 1940～1990 年两个温度快速上升时期。其中，在 1940～1990 年，区域温度增加了约 2.5℃，升温速率前所未有。而这段时期的急剧升温在蒙古国、西伯利亚等地区也有报道，但是其升温速率均小于黄河上游地区。这可能与黄河上游地区较高的海拔有关，近年来全球多数高山地区的研究发现了高海拔地区变暖速率更快的“海拔依赖性变暖”气候效应，而该效应在青藏高原地区体现尤为显著。

由于高温可以通过增加蒸散发加剧土壤干旱程度，因此在树木生长受水分限制的地区，树木生长可能与生长季温度变化呈现负相关关系，从而可以基于树木生长与温度变化之间的负相关关系来间接研究过去的温度变化。勾晓华等(2006)研究发现阿尼玛卿山西北部地区的 3 个树轮年表与夏半年温度变化呈显著的负相关关系，因此利用这些树轮序列重建了区域过去 700 年的夏半年最高温变化历史。重建结果显示，过去 700 年区域夏半年平均最高温变化没有明显的线性趋势，过去 200 年区域最高温以波动下降为主，但在 1980 年以后开始快速回升。与 20 世纪 80 年代相比，20 世纪 90 年代温度升高了 0.63℃，类似的最高温快速变化在重建的历史时期也比较常见。同时，快速降温过程也很频繁。例如，在 15 世纪 90 年代～16 世纪前 10 年、14 世纪 30～40 年代和 19 世纪 90 年代～20 世纪前 10 年，区域温度分别降低了 0.89℃、0.74℃和 0.73℃。历史时期快速的温度升高或降温变化说明黄河上游地区的自然气候波动可能是非常剧烈的，而衡量近期区域气候变化不能仅依靠近五六十年的器测数据，需要在更长时间尺度上理解气候变化的特征和规律。同样，基于黄河上游阿尼玛卿山地区树木生长与最高气温之间的显著负相关关系，Chen 等(2016)重建了区域过去 2000 多年(公元前 261～2012 年)的 4～6 月平均最高气温变化历史。重建结果显示，黄河上游地区最高气温从 1750 年左右开始升高，但是近期温度仍低于公元 890～947 年的历史最暖时段，而公元 351～483 年则是重建的过去 2000 多年温度变化中最寒冷的时段。

尽管黄河上游地区年最高温和最低温的变化各有其变化特征与规律，但 Gou 等(2008)却发现两者在低频变化特征上呈现出很高的相似性，并通过滑动对比发现，最低温的变化比最高温的变化超前 25 年左右，即最高温变化滞后于最低温变化特征的出现(图 3-3)。由此，依据区域近期的最低温变化趋势和规律能够预估未来 30 年左右黄河上游地区的最高温将继续剧烈升高。黄河上游地区最高温和最低温之间的这种非对称变化特

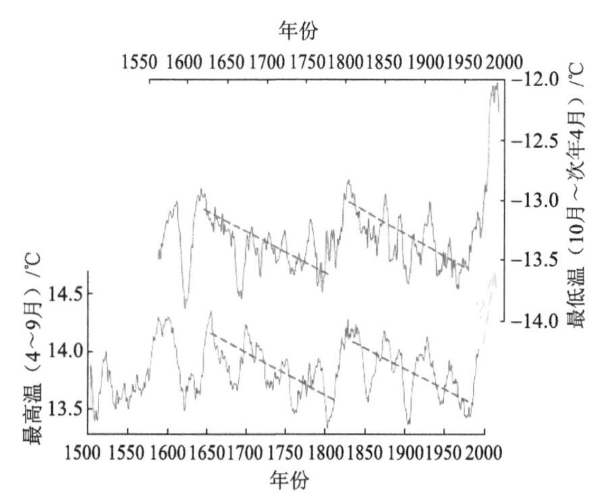

图 3-3　树轮记录的黄河上游地区夏半年最高温和冬半年最低温的非对称变化

上图红色曲线代表基于树轮的冬半年最低温重建曲线，下图蓝色曲线代表夏季最高温重建曲线。上图横坐标向右移动了 25 年以显示最高温和最低温低频变化的滞后关系。图片源自 Gou 等(2008)，对其略微进行了调整

征也得到了青藏高原东北部地区更多树轮温度记录的证明，Gao 等(2015)通过收集更多树轮温度记录研究发现，过去 200 多年青藏高原东北部的冬季温度和夏季温度之间存在非对称的变化特征，夏季温度变化滞后于冬季温度变化约 20 年，但驱动该区域年最高温与最低温、夏季温度与冬季温度之间非对称变化的机制目前尚不清楚，有待于进一步深入研究。

综上分析发现，尽管黄河上游地区基于树轮记录的温度变化历史研究相对较少，但也揭示了独特的区域温度变化特征和规律，如历史时期快速而剧烈的温度升高和降温事件，“海拔依赖性变暖”的升温特征，以及夏半年最高温和冬半年最低温的非对称变化等，这为了解黄河上游寒冷干旱区及高海拔山地的气候变化提供了重要的记录和证据资料。

3.1.3 降水与干旱变化

如本书所述，干旱半干旱地区的树木径向生长通常受水分条件的限制，因此黄河上游地区大部分的树轮记录对降水或干旱气候要素响应比较敏感，能够用于重建过去降水或干旱气候变化历史。除本书所述开展过去千年径流量变化研究的阿尼玛卿山地区外，黄河上游其他一些地区也有一些基于树轮的降水或干旱变化历史研究工作发表。例如，Fang 等(2013)利用采自迭山地区的油松树轮样品，引入了一种基于希尔伯特-黄变换(HHT)的标准化方法来建立树轮宽度年表，排除了单个树木年轮序列中非气候的干扰，恢复了迭山地区自 1637 年以来的年降水变化历史。该重建结果显示，1718～1725 年、1766～1770 年和 1920～1933 年为该区域比较干旱的时期，而 1782～1788 年和 1979～1985 年为相对湿润的时期。另外，Fang 等(2017)利用黄土高原西部 8 个样点的树轮序列，使用基于频率的方法建立了一个区域树轮宽度年表，该年表比使用传统方法建立的年表具有更显著的年代际变化特征。利用该树轮年表重建了 1568～2012 年的区域年降水量变化，结果显示，在过去的 4 个多世纪，黄土高原西部降水变化和北美西部的干旱变化在大于 50 年的时间频率上具有明显的相似性，但在高频变化上两个区域间并没有明显的关系。同时，该降水历史记录显示 20 世纪 20～30 年代是区域过去 400 多年最严重的干旱时期。此外，Liu 等(2013)利用采自甘肃连城的树轮资料，重建了过去 232 年前一年 8 月至当年 6 月降水量的变化，重建显示区域降水量在 1786～1801 年、1819～1843 年、1862～1888 年和 1923～1938 年低于均值。连城树轮年表重建的降水变化与兴隆山地区的降水重建序列变化高度一致，都记录了 20 世纪 20 年代的干旱，也都反映了从 40 年代开始降水减少。Kang 等(2014)利用甘肃临夏松鸣岩地区树轮宽度资料重建了区域过去 200 多年(1804～2010 年)干旱变化历史，发现区域严重干旱事件存在约 60 年的重现期，在 19 世纪 60 年代、1928～1932 年及 1991～2000 年均经历了严重干旱，这些时期的干旱也影响了我国华北和内蒙古地区。

综上，黄河上游地区几乎所有树轮降水或干旱重建均记录了 20 世纪 20 年代的显著干旱事件，同时存在一些区内干湿状况相反的时期。例如，甘肃连城地区 1786～1801 年降水量低于均值，但是迭山地区 1782～1788 年却相对湿润，这说明区域气候降水或干旱变化在特定时期存在一定的空间异质性。

3.1.4 温湿变化关系

温度与湿度之间的协同变化关系在黄河上游地区的长时间尺度气候变化历史中体现得较为明显。在过去2000年黄河上游径流量变化重建结果显示(Wang et al.，2022)，黄河上游高流量期通常对应气候温暖期，而低流量期则主要发生在寒冷期，如小冰期黄河上游径流量整体较低。这说明区域气候变化在低频上可能存在暖湿和冷干的气候组合模式。而这一特征与青藏高原东北部的降水与温度的组合模式比较一致，Liu等(2006)研究发现，过去千年北半球温度较低时期青海都兰地区降水量偏少，而在高温时期该地区降水显著增加。此外，Yang 等(2014)基于树轮资料重建的青藏高原东北部地区过去3500年降水变化历史也发现，该地区降水变化与北半球温度在低频变化上有很好的对应关系，说明黄河上游及青藏高原东北部地区的湿度变化可能受温度变化的调控。

青藏高原东北部处于现代亚洲夏季风控制区域的北部边缘(Chen et al.，2008)，区域湿度变化对亚洲夏季风变化响应敏感。北半球温度可能通过调控半球间热力梯度和海陆热力差，进而影响季风边缘区降水变化。此外，陆面蒸发的水汽也是青藏高原北部降水的重要来源(Yang et al.，2006)，变暖将增大蒸发量，同时可以使封存在冰川和冻土中的水分进入水循环，从而有利于增强区域降水。

3.2 黄河上游过去千年水文气候变化的影响机制

青藏高原东北部区域湿度和温度变化存在显著的年际、年代际和百年际尺度周期(Chen et al.，2016；Liu et al.，2013；Gou et al.，2010，2014)，表明区域气候变化可能受ENSO、太平洋十年际振荡(PDO)和太阳活动等的影响。

ENSO 是树轮重建的黄河上游温度、降水和径流等记录中最常见的周期性信号，表明 ENSO 变化对区域气候可能有重要影响。Bothe 等(2010)发现厄尔尼诺时期对应青藏高原干旱，而拉尼娜时期则对应青藏高原湿润。此外，李耀辉和李栋梁(2004)也发现青海东部和甘肃中部等地夏季降水与气温深受ENSO的影响，同时在ENSO循环不同位相气候特征也各不相同。厄尔尼诺发展年，青藏高原东侧地区的降水稀少、气温偏高，容易发生干旱。拉尼娜年和厄尔尼诺次年气候特征相似，但拉尼娜年气候异常的范围更大、异常程度更加明显，具体表现为青藏高原东侧降水偏多，气温偏低，气候相对湿润。夏季降水在厄尔尼诺发展年的异常强度较厄尔尼诺次年和拉尼娜年明显，而气温则相反。

黄河上游温度变化(Chen et al.，2016)、青藏高原东北部区域湿度变化(Gou et al.，2014)及临夏松鸣岩地区极端干旱事件的重现期(Kang et al.，2014)均存在与PDO相似的周期，说明PDO可能通过某些途径调谐青藏高原东北部地区气候变化。但是青藏高原东北部区域湿度变化与PDO的滑动相关结果显示，在过去千年两者间关系不稳定，存在两者一致变化的时段，也存在两者相反变化的时段(Gou et al.，2014)，目前关于该现象的发生机制还不清楚，有待进一步研究。

区域温度、降水、干旱和径流变化序列中存在与太阳活动有关周期(Liu et al.，2013；Chen et al.，2016；Gou et al.，2010，2014)，同时在太阳活动极小期时，区域降水量和黄河径流量减少(Gou et al.，2010，2014)，说明太阳活动对区域气候变化有重要影响。太阳辐射是地球气候系统最主要的能量来源，因此太阳活动可以影响温度变化。但是由于南、北半球陆表面积的显著差异，太阳活动的变化可能会引起海陆以及南、北半球热力差异。海陆热力差异是维系季风形成的重要因素，因此欧亚大陆与热带海洋间的温差变化可引起季风动态变化，从而引起季风边缘区降水量的变化(Li et al.，2008)。当太阳活动较弱时可引起温度降低、海陆温差减小，从而使得季风强度减弱，不能推动到季风边缘区，引起季风边缘区降水减少、干旱加剧，而降水量是影响黄河上游流量变化的主导因子(孙卫国等，2009)，最终使得黄河上游出现枯水期。

3.3 结　论

黄河上游仅占黄河流域总面积的 27%，但却贡献黄河年径流量的一半以上，是影响黄河流域生态保护与可持续发展的关键区域。本研究通过收集整理黄河上游地区基于树木年轮资料的过去千年水文气候变化研究，总结黄河上游地区长时间尺度的水文气候变化特征与规律，并探讨影响区域水文气候变化的驱动因素，以期为理解近期气候变化以及规划未来水资源利用和气候变化应对提供参考。

通过文献梳理与总结发现，黄河上游地区大部分的树轮年表记录了 20 世纪 20 年代严重的西北地区大干旱事件。然而，黄河上游过去千年径流重建却显示，历史时期曾出现过 4 个超过 20 世纪 20 年代干旱期低径流的极低流量时段，其中 15 世纪 80～90 年代是径流最低值时段，这意味着根据近现代水文观测记录来评估黄河上游的水文与气候变化可能会严重低估该区域的自然气候波动变化范围，进而影响防灾减灾预警机制的建立。近几十年，人类活动对黄河上游径流量的影响已经超过自然气候变化的影响，亟须在水文气候变化模拟和预估中进行充分考虑。黄河上游地区的温度变化特征既与全球气候变暖有一定同步性，又存在区域性的特色，如历史时期快速而剧烈的升温和降温事件、夏半年最高温和冬半年最低温之间的非对称变化等，这为全面理解全球气候变化的区域特征提供了独特而重要的资料证据。黄河上游及青藏高原东北部地区的树轮记录显示，在大空间尺度范围内存在比较一致的气候变化特征，如 15 世纪末的大干旱，以及历史时期暖湿和冷干的气候组合特征。这种大范围一致的气候变化可能受到 ENSO、PDO 及太阳活动等海-气耦合驱动因素的影响，需要采用更多的模型和记录证据来进行深入研究。同时，目前黄河上游地区的过去千年水文气候变化研究主要是基于树轮宽度资料开展的研究，而树轮同位素、密度等数据可能能提供年轮宽度资料难以反映的水汽来源、季节性温度变化等信息。因此，该区域未来需要加强多资料数据和记录的综合研究，以期获得对区域水文气候变化更全面深入的认识。

参 考 文 献

勾晓华, 杨梅学, 彭剑峰, 等. 2006. 树轮记录的阿尼玛卿山区过去 830 年夏半年最高温变化. 第四纪研究, 26(6): 991-998.

李耀辉, 李栋梁. 2004. ENSO循环对西北地区夏季气候异常的影响. 高原气象, 23(6): 930-935.

刘纯平, 姚檀栋. 1999. 敦德冰芯中微粒含量与沙尘暴及气候的关系. 冰川冻土, 21(4): 385-390.

刘禹, 杨银科, 蔡秋芳, 等. 2006. 以树木年轮宽度资料重建湟水河过去248年来6～7月份河流径流量. 干旱区资源与环境, 20(6): 69-73.

沈社荣. 2002. 浅析1928—1930年西北大旱灾的特点及影响. 固原师专学报, 23(1): 36-40.

孙军艳, 刘禹, 蔡秋芳, 等. 2011. 以树木年轮资料重建黄河上游大通河480年以来6～7月径流变化历史. 海洋地质与第四纪地质, 31(3): 109-116.

孙卫国, 程炳岩, 李荣. 2009. 黄河源区径流量与区域气候变化的多时间尺度相关. 地理学报, 64(1): 117-127.

Bothe O, Fraedrich K, Zhu X. 2010. The large-scale circulations and summer drought and wetness on the Tibetan plateau. International Journal of Climatology, 30(6): 844-855.

Chen F, Yu Z, Yang M, et al. 2008. Holocene moisture evolution in arid central Asia and its out-of-phase relationship with Asian monsoon history. Quaternary Science Reviews, 27(3-4): 351-364.

Chen F, Zhang Y, Shao X, et al. 2016. A 2000-year temperature reconstruction in the Animaqin Mountains of the Tibet Plateau, China. The Holocene, 26(12): 1904-1913.

Fang K, Frank D, Gou X, et al. 2013. Precipitation over the past four centuries in the Dieshan Mountains as inferred from tree rings: An introduction to an HHT-based method. Global and Planetary Change, 107: 109-118.

Fang K, Guo Z, Chen D, et al. 2017. Drought variation of western Chinese Loess Plateau since 1568 and its linkages with droughts in western North America. Climate Dynamics, 49(11-12): 3839-3850.

Flörke M, Schneider C, McDonald R I. 2018. Water competition between cities and agriculture driven by climate change and urban growth. Nature Sustainability, 1(1): 51-58.

Gao L, Gou X, Deng Y, et al. 2015. Dendroclimatic reconstruction of temperature in the eastern Qilian Mountains, northwestern China. Climate Research, 62(3): 241-250.

Gou X, Chen F, Cook E, et al. 2007a. Streamflow variations of the Yellow River over the past 593 years in western China reconstructed from tree rings. Water Resources Research, 43(6): W06434.

Gou X, Chen F, Jacoby G, et al. 2007b. Rapid tree growth with respect to the last 400 years in response to climate warming, northeastern Tibetan Plateau. International Journal of Climatology, 27(11): 1497-1503.

Gou X, Chen F, Yang M, et al. 2008. Asymmetric variability between maximum and minimum temperatures in Northeastern Tibetan Plateau: Evidence from tree rings. Science in China Series D Earth Sciences, 51(1): 41-55.

Gou X, Deng Y, Chen F, et al. 2010. Tree ring based streamflow reconstruction for the Upper Yellow River over the past 1234 years. Chinese Science Bulletin, 55(36): 4179-4186.

Gou X, Deng Y, Chen F, et al. 2014. Precipitation variations and possible forcing factors on the Northeastern Tibetan Plateau during the last millennium. Quaternary Research, 81(3): 508-512.

Kang S, Bräuning A, Ge H. 2014. Tree-ring based evidence of the multi-decadal climatic oscillation during the past 200 years in north-central China. Journal of Arid Environments, 110: 53-59.

Li J, Cook ER, D'Arrigo R, et al. 2008. Common tree growth anomalies over the northeastern Tibetan Plateau during the last six centuries: Implications for regional moisture change. Global Change Biology, 14(9): 2096-2107.

Li J, Xie S, Cook E R, et al. 2019. Deciphering human contributions to Yellow River flow reductions and downstream drying using centuries-long tree ring records. Geophysical Research Letters, 46(2): 898-905.

Liu X, Dong H, Yang X, et al. 2009. Late Holocene forcing of the Asian winter and summer monsoon as evidenced by proxy records from the northern Qinghai-Tibetan Plateau. Earth and Planetary Science Letters, 280(1-4): 276-284.

Liu Y, An Z, Ma H, et al. 2006. Precipitation variation in the northeastern Tibetan Plateau recorded by the tree rings since 850 AD and its relevance to the Northern Hemisphere temperature. Science in China Series D Earth Sciences, 49(4): 408-420.

Liu Y, Lei Y, Sun B, et al. 2013. Annual precipitation in Liancheng, China, since 1777 AD derived from tree rings of Chinese pine(*Pinus tabulaeformis* Carr.). International Journal of Biometeorology, 57(6): 927-934.

Liu Y, Song H, An Z, et al. 2020. Recent anthropogenic curtailing of Yellow River runoff and sediment load is unprecedented over the past 500 y. Proceedings of the National Academy of Sciences of the United States of America, 117(31): 18251-18257.

Mann M E, Zhang Z, Rutherford S, et al. 2009. Global signatures and dynamical origins of the little ice age and medieval climate anomaly. Science, 326(5957): 1256-1260.

Milly P C D, Dunne K A. 2020. Colorado River flow dwindles as warming-driven loss of reflective snow energizes evaporation. Science, 367(6483): 1252-1255.

Rao M P, Cook E R, Cook B I, et al. 2020. Seven centuries of reconstructed Brahmaputra River discharge demonstrate underestimated high discharge and flood hazard frequency. Nature Communications, 11(1): 6017.

Stahl K, Hisdal H, Hannaford J, et al. 2010. Streamflow trends in Europe: evidence from a dataset of near-natural catchments. Hydrology and Earth System Sciences, 14(12): 2367-2382.

Treydte K S, Schleser G H, Helle G, et al. 2006. The twentieth century was the wettest period in northern Pakistan over the past millennium. Nature, 440(7088): 1179-1182.

Wang W, Dong Z, Rao M P, et al. 2022. Last two millennia of streamflow variability in the headwater catchment of the Yellow River basin reconstructed from tree rings. Journal of Hydrology, 606: 127387.

Williams A P, Cook B I, Smerdon J E. 2022. Rapid intensification of the emerging southwestern North American megadrought in 2020—2021. Nature Climate Change, 12(3): 232-234.

Yadav R R. 2011. Long-term hydroclimatic variability in monsoon shadow zone of western Himalaya, India. Climate Dynamics, 36(7-8): 1453-1462.

Yang B, Qin C, Bräuning A, et al. 2021. Long-term decrease in Asian monsoon rainfall and abrupt climate change events over the past 6700 years. Proceedings of the National Academy of Sciences of the United States of America, 118(30): e2102007118.

Yang B, Qin C, Wang J, et al. 2014. A 3, 500-year tree-ring record of annual precipitation on the northeastern Tibetan Plateau. Proceedings of the National Academy of Sciences of the United States of America, 111(8): 2903-2908.

Yang M, Yao T, Wang H, et al. 2006. Estimating the criterion for determining water vapour sources of summer precipitation on the northern Tibetan Plateau. Hydrological Processes, 20(3): 505-513.

Zhang E, Shen J, Wang S, et al. 2004. Quantitative reconstruction of the paleosalinity at Qinghai Lake in the past 900 years. Chinese Science Bulletin, 49(7): 730-734.

第4章

黄河上游水源涵养区过去近60年气候变化及未来预估

黄河上游水源涵养区地处青藏高原东缘，是青藏高原、黄土高原、内蒙古高原的交会区，属大陆性季风气候，其地形地貌复杂、生态环境脆弱，气候的区域性差异较大，是全球气候变暖的显著区域之一（王丹等，2021）。其水资源的时空变化对黄河流域水资源具有重要的影响，其径流的变化对我国北方地区的生态安全、水安全具有重要的保障作用，而其中的黄河源区更是黄河流域生态保护与社会经济高质量发展的重要区段（叶培龙等，2020；唐芳芳等，2012）。气候要素的时空变化是引起水资源变化的主要原因，在全球变暖的背景下，气候变化不仅会引起水资源在时空上的重新分配，而且加剧洪涝、干旱等灾害的发生频率，进而影响到区域生态环境乃至人类的生存环境（黄建平等，2020）。因此，黄河上游水源涵养区的气候变化及其对生态环境的影响也一直是我国政府和学术界关注的热点问题。

虽然黄河流域对中国水资源很重要，相关研究也取得了显著的进展，但过去和未来黄河上游水源涵养区的气候具体如何演变不甚清楚。使用简化范式“湿者越湿、干者越干”来预估未来气候变化可能会产生误判，特别是对未来可能出现的温室气体排放增加导致的极端气候事件缺乏认识。黄河流域的气候是由许多相互作用的因素造成的，生态系统极易受到气候变化的影响（Zhang et al.，2018），人们对未来气候变化下该敏感区域的气候可能如何演变知之甚少。黄河上游水源涵养区处于我国西北干旱半干旱区，降水匮乏，水分对该区域径流量的影响比其他地区更加显著，因此研究黄河上游水源涵养区气候变化特征，对了解该流域水土流失和生态环境变化、保护和合理利用水土资源、减少气象灾害、促进经济可持续发展具有十分重要的意义（何金梅等，2019）。因此本章选取黄河上游水源涵养区，分析关键气候要素在过去60年的变化，以及预估未来不同排放情景下的气候变化特征。

4.1 过去近 60 年来气候要素变化特征

4.1.1 气温

从空间上来看(图 4-1)，年平均气温呈现出东高西低的空间分布，区域平均气温大约为 0.12℃。气温的空间分布与海拔密切相关，研究区域东侧海拔较低，西侧区域位于青藏高原上，海拔较高，因此东部区域较温暖，西部区域较寒冷，暖中心大致处于 36°N、103°E 附近，即兰州及其周边地区，这是由于该地区的海拔相对低及城市的“热岛效应”使得该地区温度明显高于其他地区。同时，从城市的分布来看，研究区域东部城市密集程度也要高于西部，这也是造成这种温度空间分布的因素之一。

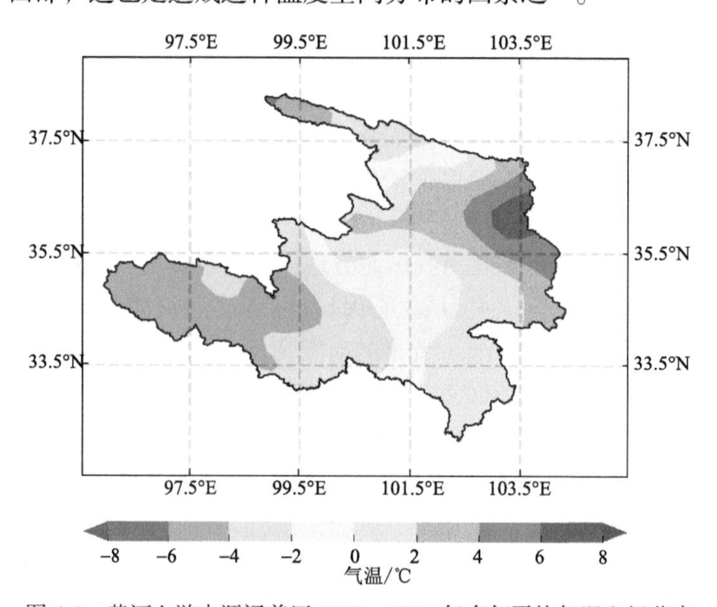

图 4-1 黄河上游水源涵养区 1961～2016 年多年平均气温空间分布

表 4-1 显示黄河上游水源涵养区年平均和季节平均气温的年代际统计数据，年平均和季节平均气温都有所上升，但 20 世纪 80 年代春季气温异常偏低。与 20 世纪 60 年代相比，2011～2016 年的年平均气温上升了 1.55℃。春、夏、秋、冬季气温分别上升了 1.18℃、1.37℃、1.64℃、2.20℃。1991～2016 年年平均和季节平均气温比 1961～1990 年、1971～2000 年和 1981～2010 年分别高 0.86～1.23℃、0.69～0.85℃和 0.33～0.41℃。相比之下，冬季的气温上升幅度比其他季节更大。

表 4-1 黄河上游水源涵养区 1961～2016 年年平均和季节平均气温的年代际统计数据

（单位：℃）

项目	1961～1970 年	1971～1980 年	1981～1990 年	1991～2000 年	2001～2010 年	2011～2016 年	1961～1990 年	1971～2000 年	1981～2010 年	1991～2016 年
年平均	−0.52	−0.33	−0.19	0.19	0.86	1.03	−0.34	−0.11	0.29	0.65

续表

项目	1961～1970年	1971～1980年	1981～1990年	1991～2000年	2001～2010年	2011～2016年	1961～1990年	1971～2000年	1981～2010年	1991～2016年
春季	0.56	0.63	0.36	1.07	1.47	1.74	0.52	0.69	0.97	1.38
夏季	9.76	9.73	9.85	10.27	10.85	11.13	9.78	9.95	10.32	10.70
秋季	−0.41	−0.25	0.04	0.31	0.90	1.23	−0.21	0.04	0.43	0.76
冬季	−11.97	−11.31	−11.01	−10.84	−9.81	−9.77	−11.43	−11.05	−10.55	−10.20

图4-2分别显示1961～2016年年平均和季节平均气温随时间的变化，气温显著波动上升，年平均升温速率为0.34℃/10a，由此表明在过去的56年里，年平均气温上升了近2℃。春、夏、秋、冬季的气温分别以0.26℃/10a、0.29℃/10a、0.35℃/10a和0.48℃/10a的速率增加，且以上变化率均通过99%的显著性检验，表明年平均和季节平均气温的增加都是显著的。相对而言，最剧烈的升温出现在冬季，而升温速率最小值出现在春季，冬季的升温速率大约是春季的两倍。

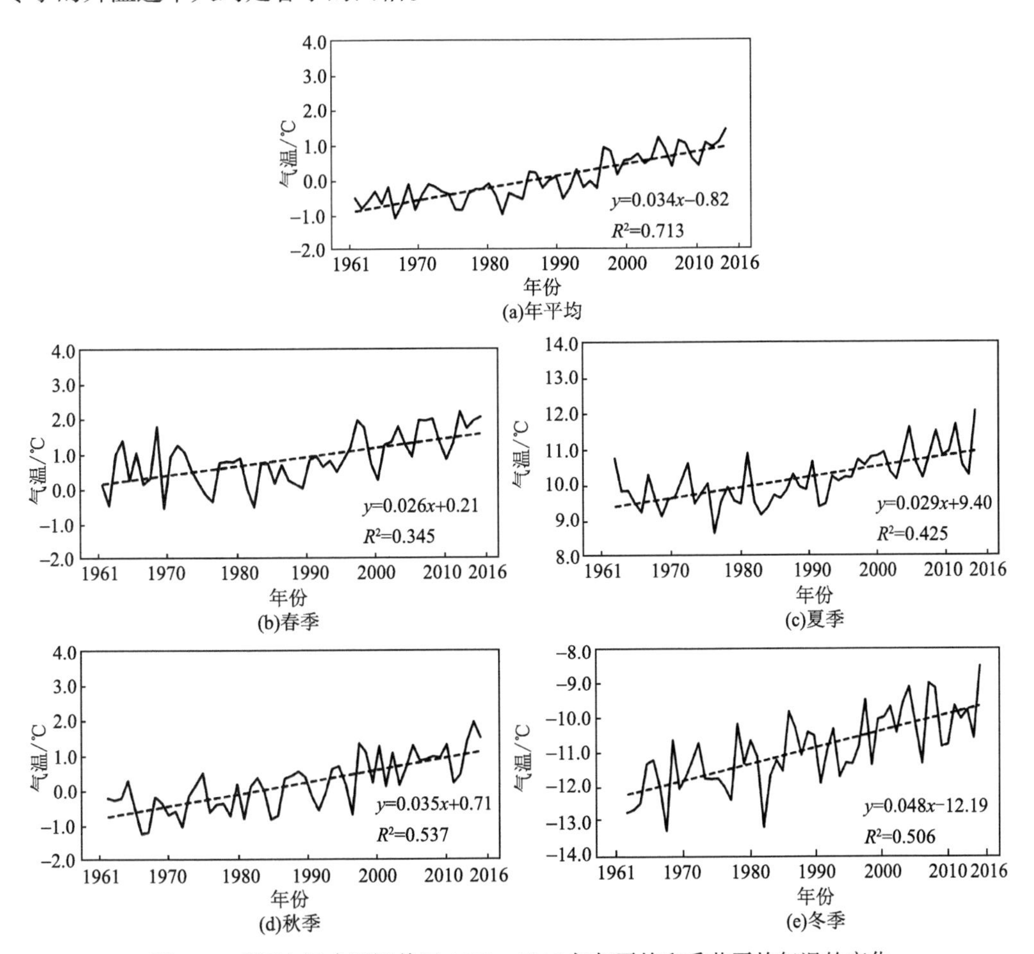

图4-2　黄河上游水源涵养区1961～2016年年平均和季节平均气温的变化

虚线表示线性变化率

从图 4-3 可以看出，1961～2016 年年平均气温在空间上呈现不均匀的显著升高趋势，其中在 34°N、102°E 附近区域（甘肃省玛曲县及周边地区）升温最为明显，超过 0.40℃/10a。而在研究区东部以及南部的小范围地区（甘南高原和湿地自然保护区）升温速率较小，基本处于 0.20～0.25℃/10a。

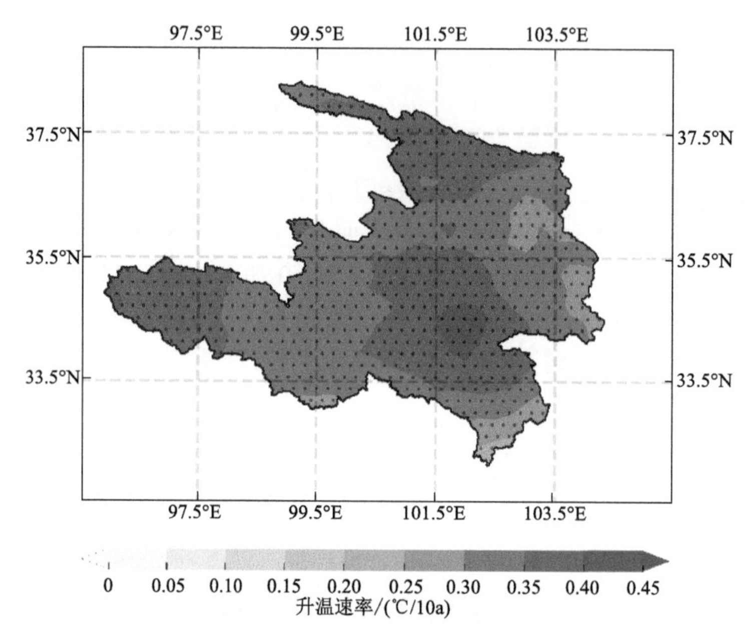

图 4-3　黄河上游水源涵养区 1961～2016 年年平均气温变化趋势空间分布
黑点代表变化趋势通过 95%显著性检验

在全球变暖的大背景下，中国是全球变暖的显著区域，干旱区年平均气温变化对全球变暖响应显著，其中黄河流域的变暖更为显著（刘吉峰等，2011）。目前已有很多针对黄河流域过去不同时段、不同区域的气候变化研究，研究显示黄河流域整体气温自 1961 年起呈现出上升态势，1961～2020 年气温变化趋势显著，平均升温速率为 0.30℃/10a，为全球升温速率的两倍（王有恒等，2021；王胜杰等，2021）。20 世纪 80 年代之前升温趋势较平稳，进入 80 年代后升温趋势明显加快，升温主要发生在 1981～2000 年，并且不同季节升温趋势存在显著差异，冬季最为显著，其次为春季和秋季，夏季升温幅度最小。而在黄河上、中、下游三个区域中，上游和西北地区是升温幅度较大的地区，其中夏季和秋季上游地区增温尤为显著（黄建平等，2020；赵建华等，2018），1961～2019 年上游地区升温趋势显著，明显高于中、下游地区的升温速率（肖风劲等，2021）。

针对黄河上游地区的研究一般选择河口镇以上部分，该区域相较于本研究中的黄河上游地区还包括宁夏北部–河套地区，因此结果略有差异。前人研究发现，黄河上游地区 20 世纪 60 年代至 21 世纪初的气温呈现出强烈的上升趋势，升温速率可达 0.32℃/10a，而在 1980～2018 年以 0.23℃/10a 的速率增加，说明进入 21 世纪后升温速率开始减缓。其中，冬季气温呈很强的上升趋势，秋季次之，春、夏季升温幅度小，与本研究中各季节升温趋势基本吻合。从空间上看，升温幅度自西南向东北逐渐增大，其中黄河源区及汇流区温度升温较缓，并且源头区温度在 2000 年之前是下降的，之后才逐渐上升（叶培龙等，2020；马雪宁等，2012）。Cuo 等(2013)发现 1957～2009 年黄河上游年平均气温呈线性增加趋势，2009 年比 1957 年年平均气温升高了大约 1.6℃。Lu 等(2021)发现，1989～2018 年气温有明显的上升趋势，气温分布总体上呈西南低东南高。

唐乃亥水文站以上的黄河源区升温尤为显著。李霞等(2014)通过分析站点观测数据发现，1979～2010 年黄河源区气象气温整体呈上升趋势，尤其是 2001～2010 年升温幅度更明显，黄河源区各站点气温差异明显，但是气温整体空间分布特征为东高西低。马守存等(2018)通过对黄河源区 26 个国家基本气象站年平均气温数据进行线性回归拟合后发现，1982～2013 年黄河源区年平均气温呈显著上升趋势，尤其是 20 世纪 80 年代末以后气温持续波动上升，升温速率为 0.67℃/10a。Deng 等(2019)研究发现，1961～2015 年黄河源区升温速率介于 0.3～0.6℃/10a。综上，黄河上游水源涵养区乃至整个黄河流域年平均气温在空间上呈现西高东低的空间分布，在过去几十年中都呈现显著升温趋势，并且高于全国同期水平。黄河上游水源涵养区升温有显著的季节性差异，冬季是升温幅度最大的季节，春、夏季升温幅度较小。但由于研究区域、气温数据的选择不同及时间尺度长短不一，各研究中得到的升温趋势存在一定差别。

4.1.2　降水

研究区降水呈现由东南向西北递减的空间分布(图 4-4)，东南的湿中心靠近四川盆地，因此降水量大，较为湿润。而在西部 35°N、96°E 的黄河源区附近地区以及东部 37°N、103.5°E 附近(兰州以北)出现了两个低值区。西部的低值中心是由于海拔较高，南亚的暖湿气流较难抵达，且植被稀疏、蒸发较少，降水缺少水汽补充；东部的低值中心处于黄土高原，深处内陆较难受到暖湿夏季风影响，因此降水较少。区域年平均降水量约为 472.8 mm。

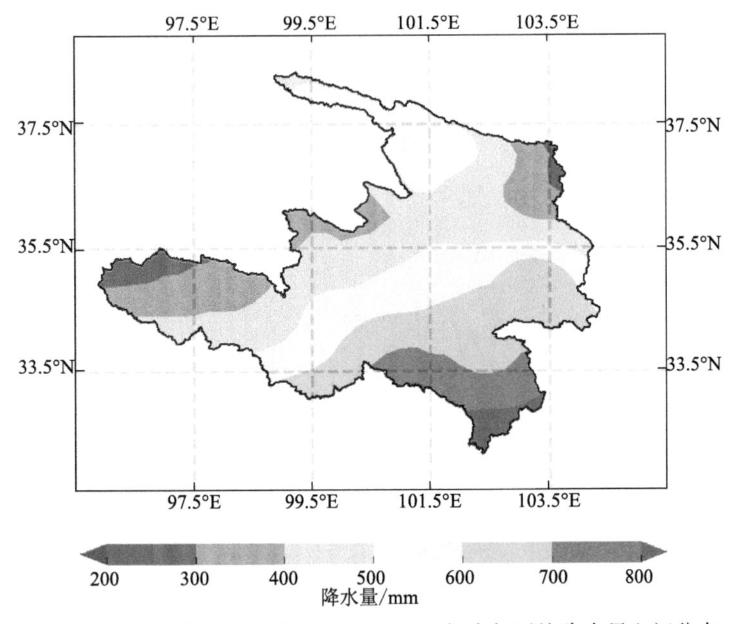

图 4-4　黄河上游水源涵养区 1961～2016 年多年平均降水量空间分布

如图 4-5 所示，年平均和季节平均降水量在 1961～2016 年均有所增加，但统计数据(表 4-2)显示，20 世纪 90 年代的降水量相对较低。与 20 世纪 60 年代相比，2011～2016 年的年平均降水量增加了 18%(82.7 mm)，冬季的降水相对增量最大(37%)，其次是春季(33%)。2000 年之前，年平均降水量最大值出现在 20 世纪 80 年代，最小值出现在 20 世纪 60 年代，在 20 世纪 90 年代出现明显下降，季节平均降水量变化趋势也有明显差异。与 1961～1990 年、1971～2000 年和 1981～2010 年相比，1991～2016 年的年平均降水量分别增加了 13.2 mm(2.8%)、12.7 mm(2.7%)和 10.7 mm(2.3%)。

季节平均降水量的年际变化比较复杂，除冬季外其他季节 20 世纪 90 年代降水均有下降，之后继续上升(图 4-5)。黄河上游水源涵养区年平均降水量以 9.27 mm/10a(99%显著性检验)的速率增加，春、夏、秋、冬季的降水增速分别为 3.98 mm/10a(95%显著性检验)、3.75 mm/10a(90%显著性检验)、1.00 mm/10a(未通过 95%显著性检验)、0.61 mm/10a(95%显著性检验)，表明除秋季外其余季节降水量增加显著。同时可以发现，研究区域冬季的降水量绝对值较低，小于 15 mm(表 4-2)，表明冬季较为干旱。

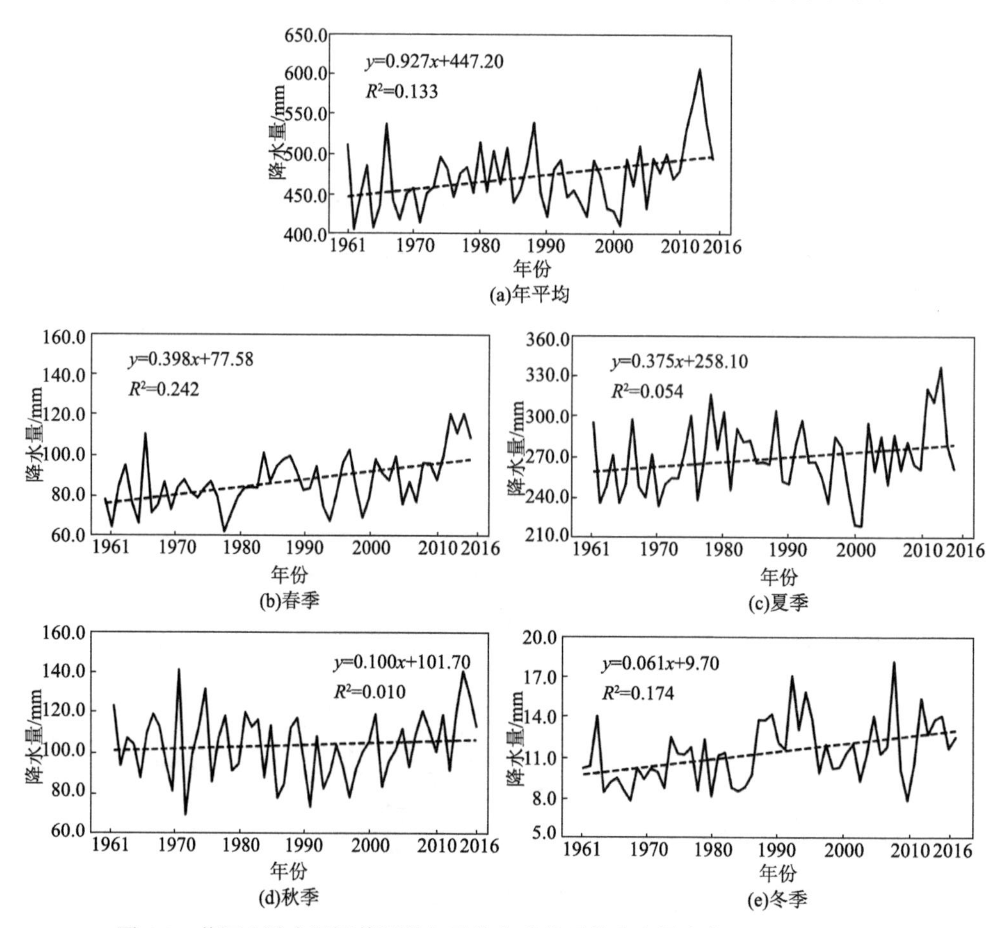

图 4-5　黄河上游水源涵养区的年平均和季节平均降水量变化(1961～2016 年)

虚线表示线性变化率

表 4-2　黄河上游水源涵养区 1961～2016 年年平均和季节平均降水量的年代际统计数据

（单位：mm）

项目	1961～1970 年	1971～1980 年	1981～1990 年	1991～2000 年	2001～2010 年	2011～2016 年	1961～1990 年	1971～2000 年	1981～2010 年	1991～2016 年
年平均	454.9	462.5	482.5	456.3	468.6	537.6	466.6	467.1	469.1	479.8
春季	82.4	80.3	91.8	85.1	90.2	109.7	84.9	85.7	89.0	92.7
夏季	258.4	265.8	275.2	265.1	261.3	295.1	266.5	268.7	267.2	270.6
秋季	104.1	105.8	104.6	93.4	105.4	119.7	104.8	101.3	101.1	104.1
冬季	9.8	10.5	11.2	12.5	11.7	13.4	10.5	11.4	11.8	12.4

从图 4-6 可以看到，研究区年降水量增速整体由西北向东南递减，且在研究区东南部地区降水量呈现较为显著的负增长，减少最多的区域达到–20 mm/10a。在研究区北部及西南部降水量增加最为显著，部分地区降水量增速可超过 20 mm/10a。

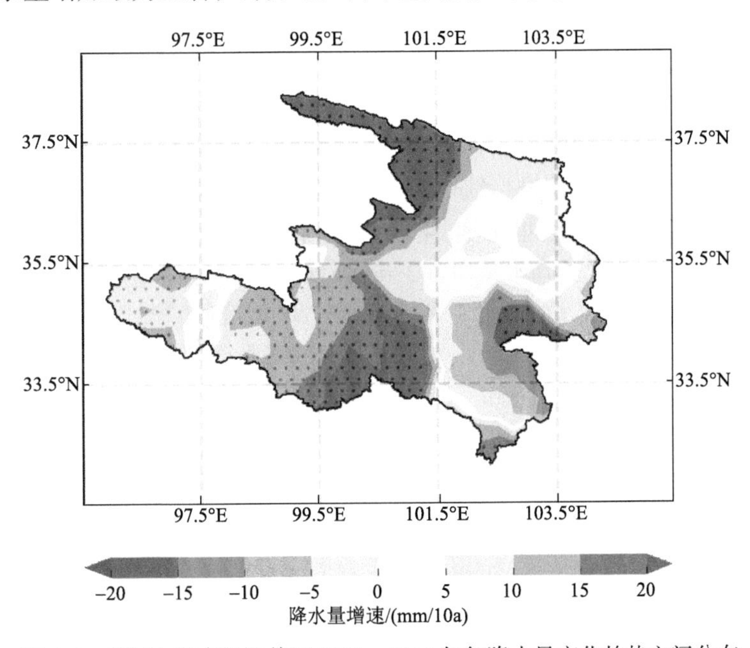

图 4-6　黄河上游水源涵养区 1961～2016 年年降水量变化趋势空间分布

黑点代表变化趋势通过 95%显著性检验

受东亚高原季风和海陆季风的影响，加上下垫面的复杂性，黄河流域降水量的分布及其变化趋势显示出显著的区域差异（Lv et al.，2018）。现有研究结果大多表明黄河流域在 1961～2020 年降水量整体呈下降趋势，变化趋势从西北向东南表现为由增加变为减少（Lu et al.，2021；马柱国等，2020；肖风劲等，2021），其中 1981～2000 年是黄河流域降水量普遍偏少的时期，仅有上游南部和青铜峡以下的局部地区的降水量高于多年平均值，进入 21 世纪以来，黄河流域的降水量才总体转丰（赵建华等，2018）。黄河流域降水量变化趋势具有明显的空间差异性，1961～2020 年黄河中、下游地区降水呈减少趋势，上游地区降水量反而呈增加趋势(王有恒等，2021；王胜杰等，2021；黄建平等，2020)，但其部分地区气候倾向率未通过 95%的显著性检验，故黄河上游年降水量的增加趋势并不完全显著(赵慧霞等，2022)。

在黄河上游(河口镇以上)，流域年降水量的空间分布总体上呈现出东南多、西北少，以扇形从东南向西北递减的趋势；其平均降水量自 1960 年开始整体波动下降，进入 2000 年以后，降水量又开始显著增多，整体呈上升趋势(马佳宁和高艳红，2019；马雪宁等，2012)，1980～2018 年气候倾向率为 10.9 mm/10a，且四季变化趋势存在明显差异(叶培龙等，2020)。

魏娜等(2010)研究发现在 20 世纪 80 年代以后到 21 世纪初，我国西北地区东部降水量明显减少，干旱化趋势严重，其东部的南边界和西边界水汽输入减少趋势明显，使得水汽总收支逐渐减少。兰州段以上部分是黄河流域年降水总量变化较小的地区(杨特群等，2009)，很多研究都发现在 2000 年以前，黄河流域上游平均降水量总体上呈递减趋势(Xu et al.，2007；Zhao et al.，2007)，本研究也显示 20 世纪 90 年代降水量显著减少，降回到 60 年代的水平，整体来看仅有微弱的上升。而在 2001～2010 年除玛曲站外的其他站点年降水量都呈增加趋势(李霞等，2014)。

在黄河源区，研究发现自 20 世纪 50 年代以来降水量总体呈现出不断增加的态势，长期趋势达到 7.3 mm/10a(P<0.01)(郑子彦等，2020)。马守存等(2018)对黄河源区 26 个国家基本气象站年降水量数据进行线性回归拟合后发现，1982～2013 年黄河源区年降水量的阶段性变化特征明显，20 世纪 80 年代到 90 年代末表现出微弱的减少趋势，而后则为增加趋势，自 2001 年之后降水量以 3.2 mm/a(P<0.1)的速率增加(郑子彦等，2020)，近 10 年为 20 世纪 60 年代以来降水最多的 10 年，区域气候暖湿化趋势加剧(刘彩红等，2021)。但是黄河源区的降水变率略小于长江源区的降水变率，低于同期青藏高原的降水变率(刘晓琼等，2019)。

综上，选择时间尺度不同，各个研究中降水量的变化趋势并不一致。黄河上游水源涵养区降水量在空间上呈现从东南向西北逐渐减少的分布格局，1960～2000 年降水量有所减少，20 世纪 90 年代降水量明显偏低，进入 21 世纪后降水量开始增加。

4.1.3 风速

年平均近地表风速在空间上大致呈现由西北向东南递减的分布模态(图 4-7)。风速受到地形因素影响，研究区中高海拔地区地形开阔、城市密度低，对气流的运动阻挡较小。而东部的低值中心正对应兰州及其周边地区，城市中建筑较多，增加地表阻力，妨碍大气流动。整个研究区年平均近地表风速约为 2.84 m/s。

如图 4-8 所示，1961～2016 年黄河上游水源涵养区平均近地表风速整体呈下降趋势，年平均降速为 0.11 m/(s · 10a)，其中 20 世纪 70 年代初出现了一个峰值。在过去的 56 年里，平均风速降低了 0.62 m/s 左右。春、夏、秋、冬季的平均风速分别以 0.14 m/(s ·10a)、0.11 m/(s · 10a)、0.10 m/(s · 10a)、0.11 m/(s · 10a)的速率降低，以上变化趋势均通过 99%显著性检验，表明年平均和季节平均风速都显著降低，变化幅度基本一致，相对来说春季降速略大。

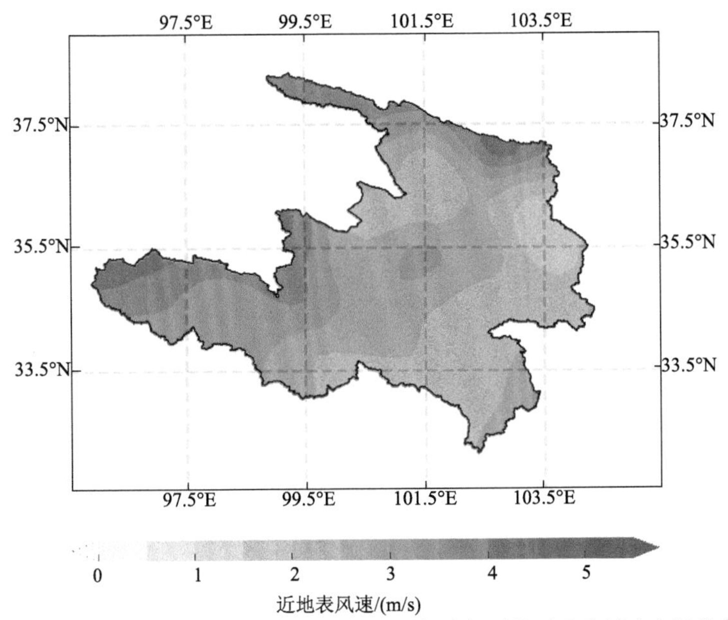

图4-7　黄河上游水源涵养区1961～2016年多年平均近地表风速空间分布

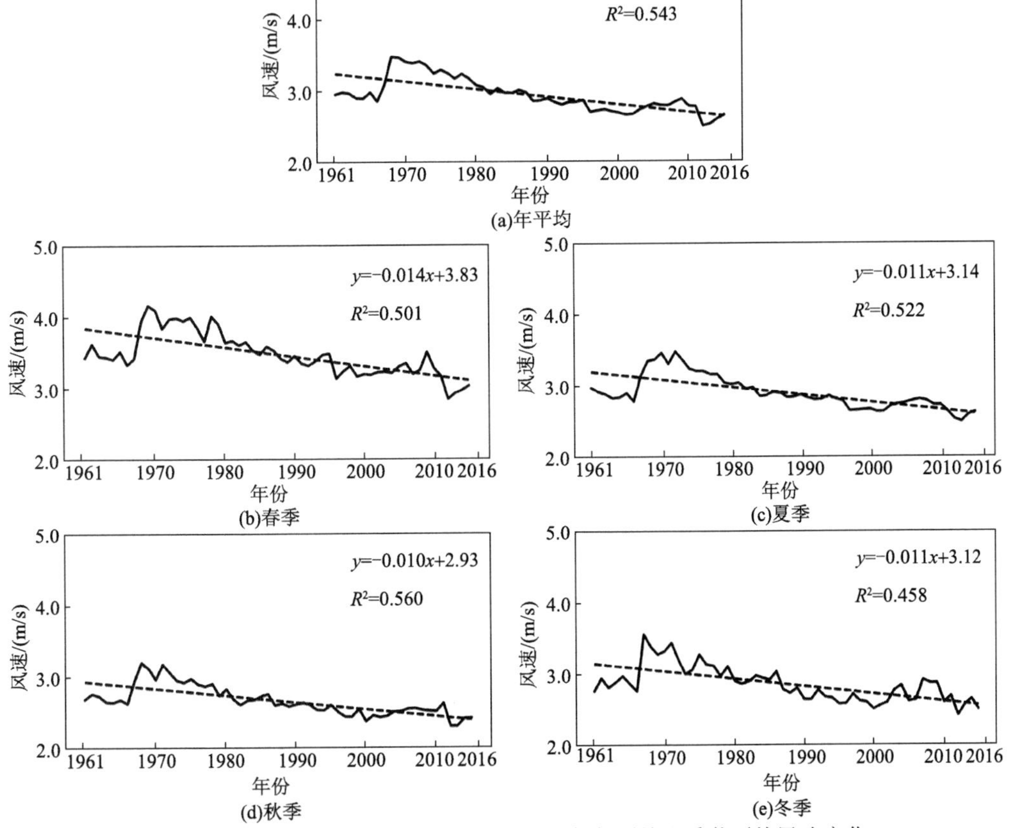

图4-8　黄河上游水源涵养区1961～2016年年平均和季节平均风速变化

虚线表示线性变化率

表 4-3 显示黄河上游水源涵养区近地表风速均有不同程度的降低，但 20 世纪 60 年代末至 70 年代初风速显著升高，之后持续下降。与 20 世纪 60 年代相比，2011～2016 年年平均风速降低 0.44 m/s，春季平均风速降低最多，而秋季降低最少。1991～2016 年年平均和季节平均风速比 1961～1990 年、1971～2000 年和 1981～2010 年分别降低 0.31～0.45 m/s、0.22～0.37 m/s 和 0.07～0.15 m/s。

表 4-3　黄河上游水源涵养区 1961～2016 年年平均和季节平均近地表风速的年代际统计

（单位：m/s）

项目	1961～1970 年	1971～1980 年	1981～1990 年	1991～2000 年	2001～2010 年	2011～2016 年	1961～1990 年	1971～2000 年	1981～2010 年	1991～2016 年
年平均	3.07	3.31	2.98	2.80	2.77	2.63	3.12	3.03	2.85	2.75
春季	3.55	3.91	3.53	3.30	3.24	3.00	3.66	3.58	3.36	3.21
夏季	2.94	3.22	2.87	2.71	2.67	2.54	3.01	2.93	2.75	2.66
秋季	2.80	2.94	2.67	2.54	2.48	2.42	2.80	2.71	2.56	2.49
冬季	3.00	3.14	2.86	2.62	2.69	2.54	3.00	2.87	2.72	2.63

从图 4-9 可以看出，在 1961～2016 年整个研究区内的绝大部分地区年平均风速都呈现出下降趋势，只有东南部零星地区有较小程度的上升，其上升速率在 0.05～0.10 m/(s · 10a)。在东北部地区风速下降最快，其下降速率为 0.25～0.35 m/(s · 10a)。

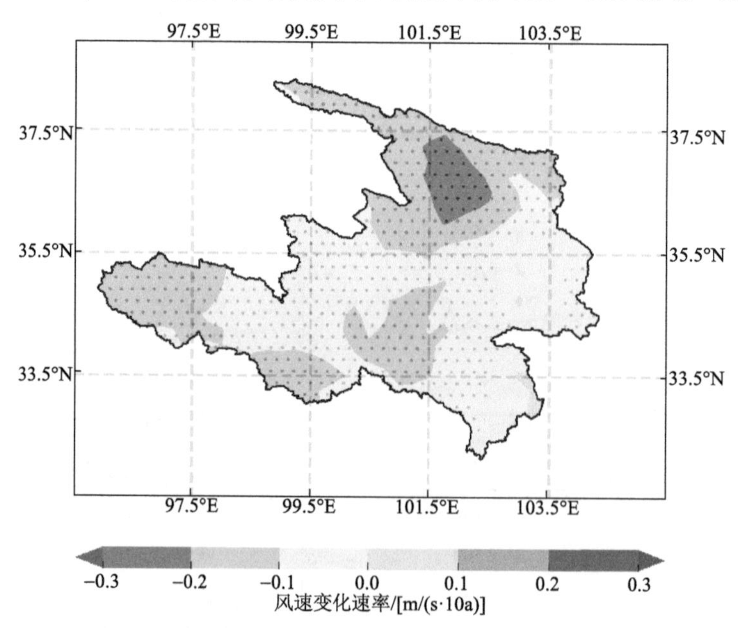

图 4-9　黄河上游水源涵养区 1961～2016 年年平均风速变化趋势空间分布

黑点代表变化趋势通过 95%显著性检验

现有对黄河上游甚至青藏高原风速变化的研究中，近几十年的风速均呈现下降趋势，且在 1969 年前后都出现了明显的风速突变，这是当时中国各地风速计的大规模升级导致的(Cuo et al., 2013)。Cuo 等(2013)研究发现 1969 年前后，黄河流域上游风速出现了突然变化，在 1969 年之后几乎呈线性下降，与 1957 年相比，2009 年风速平均下降了 0.3 m/s。刘勤等（2014）研究发现黄河上游风速呈现显著下降的变化趋势，每 10 年下降速率为 0.09 m/s（P<0.01），最大风速出现在 1969 年，最小风速出现在 2007 年。徐丽娇等（2019）研究发现 1961～2010 年青藏高原风速则呈现出先升高后下降的趋势，除 20 世纪 60 年代中期到 80 年代末期风速偏大外，其他时间风速均偏小，风速最大值出现在 1974 年（2.57 m/s），最小值出现在 2002 年（1.84 m/s）。自 20 世纪 80 年代以来，全球平均地表风速也一直在下降，1980～2010 年下降了 8%，被称为全球陆地静止现象，北半球中纬度范围内几乎所有大陆地区，地表风速都下降了 5%～15%（Zeng et al.，2019），其潜在原因目前仍然存在争议。许多使用再分析数据集进行的区域尺度研究发现，风速与各种气候指数之间存在相关性，ERA-Interim 再分析数据捕捉到的大气环流变化解释了北半球中纬度地区 10%～50%的风静止，使用 MM5 模式进行的敏感性模拟分析表明 25%～60%可能是由于植被导致的粗糙度增加，城市化可能是另一个粗糙度增加的因素（Wu et al.，2018；Torralba et al.，2017；Nchaba et al.，2017；Mcvicar et al.，2012）。

4.1.4　蒸发

从图 4-10 可以看出，研究区东部和南部蒸发量较大，绝大部分地区蒸发量都处在 300～500 mm，高值区主要集中在东南部气温较高地区。东部的实际蒸发量高值区与气温高值区比较吻合，但在西南部源区却出现相反情况，说明气温并不是决定蒸发的唯一主导因子。整个研究区年平均蒸发量约为 345.40 mm。

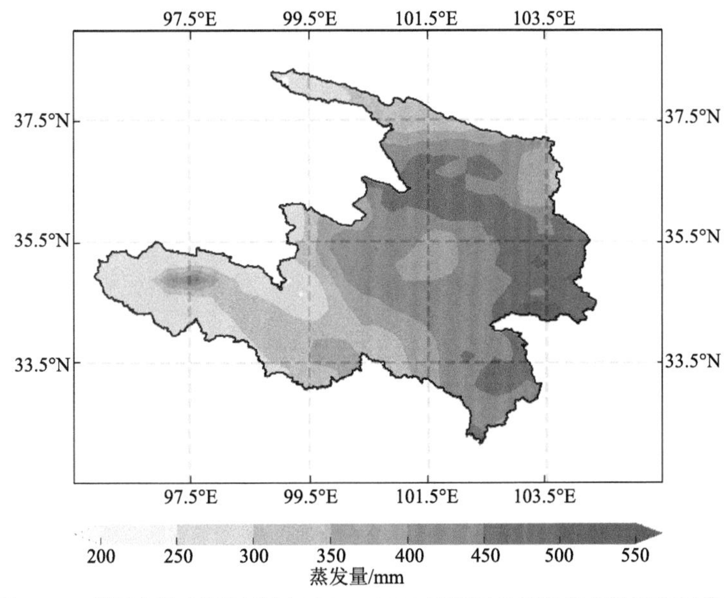

图 4-10　黄河上游水源涵养区 1981～2020 年实际多年平均蒸发量空间分布

图 4-11 显示年平均和季节平均蒸发量都呈现出显著增加趋势（95%显著性检验），其中年平均蒸发量增速为 11.89 mm/10a。春季和夏季的蒸发量增速较大，约为 4.0 mm/10a，

冬季蒸发量的增速最小，只有春季的 29.3%、夏季的 30.9%。

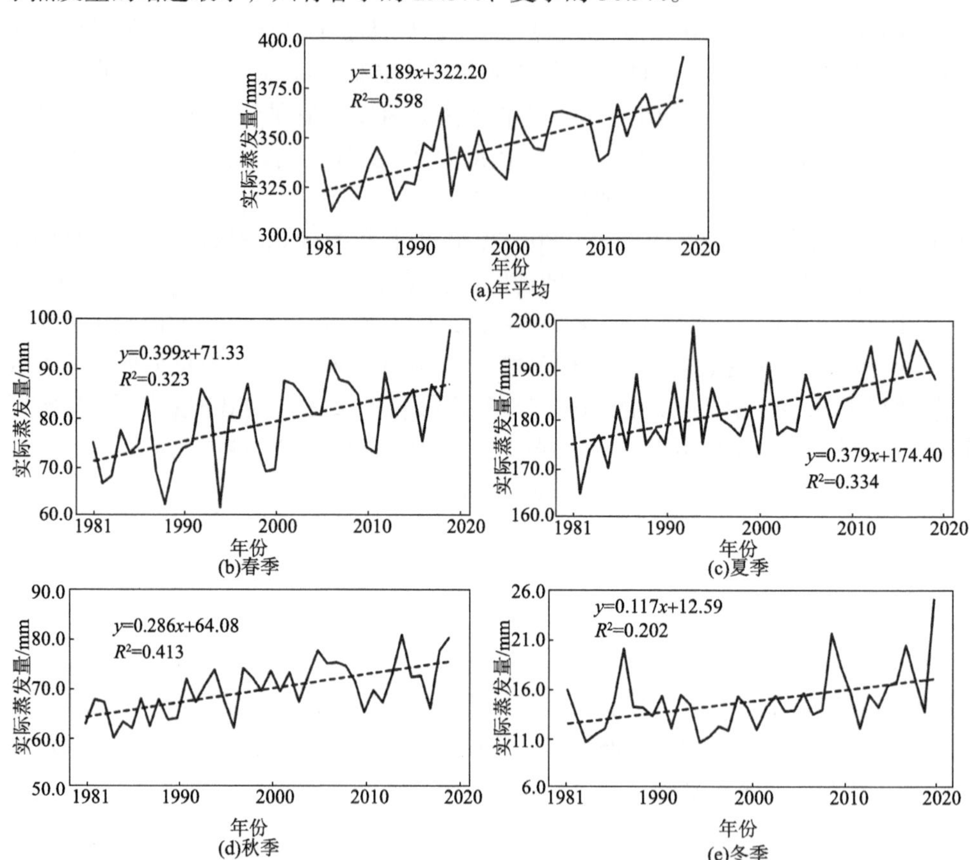

图 4-11　黄河上游水源涵养区 1981～2020 年年平均和季节平均蒸发量变化

虚线表示线性变化率

1981～2020 年研究区的实际蒸发量持续波动上升，由表 4-4 可以得到，与 20 世纪 80 年代相比，2011～2020 年年平均蒸发量增加了 34.0 mm(增幅约 10.4%)，春季与冬季相对增幅较大，冬季达到 19%以上，尽管夏季增加量较大，但相对增幅最小，约 7.2%。1991～2020 年相较于 1981～2020 年年均实际蒸发量增加了 11.3 mm，相对增幅约 3.3%。

表 4-4　黄河上游水源涵养区 1981～2020 年年平均和季节平均蒸发量的年代际统计数据

(单位：mm)

项目	1981～1990 年	1991～2000 年	2001～2010 年	2011～2020 年	1981～2010 年	1991～2020 年
年平均	327.0	340.2	353.5	361.0	340.2	351.5
春季	72.3	77.1	84.2	84.9	77.9	81.4
夏季	176.2	180.9	181.0	188.9	179.4	183.6
秋季	64.4	69.1	72.8	72.3	68.8	71.4
冬季	14.1	13.4	15.3	16.8	14.2	15.1

从年蒸发的年际变化空间分布可以看出(图 4-12)，研究区大部分地区蒸发量经历了增加趋势，且变化趋势较为显著，只有东南部零星区域以及中部玛沁县附近区域蒸发量有所减少。蒸发量变化一定程度上与气温变化有关，由于研究区大部分区域气温增加显著，蒸发量也随之显著增加，而东部部分地区气温处于减小或是微弱增加趋势，因此东部地区蒸发量增加也较微弱，甚至负增长。

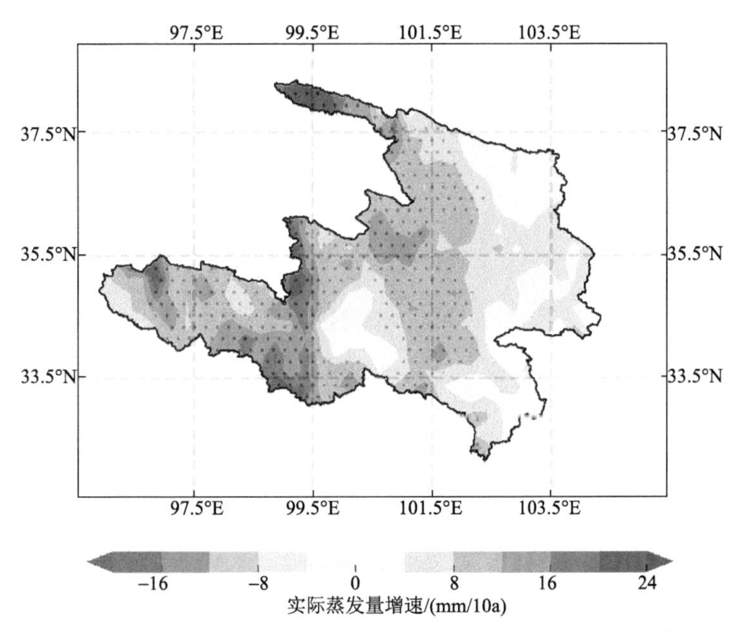

图 4-12　黄河上游水源涵养区 1981～2020 年实际蒸发量年际变化趋势空间分布
黑点代表变化趋势通过 95%显著性检验

过去对黄河流域蒸发的研究中，所采用数据不统一，除观测的蒸发皿蒸发量及遥感数据外，还会采用计算出的潜在蒸发量等分析研究区域的蒸发量变化情况，同时时间尺度和研究区域也不完全相同，因此各相关研究得出的结果并不一致，甚至出现相反的结果。部分研究显示黄河流域蒸发量在过去几十年整体减少，但是上游地区的蒸发量却在增加(黄建平等，2020；童瑞等，2015)。

一些针对黄河源区的研究发现自 1951 年以来，黄河源区的潜在蒸散发以 2.3 mm/10a ($P<0.05$)的速率显著增加，尤其是 2000 年以后，在气候变暖、升温加速的作用下，其增加趋势更为明显，高达 6.0 mm/10a，1979～2020 年黄河源区附近的蒸散发增加趋势最高，可达 1.6 mm/a 以上，而上游干旱区附近的蒸散发基本不变(谷同辉等，2022；王有恒等，2021；郑子彦等，2020)。

还有部分研究结果显示，黄河上游流域蒸发量呈减少趋势，如柳春等(2013)的研究结果显示 1961～2010 年黄河流域上游年蒸发量以 2.38 mm/a 的速率下降；卓莹莹等(2021)分析得到 1961～2019 年黄河流域蒸发皿蒸发量总体呈下降趋势，2004 年以后下降趋势加剧，年均蒸发皿蒸发量最小的是上游，气候倾向率为−59.3 mm/10a；Xu 等(2018)研究发现，1960～2014 年黄河上游年际参考蒸发量以 0.3 mm/a 的速率显著下降；肖风劲等(2021)研究发现，1961～2019 年黄河流域年平均蒸散量总体呈减少趋势，但区域分布差异明显，其中上游地区年平均蒸散量总体呈增加趋势，增速为 5.5 mm/10a；Xu 等（2007）研究认为在过去的几十年里，黄河流域的蒸发皿蒸发量在大部分地区呈现出显著的下降趋势，上游区域呈现出强烈的下降趋势。这种相反的变化趋势在 20 世纪 80 年代后期至今表现得更为明显，表现出年际“蒸发悖论”现象。

综上，在气温持续上升的背景下黄河流域整体蒸发量却显著减少，除了黄河上游蒸发量增加，其余地区都呈现显著的下降趋势。蒸发量变化与降水、气温及风速的变化都有一定的关系，但目前对于它们之间的机制解释并不完善，在后续的研究中可以在此方面进一步深入研究。

4.2 未来气候变化预估

本研究进行未来气候变化预估采用的气候模式是区域气候模式 REMO 模型，它是一个三维区域流体静力大气模式，使用了来自欧洲中心 Hamburg 第 4 版（ECHAM-4）（Roeckner et al.，1996）的物理参数和来自德国气象局 Europa-Model 天气预报模型（Majewski，1991）的动力学框架。在 CORDEX 试验设计之后，REMO 模型已成功用于欧洲、非洲、亚洲、美洲和地中海等多个地区的长期气候模拟（Remedio et al.，2019；Jacob et al.，2012）。REMO 模型（2015 版），即 REMO 2015，对大多数气候类型的模拟效果相对较好，模拟偏差小，模拟技能得分高。已有研究表明再分析数据 ERA-Interim 驱动的 REMO 2015 能够可靠地模拟出青藏高原的气候，REMO 2015 能再现黄河中、上游地区气温和降水的空间变化，尽管存在一些偏差，如黄河上游的冷偏差和湿偏差，以及四季的变暖趋势模拟值（0.1～0.3℃/10a）比观测值（0.4～0.6℃/10a）弱（Pang et al.，2021）。REMO 2015 由德国气候服务中心（GERICS）开发，水平分辨率为 0.22°（～25 km），采用 27 层混合式 σ-p 坐标系统，最低层遵循地表地形起伏，最高层为 10 hPa（Remedio et al.，2019）。水平格网单元在 Arakawa-C 球形网格上旋转，使用 Tiedtke 综合质量通量对流方案来代表积云过程。地形数据来自全球 30 弧秒高程数据集（GTOPO30），模式所需的植被数据由包含叶面积指数、植被覆盖度和地表反照率的全球地表数据集提供（Hagemann 2002）。在 REMO 的标准配置中，冰川和冰盖由一个静态的冰川掩膜表示（Kumar et al.，2015）。

REMO 模型使用的大气边界条件来自 CMIP5 试验中 3 个广泛使用的 GCM，即 HadGEM2-ES、MPI-ESM-LR 和 NCC-NorESM1-M。由三种 GCM 分别驱动的 REMO 模型模拟结果中除 HadGEM2-ES 在 2099 年 12 月 31 日结束外，其他两个 GCM 驱动的 REMO 模型模拟都假设从 1970 年 1 月 1 日至 2100 年 12 月 31 日的低排放和高排放情景（分别为 RCP 2.6 和 RCP 8.5）。本书中 2021～2040 年（近期，NTP）、2041～2060 年（中期，MTP）、2081～2100 年（远期，FTP）的平均和极端气温及降水的预估变化是相对于 1986～2005 年历史参考期（RF）的 REMO 模型模拟结果。REMO 模型对 RF 气温的模拟效果较好，各季节和年平均气温以及极端最高气温 TXx、极端最低气温 TNn 的模拟结果与观测值相比误差均不超过 0.8℃，最小只有 0.1℃；而对霜冻日数 FD、日降水强度 SD Ⅱ、连续干旱日数 CDD、最大 5 日降水量 RX5day 以及各季节和年平均降水模拟误差较大，

FD 和 CDD 的模拟结果偏小，其余几个指数均明显偏高（Wang et al.，2021）。

4.2.1 气温

区域气候模式 REMO 模型集合平均的模拟结果表明（Wang et al.，2021），在 RCP2.6 情景下，黄河中上游地区冬季升温在高海拔地区更为明显，而在夏季空间分布比较均匀（图 4-13）。相对于历史参考期（1986～2005 年），21 世纪中期（2041～2060 年）的气温增加最多，达到了 1.5～2.0℃。在 21 世纪 30～40 年代之后，随着温室气体排放减少，变暖的幅度也随之减小。在 RCP 8.5 情景下，近期（2021～2040 年）的增温与 RCP 2.6 情景下的增温相似，两者之间的差异范围为−0.5～0.5℃，远期（2081～2100 年）随着温室气体排放增加，气温显著上升，特别是在黄河源区。与近期气温相比，21 世纪末区域平均气温将大大增加，冬季为 5.6℃，春季为 4.9℃，夏季为 5.3℃，秋季为 5.4℃；相对于历史参考期，远期年平均气温升高 5.3℃（4.3～6.6℃）。

月平均气温也会随温室气体排放浓度的增加而增加，在 RCP 8.5 情景下，冬季相对于历史参考期的温差最大。在 RCP 2.6 情景下，相对于中期，到 21 世纪末气温将有所下降，在未来 3 个时期，RCP 8.5 情景下的逐月升温均高于 RCP 2.6 情景下的升温（图 4-13）。

Xu 等（2009）使用加拿大全球耦合模型 CGCM2、日本气候系统研究中心开发的 CCSR、澳大利亚开发的 CSIRO 和英国哈德利中心开发的 HadCM3 四个全球气候模式以及两种降尺度技术（delta 和统计方法），模拟了三个基准期分别为 2010～2039 年（21 世纪 20 年代）、2040～2069 年（21 世纪 50 年代）和 2070～2099 年（21 世纪 80 年代）黄河流域上游流域相应的未来径流状况。预估研究区域最高气温 21 世纪 20 年代升温 1.34～1.63℃，21 世纪 50 年代升温 2.6～2.78℃，21 世纪 80 年代升温高达 3.9℃。对于最低气温，分别升高 0.87～2.04℃、1.49～3.42℃和 2.27～4.71℃；区域降水量的未来变化不大。Zhang 等（2015）研究发现 2013～2042 年，黄河上游气温会普遍升高，在三种排放情景下黄河上游相对温暖的东南部地区略有增加，而非常寒冷的西北部地区则有更明显的增加，在 IPCC SRES A2 情景下，正常升温幅度可达 1℃左右，预计南部地区升温幅度最大，可达 1.3℃。杨昭明等（2019）根据国家气候中心对未来温室气体中等排放情景下（CO_2 浓度约 650 mL/m^3）21 个全球气候模式预估订正结果，表明 2018～2050 年黄河源区年平均气温、年平均最高气温、年平均最低气温均呈明显的增加趋势，其中年平均最低气温增温幅度最大，预计到 2050 年，与气候基准年（1981～2010 年）相比，黄河源区年平均气温、年平均最高气温、年平均最低气温均上升 1.6℃。

4.2.2 降水

虽然冬季降水总量较小，但在两种 RCP 情景下均有所增加，这些增加主要发生在黄河流域中游地区（图 4-14）。在 RCP 2.6 情景下，到 21 世纪中叶（2041～2060 年），黄河中上游地区的降水量比历史参考期高 17%，而在 RCP 8.5 情景下，降水量增加将更大，到 21 世纪末（2061～2100 年）比历史参考期高 34%。春季在 RCP 2.6 情景下的变化大多较小且不显著，但是在 21 世纪中叶有一小部分区域会有显著增长；在 RCP 8.5

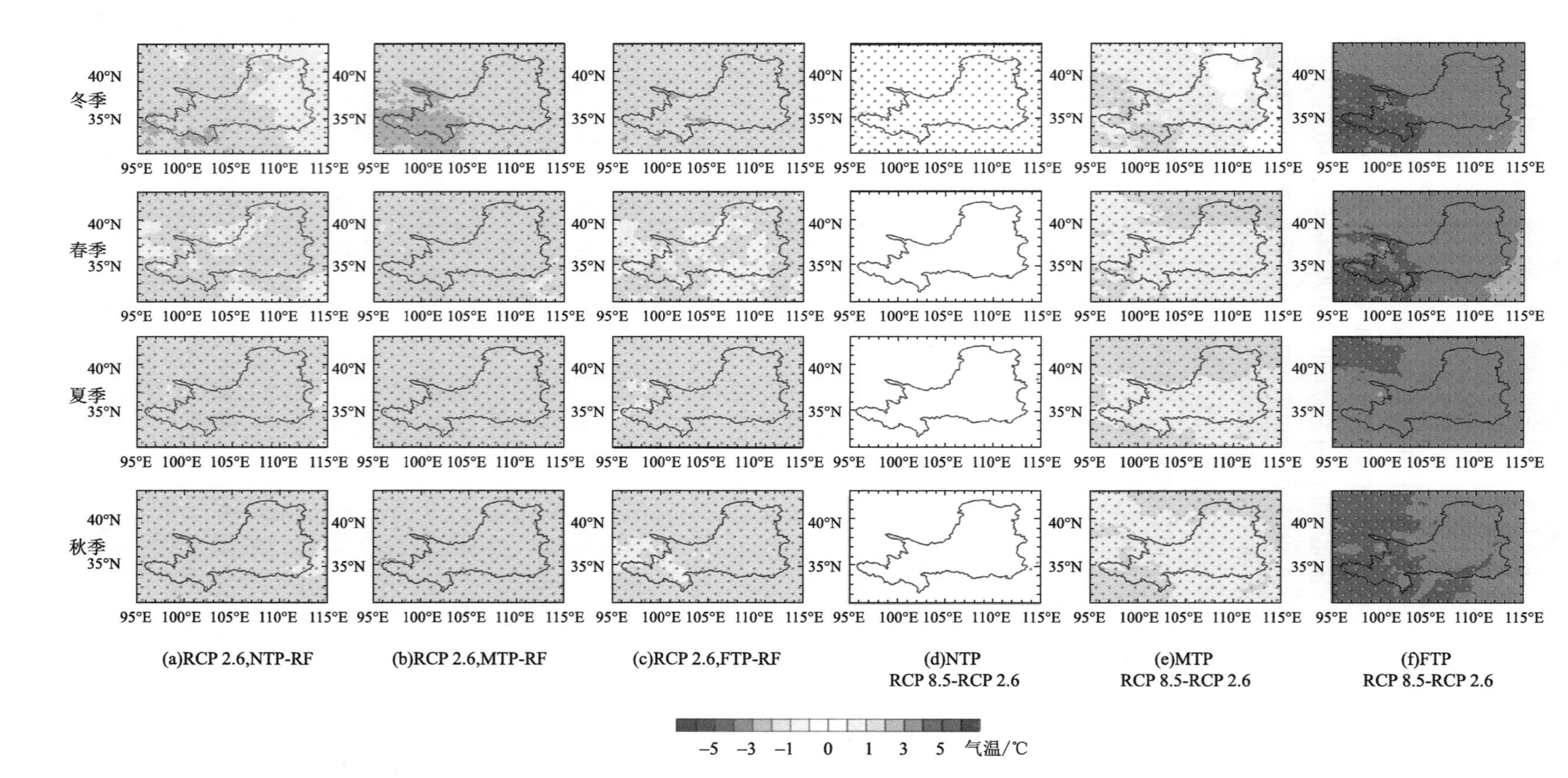

图 4-13　RCP 2.6 和 RCP 8.5 情景下未来 3 个时期黄河中上游地区季节气温相对于历史参考期 RF（1986～2005 年）变化

3 个时期 NTP、MTP 和 FTP 分别指 2021～2040 年、2041～2060 年和 2081～2100 年

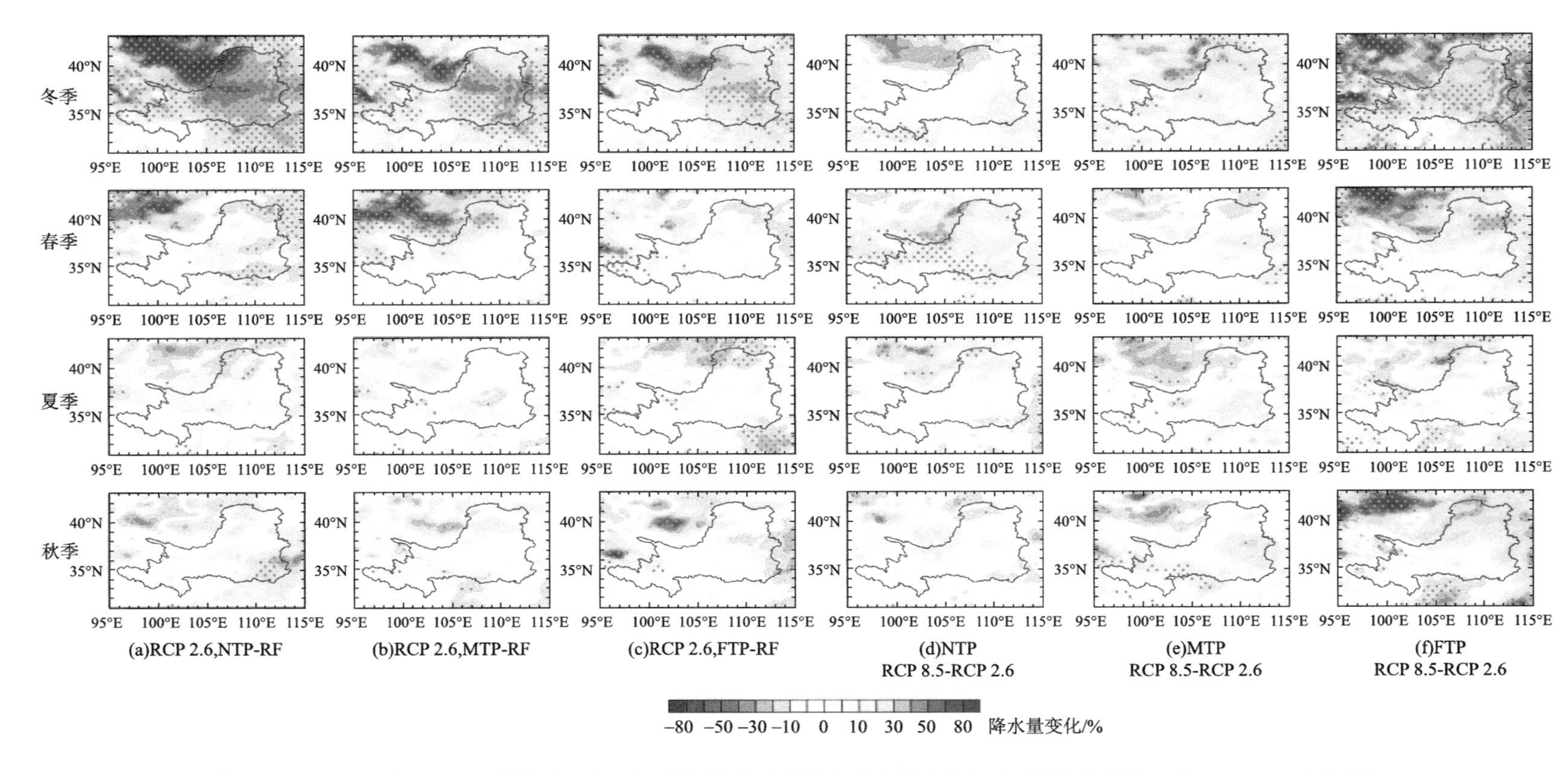

图 4-14　RCP 2.6 和 RCP 8.5 情景下未来 3 个时期黄河中上游地区季节降水量相对于历史参考期 RF（1986～2005 年）变化

3 个时期 NTP、MTP 和 FTP 分别指 2021～2040 年、2041～2060 年和 2081～2100 年

情景下，预计整个 21 世纪降水将逐渐增加。在两种排放情景下，夏季区域平均降水量预计均呈不显著的下降趋势。秋季降水在 RCP 2.6 情景下将略有减少，但在 RCP 8.5 情景下将增加。在 RCP 8.5 情景下，预计 21 世纪末夏季区域降水将减少 2.4%，秋季区域降水将增加 3.2%。

在 RCP 8.5 情景下，预计冬、春季的降水将强烈增加。与上述结果一致的是，在 RCP 2.6 情景下，近期的 3～8 月降水量低于历史参考期，而在 RCP 8.5 情景下，中期和远期的 6～7 月降水量略低于历史参考期(图 4-15)。这些结果表明，干季而非雨季降水量的显著增加将很可能使得降水的年循环减小。

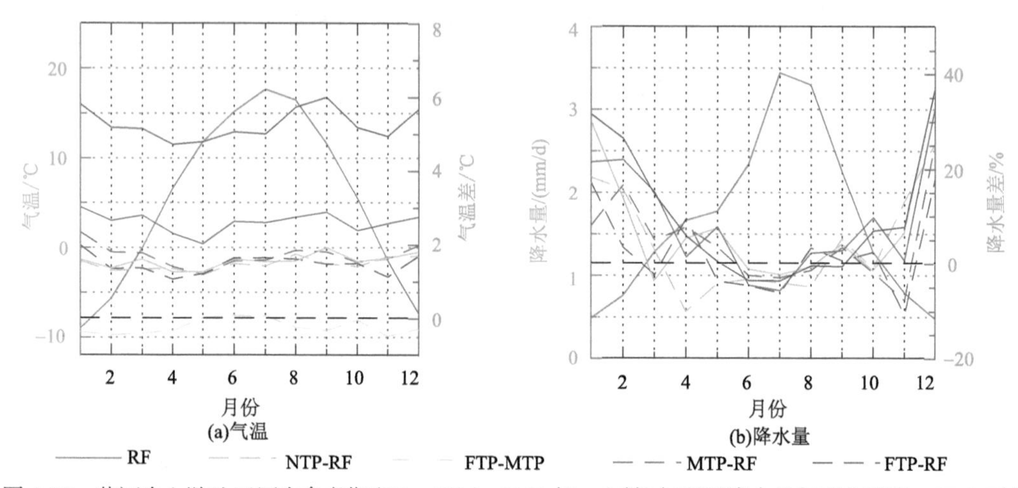

图 4-15　黄河中上游地区历史参考期(RF：1986～2005 年，左轴)气温和降水量年变化以及 RCP 2.6(虚线)和 RCP 8.5(实线)情景下未来 3 个时期(NTP：2021～2040 年，MTP：2041～2060 年，FTP：2061～2100 年)相对于历史参考期的逐月变化(右轴)

降水变异性的变化可能引发洪水和干旱等极端事件。在 RCP 2.6 情景下，黄河中上游大部分地区冬季的降水年际变率明显增加，春季也有零星增加，但是夏季和秋季的变化多为不显著的下降。模拟结果表明，在 RCP 8.5 情景下，尽管近期和中期的秋季降水年际变化率有所下降，但黄河中上游大部分地区的降水年际变化率增加，在冬季超过 95% 置信水平。这表明，降水年际变化率对气候变暖的响应发生了显著变化，尤其是在冬季，很有可能导致极端降水发生显著变化。

4.2.3　极端气候指数

随着平均气温的升高，RCP 2.6 情景下，极端最高气温(TXx)和极端最低气温(TNn)持续增加，在近期的平均增幅分别达 1.2℃和 1.0℃，在 21 世纪中期，黄河中上游大部分地区的 TNn 增幅高于 TXx 增幅，霜冻日数 FD 预计将逐渐下降并在中期达到最小值。RCP 8.5 情景下极端气温指数的变化比 RCP 2.6 情景下大得多，预计 21 世纪中远期 TXx 和 TNn 将显著增加，FD 将减少(图 4-16)。RCP 8.5 情景下 TXx 的增加与 RCP 2.6 情景下相似，但 RCP 8.5 情景下 21 世纪远期的增加幅度更大，TNn 在黄

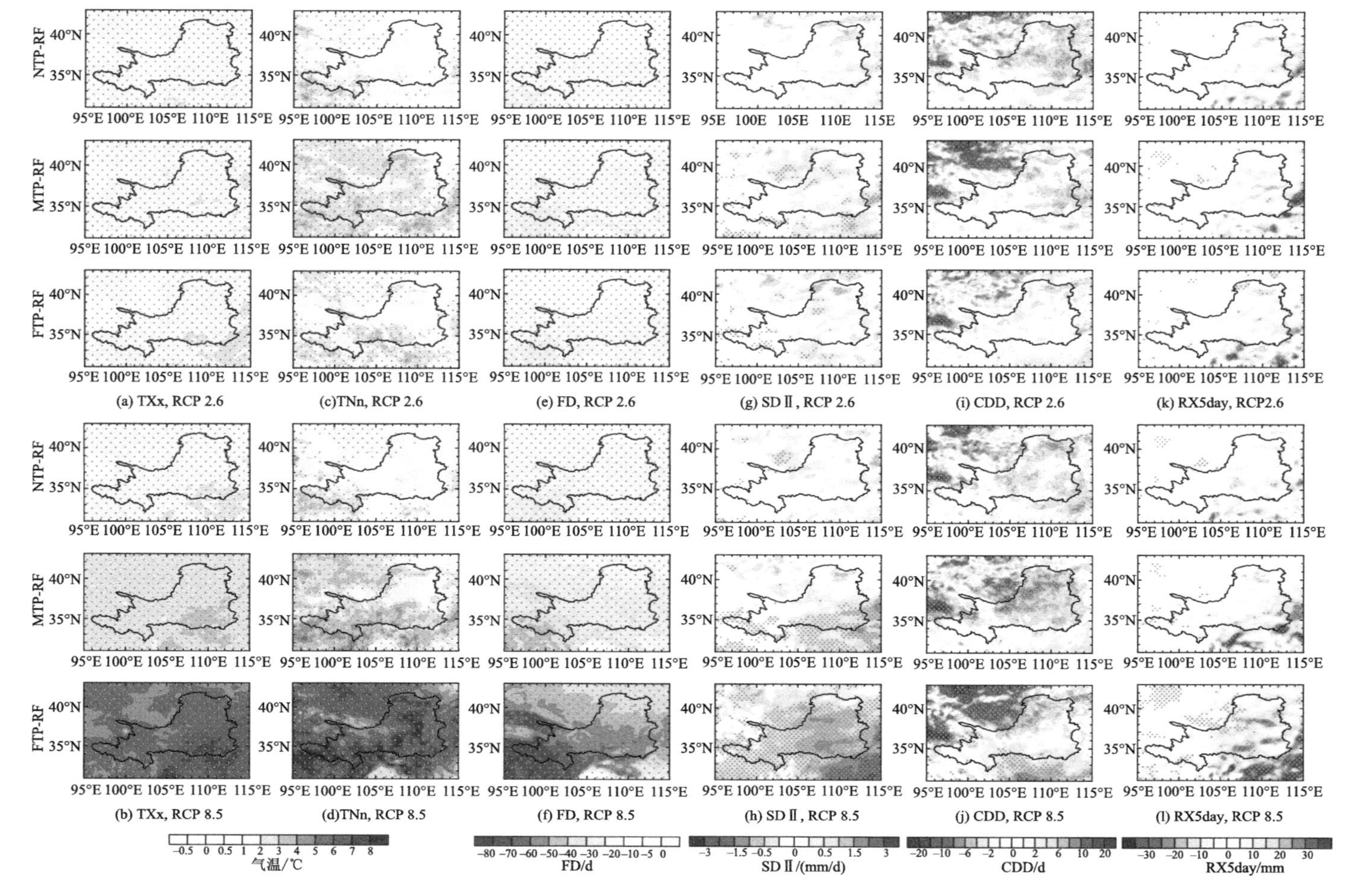

图 4-16　3 个 REMO 模拟的集合平均显示 RCP 2.6 和 RCP 8.5 情景下未来 3 个时期（NTP：2021～2040 年、MTP：2041～2060 年、FTP：2081～2100 年）黄河中上游地区极端气温指标（TXx、TNn、FD）和极端降水指标（SDⅡ、CDD、RX5day）的变化

河源区和中上游地区东部明显升高。在 RCP 8.5 情景下，未来 3 个时期 TNn 增幅均大于 TXx 增幅，在 21 世纪远期，TXx 和 TNn 相对于历史参考期平均增加 5.3℃和 6.8℃。在 RCP 8.5 情景下，远期黄河中上游地区的 TXx 和 TNn 的平均增幅与 HadGEM2-ES 全球模式驱动区域气候模式 RegCM4 在全中国预估的平均增幅相当。与其他地区相比，黄河源区 FD 降低更为强烈，在 RCP 8.5 情景下，21 世纪远期 FD 区域平均下降约 53 d，是中期(下降 26 d)的两倍。

对于极端降水指数，RCP 8.5 情景下，黄河中上游地区日降水强度(SDⅡ)预计在 21 世纪末将增加，超过 0.5 mm/d，SDⅡ在中期和远期将分别显著增加 3%和 11%(图 4-16)。在 RCP 2.6 情景下，连续干旱日数(CDD)的下降预计会减弱，然后在远期转为增加。在 RCP 8.5 情景下，CDD 将继续显著下降，在中期达到最小值，之后在远期保持较低水平，这意味着黄河中上游地区的干旱持续时间将变短。在 RCP 2.6 情景下，最大 5 日降水量(RX5day)在大部分地区会略微减少，但在中游地区会增加。而在 RCP 8.5 情景下，整个中上游的大部分地区在远期将显著增加。就降雨强度和降雨事件而言，极端降水的增加可能会增加洪水风险。杨昭明等(2019)研究发现，在 RCP 4.5 情景下，2018～2050 年黄河源区暖昼日数呈显著增加趋势，平均每 10 年增加 4.0 d，尤其是 2036 年以后，暖昼日数迅速增加，2036～2050 年平均暖昼日数比 2019～2035 年平均增加 8.3 d。冷夜日数、霜冻日数、冰封日数均呈显著减少趋势，平均每 10 年分别减少 3.6 d、3.1 d、2.8 d。

4.2.4　平均和极端气温的海拔依赖性

除夏季外，未来预估的平均气温增加呈现出显著的海拔依赖性特征(图 4-17)，即随海拔升高，平均气温逐渐增大。这种特征在 RCP 8.5 情景下的冬季尤为明显，其次是春季，21 世纪远期相对于历史参考期的冬季气温增加线性趋势达到 0.6℃/km。而夏季气温的增加随海拔升高轻微减小。在秋季，2000 m 以下平均气温的增加与海拔几乎没有关系。

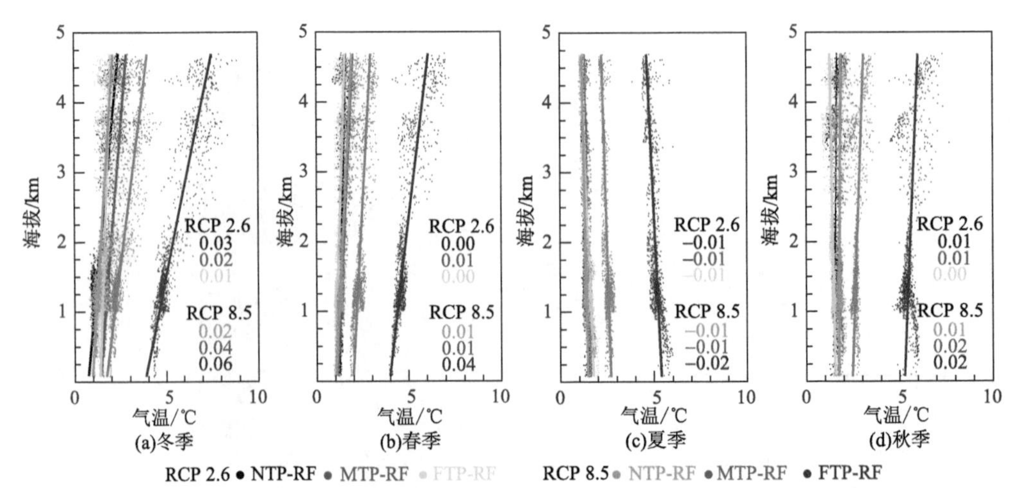

图 4-17　RCP 2.6 和 RCP 8.5 情景下黄河中上游地区在未来 3 个时期(NTP：2021～2040 年、MTP：2041～2060 年、FTP：2081～2100 年)季节平均气温相对历史参考期(RF：1986～2005 年)的变化与海拔的散点图

数值为线性拟合趋势

对预估的极端气温指标而言(图 4-18)，在 RCP 2.6 情景下，TXx 的增加在海拔 2000 m 以上的区域，随着海拔的升高而逐渐减小；在 RCP 8.5 情景下，TXx 的增加随海拔升高而迅速减小，在 21 世纪远期的变化率为−0.3℃/km。对于近期，TNn 增加的海拔依赖性很明显，在 RCP 8.5 情景下，对于远期，TNn 增加的海拔依赖性最小。FD 的下降随着海拔的升高而显著增加，在 RCP 2.6 情景下，FD 下降的海拔依赖性在未来 3 个时期相似；而在 RCP 8.5 情景下，FD 减小的海拔依赖性更强，且随 RMEO 模式积分时间的增加而增强，21 世纪远期 FD 的减小随海拔升高的线性趋势达到 7 d/km。

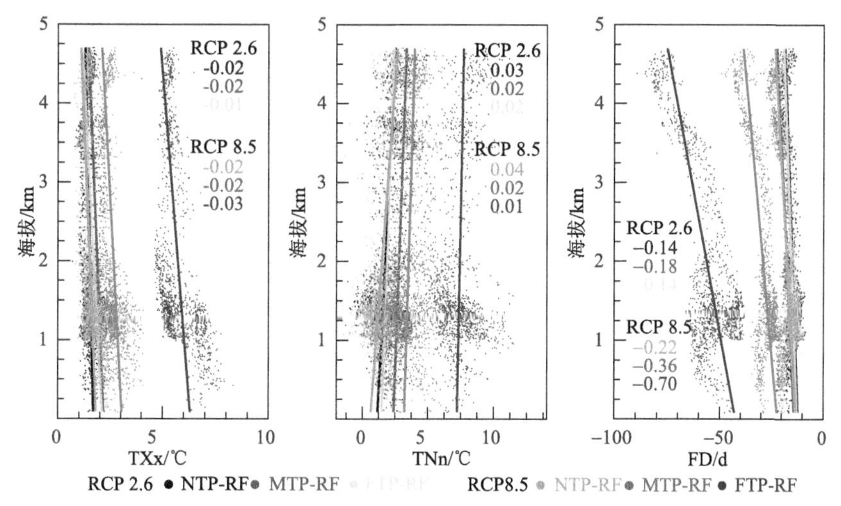

图 4-18　RCP 2.6 和 RCP 8.5 情景下在未来 3 个时期(NTP：2021～2040 年、MTP：2041～2060 年、FTP：2081～2100 年)气温极端指标(TXx、TNn、FD)相对历史参考期(RF：1986～2005 年)的变化与海拔的散点图

数值为线性拟合趋势

4.3　结　　论

本章基于 1961～2016 年 CN05.1 气象格点数据集(包括气温、降水、风速)以及 1981～2020 年 GLEAM V3.5a 实际蒸发数据分析黄河上游水源涵养区过去近 60 年的气候时空变化特征，并使用最新的区域气候模式 REMO 对包含上游水源涵养区的黄河流域中上游地区近期(2021～2040 年)、中期(2041～2060 年)和远期(2081～2100 年)的平均气候与极端气候进行模拟分析，主要研究成果包括以下两部分。

(1) 1961～2016 年黄河上游水源涵养区平均气温呈现显著增加趋势，升温速率为 0.34℃/10a，且冬季最为明显，在空间上甘肃省玛曲县及周边地区升温最为显著；区域年降水增加显著，变化趋势为 9.3 mm/10a，春季和夏季降水增速相对较快，冬季最慢，空间增长趋势由西北向东南逐渐减小，且在东南部呈现较为明显的减小趋势；各季节和年均风速变化趋势基本一致，在 20 世纪 60 年代末至 70 年代初经历异常上升后便持续下降，空间上大部分地区风速显著减少，尤其是北部地区；研究区的实际蒸发在 1981～2020 年出现显著增加，变化趋势为 11.89 mm/10a，空间上增加速率由东向西逐渐增加，只有中部及东南部零星区域减少。仅从降水与蒸发来看，降水量增速(13.4 mm/10a)略高于同期(1981～2016 年)实际蒸发(11.2 mm/10a)，因此黄河上游水源涵养区随着气候变暖也存在暖湿化趋势。

(2)未来排放情景下，黄河中上游地区年平均气温预计增加，特别是在黄河源区和冬季。气温在 RCP 8.5 情景下变暖将加速，与历史参考期(1986～2005 年)相比，冬季、秋季、夏季和春季气温将分别增加 5.6℃、5.4℃、5.3℃和 4.9℃。未来月平均气温将随着温室气体排放的增加而增加，冬季的气温在 RCP 8.5 情景下的增幅最大。在 RCP 8.5 情景下，冬季降水预计增加，到 21 世纪末可能达到 34%，但冬季降水的绝对量仍相对较低。在两种 RCP 情景下，春季降水将均呈增加趋势，在 RCP 8.5 情景下，夏季降水将略有减少，而秋季降水将有所增加；TXx 和 TNn 将增加，FD 将显著减少，尤其是黄河上游高海拔地区；SDⅡ将普遍增强，CDD 将逐渐下降。RX5day 在 RCP 2.6 情景下总体上将略有增加，在 RCP 8.5 情景下，到 21 世纪末将平均增加 12%。

参 考 文 献

谷同辉, 管晓丹, 高照逵, 等. 2022. 黄河流域蒸散发与气温和降水以及风速的相关性分析. 气象与环境学报, 38(1): 48-56.

何金梅, 李照荣, 闫昕旸, 等. 2019. 黄河兰州上游流域近 4a 汛期降水变化特征. 干旱气象, 37(6): 899-905.

黄建平, 张国龙, 于海鹏, 等. 2020. 黄河流域近 40 年气候变化的时空特征. 水利学报, 51(9): 1048-1058.

李霞, 高艳红, 王婉昭, 等. 2014. 黄河源区气候变化与 GLDAS 数据适用性评估. 地球科学进展, 29(4): 531-540.

刘彩红, 王朋岭, 温婷婷, 等. 2021. 1960—2019 年黄河源区气候变化时空规律研究. 干旱区研究, 38(2): 293-302.

刘吉峰, 王金花, 焦敏辉, 等. 2011. 全球气候变化背景下中国黄河流域的响应. 干旱区研究, 28(5): 860-865.

刘勤, 严昌荣, 赵彩霞, 等. 2014. 黄河流域日潜在蒸散量变化及气象敏感要素分析. 农业工程学报, 30(17): 157-166.

刘晓琼, 吴泽洲, 刘彦随, 等. 2019. 1960—2015 年青海三江源地区降水时空特征. 地理学报, 74(9): 1803-1820.

柳春, 王守荣, 梁有叶, 等. 2013. 1961—2010 年黄河流域蒸发皿蒸发量变化及影响因子分析. 气候变化研究进展, 9(5): 327-334.

马佳宁, 高艳红. 2019. 近 50 年黄河上游流域年均降水与极端降水变化分析. 高原气象, 38(1): 124-135.

马守存, 保广裕, 郭广, 等. 2018. 1982—2013 年黄河源区植被变化趋势及其对气候变化的响应. 干旱气象, 36(2): 226-233.

马雪宁, 张明军, 黄小燕, 等. 2012. 黄河上游流域近 49a 气候变化特征和未来变化趋势分析. 干旱区资源与环境, 26(6): 17-23.

马柱国, 符淙斌, 周天军, 等. 2020. 黄河流域气候与水文变化的现状及思考. 中国科学院院刊, 35(1): 52-60.

唐芳芳, 徐宗学, 左德鹏. 2012. 黄河上游流域气候变化对径流的影响. 资源科学, 34(6): 1079-1088.

童瑞, 杨肖丽, 任立良, 等. 2015. 黄河流域 1961—2012 年蒸散发时空变化特征及影响因素分析. 水资源保护, 31(3): 16-21.
王丹, 潘红忠, 白钰. 2021. 黄河上游径流与海温关系及大气环流特征解析. 人民珠江, 42(1): 13-19.
王胜杰, 赵国强, 王旻燕, 等. 2021. 1961—2020 年黄河流域气候变化特征研究. 气象与环境科学, 44(6): 1-8.
王有恒, 谭丹, 韩兰英, 等. 2021. 黄河流域气候变化研究综述. 中国沙漠, 41(4): 235-246.
魏娜, 巩远发, 孙娴, 等. 2010. 西北地区近 50a 降水变化及水汽输送特征. 中国沙漠, 30(6): 1450-1457.
肖风劲, 徐雨晴, 黄大鹏, 等. 2021. 气候变化对黄河流域生态安全影响及适应对策. 人民黄河, 43(1): 10-14, 52.
徐丽娇, 胡泽勇, 赵亚楠, 等. 2019. 1961—2010 年青藏高原气候变化特征分析. 高原气象, 38(5): 911-919.
杨特群, 饶素秋, 陈冬伶. 2009. 1951 年以来黄河流域气温和降水变化特点分析. 人民黄河, 31(10): 76-77.
杨昭明, 白文蓉, 时兴合, 等. 2019. 黄河源区气温变化特征及预估分析. 冰川冻土, 41(4): 818-827.
叶培龙, 张强, 王莺, 等. 2020. 1980—2018 年黄河上游气候变化及其对生态植被和径流量的影响. 大气科学学报, 43(6): 967-979.
赵慧霞, 卓莹莹, 刘厚凤. 2022. 1961—2019 年黄河流域降水量时空变化特征分析. 人民黄河, 44(3): 26-31.
赵建华, 刘翠善, 王国庆, 等. 2018. 近 60 年来黄河流域气候变化及河川径流演变与响应. 华北水利水电大学学报(自然科学版), 39(3): 1-5, 12.
郑子彦, 吕美霞, 马柱国. 2020. 黄河源区气候水文和植被覆盖变化及面临问题的对策建议. 中国科学院院刊, 35(1): 61-72.
卓莹莹, 赵慧霞, 魏敏, 等. 2021. 近 59a 黄河流域蒸发量变化规律及影响因素. 人民黄河, 43(7): 28-34.
Cuo L, Zhang Y, Gao Y, et al. 2013. The impacts of climate change and land cover/use transition on the hydrology in the upper Yellow River Basin, China. Journal of Hydrology, 502: 37-52.
Deng M, Meng X, Li Z, et al. 2019. Responses of soil moisture to regional climate change over the Three Rivers Source Region on the Tibetan Plateau. International Journal of Climatology, 40(4): 2403-2417.
Hagemann S. 2002. An Improved Land Surface Parameter Dataset for Global and Regional Climate Models. Hamburg: Max Planck Institute for Meteorology.
Jacob D, Elizalde A, Haensler A, et al. 2012. Assessing the transferability of the regional climate model REMO to different coordinated regional climate downscaling experiment (CORDEX) regions. Atmosphere, 3(1): 181-199.
Kumar P, Kotlarski S, Moseley C, et al. 2015. Response of Karakoram-Himalayan glaciers to climate variability and climatic change: A regional climate model assessment. Geophysical Research Letters, 42(6): 1818-1825.
Lu C, Hou M, Liu Z, et al. 2021. Variation characteristic of NDVI and its response to climate change in the middle and upper reaches of Yellow River Basin, China. IEEE Journal of Selected Topics in Applied Earth Observations and Remote Sensing, 14: 8484-8496.
Lv Z Y, Mu J X, Yan D H, et al. 2018. Spatial and temporal variability of precipitation in the context of climate change: A case study of the Upper Yellow River Basin, China. IOP Conference Series: Earth and Environmental Science, 191(1): 012141.
Majewski D. 1991. The Europa-Model of the Deutscher Wetterdienst. ECMWF Seminar on Numerical Methods in Atmospheric Models Read, 2: 147-191.
McVicar T R, Roderick M L, Donohue R J, et al. 2012. Less bluster ahead? Ecohydrological implications of global trends of terrestrial near-surface wind speeds. Ecohydrology, 5(4): 381-388.

Nchaba T, Mpholo M, Lennard C. 2017. Long-term austral summer wind speed trends over southern Africa. International Journal of Climatology, 37: 2850-2862.

Pang G, Wang X, Chen D, et al. 2021. Evaluation of a climate simulation over the Yellow River Basin based on a regional climate model（REMO）within the CORDEX. Atmospheric Research, 254: 105522.

Remedio A R, Teichmann C, Buntemeyer L, et al. 2019. Evaluation of new CORDEX simulations using an updated Köppen-Trewartha climate classification. Atmosphere, 10(11): 726.

Roeckner E, Arpe L, Bengtsson L, et al. 1996. The atmospheric general circulation model ECHAM4: Model description and simulation of present-day climate. Hamburg: Max Planck Institute for Meteorology.

Torralba V, Doblas-Reyes F J, Gonzalez-Reviriego N. 2017. Uncertainty in recent near-surface wind speed trends: A global reanalysis intercomparison. Environmental Research Letters, 12(11): 114019.

Wang X, Chen D, Pang G, et al. 2021. Historical and future climates over the upper and middle reaches of the Yellow River Basin simulated by a regional climate model in CORDEX. Climate Dynamics, 56(9): 2749-2771.

Wu J, Zha J, Zhao D, et al. 2018. Changes of wind speed at different heights over eastern China during 1980-2011. International Journal of Climatology, 38(12): 4476-4495.

Xu S, Yu Z, Yang C, et al. 2018. Trends in evapotranspiration and their responses to climate change and vegetation greening over the upper reaches of the Yellow River Basin. Agricultural and Forest Meteorology, 263: 118-129.

Xu Z, Li J, Liu C. 2007. Long-term trend analysis for major climate variables in the Yellow River basin. Hydrological Processes. 21(14): 1935-1948.

Xu Z, Zhao F, Li J. 2009. Response of streamflow to climate change in the headwater catchment of the Yellow River basin. Quaternary International, 208(1-2): 62-75.

Zeng Z, Ziegler A D, Searchinger T, et al. 2019. A reversal in global terrestrial stilling and its implications for wind energy production. Nature Climate Change, 9(12): 1-7.

Zhang Q, Zhang Z, Shi P, et al. 2018. Evaluation of ecological instream flow considering hydrological alterations in the Yellow River basin, China. Global and Planet Change, 160: 61-74.

Zhang Y, Su F, Hao Z, et al. 2015. Impact of projected climate change on the hydrology in the headwaters of the Yellow River basin. Hydrological Processes, 29(20): 4379-4397.

Zhao F, Xu Z, Huang J. 2007. Long-term trend and abrupt change for major climate variables in the Upper Yellow River Basin. Journal of Meteorological Research, 21(2): 204-214.

第5章

黄河源水源涵养区蒸散发变化及其对水资源的影响

黄河源位于青藏高原腹地，面积为121972 km^2，约占黄河流域面积的15%（Hu et al.，2011）。区域年平均径流量约为2×10^{10} m^3，占流域总水资源量的36.2%，是黄河流域的水塔地区（Lan et al.，2010）。因此，黄河源区的水资源状况关系到黄河流域1.14亿人口、2.44亿亩[①]耕地[《黄河流域综合规划（2012—2030年）》]的生产生活和经济发展，影响流域退耕还林开展后的生态用水保障，最终关系到《黄河流域生态保护和高质量发展规划纲要》的实施。然而，由于区域气候敏感、地形复杂多变、生态环境脆弱，近年来气候变化通过能量和水量变化对流域水资源产生强烈的影响（Westmacott and Burn，1997；Yuan et al.，2015）。这主要包括降水和温度变化导致的区域水文要素在空间与时间上发生变化，影响区域水资源供需平衡，导致干旱事件的频率和严重程度发生变化（Burn and Elnur，2002）。而对气象、水文站点观测数据的分析发现，黄河源区1961～2006年的年平均气温以0.35℃/10a的速率上升（Hu et al.，2011），且20世纪60～90年代的年降水量增加了约7.4%（Yang et al.，2007），这势必会引起黄河源区蒸散耗水和区域产流的变化，改变原有的水量平衡关系，最终影响到黄河源区对全流域的水资源供应（Kuang and Jiao et al.，2016）。而以往研究往往仅基于站点观测数据，空间分析不足，所以有必要在区域尺度上系统分析近年来黄河源区气候变化背景下的水资源供需平衡变化，探究其变化原因，为黄河源区生态恢复和水资源管理提供数据支撑，最终服务于黄河流域生态保护和高质量发展。

蒸散发是气候系统的核心组成部分（Fishe et al.，2017），其变化会影响特定地区的水资源总量（Fu et al.，2022），是西北内陆地区水资源的主要损耗方式（郑子彦等，2020）。政府间气候变化专门委员会（IPCC，2013）指出，在过去的100年里，全球平均陆地温度增加了0.74～0.85℃，研究表明，温度每升高1℃，大气含水量就增加7%（Trenberth，et al.，2009）。这说明温度将直接影响大气中的含水量和水循环，包括全球降水量和蒸散

① 1亩≈666.7 m^2。

发量。因此，蒸散发是连接水平衡和能量平衡的关键变量，可以作为水循环变化甚至气候变化的良好指标(Guo et al.，2020)。青藏高原地区自20世纪50年代以来，总体升温速率为0.16～0.67℃/10a(Frauenfeld et al.，2005)。自2000年之后，黄河源区的蒸散发量在气候变暖与植被变化的共同作用下，也显著增加(Kuang and Jiao，2016)，这对区域气候的变化有着重要影响。也就是说，在这样一个本就干旱的西北内陆地区，黄河源区的水分储量正在面临一个迅速损耗的局面(郑子彦等，2020)。然而，关于其影响机制的研究并不系统，且多集中在青藏高原大范围地区，对于黄河源区的研究并不充分。因此，有必要以蒸散发为评估指标分析其变化规律，探讨黄河源区蒸散发过程对能量和水量变化的响应规律，分析黄河源区水资源量的具体变化状况。

另外，陆地蒸散发作为气候和水文变化的关键评估因子，其变化势必会对其他水平衡分量产生影响(谷同辉等，2022)。而储水量作为水文过程中的另一个关键变量，是降水、蒸发、地表径流、地下水和土壤水交换的总和，受到陆地蒸散发变化的直接影响。同时，储水量是评估区域水源涵养功能的关键指标之一。储水量与气候变化、干旱和水资源利用有着密切联系，其变化体现了区域水循环过程及区域水资源量的变化(许民等，2014)，因此分析其对气象因素的响应规律，对区域水资源管理具有重要意义(韩煜娜等，2022)。

综上所述，为有效评估黄河源区水源涵养功能，应对黄河流域高质量发展需求，本研究基于遥感获取的黄河源区蒸散发数据，分析其时空变化过程，结合实测降水、气温数据进一步分析蒸散发变化对流域水文循环的影响。基于水量平衡原理分析黄河源区蒸散发变化对流域径流、水储量及水体面积的影响，并利用GRACE数据进行验证。最终，基于考虑区域积融雪过程的标准化水分距平指数SZI_{snow}对黄河源区地表干湿变化进行研究，分析黄河源区不同时间尺度干旱发生、发展过程及其成因机理。研究结果以期为黄河源区的水源涵养与保护、水资源合理利用与开发及未来的可持续发展提供依据。

5.1　黄河源区蒸散发变化及其归因分析

目前量化蒸散发的方法以遥感和观测法为主，然而观测法测量的蒸散发空间范围和时长均有限，近年来遥感数据的完善发展则可以弥补这一不足。当前基于遥感获取的蒸散发数据集很多，本章根据研究的时间尺度和空间分辨率需求比对四种主流蒸散发数据：一是基于Pristely-Talyor模型反演，并考虑土壤湿度对蒸散发影响的全球陆地蒸散发阿姆斯特丹模型(Global Land Evaporation Amsterdam Model，GLEAM)的月实际蒸散发数据，该数据集的空间分辨率为0.25°×0.25°(Martens et al.，2017；Miralles et al.，2011)；二是来源于高级甚高分辨率辐射计(advanced very high resolution radiometer，AVHRR)的遥感数据(归一化植被指数)，利用Penman-Monteith算法估算得到的全球尺度的蒸散发数据(1982～2013年)(Zhang et al.，2010)，该数据集的空间分辨率为8 km×8 km；三是由Leuning等(2008)利用MODIS遥感叶面积指数与气象数据结合的Penman-Monteith-Leuning模型估算得到的全球尺度的1981～2012年的蒸散发数据(PML)，该数据集的空间分辨率为0.5°×0.5°；四是基于全球通量观测网络(FLUXNET)(Baldocchi，2008)的通量观测数据得到的1982～2011年空间分辨率为0.5°×0.5°的全球地表蒸散发再分析数据集(MTE)(Jung et al., 2010)。以上四种数据都是当前经过全球尺度验证过的较为准确的数据，因此本章将这四种数据在黄河源区验证并进行地表水热评估。

5.1.1　蒸散发时空变化

1. 蒸散发数据时空差异性评估

由于输入数据与模型原理都存在一定程度上的不同，通过不同蒸散发反演模型得到的蒸散发数据，其精度在时空尺度上会存在不同程度的差异，因此在特定研究区域应用前，需要进行精度验证。由图 5-1 可知，四种蒸散发数据的月变化特征都为：从 1～7 月蒸散发增加，到每年的 7～8 月最大，8～12 月开始减小。整体而言，四种蒸散发数据从大到小为 AVHRR>GLEAM> MTE>PML；图 5-2 对比 2010 年 1～12 月四种蒸散发数据和黄河源涡动相关系统观测的蒸散发，从图 5-2(a)可看出，PML 和 MTE 数据全年低估了蒸散发，AVHRR 在春季和冬季与观测值有较明显偏差。从图 5-2(b)可看出，AVHRR、PML、MTE 提供的数据在 1∶1 等值线附近更为离散。GLEAM 的均方根误差为 9.55，相关系数为 0.97，偏差为–0.004，因此本研究使用 GLEAM 数据评估黄河源区区域蒸散发变化。

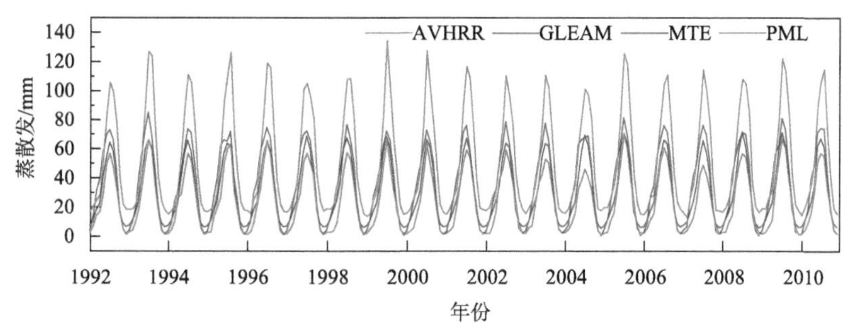

图 5-1　AVHRR、GLEAM、PML、MTE 蒸散发数据对比

2. 蒸散发时空变化情况

1992～2011 年黄河源区多年平均蒸散发介于 267.79～546.74 mm，呈明显的空间分布特征，东南部蒸散发最强，北部最弱，但北部的鄂陵湖和扎陵湖区域蒸散发显著高于周围其他区域的蒸散发，大致呈从西北向东南递增的趋势[图 5-3(a)]，其中以久治南部、玛曲南部、若尔盖南部、红原南部、鄂陵湖、扎陵湖蒸散发较大，超过 500 mm。其中，各个子流域内蒸散发也显著不同，黄河沿子流域多年平均蒸散发为 356.83 mm，吉迈子流域多年平均蒸散发为 368.44 mm，唐乃亥子流域多年平均蒸散发为 417.61 mm。位于玛多的鄂陵湖和扎陵湖及东南部的沼泽区的蒸散发较大，东北部的黄土地区和阿尼玛卿山的蒸散发较低。结合植被覆盖情况分析，植被覆盖度高并且水分提供更充足的地方，蒸发能力会更大。低覆盖的草地或者裸土基本上没有植被覆盖或者植被覆盖很少时只有土壤蒸发没有植被蒸腾，蒸发能力较弱(Deng et al., 2011)。

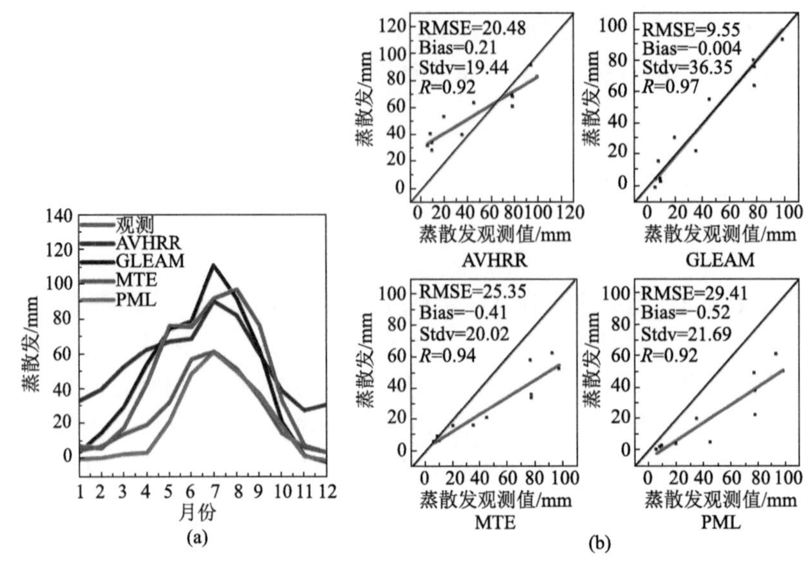

图 5-2　2010 年的四种蒸散发数据与实测蒸散发的对比

RMSE 为均方根误差，Bias 为偏差，Stdv 为标准偏差，R 为相关系数

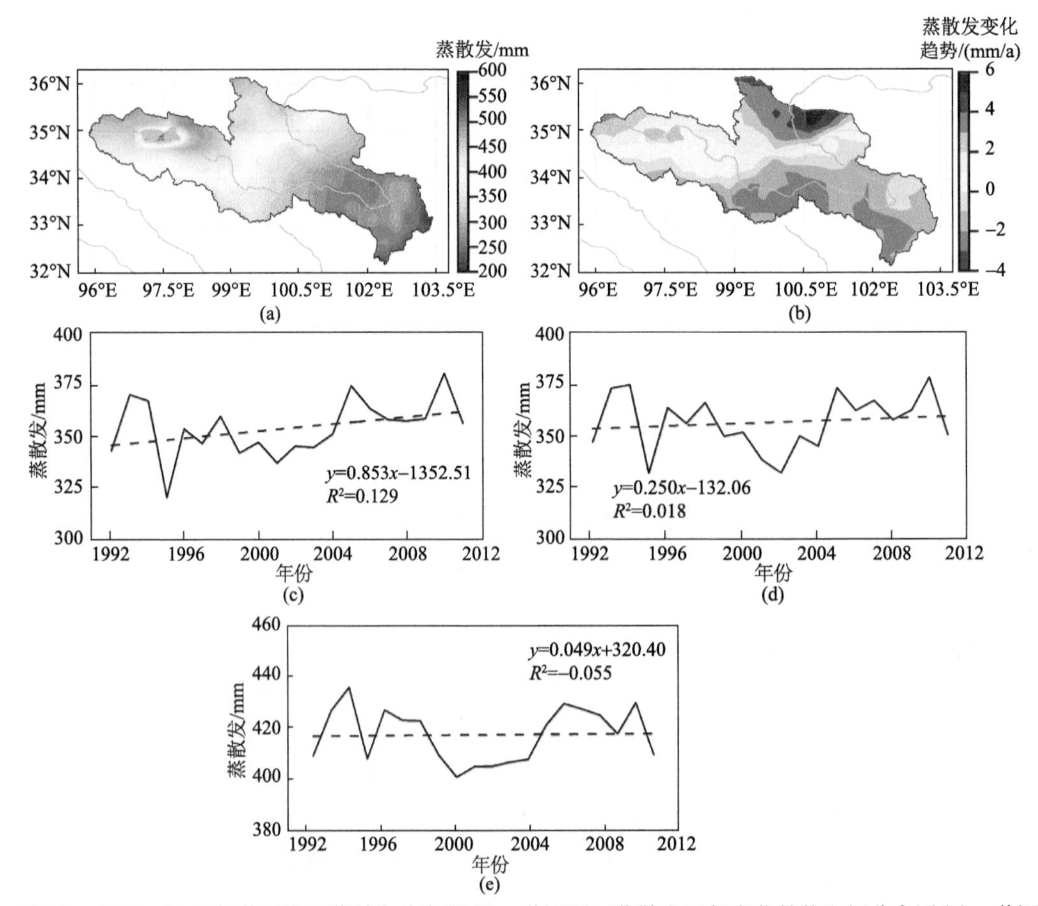

图 5-3　1992～2011 年黄河源区蒸散发分布图(a)；黄河源区蒸散发逐年变化趋势空间分布图(b)；黄河沿(c)、吉迈(d)、唐乃亥(e)子流域蒸散发年际变化图

1992～2011 年黄河沿子流域蒸散发平均变化率为 0.853 mm/a(R^2=0.129)，吉迈子流域蒸散发平均变化率为 0.250 mm/a(R^2=0.018)，唐乃亥子流域蒸散发平均变化率为 0.049 mm/a(R^2=–0.055)，三个子流域蒸散发变化幅度依次减小[图 5-3(c)～(e)]，整个黄河源区蒸散发的平均变化呈缓慢增加趋势；但从空间的趋势变化图[图 5-3(b)]可以看出，黄河源区蒸散发趋势变化在–2.93～5.34 mm/a，在空间分布上表现为北高南低。北部大部分地区(除扎陵湖、鄂陵湖外)呈增加趋势，其中北部兴海-同德地区变化最为显著(P<0.01)，是整个区域内蒸散发变化最明显的区域，年均增量超过 3 mm；南部大部分地区，除了若尔盖地区蒸散发变化呈缓慢下降趋势，其余均呈明显下降的趋势(P<0.05)，减小幅度在 1 mm 左右。

5.1.2　黄河源区蒸散发变化归因

1. 黄河源区水量变化对蒸散耗水的影响

1)黄河源区降水变化情况

由图 5-4(a1)、(b1)、(c1)可以看出，1992～2011 年黄河沿、吉迈、唐乃亥子流域的多年平均降水量分别为 380.12 mm、455.76 mm、537.29 mm，与蒸散发分布情况一致：唐乃亥子流域最大、吉迈子流域其次、黄河沿子流域最低。1992～2011 年黄河源区降水量也呈现出明显的波动增加趋势，黄河沿子流域的线性增加趋势为 11.731 mm/a(R^2=0.742,P<0.01)；吉迈子流域的线性增加趋势为 10.026 mm/a(R^2=0.612,P<0.01)；唐乃亥子流域的线性增加趋势为 7.18 mm/a(R^2=0.446，P<0.01)；黄河沿、吉迈、唐乃亥子流域降水量总体呈现出上升趋势,且变化趋势基本一致,年累积降水量分别在 1995 年、1997 年、2002 年达到极小值，极小值分别为 263.04 mm、363.39 mm、448.23 mm；极大值都出现在 2009 年，分别为 535.35 mm、620.08 mm、662.08 mm。从图 5-5(a1)看出，黄河源降水量变化趋势空间分布不均，总体上呈现增加趋势，变化率大致呈现从西北到东南减少的趋势(黄河沿子流域增加最多，黄河沿—吉迈增加其次，吉迈—唐乃亥增加最少)，这是黄河源区实施人工增雨及植被恢复导致气候发生变化，在 2006～2009 年三江源人工增雨累计增加降水 260.66 亿 m^3，并且主要集中在黄河源区(邵全琴等，2017)。除东南区域的若尔盖南部、阿坝、红原地区降幅为 0～2.96 mm 外，其他区域均呈上升趋势：南部区域的甘德、玛曲南部、达日南部增加幅度最小，为 0～6 mm；北部的曲麻莱、玛多、兴海北部、玛沁西部、同德西部、泽库西部等区域增加最明显，为 9～12 mm。

2)黄河源区土壤水变化情况

由图 5-4(a2)、(b2)、(c2)可以看出，1992～2011 年黄河沿、吉迈、唐乃亥子流域的根系层土壤含水量分别为 17.60%、17.99%、20.69%，与蒸散发分布一致：唐乃亥子流域最大、吉迈子流域其次、黄河沿子流域最低。1992～2011 年黄河源区根系层土壤含水量呈现出明显的波动增加趋势，黄河沿子流域的线性增加趋势为 0.2%/a (R^2=0.406)；吉迈子流域的线性增加趋势为 0.1%/a(R^2=0.275)；唐乃亥子流域的线性增加趋势为 0.1%/a(R^2=0.193)；黄河沿、吉迈、唐乃亥子流域降水量总体呈现出上升趋势，且变化趋势基本上一致，年均根系层土壤含水量分别在 1997 年、2003 年、2003 年达到极小值，极小值分别为 15.59%、16.25%、18.56%；极大值都出现在 2005 年，分别为 19.88%、

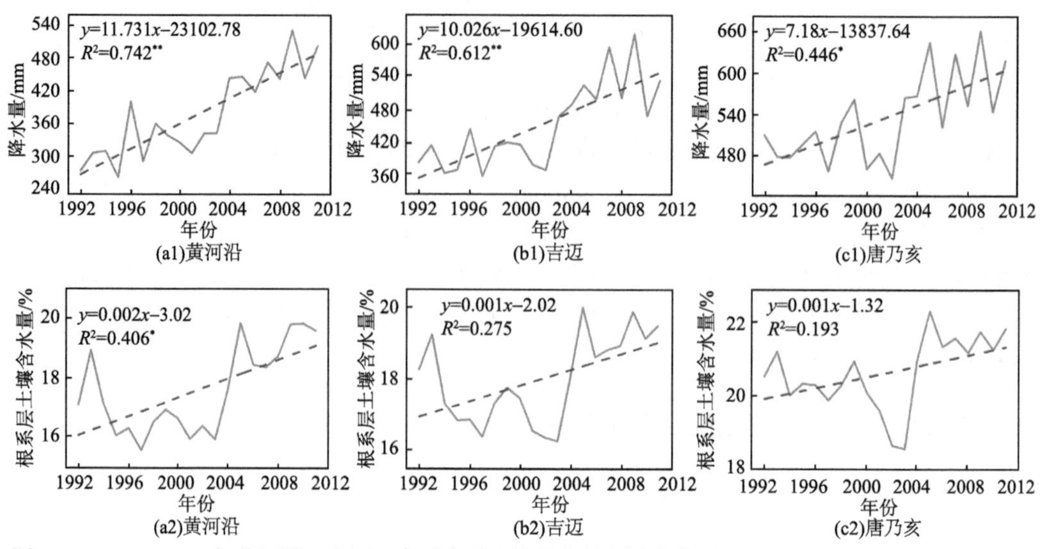

图 5-4　1992～2011 年黄河沿、吉迈、唐乃亥子流域降水量年际变化[(a1)、(b1)、(c1)]及年均根系层土壤含水量年际变化[(a2)、(b2)、(c2)]

*显著性水平为 95%，**显著性水平为 99%，下同

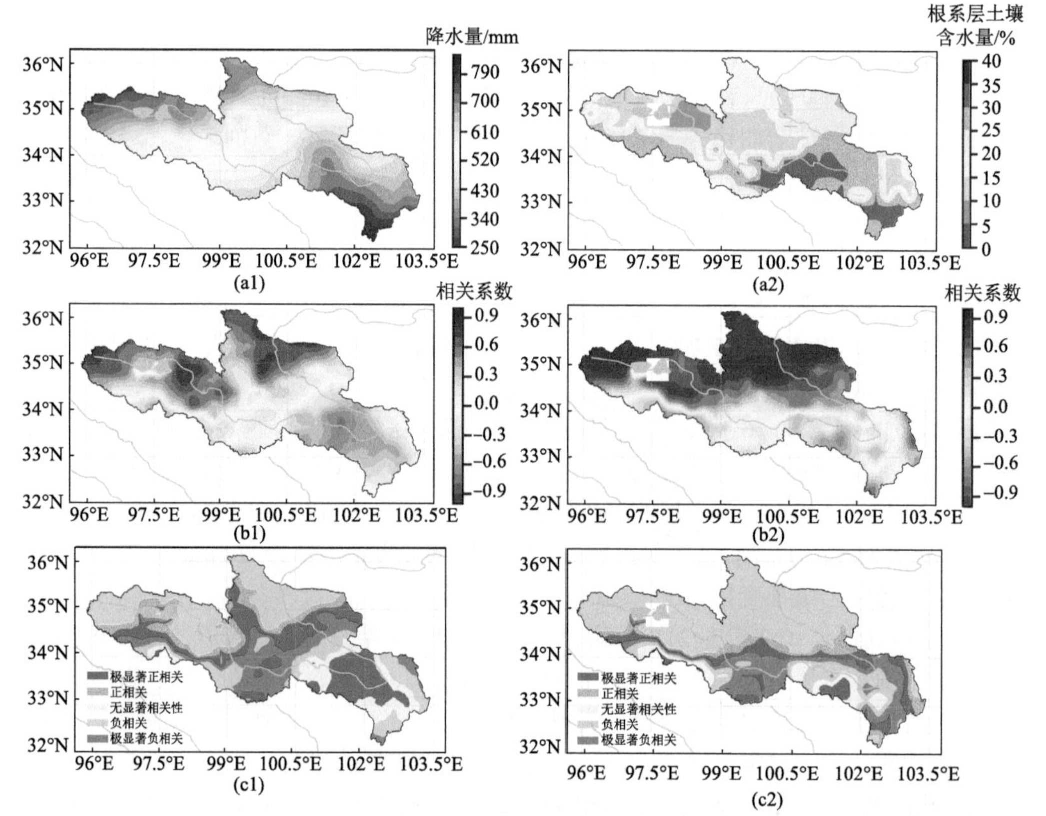

图 5-5　1992～2011 年黄河源区降水量分布图(a1)，蒸散发与降水量相关关系分布图(b1)，显著性检验图(c1)；根系层土壤含水量分布图(a2)，蒸散发与根系层土壤含水量相关关系分布图(b2)，显著性检验图(c2)

20.04%、22.42%。从图 5-5(a2)看出黄河源根系层土壤含水量变化趋势空间分布不均，变化率大致呈现出从西北到东南减少的趋势(黄河沿子流域增加最多，黄河沿—吉迈增加其次，吉迈—唐乃亥增加最少)，但总体上呈现增加趋势。

3) 黄河源区降水量变化对蒸散发的影响

蒸散发与降水量在黄河源区北部为正相关，在黄河源区南部为负相关，并且在北部大部分地区(曲麻莱北部、玛多北部、兴海、同德北部、泽库北部地区)为极显著正相关($P<0.01$)，相关系数大于 0.6，在少数地区为显著正相关；在北部少部分地区(玛曲、久治)为极显著负相关，在若尔盖南部为显著负相关[图 5-4(b1)、(c1)]，因此本研究认为降水量是影响黄河源区北部蒸散发变化的主要因素之一。

蒸散发与根系层土壤含水量的相关性与蒸散发与降水量的相关关系大部分一致，都在黄河源区北部为正相关，在南部为负相关，除了玛沁北部(相关系数大于 0.6)为极显著正相关以外，其余区域相关性与降水量的正相关区域一致。负相关的影响范围较讲述而言较少，在玛曲和久治呈显著负相关，在扎陵湖和鄂陵湖区域为极显著负相关，相关系数小于–0.6[图 5-4(b2)、(c2)]，因此本研究认为根系层土壤含水量是影响黄河源区北部蒸散发变化的主要因素之一。

2. 黄河源区能量变化对蒸散耗水的影响

从图 5-6 可以看出，1992～2011 年黄河源区气温呈现出明显的波动增加趋势，黄河沿子流域的线性增加趋势为 0.064℃/a(R^2=0.279)；吉迈子流域的线性增加趋势为 0.113℃/a(R^2=0.582)；唐乃亥子流域的线性增加趋势为 0.100℃/a(R^2=0.446)；黄河沿、吉迈、唐乃亥子流域气温总体呈现出上升趋势，气温都在 1997 年达到最低，分别为 –6.94℃、–7.25℃、–3.93℃；气温分别在 2003 年、2003 年和 2006 年达到极大值，为–3.89℃、–4.14℃、–1.16℃。并且黄河源气温变化趋势空间分布不均，变化率大致呈现出从西北

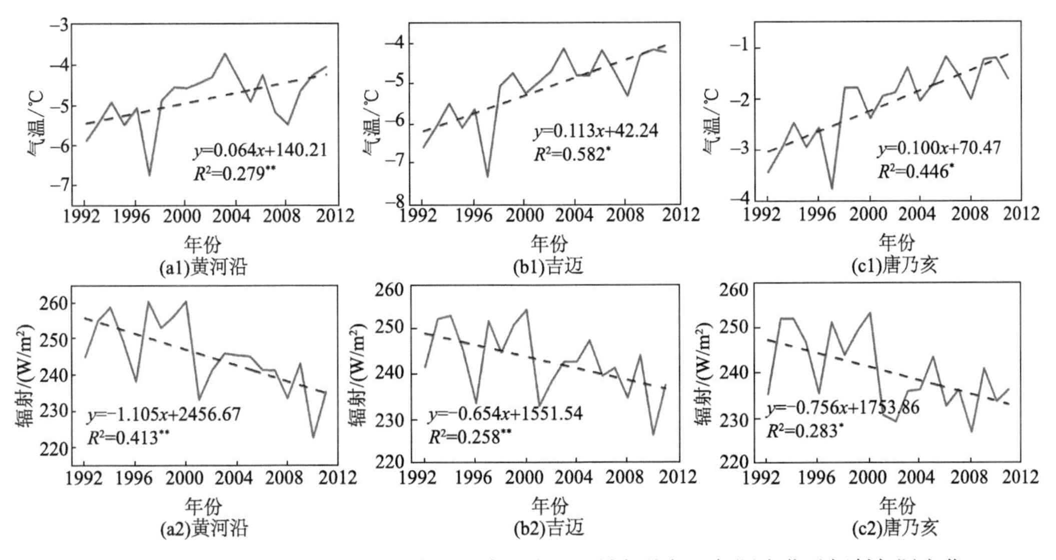

图 5-6　1992～2011 年黄河沿、吉迈、唐乃亥子流域年均气温年际变化及辐射年际变化

到东南减少的趋势（黄河沿子流域增温最多，黄河沿—吉迈其次，吉迈—唐乃亥最少），但总体上呈现增加趋势[图 5-7（a1）]。

1992～2011 年黄河源区净辐射的变化趋势和温度相反，呈现出明显的波动减少趋势，黄河沿子流域的线性减少趋势为–1.105 W/（m^2·a）（R^2=0.413），吉迈子流域的线性增加趋势为–0.654 W/（m^2·a）（R^2=0.258），唐乃亥子流域的线性增加趋势为–0.756 W/（m^2·a）（R^2=0.283）；黄河沿、吉迈、唐乃亥子流域净辐射总体上都呈现出减少趋势，且变化趋势基本一致，净辐射分别在 2010 年、2010 年和 2008 年达到最小，分别为 222.70 W/m^2、226.25 W/m^2、226.58 W/m^2；极大值都出现在 2000 年，分别为 260.97 W/m^2、254.39 W/m^2、253.28 W/m^2。并且黄河源区净辐射变化趋势空间分布不均，大致呈现出从西北到东南变小的趋势（黄河沿—吉迈减少得最多，黄河沿子流域其次，吉迈—唐乃亥最少），但总体上呈现减少趋势[图 5-7（a2）]。

黄河源区蒸散发与气温在北部呈正相关，在南部呈负相关，在大部分地区其相关系数的绝对值都不超过 0.4，除了北部少数地区（兴海北部以及扎陵湖、鄂陵湖周围草地）为显著正相关（P<0.05），相关系数超过 0.4 以外，其余地区且均未通过显著性检验（P>0.05）[图 5-7（b1）、（c1）]，因此，本研究得出，气温并不是影响黄河源区蒸散发变化的主要因素。黄河源区蒸散发与净辐射的相关性与气温在大部分地区刚好相反，蒸散发与净辐射在黄河源区中部部分地区为极显著正相关，在黄河源区北部为负相关，因此辐射可能是影响黄河源区中部地区蒸散发的主要因素。

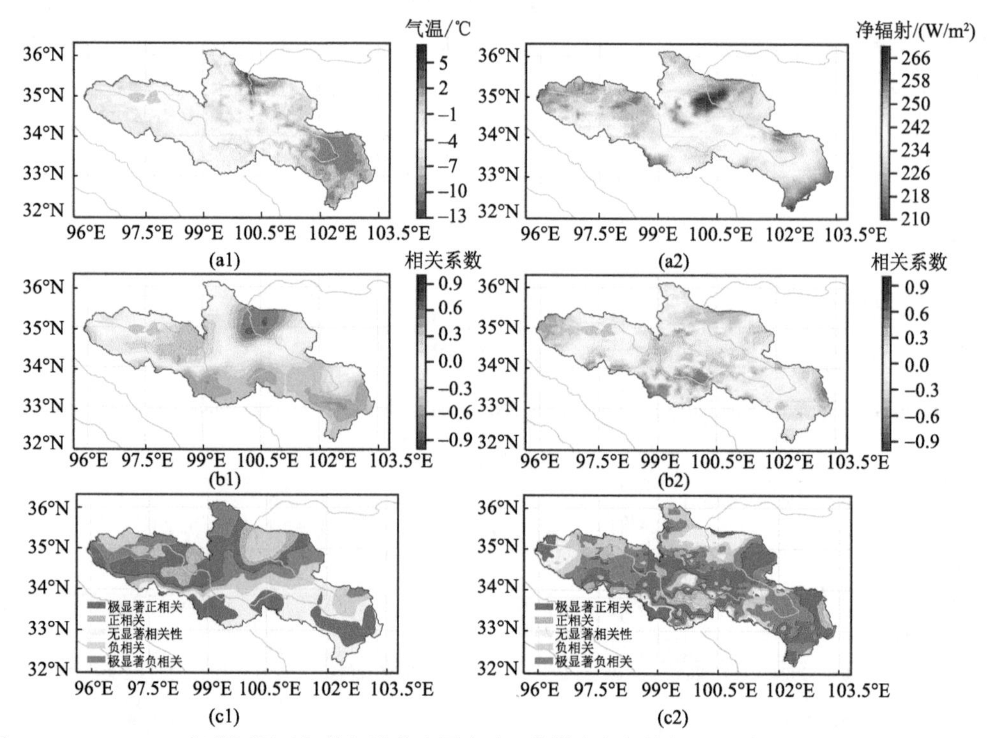

图 5-7 1992～2011 年黄河源区年均气温分布图（a1），蒸散发与年均气温相关关系分布图（b1），显著性检验图（c1）；净辐射分布图（a2），蒸散发与净辐射相关关系分布图（b2），显著性检验图（c2）

5.2　黄河源区水源涵养功能变化情况

黄河源区是黄河流域的重要水源涵养区，其水源涵养功能变化情况对黄河流域水资源安全具有重要意义。因此，有必要对黄河源区水源涵养功能进行评估，以期为提升黄河源区生态系统水源涵养能力，以及推进黄河生态保护和高质量发展国家战略提供科学支撑。目前可以用于分析黄河源区水源涵养功能的数据有很多，本研究使用的降水数据来源于寒区旱区科学数据中心的中国区域高时空分辨率地面气象要素驱动数据集（1979～2015 年），空间分辨率为 0.1°×0.1°（He et al.，2020）。陆地水储量验证数据来源于 2002 年 3 月美国国家航空航天局（NASA）和德国航空航天中心卫星发射的重力恢复与气候试验卫星（GRACE），采用得克萨斯大学空间研究中心（University of Texas-Center for Space Research，SR）的数据产品 RL05 版本，空间分辨率为 0.5°× 0.5°。蒸发数据采用 GLEAM 蒸散发数据，经验证该数据在黄河源区较为准确。同时使用黄河沿、吉迈、唐乃亥水文站的径流实测数据，土地利用数据来源于 ESA 气候变化倡议（Climate Change Initiative，CCI）的全球陆地覆盖数据集（1992～2015 年）（http://maps.elie.ucl.ac.be/CCI/viewer/），空间分辨率为 300 m×300 m。本研究利用以上数据对黄河源区的水源涵养功能变化进行量化评价。

5.2.1　黄河源区径流对蒸散发变化的响应

根据对黄河沿、吉迈、唐乃亥子三个流域的径流数据进行分析，发现蒸散发变化导致黄河沿、吉迈、唐乃亥子流域径流量呈缓慢增加的趋势。由于吉迈水文站 2008 年以后的径流量数据缺失，所以对吉迈子流域只分析 1992～2008 年的径流量变化趋势。从图 5-8（a）～（c）可以看出，1992～2011 年黄河沿、吉迈、唐乃亥子流域的多年平均径流量分

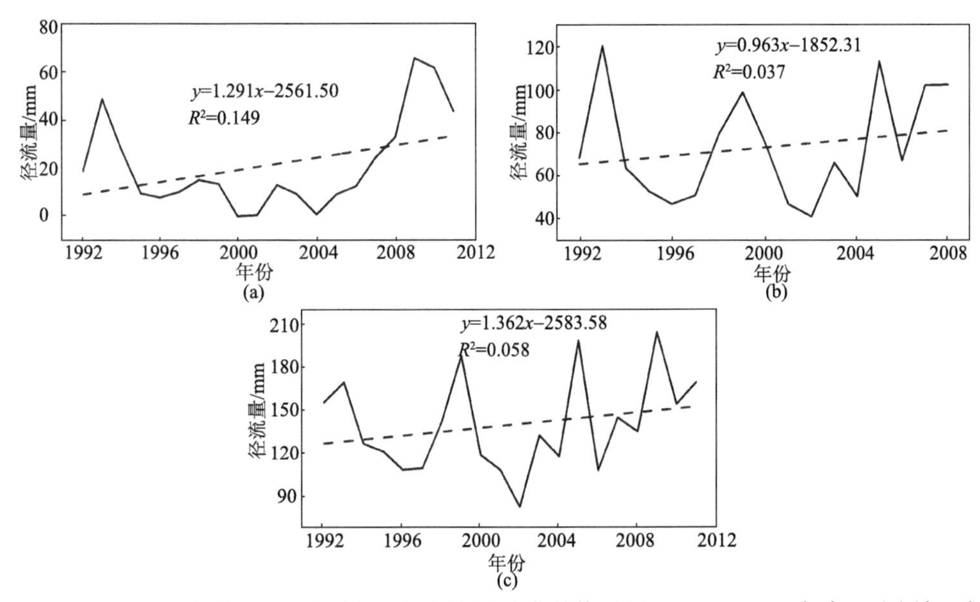

图 5-8　1992～2011 年黄河沿子流域年际径流量（R）变化趋势图（a）；1992～2008 年吉迈子流域 R 变化趋势图（b）；1992～2011 年唐乃亥子流域 R 变化趋势图（c）

别为 22.19 mm、74.14 mm、142.6 mm。1992～2011 年黄河源区径流量呈现出先减小后增加的趋势，但总体上呈现出增加的趋势。其中，黄河沿子流域的线性增加趋势为 1.291 mm/a（R^2=0.149，P>0.05）；吉迈子流域的线性增加趋势为 0.963 mm/a（R^2=0.037，P>0.05）；唐乃亥子流域的增加趋势为 1.362 mm/a（R^2=0.058，P>0.05），黄河源区径流量的增加为资源性缺水的黄河流域的生态安全提供了重要保障。黄河沿、吉迈、唐乃亥子流域径流量总体呈缓慢增加的趋势且变化趋势基本一致，1992～2011 年黄河沿子流域年径流量极小值出现在 2000 年，唐乃亥子流域年径流量极小值出现在 2002 年，分别为 0.86 mm 和 84.56 mm；黄河沿、唐乃亥子流域年径流量极大值均出现在 2009 年，分别为 66.99 mm 和 207.97 mm。吉迈子流域 1992～2008 年的年径流量极小值出现在 2002 年，为 41.64 mm；极大值出现在 1993 年，为 120.38 mm。

5.2.2　黄河源区水体面积对蒸散发变化的响应

黄河沿子流域的湖泊面积为增加趋势，这也标志着黄河沿子流域湖泊储水量的增加。通过分析 1992～2011 年黄河源区的土地覆盖变化，发现黄河沿、吉迈子流域的水体面积在 1992～2005 年呈缓慢减小趋势，唐乃亥子流域的水体面积在 1992～1998 年呈增加趋势，但是黄河沿、吉迈子流域的水体面积在 2005 年以后开始显著增加，而唐乃亥子流域的水体面积在 1998 年以后基本保持不变。其中黄河沿子流域的水体面积增加最为显著，在 1992～2011 年增加了 37.53 km^2；吉迈增加了 11.7 km^2；唐乃亥增加了 13.23 km^2（图 5-9、图 5-10），这十分有利于区域生态的恢复。经分析，黄河沿、吉迈、唐乃亥湖泊面积在 2005 年发生突变，这跟黄河源区生态保护和建设工程的实施有着紧密的联系（邵全琴等，2017）。

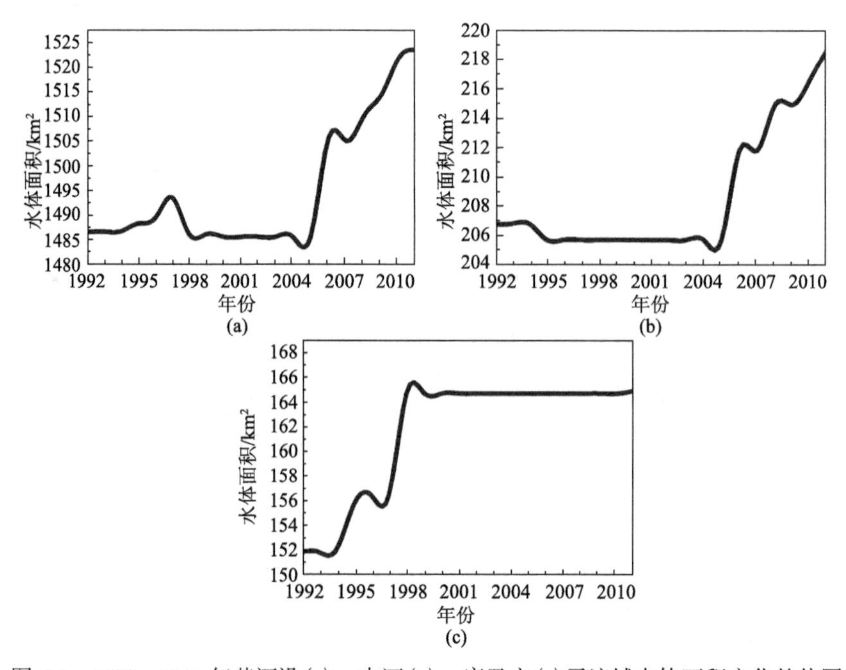

图 5-9　1992～2011 年黄河沿(a)、吉迈(b)、唐乃亥(c)子流域水体面积变化趋势图

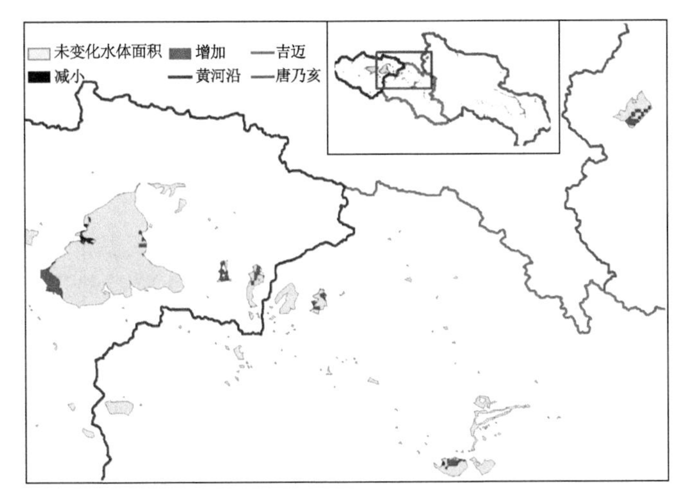

图 5-10　1992～2011 年黄河沿、吉迈、唐乃亥子流域水体面积空间变化分布图

5.2.3　黄河源区水储量对蒸散发变化的响应

本研究基于水量平衡原理计算水储量变化量并基于此计算黄河源 1992～2011 年水储量变化，同时将其与 GRACE 卫星数据对比，结果表明（图 5-11）黄河沿子流域在 1992～2003 年，水储量除 1995～1996 年增加外，总体呈减少趋势；2003～2011 年，除 2009～

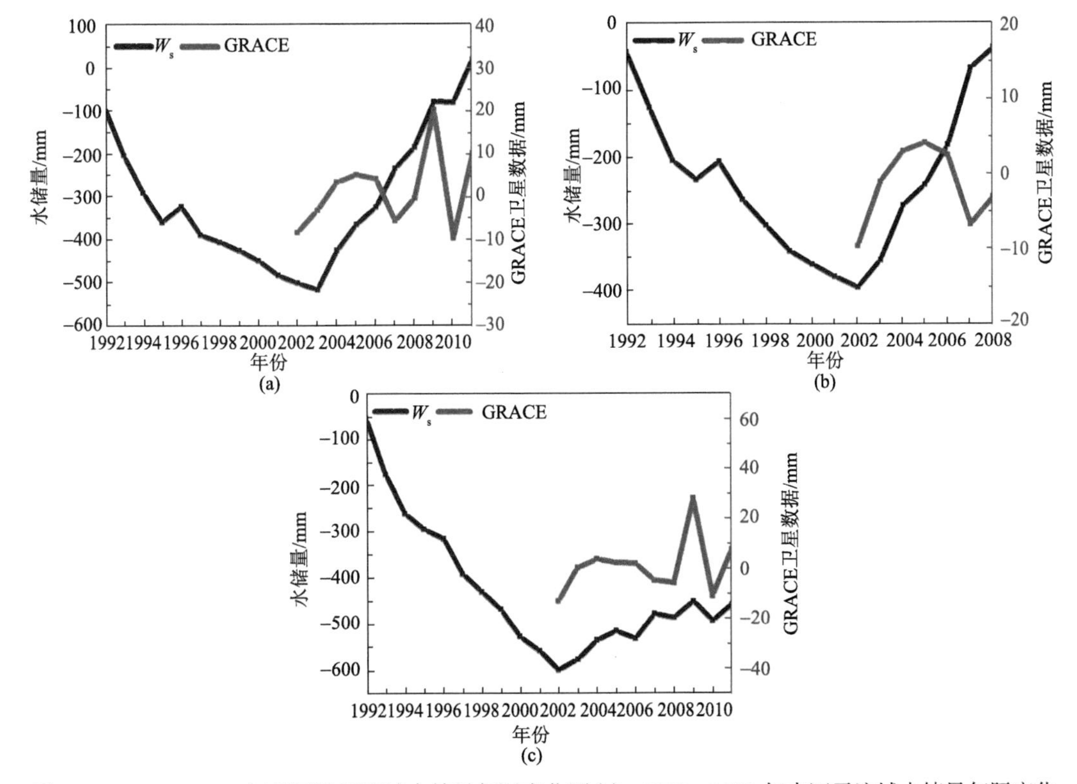

图 5-11　1992～2011 年黄河沿子流域水储量年际变化图(a)；1992～2008 年吉迈子流域水储量年际变化图(b)；1992～2011 年唐乃亥子流域水储量年际变化图(c)

2010 年减少外，总体呈增加趋势；黄河沿子流域的水储量在 1992～2011 年为增加状态，共增加了 22.14 mm。吉迈子流域在 1992～2002 年，水储量除 1995～1996 年增加外，总体呈减少趋势；2002～2008 年均呈增加趋势，整个吉迈子流域的水储量在 1992～2008 年为减少趋势，共减少了 36.4 mm。唐乃亥子流域在 1992～2002 年水储量呈减少趋势；2002～2011 年总体呈增加趋势；整个唐乃亥子流域的水储量在 1992～2011 年为减少趋势，共减少了 458.9 mm。说明黄河沿子流域的水储量在变多，吉迈子流域的水储量在轻微减少，唐乃亥子流域的水储量明显减少，水储量的下降趋势仍未得到扭转，并且水储量减少主要在吉迈—唐乃亥。本研究发现，吉迈和唐乃亥子流域内水储量减小，但湖泊面积却增加，这主要是黄河源区温度升高导致雪水消融，以及降水变多，二者加大对湖泊的补给，导致湖泊水储量的增加；而这两个子流域总的水储量减小可能是由于水储量其他部分(如雪水当量、地下水储量等)的减小程度大于该区湖泊水储量。因此，未来有必要分析黄河源区的水储量其他部分的变化，验证本研究对吉迈和唐乃亥这两个子流域的水储量其他部分变化的分析，进一步分析黄河源区水储量减少的原因。

5.3 黄河源区地表干湿变化研究

近年来，黄河源区年均气温呈现出显著的上升趋势，而降水量呈小幅增加趋势，气候正向湿润化方向发展。同时，蒸散发耗水明显增加，土壤水分和径流等因子受到气候变化和人类活动的共同影响而发生变化，这些变化都改变地表水热交换过程，进而影响区域地表干湿状态。为评价区域干湿变化发展，本研究选用可以综合分析影响地表干湿变化各气候因子的时空变异趋势的干旱指数作为评价指标。干旱指数有两大类：①帕默尔干旱指数(Palmer drought severity index，PDSI)(Palmer，1965)；②多时间尺度干旱指数。PDSI 考虑降水、蒸散发、土壤水分和径流等水文因子，提出气候适宜降水量(P)的概念，即满足地区经济社会运行、生物生长用水所适宜的需水量(马柱国和符淙斌，2006)，实际降水量与对应时段 P 的差值 Z(水分距平指数)，用于描述该时段水分盈亏状况(杨扬等，2007)。虽然 PDSI 被广泛应用于区域干旱评价当中，但该指标时间尺度单一，未考虑干旱的多时间尺度效应(Vicente-Serrano et al.，2012；Zhang et al.，2012)。由于 PDSI 不具备多时间尺度分析功能，Mckee 等(1993)提出了标准化降水指数(standardized precipitation index，SPI)。该指数可进行干旱的多时间尺度分析，且计算过程简便，在气象、水文等多个学科领域均有广泛应用(Zhai et al.，2010)。然而，SPI 只考虑降水量单一因子，未考虑地表水分需求量等其他因子对干旱的影响。

综上所述，需要构建一种基于水文循环物理过程的多时间尺度干旱指数，使其兼顾水量平衡物理机制和多时间尺度评估功能。此外，以往的区域干旱研究往往缺乏对积融雪过程的考量，这使得在积雪融水作为主要水源之一的高寒山区构建水量平衡方程存在缺失项，从而导致水资源供需估算误差，影响干旱指标的准确性。因此，本研究结合区域积融雪变化情况，构建多时间尺度干旱指数——标准化水分距平指数(SZI_{snow})，使其同时具备 PDSI 和 SPI 的优点，并将区域积融雪过程考虑在内。由于 SZI_{snow} 统筹考虑降水、蒸散发、径流、土壤水分和区域积融雪变化等干旱影响因子，获取 SZI_{snow} 计算数据较为困难。将气象资料完整统一的数据产品作为计算干旱指数的基础数据是解决该问题的有效途径。全球陆地数据同化系统(Global Land Data Assimilation System version 2.0，GLDAS 2.0)是在融合基于卫星和基于地面的观测数据的基础上，使用先进的陆表面建模和数据同化技术对陆地-大气相互作用过程进行模拟(Rodell et al., 2004)。已有的 GLDAS 2.0 数据评估结果表明，GLDAS 2.0/NOAH 陆面模型产生的降水、土壤水分、径流、蒸散发数据在黄河源区得到了较好的验证(Wang et al., 2016)，其可以作为计算多时间尺度的 SZI_{snow} 的基础数据。具体计算公式如下。

根据陆面过程模型(land surface model, LSM)模拟生成的水文要素数据整理成 4 个陆面水文过程相关值及其各自潜在值，包括蒸散发量(ET)、土壤入渗量(R)、径流量(RO)、土壤水损失量(L)，以及潜在蒸散发量(PET)、潜在土壤入渗量(PR)、潜在径流量(PRO)、土壤水潜在损失量(PL)。除此以外，在计算 SZI_{snow} 时，还考虑另外两个积雪变量(融雪量 SM 和雪水当量 SWE 累积量 SA)及其潜在值(潜在融雪量 PSM 和潜在 SWE 累积量 PSA)。各水均衡项计算公式如下。

径流量和潜在径流量：

$$\begin{cases} \mathrm{RO} = \mathrm{RO_s} + \mathrm{RO_b} + \mathrm{RO_{sm}} \\ \mathrm{PRO} = \mathrm{AWC} - \mathrm{PR} \end{cases} \tag{5-1}$$

式中，$\mathrm{RO_s}$、$\mathrm{RO_b}$ 和 $\mathrm{RO_{sm}}$ 分别为地表径流量、基流量和融雪径流量；AWC 为土壤最大持水能力。

蒸散发量和潜在蒸散发量：

$$\begin{cases} \mathrm{ET} = E_b + E_t + E_i \\ \mathrm{PET}\ \text{使用Penman-Monteith公式计算} \end{cases} \tag{5-2}$$

式中，E_b、E_t 和 E_i 分别为裸土蒸发、植被蒸腾和冠层截留蒸发。

土壤入渗量和潜在土壤入渗量：

$$\begin{cases} R = \begin{cases} \Delta S_t + \Delta S_u & \Delta S_t + \Delta S_u \geqslant 0 \\ 0 & \Delta S_t + \Delta S_u < 0 \end{cases} \\ \mathrm{PR} = \mathrm{AWC} - (S_t + S_u) \end{cases} \tag{5-3}$$

土壤剖面被分为上下两层。0～100 mm 为上层，100～2000 mm 为下层。上层和下层可获得的土壤水分(S_t 和 S_u)可由 GLDAS 2.0 获得。

土壤水损失量和土壤水潜在损失量：

$$\begin{cases} L = \begin{cases} 0 & \Delta S_t + \Delta S_u \geqslant 0 \\ -(\Delta S_t + \Delta S_u) & \Delta S_t + \Delta S_u < 0 \end{cases} \\ \begin{cases} \mathrm{PL_t} = \min(\mathrm{PET}, S_t) \\ \mathrm{PL_s} = (\mathrm{PET} - \mathrm{PL_t}) \dfrac{S_u}{\mathrm{AWC}} \\ \mathrm{PL} = \mathrm{PL_t} + \mathrm{PL_s} \end{cases} \end{cases} \tag{5-4}$$

式中，PL_t 和 PL_s 分别为上层和下层水分潜在损失量。

SWE 累积量和融雪量及其潜在值：

$$\begin{cases} SA = \begin{cases} 0 & \Delta SWE < 0 \\ \Delta SWE & \Delta SWE \geqslant 0 \end{cases} \\ PSA = P_{snow} \end{cases} \tag{5-5}$$

$$\begin{cases} SM = \begin{cases} -\Delta SWE & \Delta SWE < 0 \\ 0 & \Delta SWE \geqslant 0 \end{cases} \\ PSM = SWE \end{cases} \tag{5-6}$$

式中，P_{snow} 和 SWE 分别是降雪量及其月变化。

上述所有水均衡项单位均为 mm。

使用上述六个水均衡项定义 SZI_{snow} 的需水量 $\hat{P}_{snow}$，每月气候系数计算为以下参数的实际值与潜在值的气候系统平均值之间的比值：蒸散系数(α_j)、水分补给系数(β_j)、径流系数(γ_j)、水分损失系数(δ_j)、雪累积系数(ε_j)和融雪系数(φ_j)：

$$\begin{cases} \alpha_j = \overline{ET_j} / \overline{PET_j} \\ \beta_j = \overline{R_j} / \overline{PR_j} \\ \gamma_j = \overline{RO_j} / \overline{PRO_j} \\ \delta_j = \overline{L_j} / \overline{PL_j} \\ \varepsilon_j = \overline{SA_j} / \overline{PSA_j} \\ \varphi_j = \overline{SM_j} / \overline{PSM_j} \end{cases} \tag{5-7}$$

式中，j 为月份(j=1,2,…,12)，导出的比值用作计算 $\hat{P}_{snow}$ 的权重。

$$\hat{P}_{snow} = \alpha_j PET + \beta_j PR + \gamma_j PRO + \varepsilon_j PSA - \delta_j PL - \varphi_j PSM \tag{5-8}$$

P(实际降水量)与 $\hat{P}_{snow}$ 二者差值为水分距平值 Z_{snow}：

$$\begin{cases} P = P_{rain} + P_{snow} \\ Z_{snow} = P - \hat{P}_{snow} \end{cases} \tag{5-9}$$

式中，P 为降水量和降雪量的总和。而后进行多个时间尺度(1 个月，2 个月，…，48 个月)累积和标准化，以得到 SZI_{snow}。

SZI_{snow} 累积方法为

$$Z_{i,j} = \sum_{j-i+1}^{j} Z_k \qquad j \geqslant i \tag{5-10}$$

式中，$Z_{i,j}$为每个月 Z_k 值在时间尺度为 $i(1\leqslant i\leqslant 48)$、第 j 个月的多时间尺度累积值。

SZI_{snow} 采用适用于有负值的 D 值标准化的三参数 log-logistic 分布，此方法与 SZI 标准化方法一致。其分布函数和概率函数如下：

$$f(x)=\frac{\beta}{\alpha}\left(\frac{x-\gamma}{\alpha}\right)^{\beta-1}\left[1+\left(\frac{x-\gamma}{\alpha}\right)^{\beta}\right]^{-2} \tag{5-11}$$

$$F(x)=\left[1+\left(\frac{\alpha}{x-\gamma}\right)^{\beta}\right]^{-1} \tag{5-12}$$

在 SZI_{snow} 中，每个标准化 SZI_{snow} 系列的平均值都为 0，SZI_{snow} 为负(正)，意味着与正常条件相比更干旱(湿润)。

5.3.1　一致性检验

5.2 节已基于水量平衡原理和 GRACE 数据对黄河源区的蒸散发变化与水源涵养功能变化进行分析，本节使用 GLDAS 2.0/NOAH 数据集生成降水、气温、蒸散发等一系列数据用于计算 SZI_{snow} 表征黄河源区的地表干湿变化，同时使用 CMFD 数据集中的降水与气温数据对黄河源区水资源变化过程进行分析。为提高分析结果的代表性，对所涉及的变量进行一致性分析。对降水、气温及蒸散发数据的一致性检验结果表明，CMFD、GLEAM 与 GLDAS 数据集在降水、气温及蒸散发数据上具有较好的一致性。具体表现如下。

如图 5-12 所示，CMFD 的降水数据与 GLDAS 数据集中的降水数据相关性表现较好，R^2=0.92，RMSE=17.27 mm，MD=31.73 mm，这证明 CMFD 与 GLDAS 的降水数据具有较好的一致性。图 5-13 显示 CMFD 与 GLDAS 数据集的气温数据对比，R^2=0.99，RMSE=1.88℃，MD=6.94℃。表明两个数据集对气温的反应均表现良好。图 5-14 显示 GLEAM 与 GLDAS 数据集中的蒸散发数据对比，R^2=0.85，RMSE=11.31 mm，MD=24.10 mm。

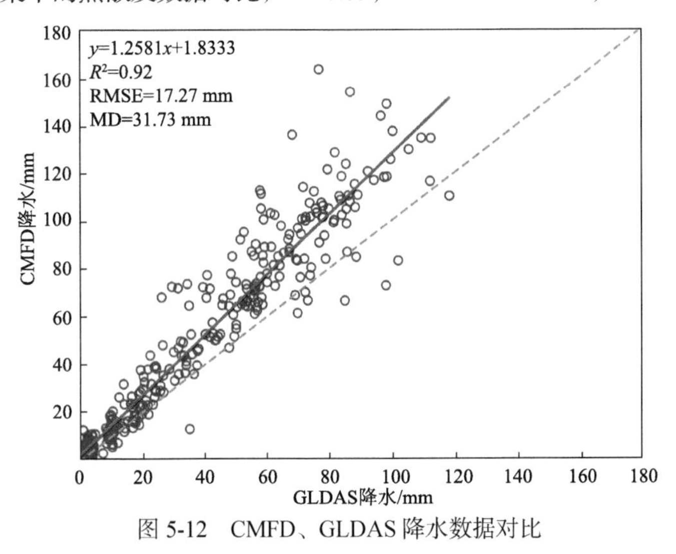

图 5-12　CMFD、GLDAS 降水数据对比

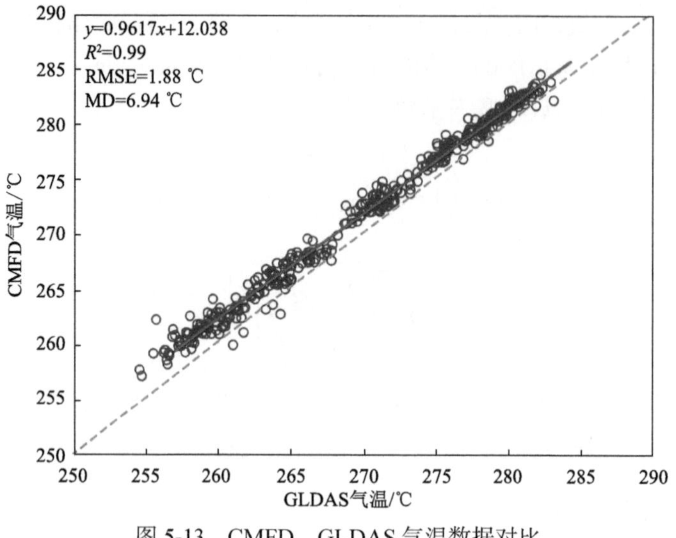

图 5-13　CMFD、GLDAS 气温数据对比

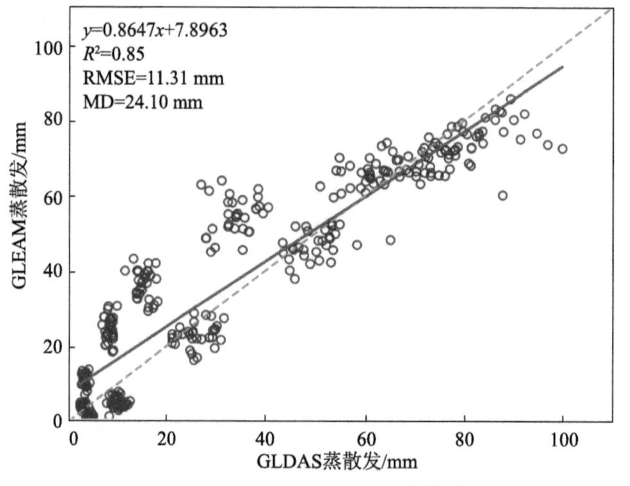

图 5-14　GLEAM、GLDAS 蒸散发数据对比

5.3.2　多时间尺度下的旱情变化

1948～2010 年黄河源区 SZI_{snow} 干旱指数在多个时间尺度下的干旱变化趋势如图 5-15 所示。按照时间尺度分别为 1 个月、6 个月、12 个月、24 个月分析研究区 SZI_{snow} 区域平均值，1948～2010 年，1 个月与 6 个月时间尺度干湿交替比较频繁，稳定状态从 12 个月时间尺度趋于明显，在 24 个月时间尺度上干湿变化与 SZI_{snow} 干旱指标均表现出稳定的波动周期变化。整体上，黄河源区干湿交替变化状态随时间尺度的增加而逐渐趋于稳定。

图 5-15 显示，在 1 个月、6 个月、12 个月、24 个月时间尺度上，黄河源区干旱频次和干旱强度总体呈现先增加后减少的趋势变化，并在 20 世纪 60 年代达到顶峰，之后干旱频次和干旱强度综合呈现减小趋势，在 2000 年之后干旱频次和干旱强度出现显著下

降。这与杨斐(2019)的研究结果一致。杨斐在其研究中认为，进入 21 世纪初，随着全球气候继续变暖，环三江源暖湿化趋势加快、气温升高、降水增加、湖泊面积持续增加、水位上升、河流径流量增加、植被趋于好转并逐步恢复，多方面的变化使大气干旱发生概率降低，特别是重旱、特大旱发生次数明显减少。表明黄河源区自 1948 年以来，区域变干程度逐渐减弱，地表呈现湿润状态的时间逐渐增加，2000 年以后，这种趋势更加突出。这与刘金晶(2020)的研究结果一致，刘金晶认为 1966～2017 年三江源区域的气候逐渐趋于湿润，尤其在 21 世纪以后，变化趋势尤为明显。由此可见，SZI_{snow}能够科学合理地指示干湿变化状态。

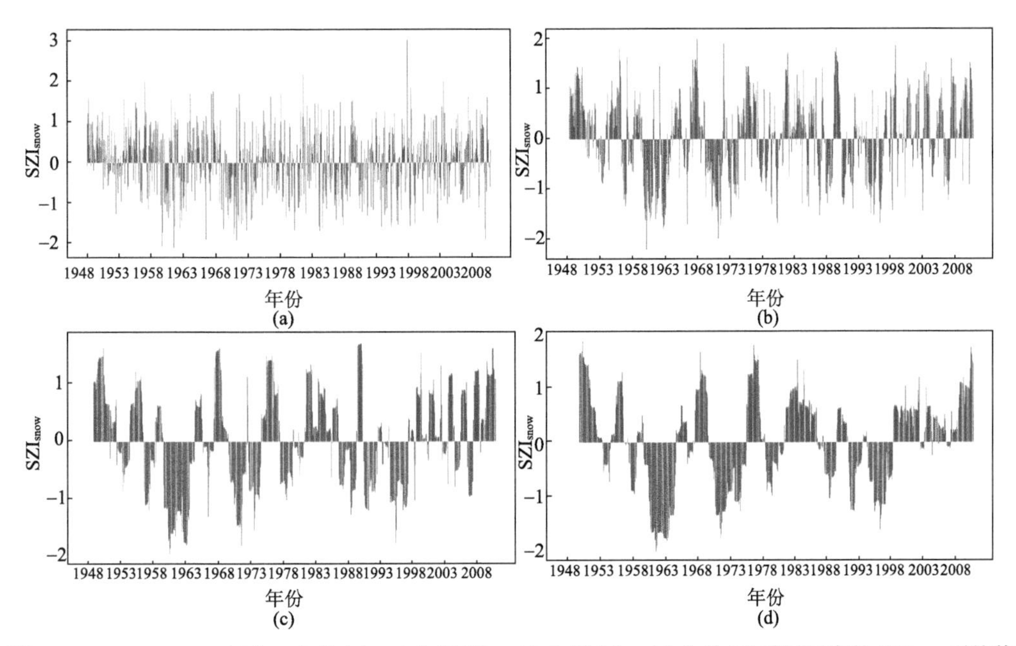

图 5-15　1948～2010 年在 1 个月(a)、6 个月(b)、12 个月(c)、24 个月(d)时间尺度的 SZI_{snow} 平均值

5.3.3　干湿状态空间评估

黄河源区不同时间尺度下 SZI_{snow} 平均值的空间分布如图 5-16 所示，在 1 个月、6 个月、12 个月、24 个月时间尺度上 SZI_{snow} 大于 0 的区域所占比例分别为 7.0%、7.3%、17.6%、11.8%，呈增长趋势。在空间分布上，1 个月时间尺度，黄河源区整体呈现干旱状态，在东部和南部少部分区域呈现湿润状态，且均为沿河分布。6 个月、12 个月时间尺度表现出较为明显的区域分布，且呈现出区域连续性，湿润区域集中在唐乃亥子流域，黄河沿与吉迈子流域均为干旱状态且干旱程度较为均一。24 个月时间尺度地表干湿状态表现区域分布更加明显，黄河沿、吉迈以及唐乃亥子流域的西部地区均为干旱状态，其中吉迈子流域干旱强度最高，在唐乃亥子流域的东部地区表现出湿润状态。综上所述，随着时间尺度的增加，黄河源区的干湿状态整体趋于集中，干湿状态在区域分布上更加明确。具体表现为，干旱地区主要集中在黄河源西部地区，湿润地区范围的增加主要体现在东南部地区(图 5-16)。

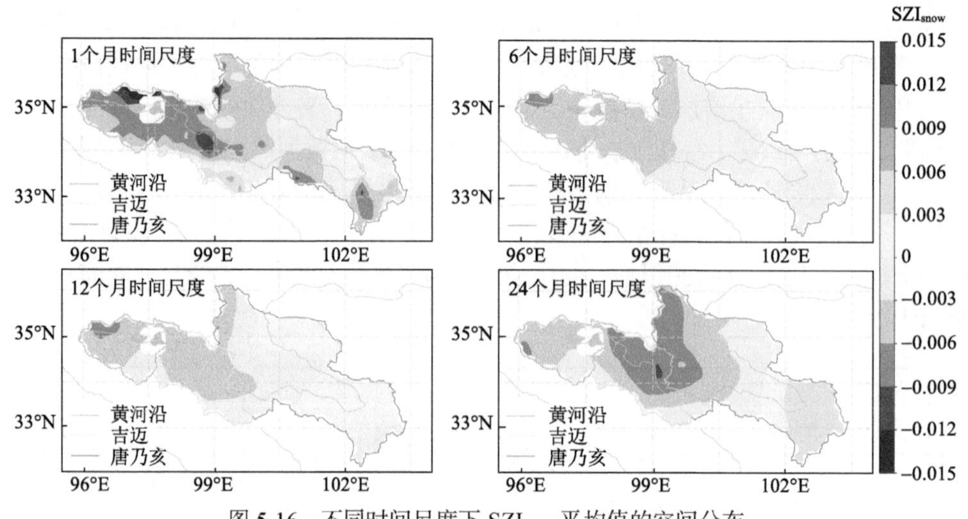

图 5-16　不同时间尺度下 SZI_{snow} 平均值的空间分布

图 5-17 显示不同时间尺度下 SZI_{snow} 的空间变化趋势，可以看出，SZI_{snow} 的变化趋势在 1 个月、6 个月、12 个月、24 个月时间尺度上 SZI_{snow} 为下降的区域所占比例分别为 94.7%、33.3%、29.6%、29.6%。整体上呈现下降趋势。在空间分布上，1 个月时间尺度，黄河源区整体呈现变干趋势，在南部少部分区域呈现变湿趋势。在 6 个月时间尺度上表现出较为明显的区域分布，变干区域集中在唐乃亥子流域的东部地区及其北部的少部分区域，黄河沿、吉迈子流域以及唐乃亥子流域的西部地区表现为变湿趋势。在 12 个月、24 个月时间尺度上，地表干湿变化趋势在区域分布上更加集中，黄河沿、吉迈以及唐乃亥子流域的西部地区均为变湿趋势，在唐乃亥子流域的东部地区表现出变湿趋势。与 SZI_{snow} 年平均值的空间分布相同，随着时间尺度的增加，SZI_{snow} 变化趋势空间分布趋于稳定，呈现明显的东南部区域变干旱与西北部区域变湿润的景象。与黄河源区 SZI_{snow}

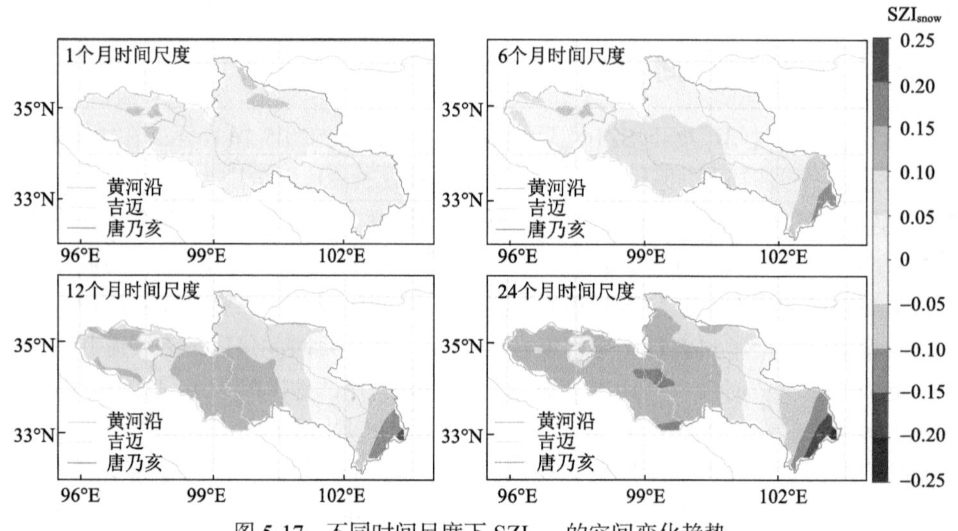

图 5-17　不同时间尺度下 SZI_{snow} 的空间变化趋势

空间分布对比，可以发现在黄河源区的西北部高海拔地区 SZI_{snow} 相对于东南部地区较大，同时出现明显的下降趋势；而在黄河源区的西部 SZI_{snow} 较小同时呈现不断变湿的趋势。综上所述，黄河源西北部较湿地区呈现变干趋势且东南部较干地区呈现变湿趋势，黄河源区整体干湿分布进一步均一化。

5.4 结 论

本研究基于遥感、再分析数据，针对黄河源区水资源量变化进行分析。通过不同机理的区域尺度蒸散发数据耦合结果，定量分析黄河源区蒸散发与地表水热情况变化的相关关系。在此基础上，利用水量平衡原理，分析黄河源区蒸散发变化对流域径流、水储量及水体面积的影响，探究蒸散发变化对区域水平衡的影响。为进一步有效探究区域水分盈亏状况，基于 GLDAS 2.0/NOAH 双向耦合模式，模拟黄河源区气候和地表水热过程，统筹分析降水、蒸散发、径流和土壤水分等干旱影响因子，并结合区域积融雪变化情况，构建基于双向耦合模式的多时间尺度干旱指数——标准化水分距平指数(SZI_{snow})，综合分析黄河源区不同时间尺度干旱发生、发展趋势及其成因机理。主要研究成果包括以下三部分。

(1)结合多种蒸散发数据等权重耦合结果及中国区域高时空分辨率地面气象要素驱动数据集，分析 1992～2011 年黄河源区蒸散发的时空变化过程，并结合气象数据分析其相关关系，结果表明黄河源区蒸散发呈现明显的空间分布特征，东南部蒸散发强，北部较弱，且在年际变化趋势上，整体上呈现缓慢增加趋势，而空间分布上北部地区出现增加趋势，东南部出现明显的下降趋势。区域年平均降水与土壤含水量及气温数据均表现出整体增加趋势，而净辐射数据呈现出下降趋势，空间分布上为从西北到东南变小的趋势。通过蒸散发数据与气象数据的相关分析发现，在黄河源区北部降水与根系土壤含水量等下垫面条件对蒸散发影响较大，而在中部地区，净辐射是影响蒸散发变化的主要因素。表明在黄河源区北部较为干旱，蒸散发主要受到水分条件的影响；在中部地区，蒸散发变化受能量条件影响较大。

(2)基于黄河沿、吉迈、唐乃亥水文站径流数据以及 Land Cover CCI 的土地利用数据，结合多种统计分析方法，分析 1992～2011 年黄河源区蒸散发变化带来的流域水储量的变化。研究结论如下，黄河沿、吉迈、唐乃亥子流域径流量呈缓慢增加的趋势，同时水储量呈现波动增加的趋势，而黄河源、吉迈子流域的水体面积呈现先减小后增加的趋势，唐乃亥子流域的水体面积出现先增加后稳定的变化趋势。从这些变量的变化趋势可以得出，在黄河源区，由于降水增多与融雪补给增加，径流量、水储量及水体面积均出现缓慢增加趋势。

(3)基于 GLDAS 2.0/NOAH($0.25° \times 0.25°$)数据集构建多时间尺度 SZI_{snow}，分析 1948～2010 年黄河源区的旱情变化情况。结果表明，SZI_{snow} 作为干旱指标对直接决定陆面干旱的地表水量平衡具有合理反映，可以很好地考虑在气候变化影响下的陆地表面水文循环机制，为多时间尺度干旱评价提供更加准确的信息。通过分析黄河源区多时间尺度 SZI_{snow}

空间变化情况发现，黄河源区干旱频次和干旱强度综合呈现减小趋势，黄河源区的气候逐渐趋于湿润，尤其在21世纪以后，变化趋势尤为明显；总体来看，整个研究区 SZI_{snow} 波动呈现减小趋势，表明黄河源区干湿变化整体趋于稳定，且具有缓慢向暖湿化变化的趋势。

参 考 文 献

谷同辉, 管晓丹, 高照逵, 等. 2022. 黄河流域蒸散发与气温和降水以及风速的相关性分析. 气象与环境学报, 38(1): 48-56.

韩煜娜, 左德鹏, 王国庆, 等. 2022. 变化环境下青藏高原陆地水储量演变格局及归因. 水资源保护, 1-14.

刘金晶. 2020. 三江源地区干旱指数时空演变及成因分析. 河南科学, 38(3): 417-422.

马柱国, 符淙斌. 2006. 1951～2004 年中国北方干旱化的基本事实. 科学通报, 51(20): 2429-2439.

邵全琴, 曹巍, 樊江文, 等. 2017. 三江源生态保护和建设一期工程生态成效评估. 地理学报, 2016(1): 3-20.

许民, 张世强, 王建, 等. 2014. 利用 GRACE 重力卫星监测祁连山水储量时空变化. 干旱区地理, 37(3): 458-467.

杨斐. 2019. 21 世纪初青海省春季大气干旱变化新特征. 青海气象, (2): 15-20, 29.

杨扬, 安顺清, 刘巍巍, 等. 2007. 帕尔默旱度指数方法在全国实时旱情监视中的应用. 水科学进展, 18(1): 52-57.

郑子彦, 吕美霞, 马柱国. 2020. 黄河源区气候水文和植被覆盖变化及面临问题的对策建议. 中国科学院院刊, 35(1): 61-72.

Baldocchi D. 2008. 'Breathing' of the terrestrial biosphere: lessons learned from a global network of carbon dioxide flux measurement systems. Australian Journal of Botany, 56(1): 1-26.

Burn D H, Elnur M. 2002. Detection of hydrologic trends and variability. Journal of Hydrology, 255(1-4): 107-122.

Deng S, Zhang Y, Zheng S, et al. 2011. Analysis of space-time pattern in evapotranspiration and meteorological driving factors over the source region of the Yellow River//International Conference on Geoinformatics. Shanghai: IEEE: 1-6.

Fisher J B, Melton F, Middleton E, et al. 2017. The future of evapotranspiration: Global requirements for ecosystem functioning, carbon and climate feedbacks, agricultural management, and water resources. Water Resources Research, 53(4): 2618-2626.

Frauenfeld O W, Zhang T, Serreze M C. 2005. Climate change and variability using European Centre for Medium-Range Weather Forecasts reanalysis (ERA-40) temperatures on the Tibetan Plateau. Journal of Geophysical Research: Atmospheres, 110: D02101.

Fu J, Gong Y, Zheng W, et al. 2022. Spatial-temporal variations of terrestrial evapotranspiration across China from 2000 to 2019. Science of the Total Environment, 825: 153951.

Guo Q, Liang J, Cao X, et al. 2020. Spatiotemporal Evolution of Evapotranspiration in China after 1998. Water, 12(11): 3250.

He J, Yang K, Tang W, et al. 2020. The first high-resolution meteorological forcing dataset for land process studies over China. Scientific Data, 7(1): 1-11.

Hu Y, Maskey S, Uhlenbrook S, et al. 2011. Streamflow trends and climate linkages in the source region of the

Yellow River, China. Hydrological Processes, 25(22): 3399-3411.

IPCC. 2013. Climate Change 2013: The Physical Science Basis. Contribution of Working Group I to the Fifth Assessment Report of the Intergovernmental Panel on Climate Change. Cambridge: Cambridge University Press.

Jung M, Reichstein M, Ciais P, et al. 2010. Recent decline in the global land evapotranspiration trend due to limited moisture supply. Nature, 467(7318): 951-954.

Kuang X, Jiao J J. 2016. Review on climate change on the Tibetan Plateau during the last half century. Journal of Geophysical Research: Atmospheres, 121(8): 3979-4007.

Lan Y, Zhao G, Zhang Y, et al. 2010. Response of runoff in the source region of the yellow river to climate warming. Quaternary International, 226(1-2): 60-65.

Leuning R, Zhang Y Q, Rajaud A, et al. 2008. A simple surface conductance model to estimate regional evaporation using MODIS leaf area index and the Penman-Monteith equation. Water Resources Research, 44(10): 652-655.

Martens B, Miralles D G, Lievens H, et al. 2017. GLEAM v3: Satellite-based land evaporation and root-zone soil moisture. Geoscientific Model Development Discussions, 10(5): 1-36.

McKee T B, Doesken N J, Kleist J. 1993. The Relationship of Drought Frequency and Duration to Time Scales. Anaheim, USA: Proceedings of Eighth Conference on Applied Climatology.

Miralles D G, Holmes T R H, Jeu R A M D, et al. 2011. Global land-surface evaporation estimated from satellite-based observations. Hydrology & Earth System Sciences, 15(2): 453-469.

Palmer W C. 1965. Meteorological Drought. Washington DC: Weather Bureau.

Rodell M, Houser P R, Jambor U, et al. 2004. The Global Land Data Assimilation System. Bulletin of the American Meteorological Society, 85(3): 381394.

Trenberth K E, Fasullo J T, Kiehl J. 2009. Earth's global energy budget. Bulletin of the American Meteorological Society, 90(3): 311-324.

Vicente-Serrano S M, Beguería S, López-Moreno J I. 2012. Comment on "Characteristics and trends in various forms of the Palmer Drought Severity Index (PDSI) during 1900-2008" by Aiguo Dai. Journal of Geophysical Research: Atmospheres, 116: D19112.

Wang W, Cui W, Wang X, et al. 2016. Evaluation of GLDAS-1 and GLDAS-2 forcing data and NOAH model simulations over China at the monthly scale. Journal of Hydrometeorology, 17(11): 2815-2833.

Westmacott J R, Burn D H. 1997. Climate change effects on the hydrologic regime within the churchill-nelson river basin. Journal of Hydrology, 202(1-4): 263-279.

Yang J, Ding Y, Chen R. 2007. Climatic causes of ecological and environmental variations in the source regions of the Yangtze and Yellow Rivers of China. Environmental Geology, 53(1): 113-121.

Yuan F, Berndtsson R, Zhang L, et al. 2015. Hydro climatic trend and periodicity for the source region of the Yellow River. Journal of Hydrologic Engineering, 20(10): 05105003.

Zhai J Q, Su B D, Gao C, et al. 2010. Spatial variation and trends in PDSI and SPI indices and their relation to streamflow in 10 large regions of China. Journal of Climate, 23(3): 649-663.

Zhang B Q, Wu P T, Zhao X N, et al. 2012. Drought variation trends in different subregions of the Chinese Loess Plateau over the past four decades. Agricultural Water Management, 115: 167-177.

Zhang K, Kimball J S, Nemani R R, et al. 2010. A continuous satellite-derived global record of land surface evapotranspiration from 1983 to 2006. Water Resources Research, 46(9): W09522.

第6章

黄河源区白河和黑河流域径流变化归因

黄河作为中国西北和华北的主要水源，被喻为沿黄地区的生命线，随着流域人口增加，社会、经济的迅速发展，人类对黄河水资源的需求和依赖性越来越大。但是黄河流域大部分属于干旱、半干旱气候区，自然水资源本就匮乏，另外受全球气候变化的影响，极端天气事件不断增加，全球气候变暖使黄河上游地区出现气温升高、降水量减少、蒸发量增大的暖干化趋势，这种气候变化趋势导致黄河水资源呈现日益匮乏的趋势。河川径流是人类能够直接利用的最重要的水资源，具有复杂的随机性和不确定性，加上人类活动和全球气候变化的影响，使得径流变化存在明显的区域性差异(Meng et al.，2016)。观测资料表明，流域水循环和水资源的主要影响因素可以归为气候变化和人类活动(Lan et al.，2010；Murgulet et al.，2016)。气候变化主要通过降水、气温及潜在蒸散发等(Zhao et al.，2015)因素的变化影响径流。同时，人类活动作为间接因素，也影响河川径流过程(Liu et al.，2017；Li et al.，2007)。

白河和黑河是黄河源区两个重要的支流，流经若尔盖湿地时同谷异水，称为姊妹河。河流流经地区降水丰富，是黄河重要的水源补给区。白河和黑河流域具有重要的水源涵养和补给、调节区域气候等功能，在维护黄河流域水资源和生态安全方面具有积极作用(丁鹏凯等，2016)。目前为止，关于黄河源径流的研究主要集中于整个源区径流的变化特征和影响因素方面(Meng et al.，2016；Lan et al.，2010；Qin et al.，2017；Kong et al.，2016)，关于白河和黑河流域的研究较少。本研究分析白河和黑河流域在1985～2016年的径流变化特征及其影响因素，在全球变暖的大背景下，量化气候变化和人类活动的影响。

6.1 黄河源区白河和黑河流域概况

黄河从源头经扎陵湖和鄂陵湖调蓄后，河道穿行于阿尼玛卿山和巴颜喀拉山之间，向东流至久治县沙柯河口附近进入甘肃，然后进入若尔盖草原，因受横断山脉的阻拦，转向北流，经甘肃玛曲县境折转向西流进青海，形成“九曲黄河”的第一曲，称为“U”形流域，即黄河上游河曲地区。黄河源河曲地区(33.2°N～34.4°N、90.4°E～102.3°E)位于青海、甘肃、四川三省的交界区，平均海拔在3500 m以上，属于高寒草甸地带，具有高原亚寒带半湿润气候的自然地理特征。河曲地区是青藏高原年降水量最多的区域，也是黄河水量的主要源地之一，黄河汇水量 53%来自这一区域。此外，河曲地区径流占降水量的比例较高，可达 50%～70%。

黑河、白河两个流域下游出水口分别由大水和唐克水文站控制，流域内各有一个国家级气象站，分别为若尔盖和红原。黑河、白河两个流域面积分别为 7747 km^2 和 5488 km^2，占黄河源区（唐乃亥水文站以上）总面积的 10.85%。黑河、白河两个流域年径流量分别为 8.78×10^8 m^3 和 1.84×10^9 m^3，占黄河源区总水量的 18%。研究区年均气温为 0.7～1.1℃，年均降水量为 640～750 mm，年日照时数为 2300～2400 h，年水面蒸发量为 1200～1317 mm，按气候和自然区划指标划分，属高原寒温带湿润沼泽地区，水热条件只能满足高山和沼泽化草甸生长所需。黑河和白河流域多年平均年径流深分别为 113 mm 和 335 mm，河流补给主要来源于降水。

6.1.1　大气环流与水汽输送特征

青藏高原的动力和热力作用是形成高原独特气候的重要原因，高原季风是由高原热力作用转化为动力的效果。冬季高原主要受干冷的西风带控制，表现为冷高压，使得这一地区冬季气候寒冷干燥；夏季高原主体为热低压，主要表现为热力作用，西南季风控制着高原南部特别是东南部温暖湿润气候的形成，同时河曲地区呈“高湿盆地”特征。

因受地理位置、地形影响，黄河上游河曲地区处在多层、多源水汽交汇区，水汽充沛、降水频繁、新生系统活跃。其水汽通道主要有三条：高空水汽主要来自孟加拉湾和印度洋的暖湿气流；低层水汽来自横断山脉的东南暖湿气流，低层暖湿气流的发展促进高层云层垂直发展，云层变厚；另外，东部和北部较冷水汽侵入西南或东南暖湿气流易形成多云多雨天气。

黄河上游河曲地区在夏季季风各个时段各层水汽总收支均为净收入，来自孟加拉湾的水汽对该地区的贡献最大，占该区输入水汽量的 40%左右；其次是青藏高原中部向东的水汽输送，约占该区输入水汽量的 25%～35%；来自四川 105°E 东边界的水汽输送，占该区输入水汽量的 15%～20%。综上所述的大气环流和水汽输送特征，为河曲地区降水云系的频繁出现、发展及形成提供了必要的水汽条件。

6.1.2　水文特征

黄河源区径流量与降水的关系密切，河流的径流量主要靠降水进行补给，靠降水补给的径流量占总径流量的 90%以上。黄河源区水资源存在形式丰富，包括河流、冰川、湖泊、沼泽、地下水等，其中年平均流量为 650 m^3/s，年平均径流量为 205 亿 m^3，冰川面积为 179.39 km^2，冰储量为 191.95 亿 m^3，年融水量为 3.5 亿 m^3，地下水补给量为 6.02 亿 m^3。另外，湖泊和沼泽在补充河流流量的同时也对流域的产汇流过程进行调节。黄河源区支流众多，这些支流从两岸汇入黄河干流，具有汇水面广、径流明显的特征，形成树枝状水系。

河曲地区是黄河源降水量最丰沛的区域，是黄河径流主要来源区之一，区内有黄河源区最大支流白河、黑河。该区属于丘陵和沼泽地带，植被较好，蓄水能力强，所以该区基流丰富，地下水天然储量占地表总径流量的比例较大，其对源区水文与水资源的影响不容忽视。鉴于该地区丰富的降水和较强的汇水能力，其在黄河上游水资源和补充下游水量方面占有重要地位。

6.2 径流变化分析方法

6.2.1 分析数据

径流变化的影响要素较多，主要分为自然因素和人类活动因素。自然因素通过实测方式获取，其中气象数据来源于流域内气象站的实测日尺度数据，径流数据来源于流域下游控制水文站的实测日径流数据(表 6-1)，研究时段为 1985～2016 年。唐克站 1985 年所缺 1～5 月数据基于与大水站径流的相关关系进行插补。人类活动因素主要通过土地利用的变化反映，土地利用数据(1980 年、1995 年、2000 年、2005 年、2015 年)为 30 m TM 数据解译基础上，依据《土地利用现状分类》(GB/T 21010—2017)，将土地利用类型划分为耕地、林地、草地、水域、城乡、工矿、居民用地和未利用地。

表 6-1 白河和黑河流域气象站和水文站

流域	气象站	气象站海拔/m	水文站	水文站海拔/m
白河	红原(32°48′N，102°33′E)	3492.8	唐克(33°15′N，102°28′E)	3428
黑河	若尔盖(33°35′N，102°58′E)	3442.6	大水(33°59′N，102°16′E)	3410

6.2.2 分析方法

分析气候变化和人类活动对径流影响的关键在于如何有效地将这两者区分开来。常用的方法主要有利用水文模拟和基于 Budyko 假设(Liang et al.，2015)的水量平衡方程。水文模拟通过水文模型来量化气候变化的影响，可以准确地描述水文变量和径流演变的机制，具有物理基础，但是对数据要求高，不适用于数据稀缺和无资料地区(Ahn and Merwade，2014；Bao et al.，2012；Ma et al.，2010)。基于 Budyko 假设的水量平衡方程在年尺度上，考虑水文过程中水分和能量耦合平衡，广泛运用于研究气候变化和人类活动对长序列径流变化的影响(Wu et al.，2017；Jiang et al.，2015)。

本研究主要采用趋势和突变检验方法、Penman-Monteith 模型及径流变化归因方法来分析白河、黑河流域的径流变化。

1. 趋势和突变检验方法

采用 Mann-Kendall(M-K)(Hamed，2008；Gocic and Trajkovic，2013)检验分析水文气象要素包括温度、降水、蒸发和径流等的时间变化趋势。

基于 *t*-检验的循序算法 STARS(sequential *t*-test analysis of regime shift)(Rodionov，2004；Rodionov and Overlan，2005)检测突变点。STARS 程序下载网址为 www.bering

climate.noaa.gov。采用 Regime Shift Detection V 3.2 程序检测水文气象数据的年平均突变点。水文气象数据序列的平均突变检验：显著性水平为 0.1，Huber 指数为 1，步长为 10 年，其他参数默认。通过突变检验方法将水文气象序列划分为两个子时段，突变年以前的时段称为基准期，突变年以后的时段称为变化期。用突变前、后两时段要素的差值代表该要素在总时段内的变化量。

2. Penman-Monteith 模型

采用 Penman-Monteith 模型(Wang et al.，2018)计算潜在蒸散发：

$$E_0 = \frac{0.408\varDelta\left(R_n - G\right) + \gamma \dfrac{900}{T + 273} U_2\left(e_s - e_a\right)}{\varDelta + \gamma\left(1 + 0.34U_2\right)} \tag{6-1}$$

式中，E_0 为潜在蒸散发，mm/d；$\varDelta$ 为饱和水汽压曲线斜率，kPa/℃；R_n 为参考作物表面净辐射，MJ/(m^2·d)；G 为土壤热通量，MJ/(m^2·d)；γ 为干湿常数，kPa/℃；T 为平均气温，℃；U_2 为 2 m 高处的风速，m/s；e_s 为平均饱和水汽压，kPa；e_a 为实际水汽压，kPa。

R_n 由净短波辐射(R_{ns})与净长波辐射(R_{nl})之差得出：

$$R_n = R_{ns} - R_{nl} \tag{6-2}$$

模型中辐射项以经验公式计算得来，其准确性取决于经验系数的选取，经验系数具有区域局限性(Shi et al.，2017)。Yin 等(2008)采用 81 个气象站的逐月辐射观测资料建立了适用于中国的净短波辐射经验公式,同时指出 Penman 修正式(Armstrong et al.,2010)计算中国净长波辐射的方法更准确(马宁等，2012)。

$$R_{ns} = (1-\alpha)\left[0.2 + 0.79\left(\frac{n}{N}\right)\right]R_{so} \tag{6-3}$$

$$R_{nl} = \sigma\left(\frac{T_{max,k}^4 + T_{min,k}^4}{2}\right)(0.56 - 0.25\sqrt{e_a}\left[0.1 + 0.9\left(\frac{n}{N}\right)\right] \tag{6-4}$$

式中，α 为地表反照率，取 0.23；R_{so} 为晴天辐射，MJ/(m^2·d)；n 为实际日照时数，h；N 为可照时数，h；σ 为 Stefan-Boltzman 常数，取 4.903×10^{-9} MJ/(K^4·m^2·d)；$T_{max,k}$ 为绝对温标的最高温度，K；$T_{min,k}$ 为绝对温标的最低温度，K；e_a 为实际水汽压，kPa。

3. 径流变化归因方法

Budyko 假设：在进行全球水量和能量平衡分析时发现，陆面长期平均蒸散发量主要由大气对陆面的水分供给(降水)和能量供给(净辐射或潜在蒸散发)之间的平衡决定。基于此，在多年尺度上，用降水(P)代表陆面蒸散发的水分供应条件，用潜在蒸散发(E_0)代表蒸散发的能量供应条件，对陆面蒸散发限定边界条件(郭生练等，2015)。

在极端干旱条件下，如沙漠地区，全部降水量都将转化为蒸散发量 E。

$$当\frac{E_0}{P}\to\infty 时,\frac{E}{P}\to 1 \tag{6-5}$$

在极端湿润条件下，可用于蒸散发的能量(潜在蒸散发)都将转化为潜热。

$$当\frac{E_0}{P}\to 0 时,\frac{E}{E_0}\to 1 \tag{6-6}$$

满足此边界条件的水热耦合平衡方程的一般形式见式(6-7)：

$$\frac{E}{P}=F\left(\frac{E_0}{P}\right)=F(\varphi) \tag{6-7}$$

式中，φ 为辐射干旱指数(简称干旱指数)，作为水热联系的量度指标已被广泛应用于气候带划分与自然植被带的区划；Budyko 认为 $F(\varphi)$ 是一个普适函数，满足以上边界条件并独立于水量平衡和能量平衡的水热耦合平衡方程。

径流的弹性系数推求：径流的弹性系数是衡量气候变化和流域下垫面特征对水文敏感性的重要指标。基于径流敏感性的概念，应用 Budyko 系列方程估算气候变化和人类活动对径流的影响，其中径流对降水量、潜在蒸散发及下垫面的灵敏度系数可分别通过相应的偏导数计算(李斌等，2011)。基于 Budyko 假设的傅报璞公式的表达式(董煜，2016)见式(6-8)：

$$F(\varphi)=1+\varphi-\left(1+\varphi^m\right)^{1/m} \tag{6-8}$$

式中，m (1，∞)为一个积分常数，具有显著的区域性，代表流域的地表特征，与植被类别、土壤水力特性及地形有关。

根据式(6-8)，F 关于 φ 和 m 的一阶导数分别为式(6-9)和式(6-10)：

$$F'(\varphi)=1-\varphi^{m-1}(1+\varphi^m)^{1/m-1} \tag{6-9}$$

$$F'(m)=\frac{(1+\varphi^m)^{1/m}\ln(1+\varphi^m)}{m^2}-\frac{\varphi^m(1+\varphi^m)^{1/m-1}\ln\varphi}{m} \tag{6-10}$$

在多年平均尺度上，流域土壤蓄水量的变化可以忽略不计。假设 P、E_0 和 m 是独立变量，则径流 R 的全微分可以表示为式(6-11)：

$$\mathrm{d}R=\frac{\partial R}{\partial P}\mathrm{d}P+\frac{\partial R}{\partial E_0}\mathrm{d}E_0+\frac{\partial R}{\partial m}\mathrm{d}m \tag{6-11}$$

偏微分的表达式为式(6-12)：

$$\frac{\partial R}{\partial P}=1-F(\varphi)+\varphi F'(\varphi),\quad \frac{\partial R}{\partial E_0}=-F'(\varphi),\quad \frac{\partial R}{\partial m}=-PF'(m) \tag{6-12}$$

R 的相对变化表示为式(6-13)：

$$\frac{\mathrm{d}R}{R}=\left(\frac{P}{P-E}\frac{\partial R}{\partial P}\right)\frac{\mathrm{d}P}{P}+\left(\frac{E_0}{P-E}\frac{\partial R}{\partial E_0}\right)\frac{\mathrm{d}E_0}{E_0}+\left(\frac{m}{P-E}\frac{\partial R}{\partial m}\right)\frac{\mathrm{d}m}{m} \tag{6-13}$$

也可以表示为式(6-14)：

$$\frac{\mathrm{d}R}{R}=\varepsilon_P\frac{\mathrm{d}P}{P}+\varepsilon_{E_0}\frac{\mathrm{d}E_0}{E_0}+\varepsilon_m\frac{\mathrm{d}m}{m} \tag{6-14}$$

式中，ε_P、ε_{E_0}和ε_m分别为径流的降水、潜在蒸散发和下垫面的弹性系数。

根据式(6-12)和式(6-13)，弹性系数的表达式为式(6-15)：

$$\varepsilon_P=1+\frac{\varphi F'(\varphi)}{1-F(\varphi)},\quad \varepsilon_{E_0}=-\frac{\varphi F'(\varphi)}{1-F(\varphi)},\quad \varepsilon_m=-\frac{mF'(m)}{1-F(\varphi)} \tag{6-15}$$

径流变化归因分析：根据突变点将研究时段划分为两个子时段，时段 1 的多年平均径流深记为R_1，时段 2 的多年平均径流深记为R_2，径流深的变化为式(6-16)：

$$\Delta R=R_2-R_1 \tag{6-16}$$

径流深的变化可归因为气候变化和人类活动的影响。通过对降水和潜在蒸散发变化的综合分析，根据 Budyko 公式，可以估算气候变化引起的径流变化(Arora，2002)，人类活动对径流变化的贡献被认为是径流实际变化值与气候变化引起的径流变化值之间的差值(Gao et al.，2016)。

为了检测气候变化和人类活动变化对径流的实际影响，分别测定P、E_0和m对径流变化的定量贡献。根据估算的径流弹性系数，由降水、潜在蒸散发和人类活动变化引起的径流变化为式(6-17)：

$$\Delta R_P=\varepsilon_P\frac{R}{P}\Delta P,\quad \Delta R_{E_0}=\varepsilon_{E_0}\frac{R}{E_0}\Delta E_0,\quad \Delta R_{\mathrm{hum}}=\varepsilon_m\frac{R}{m}\Delta m \tag{6-17}$$

式中，ΔR_P、ΔR_{E_0}、ΔR_{hum}分别为由降水、潜在蒸散发和人类活动变化引起的径流变化；R、P、E_0分别为径流、降水、潜在蒸散发；ε_P、ε_{E_0}和ε_m分别为径流的降水、潜在蒸散发和下垫面的弹性系数；$\Delta P=P_2-P_1$和$\Delta E_0=E_{02}-E_{01}$分别为时段 1 和时段 2 的平均年降水量和年潜在蒸散发的变化；$\Delta m=m_2-m_1$，m_1和m_2分别代表时段 1 和时段 2 的流域下垫面参数。m_1和m_2根据每个时段的平均R、P和E_0进行估算。

6.3　白河、黑河径流及流域气象变化特征

6.3.1　径流年际变化特征

由表 6-2 可见，白河的年平均径流深约为黑河的三倍，此外，白河的变异系数小于黑河，表明白河径流深的年际变化小，白河比黑河更稳定。但是两个流域的年径流深极值比都比较大。

表 6-2 白河和黑河流域水文统计参数

流域	年平均径流深/mm	均方误差/mm	变异系数	偏度系数	最大值/mm	最小值/mm	极值比
白河	335.14	84.67	0.26	0.10	488.48	138.67	3.52
黑河	113.36	41.92	0.38	0.17	194.63	39.78	4.89

6.3.2 径流年内分布特征

白河和黑河流域径流的年内分布相似，具有明显的双峰形分布特点(图 6-1)，主要与高寒区气候特征有关(王育礼等，2010)。河流主要由降水和冰雪融水补给(Ahiablame et al.，2017)。最小径流发生在 12 月～次年 2 月。随着 3 月后气温的升高，冰川逐渐融化，形成春汛。夏季和秋季的径流随降水量的变化而变化。6～7 月的径流随降水量的增加而持续增加。8 月有约 20 d 的干旱期(何秋明，2009)，降水量减少导致径流减少。9 月降水量增加，径流再次上升，出现了第 2 次径流峰值(王育礼等，2010)。10 月以后进入退水期。径流年内分布具有较强的不均匀性。连续 4 个月最大径流发生在 6～9 月，白河和黑河连续 4 个月最大径流总和分别占年径流的 58.54%和 56.63%。白河和黑河最大月径流均发生在 7 月，占比均超过 15%；最小月径流均发生在 2 月，占比均小于 3%。

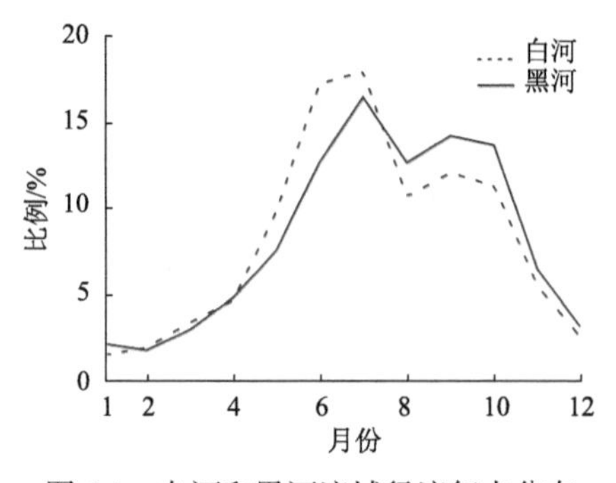

图 6-1 白河和黑河流域径流年内分布

6.3.3 流域水文气象的变化特征

统计分析表明(表 6-3)，1985～2016 年白河和黑河流域的河川径流、气温、降水和潜在蒸散发等水文气象要素的变化趋势基本保持一致。两个流域年径流深均表现为减少，减少速率分别为 14.033 mm/10 a 和 15.047 mm/10 a；年降水量序列在波动中呈微弱的增加趋势，增加速率分别为 10.96 mm/10 a 和 16.42 mm/10 a；年均气温和潜在蒸散发呈显著增加趋势，气温增加速率分别为 0.44℃/10 a 和 0.66℃/10 a，高于全国 1961～2010 年的平均气温增加速率(0.26℃/10 a)(Chow et al.，2016)，也高于青藏高原 1981～2010 年的气温增加速率(0.40℃/10 a)(Jiang and Zhang，2016)；年潜在蒸散发表现为增加，增加速率分别为 17.27 mm/10 a 和 24.61 mm/10 a。

突变检验显示，白河流域的径流在 2016 年发生突变，降水没有发生突变；黑河流域的径流在 1994 年和 2012 年发生突变，降水在 2010 年发生突变；白河和黑河流域在 1998 年同时发生气温突变，与全球(Ahn and Merwade，2014)和青藏高原(Dey and Mishra，

2017)气温发生突变的时间一致，且变化幅度较大；两个流域的潜在蒸散发在研究时段内都发生突变，白河和黑河的突变时间分别为 2010 年和 2006 年，与其他要素突变时间不一致。

表 6-3　白河和黑河流域气象要素的变化趋势及突变检验

要素	流域	变化趋势	M-K 标准正态统计变量	突变年份	突变前均值/mm	突变后均值/mm	跳跃值/mm	突变前、后变化比例/%
径流	白河	减少	−0.03	2016	336.50	237.97	−98.53	−29.28
	黑河	减少	−1.1	1994	148.39	91.64	−56.75	−38.24
				2012	91.64	128.50	36.86	40.22
气温	白河	增加	4.25	1998	1.54	2.31	0.77	50.00
				2016	2.31	2.77	0.46	19.91
	黑河	增加	5.55	1998	1.10	1.93	0.83	75.45
				2009	1.93	2.66	0.73	37.82
降水	白河	增加	1.15					
	黑河	增加	1.33	2010	617.12	703.40	86.28	13.98
潜在蒸散发	白河	增加	3.21	2010	555.66	596.84	41.18	7.41
	黑河	增加	3.94	2006	560.43	616.50	56.07	10.00

6.4　径流变化归因分析

6.4.1　径流变化相关性分析

相关性分析是关于随机变量之间是否存在依存关系及其程度的一种统计学方法(宋小园，2016)。年径流深和年降水量的相关性分析(图 6-2)表明，两个流域年径流深与年降水量均呈正相关关系，白河流域年径流深与年降水量的相关性强，黑河流域相关性弱，表明白河流域降水是影响径流的关键因素，河流以降水补给为主。黑河流域降水对径流的影响并非直接影响，流域调蓄、人类活动等对下垫面的改造通过影响降水的二次分配对河川径流进行调节。

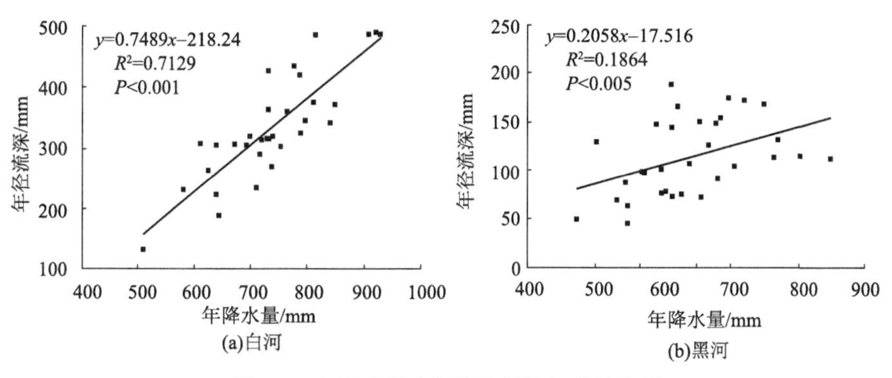

图 6-2　年径流深和年降水量的相关性分析

对两个流域的年径流深与年平均气温、年潜在蒸散发进行相关性分析(图 6-3、图 6-4)，发现年径流深与年平均气温的相关性在白河和黑河流域呈相反的结果，相关性都不强；白河年径流深与年平均气温呈正相关，黑河呈负相关；在两个流域年径流深与年潜在蒸散发均呈负相关，相关性较弱。

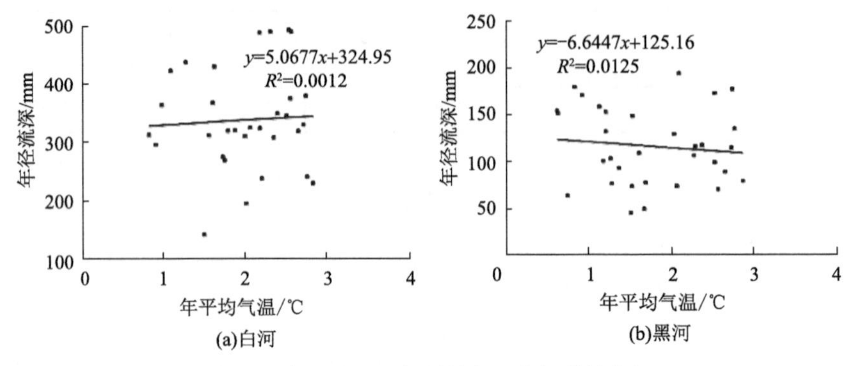

图 6-3　年径流深和年平均气温的相关性分析

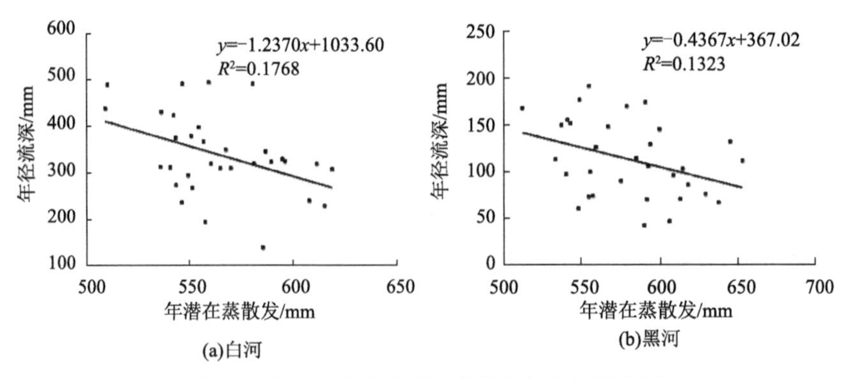

图 6-4　年径流深和年潜在蒸散发的相关性分析

6.4.2　气候变化和人类活动对径流的影响

统计期间白河径流未发生显著突变，主要探究黑河径流突变的气候变化和人类活动归因。以 1994 年和 2012 年为突变年份将研究时段进行分割，气候变化和人类活动径流变化的敏感系数以及两者对径流变化的贡献率见表 6-4。黑河流域径流敏感性系数多年平均值按绝对值从大到小依次排序为 $\left|\varepsilon_P\right|>\left|\varepsilon_{E_0}\right|>\left|\varepsilon_m\right|$，黑河径流对气候变化更加敏感，降水比潜在蒸散发在气候变化中发挥的作用更大。1994 年黑河径流突减，气候变化(包括降水和潜在蒸散发)和人类活动对径流突变的相对贡献分别为 11.78%和 88.22%，其中，潜在蒸散发在影响径流减少的气候变化因素中占比超过降水，起主导作用；2012 年黑河径流突增，气候变化对径流突变的相对贡献为 33.96%，其中，降水对径流增加起正向作用，贡献较大，超过 70%；潜在蒸散发起负向作用，贡献相对较小。

表 6-4　黑河流域气候变化和人类活动对径流变化的敏感系数及两者对径流变化的贡献率

突变年份	ε_P	ε_{E_0}	ε_m	ΔR_P /%	ΔR_{E_0} /%	ΔR_{hum} /%
1994	3.82	–2.82	–0.74	–18.34	30.12	88.22
2012				74.47	–40.51	66.04

人类活动对流域过程的影响可归结为对下垫面的改造。研究表明(Wanders and Wada，2015)，人类活动对径流变化影响巨大，并且逐渐开始发挥主要作用。人类活动主要通过改变下垫面对径流产生影响，下垫面的改变可以从土地利用变化上反映。土地利用变化致使流域入渗、蒸散发、径流等水文要素发生变化，从而影响流域的产汇流和水循环过程(王浩等，2003)。

本研究选取与研究时段接近的 5 期土地利用进行分析。从土地利用类型来看，白河和黑河流域以草地为主,白河流域草地面积占比 90%以上,黑河流域草地面积占比 70%～80%；其次是未利用土地，白河和黑河流域未利用土地面积分别约占 6%和 22%；再次是林地，白河和黑河分别约占 3.4%和 1.3%；剩余 3 种土地利用类型占比分别不超过 0.1%和 0.2%。土地利用变化速度加快意味着人类活动的影响加剧。从两个流域土地利用类型面积和变化速度来看，草地面积和未利用土地面积占比大且变化速率大，本研究主要分析这两类土地利用类型占比的变化(图 6-5)。自 20 世纪 80 年代以来，两个流域草地总体呈显著减少趋势，未利用土地明显增加。1980～2015 年总体来看白河和黑河流域草地面积占流域总面积的比例呈减少趋势，未利用土地面积占流域总面积的比例呈增加趋势。其间，白河流域草地一直在减少，未利用土地一直在增加；2015 年黑河流域草地面积出现回升，且未利用土地面积减少，但未恢复到 1980 年的水平。

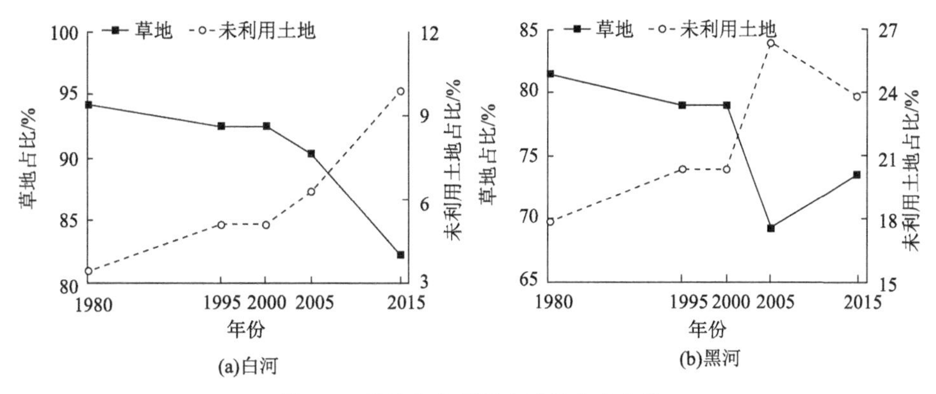

图 6-5　草地和未利用土地的占比变化

据调查，自 20 世纪 80 年代以来，黑河和白河流域的经济与人口快速发展及增长，对自然资源需求增大，城市扩建、农业生产活动等不断加剧(邹孝等，2013)。流域内红原县和若尔盖县均为藏族居住区，以畜牧业为主(郑华伟等，2008)，近几十年这两个县牲畜存栏量不断增长，草场过牧逐年加剧(高洁，2006)，天然资源与畜牧关系严重失调。为扩大牧场，当地把沼泽地作为备用草场资源进行开发，20 世纪六七十年代经历了大规模的开沟排水活动，截至 2010 年，红原县的人工渠道数量为 288 条，控制面积为 1108.7 km^2；若尔盖县的人工渠道数量为 44 条，控制面积为 884.7 km^2(李志威等，2014)。大量排水沟渠的修建导致湖泊湿地面积减少，土壤蓄水量减少，流域地表产流过程发生变化(宋晓林，2012)。

6.5 结 论

本章基于多年来白河、黑河流域内日尺度的气象、水文数据及 30 m 分辨率的土地利用数据，利用多种方法分析黄河源区白河、黑河径流变化特征，并进行归因。主要得出以下结论。

(1)基于多年水文站日尺度观测资料，白河年平均径流深为 335.14 mm，黑河年平均径流深为 113.36 mm，白河的变异系数为 0.26，小于黑河的变异系数(0.38)，白河更加稳定。

(2)统计分析表明，1985～2016 年白河和黑河流域的河川径流、气温和降水等水文气象要素变化趋势基本保持一致。白河、黑河流域年径流深均有减少趋势，减少速率分别为 14.033 mm/10 a 和 15.047 mm/10 a；年降水量有微弱增加趋势，增加速率分别为 10.96 mm/10 a 和 16.42 mm/10 a；年均气温和年潜在蒸散发呈显著增加趋势，气温增加速率分别为 0.44℃/10 a 和 0.66℃/10 a，高于全国 1961～2010 年的平均气温增加速率(0.26℃/10 a) (Chow et al.，2016)。两个流域均有暖湿化趋势。

(3)突变检验显示白河流域径流发生过一次突变，降水未发生突变，黑河流域径流则发生过两次突变，降水在 2010 年发生突变。相关性分析表明，两个流域径流与降水均呈正相关关系，白河流域径流与降水的相关性强，黑河流域相关性弱，表明白河流域降水是影响径流的关键因素，气候变化是影响白河径流的主要因素，径流减少的主要原因是温度升高使得蒸散发增大；黑河流域降水对径流的影响并非直接影响，人类活动的贡献均大于气候变化，在一定程度上反映出该流域人类活动强度更高。

(4)选取与研究时段接近的 5 期土地利用进行分析，白河和黑河流域以草地为主，白河流域草地面积占比在 90%以上，黑河流域草地面积占比在 70%～80%；其次是未利用土地，白河和黑河流域未利用土地面积分别约占 6%和 22%。计算各流域土地利用类型面积及变化情况，草地面积和未利用土地面积占比大且变化速率大，自 20 世纪 80 年代以来，两个流域草地面积总体呈显著减少趋势，未利用土地面积明显增加。

参 考 文 献

丁鹏凯, 李国庆, 王晶, 等. 2016. 人类活动对若尔盖湿地景观格局的影响. 人民黄河, 38(7): 58-63.
董煜. 2016. 艾比湖流域气候与土地利用覆被变化的径流响应研究. 乌鲁木齐: 新疆大学.
高洁. 2006. 四川若尔盖湿地退化成因分析与对策研究. 四川环境, 25(4): 48-53.
郭生练, 郭家力, 侯雨坤, 等. 2015. 基于 Budyko 假设预测长江流域未来径流量变化. 水科学进展, (2): 151-160.
何秋明. 2009. 浅析黄河源区白河唐克站水沙特征. 甘肃水利水电技术, 9: 16-17.

李斌, 李丽娟, 覃驭楚, 等. 2011. 基于 Budyko 假设评估洮儿河流域中上游气候变化的径流影响. 资源科学, (1): 70-76.

李志威, 王兆印, 张晨笛, 等. 2014. 若尔盖沼泽湿地的萎缩机制. 水科学进展, 25(2): 172-180.

马宁, 王乃昂, 王鹏龙, 等. 2012. 黑河流域参考蒸散量的时空变化特征及影响因素的定量分析. 自然资源学报, 27(6): 975-989.

宋小园. 2016. 气候变化和人类活动影响下锡林河流域水文过程响应研究. 呼和浩特: 内蒙古农业大学.

宋晓林. 2012. 1950s 以来挠力河流域径流特征变化及其影响因素. 北京: 中国科学院研究生院.

王浩, 雷晓辉, 秦大庸, 等. 2003. 基于人类活动的流域产流模型构建. 资源科学, 25(6): 14-28.

王育礼, 王烜, 杨志峰. 2010. 若尔盖湿地水资源变化特征及其成因分析. 武汉: 环境污染与大众健康学术会议.

郑华伟, 张文秀, 周福星, 等. 2008. 阿坝州草地退化中的牧户行为分析: 来自红原和若尔盖的调查. 新疆农垦经济, 9: 9-14.

邹孝, 郭燕, 谭钦文, 等. 2013. 1998～2008 年川西北若尔盖高原NDVI 变化趋势分析. 四川环境, (增刊 1): 55-59.

Ahiablame L, Sheshukov A Y, Rahmani V, et al. 2017. Annual baseflow variations as influenced by climate variability and agricultural land use change in the Missouri River Basin. Journal of Hydrology, 551: 188-202.

Ahn K H, Merwade V. 2014. Quantifying the relative impact of climate and human activities on streamflow. Journal of Hydrology, 515: 257-266.

Armstrong R N, Pomeroy J W, Martz L W. 2010. Estimating evaporation in a Prairie landscape under drought conditions. Canadian Water Resources Journal, 35(2): 173-186.

Arora V K. 2002. The use of the aridity index to assess climate change effect on annual runoff. Journal of Hydrology, 265(1): 164-177.

Bao Z X, Zhang J Y, Wang G Q, et al. 2012. Attribution for decreasing streamflow of the Haihe River basin, northern China: Climate variability or human activities. Journal of Hydrology, 460-461: 117-129.

Bhagwati J N. 2012. Summary for policymakers of the synthesis report of the IPCC fourth assessment report. IPCC Secretariat, 23: 1-24.

Chow R, Frind M E, Frind E O, et al. 2016. Delineating baseflow contribution areas for streams: A model and methods comparison. Journal of Contaminant Hydrology, 195: 11-22.

Dey P, Mishra A. 2017. Separating the impacts of climate change and human activities on streamflow: A review of methodologies and critical assumptions. Journal of Hydrology, 548: 278-290.

Fealy R, Sweeney J. 2005. Detection of a possible change point in atmospheric variability in the North Atlantic and its effect on Scandinavian glacier mass balance. International Journal of Climatology, 25(14): 1819-1833.

Gao G Y, Fu B J, Wang S, et al. 2016. Determining the hydrological responses to climate variability and land use/cover change in the Loess Plateau with the Budyko framework. Science of the Total Environment, 557-558: 331-342.

Gocic M, Trajkovic S. 2013. Analysis of changes in meteorological variables using Mann- Kendall and Sen's slope estimator statistical tests in Serbia. Global & Planetary Change, 100(1): 172-182.

Hamed K H. 2008. Trend detection in hydrologic data: The Mann-Kendall trend test under the scaling hypothesis. Journal of Hydrology, 349(3/4): 350-363.

Jiang C, Xiong L H, Wang D B, et al. 2015. Separating the impacts of climate change and human activities on runoff using the Budyko-type equations with time-varying parameters. Journal of Hydrology, 522: 326-338.

Jiang C, Zhang L B. 2016. Ecosystem change assessment in the Three-river Headwater Region, China:

Patterns, causes, and implications. Ecological Engineering, 93: 24-36.

Kong D X, Miao C Y, Wu J W, et al. 2016. Impact assessment of climate change and human activities on net runoff in the Yellow River Basin from 1951 to 2012. Ecological Engineering, 91: 566-573.

Lan Y C, Zhao G H, Zhang Y N, et al. 2010. Response of runoff in the source region of the Yellow River to climate warming. Quaternary International, 226(1/2): 60-65.

Li L, Zhang Lu, Wang Hao, et al. 2007. Assessing the impact of climate variability and human activities on streamflow from the Wuding River basin in China. Hydrological Processes, 21(25): 3485-3491.

Liang W, Bai D, Wang F Y, et al. 2015. Quantifying the impacts of climate change and ecological restoration on streamflow changes based on a Budyko hydrological model in China's Loess Plateau. Water Resources Research, 51(8): 6500-6519.

Liu J Y, Zhang Q, Singh V P, et al. 2017. Contribution of multiple climatic variables and human activities to streamflow changes across China. Journal of Hydrology, 545: 145-162.

Ma H, Yang D W, Tan S K, et al. 2010. Impact of climate variability and human activity on streamflow decrease in the Miyun Reservoir catchment. Journal of Hydrology, 389(3/4): 317-324.

Meng F C, Su F G, Yang D Q, et al. 2016. Impacts of recent climate change on the hydrology in the source region of the Yellow River basin. Journal of Hydrology: Regional Studies, 6: 66-81.

Murgulet D, Murgulet V, Spalt N, et al. 2016. Impact of hydrological alterations on river-groundwater exchange and water quality in a semi-arid area: Nueces River, Texas. Science of the Total Environment, 572: 595-607.

Qin Y, Yang D W, Gao B, et al. 2017. Impacts of climate warming on the frozen ground and eco-hydrology in the Yellow River source region, China. Science of the Total Environment, 605-606: 830-841.

Rodionov S N. 2004. A sequential algorithm for testing climate regime shifts. Geophysical Research Letters, 31(9): 111-142.

Rodionov S, Overland J E. 2005. Application of a sequential regime shift detection method to the Bering Sea ecosystem. Ices Journal of Marine Science, 62(3): 328-332.

Shi H L, Hu C H, Wang Y G, et al. 2017. Analyses of trends and causes for variations in runoff and sediment load of the Yellow River. International Journal of Sediment Research, 32(2): 171-179.

Wanders N, Wada Y. 2015. Human and climate impacts on the21st century hydrological drought. Journal of Hydrology, 526: 208-220.

Wang W G, Li J X, Yu Z B, et al. 2018. Satellite retrieval of actual evapotranspiration in the Tibetan Plateau: Components partitioning, multidecadal trends and dominated factors identifying. Journal of Hydrology, 559: 471-485.

Wu J W, Miao C Y, Wang Y M, et al. 2017. Contribution analysis of the long- term changes in seasonal runoff on the Loess Plateau, China, using eight Budyko-based methods. Journal of Hydrology, 545: 263-275.

Yin Y H, Wu S H, Zheng D, et al. 2008. Radiation calibration of FAO 56 Penman-Monteith model to estimate reference crop evapotranspiration in China. Agricultural Water Management, 95(1): 77-84.

Zhao G J, Li E H, Mu X M, et al. 2015. Changing trends and regime shift of streamflow in the Yellow River basin. Stochastic Environmental Research and Risk Assessment, 29(5): 1331-1343.

第二篇

碳 循 环

第7章

黄河上游森林生态学研究

森林以占地球陆地表面约30%的面积，贡献了陆地净初级生产量的50%，固定了陆地生态系统约45%的碳(Pan et al.，2011)。森林不仅能够为人类提供能源、食物和休憩场所，在维持全球碳平衡、调节区域和全球气候、涵养水源与保持水土、维持生物多样性等方面都发挥着重大作用(Alkama and Cescatti，2016；Anderegg et al.，2020)。当前，气温升高、大气CO_2浓度富集、降水格局改变以及大气氮沉降增加等全球气候变化正在深刻地影响着森林生态系统(Wang et al.，2020)，而森林生态系统的变化又通过调节水碳氮通量、能量与物质循环等对气候系统产生反馈影响(Luyssaert et al.，2018)。因而全球变化背景下森林生态系统对气候变化的响应受到了越来越多的关注，成为近年来全球变化领域关注的热点和前沿科学问题。

器测资料显示，1960～2019年兰州以上黄河流域升温速率为0.3℃/10 a，大于全国平均升温速率 0.24℃/10 a。区域降水也呈显著增加趋势，区域气候暖湿化趋势明显。该区域森林集中分布在黄河源区的阿尼玛卿山、祁连山东部以及甘南的洮河、大夏河流域(图 7-1)。区域内森林分布面积虽然不大(占区域总面积的 4.3%)，但在维持生物多样性、水源涵养、调蓄降水与径流及水土保持等方面却发挥着重要的生态功能。

近几十年来，由于全球气候变化、人类活动增多以及长期过量采伐和乱砍滥伐等，黄河上游生态环境恶化严重，森林生态功能降低。2019年9月，习近平总书记提出“黄河流域生态保护和高质量发展”的重大国家战略，强调黄河上游要以三江源、祁连山、甘南黄河上游水源涵养区等为重点，推进实施一批重大生态保护修复和建设工程，提升水源涵养能力。自2000年以来，由于气候暖湿化和生态保护政策的实施，黄河上游地区生态环境虽有所好转，但局部恶化的态势依旧严峻。黄河上游森林作为区域水源涵养和水土保持的重要生态系统，气候变化将如何影响区域森林结构与动态、物质循环等还不清晰。目前，有关黄河上游森林生态已有大量研究，但文献研究内容和区域分散，亟须对已有文献资料进行梳理，综合反映区域森林生态环境变化，为黄河流域生态保护提供理论依据。

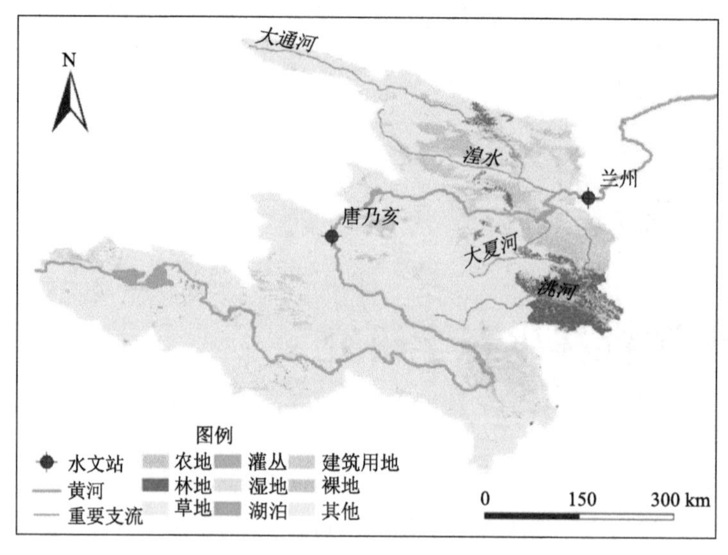

图 7-1　黄河上游土地利用分类

7.1　森林分布格局与动态

7.1.1　森林组成及其分布格局

黄河上游地处青藏高原的东北边缘区域，是青藏高原和黄土高原的过渡地带。因此，该区域植被组成具有明显的交汇性特征。青藏高原高寒植被区域、暖温带落叶阔叶林区域和温带草原区域在这里交汇(陈灵芝等，2015)，加之复杂多变的地形对太阳辐射、温度、降水的再分配作用，形成了多样的植被组合，包括草地、灌丛、森林和湿地植被等。该区域森林主要见于相对温暖、湿润的山地中、低海拔段，可形成连续的山地森林植被带，下接山地温性草原和灌丛植被，向上则逐渐过渡到高寒灌丛、草甸带。

从植被类型尺度分析，黄河上游森林植被包括落叶针叶林、常绿针叶林、针叶与阔叶混交林和落叶阔叶林。因建群种生态习性的差别，随着分布区地理位置和海拔的差异，各森林群系呈现出有规律的水平地带性和垂直地带性分布特征。根据森林群落的群系组成差异和地理位置变化，沿黄河流向从黄河源至兰州西部的黄河上游植被可划分成 3 段：以阿尼玛卿山为界，形成西南侧的黄河源段和东北侧的青东-甘南高原段，以及至兰州以西则为东祁连山段。各段之间相互联系又各具特色，同时随着海拔的变化形成各自特有的植被垂直分布特征(图 7-2)。

阿尼玛卿山西南侧的黄河源段植被组成相对简单，主要是由于该段海拔相对较高，高寒的气候条件不利于森林群落的发展。但由于山地的存在，在局部地区形成相对温暖、湿润的环境，发育了小面积的川西云杉(*Picea likiangensis* var. *rubescens*)林和大果圆柏(*Juniperus tibetica*)林。川西云杉是丽江云杉(*Picea likiangensis*)在高寒气候条件下发生变异而形成的变种，以其耐寒性而在高原地区得以生存和发展。该类型主要分布于囊谦、玉树及班玛等地的山地阴坡，该区域是川西云杉林分布的西北界(周兴民等，1986)。大

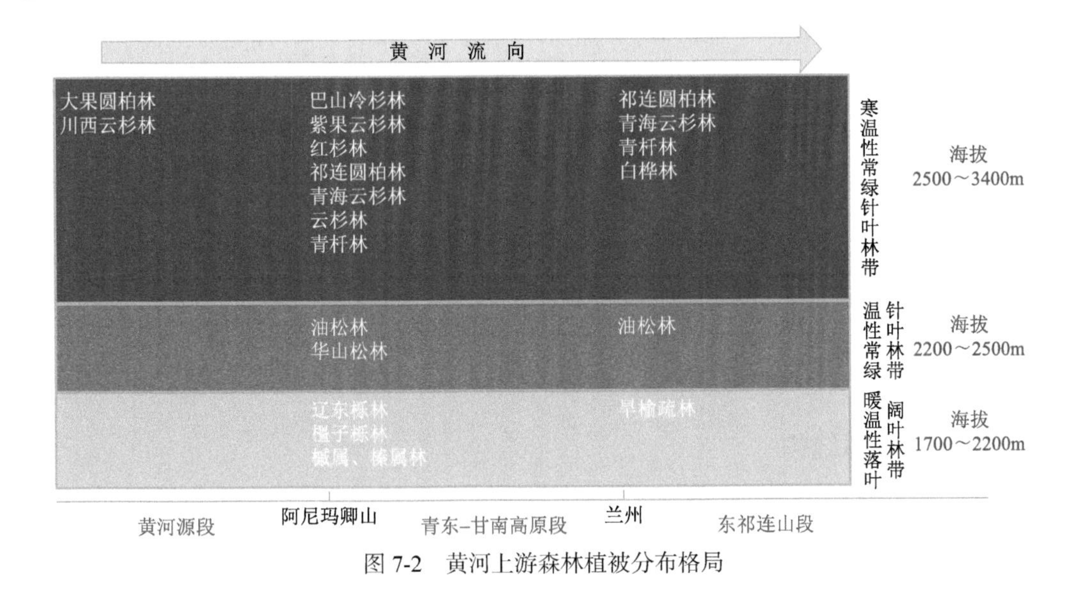

图 7-2　黄河上游森林植被分布格局

果圆柏林是青藏高原分布的特有群落，在青海境内北界止于阿尼玛卿山，翻过阿尼玛卿山后被祁连圆柏(*Sabina przewalskii*)林代替。

青东–甘南高原段是黄河上游森林植被分布的主体区段，这一区域海拔高差较大，高山峡谷相间排列，是青藏高原向黄土高原过渡的关键地带，也是森林群落分布最丰富的区域。西北—东南走向的山谷成为东南季风向高原水汽输送的通道，同时为暖温性阔叶树种向高原的扩散提供了天然通道。沿海拔梯度，该区域森林从低到高依次形成暖温性落叶阔叶林带(1700～2200 m)、温性常绿针叶林带(2200～2500 m)和寒温性常绿针叶林带(2500～3400 m)，同时每个带内均由多种森林群系组成。暖温性落叶阔叶林以辽东栎(*Quercus liaotungensis*)林为代表，广泛分布于该区域低海拔段，向西可达青海的循化，另外在甘南南部的舟曲、迭部还分布有小面积的橿子栎(*Quercus baronii*)林，这对研究青藏高原植被与周边区域的联系具有重要意义。油松(*Pinus tabuliformis*)林是温性常绿针叶林的典型代表，广泛分布于我国北方地区，也是该区域低海拔段主要的针叶林组成部分，另外在局部水热条件更好的地区还分布有华山松(*Pinus armandii*)林和油松与辽东栎的混交林类型。随着海拔升高，寒温性常绿针叶林占据优势，形成的寒温性常绿针叶林带是本区域分布面积最大、范围最广的森林群落带，群落以云杉属(*Picea*)、刺柏属(*Juniperus*)和冷杉属(*Abies*)植物为建群种。主要的群系有云杉(*Picea asperata*)林、青杄(*Picea wilsonii*)林、青海云杉(*Picea crassifolia*)林、紫果云杉(*Picea purpurea*)林、祁连圆柏林、大果圆柏林、巴山冷杉(*Abies fargesii*)林等群落，局部地区还可见斑块状分布的红杉(*Larix potaninii*)林。

东祁连山段主要指湟水–大通河流域，北坡基本处于温带草原区域，向西则开始逐渐向温带荒漠区域过渡，气候更趋干旱。本区域处在东亚季风影响边缘区，受东南季风水汽尾闾的润泽，加之高耸的祁连山阻挡，使得该区域随着海拔上升降水量逐渐增加，孕育了较为完整的干旱区山地植被垂直带谱。森林带主要分布于山地中、低海拔段，相较于青东–甘南高原段植被组成相对简单，主要由温性常绿针叶林和寒温性常绿针叶林组成。在干旱段河谷两侧干山坡或流水线可见呈斑块状分布的旱榆(*Ulmus glaucescens*)疏林，然而分布面积较小，不能成带。以油松林为代表的温性常绿针叶林仅见于祁连山东端，该区域也是全国油松林分布的西北界。以青海云杉林和祁连圆柏林为主的寒温性常绿针叶林带主要分布于海拔 2500～3400 m 处，青海云杉林主要占据山地阴坡、半阴坡位置，祁连圆柏林分布海拔相对较青海云杉林高，处在更为干旱、立地条件较差的石质化阳坡位置。青海云杉林和祁连圆柏林分布的上限为山地森林的林线，与高山灌丛交汇，是气候变化响应的敏感区，为气候变化与植被生长研究提供了天然的试验场。同时，该区域是全国青海云杉林和祁连圆柏林分布的主要区域，在水源涵养和生态环境调节中发挥着不可替代的作用。

7.1.2　森林结构

种群结构与动态是种群生态学研究的核心问题，种群结构反映种群不同年龄、大小个体的数量配置情况，也反映种群数量动态与变化趋势。种群动态是指种群大小或数量在时间和空间上的变化规律，反映种群与环境的关系(Kang et al.，2014)。拓锋(2021)通过对祁连山青海云杉固定样地监测研究发现，祁连山青海云杉种群年龄结构近似于倒“J”形，幼苗和小树储量丰富，为增长型结构。黄婷等(2022)通过对黄河源区 3 种圆柏种群结构研究发现，大果圆柏种群结构为增长型，祁连圆柏为稳定型，而密枝圆柏种群结构为稳定型向衰退型过渡。这表明区域森林不同树种种群结构存在差异，需开展进一步研究。

赵阳等(2020a)通过实地调查甘南洮河上游紫果云杉森林径级结构和种群数量，发现尕海-则岔紫果云杉生存良好，种群生存状况主要受自身生物学特性和环境因子的影响，增长潜力大；卡车林区主要受人为影响，种群结构遭到破坏造成了种群局部衰退，林下环境的破坏从源头上阻碍了种群更新；冶力关林区受分布限制，种群结构不稳定，中小级林木比例低，虽然幼苗有一定数量优势，但如果其质量和存活率长期得不到提高，种群局部衰退趋势还可能进一步扩大，甚至有被其他优势树种淘汰的可能，须采取一定的人工措施来促进种群更新与增长。

而针对不同树种森林结构的研究表明(赵阳等，2020b)，紫果云杉、岷江冷杉(*Abies fargesii*)、油松和辽东栎均为增长型种群，紫果云杉与岷江冷杉自然更新好，种群结构稳定，增长潜力大；油松林幼苗优势不明显，种群增长潜力较小；辽东栎林自然更新差，易受外界环境干扰，增长潜力最小。种群自然更新过程中幼龄个体高死亡率现象普遍存在，并成为其更新和发展的“瓶颈”，光照和空间限制而导致的竞争与自疏作用是幼苗高死亡率的关键因素。岷江冷杉与紫果云杉种群更新主要受自身生物学特性和环境因子影响，油松林还受病虫害影响，辽东栎林则主要受人为破坏。为此，对岷江冷杉和紫果云杉需要采取人工措施提高幼龄个体存活率，增加中成年林木比例，对油松林还需加强病虫害防治，对辽东栎林则要重点加强保护并采取人工辅助促进更新。

总体而言，黄河上游森林结构存在树种和区域差异，祁连山、甘南地区森林结构为增长型，森林结构较稳定，而黄河源区森林结构研究较少。区域阴坡分布树种如青海云杉、紫果云杉等森林种群结构为增长型，而阳坡分布树种如油松、圆柏等森林种群结构增长潜力较小，这可能与不同坡向土壤水分条件差异有关。此外，区域人为干扰也是影响森林种群结构变化的重要因素，应进一步加强森林封禁等管护力度，促进黄河上游森林结构优化。

7.1.3　森林更新

黄婷等(2022)对黄河源区 3 种天然圆柏林森林更新研究发现，区域森林天然更新不良，更新潜力较低，主要是由林下灌木、草本盖度过高，土壤养分磷和钾的含量偏低引起的。为促进区域圆柏林的天然更新，应加强森林封禁等管护力度，降低人为干扰。同时，提出相应森林抚育措施，如适度清除林下灌草，对林地施肥等。

青海云杉是黄河上游的优势乔木树种。青海云杉林承担着气候调节、生物多样性维持、固碳释氧和水源涵养的生态服务功能，是生态环境脆弱的西北地区的重要生态屏障。然而，自 20 世纪 60 年代以来，森林砍伐、土地资源不合理利用及青海云杉林经营管理不善导致青海云杉更新不良，对青海云杉林的可持续发展产生威胁，进而影响青海云杉林生态服务功能的发挥。Wang 等(2017)研究发现，在坡面尺度上，青海云杉幼苗幼树的分布受海拔梯度的影响(约占总变异的 34.3%)，青海云杉在中等海拔梯度(2900～3200 m)更新状况最好，还受其他环境要素如坡度、坡向及距母树的距离(约占总变异的 27.7%)的影响；在样方尺度上，青海云杉幼苗幼树受苔藓层的影响，厚度约为 5 cm 和盖度约为 50%的苔藓层是影响青海云杉更新的阈值，即当苔藓层厚度约为 5 cm、盖度约为 50%时，青海云杉更新条件最好。并且在较低海拔梯度上(2750 m)，苔藓抑制青海云杉幼苗幼树的存活，而随着海拔梯度的升高，苔藓降低青海云杉幼苗幼树的死亡率，说明在环境条件较为恶劣的情况下苔藓对青海云杉产生“保育作用”；暗示着苔藓植物潜在扩张青海云杉幼苗幼树的生态位，在胁迫梯度的末端提高幼苗幼树的存活率。

李金良等(2008)研究发现，林缝隙更新是祁连山青海云杉的主要更新方法，林缝隙内外青海云杉天然更新存在明显差异。林缝隙中心区更新最好，林缝隙内次之，林缝隙外(林冠下)最差，林缝隙内更新幼树以林缝隙中心区为核心呈聚集分布；林缝隙内外的光环境影响青海云杉的天然更新。白登忠(2012)研究发现，祁连山青海云杉森林更新存在海拔差异，在海拔 3200 m 左右森林更新最好，幼苗数量最多，而海拔越低，幼苗数量越少；而随着海拔升高，幼苗的分布格局由随机分布向集群分布转变。

以上研究表明，黄河上游青海云杉森林更新能力优于圆柏，这可能导致未来区域森林树种组成发生变化。但在以上研究中，仅考虑林下环境、生境等因素对森林更新的影响，未考虑长时间尺度上的气候因素与森林更新的关系，以往研究表明森林更新与气候变化密切相关(Andrus et al.，2018)。未来研究应加强黄河上游森林更新与气候变化方面的研究，为预测未来区域森林动态、森林碳储量等提供科学依据，也为未来气候变化背景下的区域森林培育及管理提供科学支撑。

7.1.4 林线动态

林线是指郁闭森林与树种线之间的生态过渡带，由于林线交错带特殊的环境条件及位置，其过渡带的植被与生物类群不同于森林郁闭带，能够对气候变化做出迅速反应，可作为一种反映全球气候变化的理想生态监测器（沈维等，2017）。过去半个世纪，高山林线受气温上升的驱动，分布呈向高海拔扩张的趋势。气候变化改变高山林线过渡带生态系统物种组成和群落结构，生态系统对气候变暖的响应会对气候产生反馈，包括减少地表反照率和改变 CO_2 通量等（Du et al.，2018）。

边瑞等（2020）根据森林样方调查和 Google Earth 影像解译，提取祁连山 59 个青海云杉林线样点，通过经纬度与林线海拔的关系探索林线的空间分布规律。结果发现，祁连山西部林线海拔较高、东部林线海拔较低，平均温度是影响祁连山青海云杉高山林线海拔空间差异的主要原因。祁连山林线海拔 3300～3500 m 的播种试验发现，青海云杉种子均可发芽，并随海拔升高，发芽率降低，但无法越冬；而 5 年左右生青海云杉幼苗的移栽实验发现，在海拔 3300～3700 m 幼苗均能成活，表明在祁连山高海拔地区种子发芽和幼苗成活是限制林线更新的一个重要环节。随着海拔的升高，人工更新幼苗生长越来越慢，长势变差，死亡率升高，高海拔的低温可能是限制林线上升的关键因素（白登忠，2012）。

张芬等（2012）利用树轮生态学方法研究了阿尼玛卿山祁连圆柏年龄结构与林线动态，发现阿尼玛卿山林线树木更新与升温关系密切，表明温度是阿尼玛卿山地区林线树木更新的决定因素。目前关于甘南区域高山林线动态的研究暂未见报道。

以上研究表明，温度是影响区域林线动态的主要因素，而据 CMIP6 未来气候变化预测，区域温度将进一步升高（IPCC，2021），这也意味着黄河上游地区高山林线将进一步上升，且林线过渡带内部树木更新将增加，这可能会在未来提高黄河上游森林碳储量。但同时有研究表明，并非所有林线位置都随气候变暖上升，Harsch 等（2009）对全球林线研究的综述指出全球仅 52%的林线出现上升趋势，其余则处于相对静止状态。林线位置稳定引发了众多学者关于限制林线上升机制的探究，Liang 等（2016）在青藏高原的林线研究发现，种间竞争限制林线的上升，高山灌丛植被厚度指数（植被高度×盖度）能解释 69%的林线变化。此外，地形因素及人为活动都可能会对林线动态造成影响（Wang et al.，2019），区域林线动态还有待进一步研究。

7.2 森林生态系统物质循环

7.2.1 水循环

森林水循环是陆地水循环中的重要组成部分，不但影响森林植被的结构、功能与分布格局，还影响地球表面系统的能量收支、转换和分配，在陆地生态系统的碳氮平衡过程中发挥着重要作用。森林主要通过对降水截留、枯枝落叶层截留、土壤入渗、蒸散及径流等的影响来调整系统内的水循环，森林的不同结构、生长发育和演替阶段导致上述水文功能呈现多样性特征（刘世荣等，2007）。

田风霞等（2012）研究发现，祁连山青海云杉林的总穿透雨量、截留量和干流量分别为 212.6 mm、64.5 mm 和 3.4 mm，分别占大气降水量的 75.8%、23.0%和 1.2%。穿透雨在林内具有较大的空间变异性，其变异程度随降水量的增大而减小，叶面积指数和冠层郁闭度在一定程度上也影响穿透雨的空间分布，且降水量越小其影响效果越明显。青海云杉林冠截留率的大小主要取决于降水量，且随着降水量的增大先减小而后逐渐趋于稳定，林冠截留量总体上随冠层郁闭度和叶面积指数的增大而增大，就特定林分而言，冠层结构特征对其林冠生态水文效应起着重要的作用。

杨建红等（2020）对祁连山 4 种优势植被群落（青海云杉林、祁连圆柏林、金露梅灌丛和亚高山草地）枯落物的持水能力和时间动态变化进行研究，结果表明，青海云杉林枯落物现存量最大，导致枯落物有效拦蓄量最大，从枯落物拦蓄量考虑，青海云杉林水源涵养能力最强。此外，青海云杉林中覆盖类型不同，持水能力也有差异，覆盖有苔藓的枯落物层持水能力相对于草地覆盖和无覆盖条件下的持水能力要大，充分说明保护苔藓层对涵养水源有重要的意义。袁杰等（2018）的研究也有类似的结论，不同植被类型枯落物持水能力存在显著差异，青海云杉和混合灌丛枯落物层蓄水持水能力明显优于其他植被类型，综合持水性能由强至弱依次为青海云杉、混合灌丛、祁连圆柏、高寒草甸、高山草地。此外，青海云杉林的综合持水性能最强，而祁连圆柏综合持水性能较弱。因此，为提高黄河上游森林生态系统的水源涵养能力，应重点考虑青海云杉林的培育和保护。

甘南森林枯落物的持水能力也存在树种差异（赵阳等，2021），枯落物最大持水量依次为冷杉林>栎类混交林>落叶松林>桦木林>油松林，土壤层最大持水量依次为冷杉林>桦木林>栎类混交林>油松林>落叶松林。区域内冷杉林作为甘南亚高山白龙江、洮河林区广泛分布的顶级天然林群落，经过长期的自然选择形成了稳定的结构，具有强大的生态功能，油松林老龄化林木较多且自然更新不良，桦木林和栎类混交林多为次生林，易受外界干扰，群落结构和生态功能均不如冷杉林稳定，落叶松人工林群落结构单一，生态功能较弱。这也表明种群结构会显著影响森林的水源涵养能力，要充分发挥黄河上游森林生态系统的水源涵养能力，需针对重点树种进行科学管理，不断优化区域森林结构。

7.2.2　碳循环

森林生态系统是陆地最大的储碳库，森林土壤碳占全球土壤碳储量的 39%，而森林植被碳储量约占全球植被碳储量的 80%。森林具有长期持续的增汇作用，在减缓和应对全球气候变暖中发挥重要的作用。2008 年林调数据显示，祁连山研究区青海云杉林碳储量为 1.8×10^7 t，单位面积碳储量（碳密度）在 70.4～131.1 t/hm^2，其平均值为 109.8 t/hm^2。气温和降水是影响青海云杉生物量和碳储量的主要外部因素（彭守璋等，2011）。此外，青海云杉林的生物量随着森林年龄的增加呈现出先增大后减小的趋势，青海云杉林的生物量处于一个时刻变动的过程当中，并且当青海云杉样地年龄约为 183 年时，其单位面积的生物量达到最大。在全球变暖的背景下，全球范围内受破坏森林的保护与恢复对碳固定至关重要，通过青海云杉林实际分布区与较高生境适宜区（适宜度值为 0.627～1）的比较，青海云杉林在研究区内有很高的恢复潜力，研究区内优先保护区和优先恢复区的青海云杉林将会固定更多的碳(彭守璋，2015)。

此外，宋洁(2021)研究发现，祁连山阔叶林森林平均碳密度稍高于针叶林，森林碳储量分布从高到低依次为东段>中段>西段，而森林平均碳密度在中段最高，然后依次为东段和西段，西段森林碳储量和碳密度与东、中两段差距较大。不同空间梯度森林碳储量的分布有较大的不同，不同海拔梯度上，海拔 2770～3770 m 处和海拔 1770～2770 m 处分别拥有最多的森林碳储量和最高的森林平均碳密度；不同坡向上，森林碳储量与森林平均碳密度分布从高到低均依次为阴坡>半阴坡>半阳坡>阳坡。而作为黄河上游重要的森林资源，甘南地区还未见有关森林碳储量研究的相关报道，未来亟须对甘南森林的碳储量进行估算。

自 2020 年以来，“碳达峰碳中和”已经提升成为国家战略目标。要实现碳中和目标，工业减排是主体，但如何有效发挥森林生态系统的固碳效应，提升生态系统碳汇功能也是非常重要的。彭焕华等(2010)利用甘肃第五次森林资源调查数据估算了甘肃森林植被碳储量，结果表明，甘肃森林植被碳储量从东到西分布变化较大，森林植被碳储量主要在甘肃东南部地区，其中甘南藏族自治州最大，张掖、武威地区为另一个碳储量丰富区，这主要对应黄河上游洮河林区和祁连山林区。但结果也表明，甘肃碳密度呈递减的趋势，这与植树造林及林业调查标准改变有很大关系，其中植树造林以幼龄林森林面积增加为主，可以预见的是，随着退耕还林及天然林保护工程等一系列政策的执行，黄河上游地区森林植被碳储量在未来会继续增加。定量评估区域森林生态系统未来固碳潜力，能更加有效地进行碳减排管理，落实碳中和行动路线。另外，对区域森林生态系统未来固碳潜力的估算也能使国家层面进行区域统筹，根据森林生态系统固碳潜力的区域差异和不平衡性来制定碳汇补偿政策(蔡伟祥等，2022)。因此，应积极推进黄河上游地区森林生态系统碳储量评估及固碳潜力的估算，充分发挥黄河上游区域在黄河流域生态保护和高质量发展中的生态价值。

7.3　森林生态对气候变化的响应

7.3.1　物候变化

陆地生态系统中的植被在全球物质与能量循环中发挥着重要作用，植被物候的定量测度反映生物圈对气候、水文、土壤条件和人文等因子年内及年际变化的响应，对深入开展全球气候变化和陆地生态系统研究具有重要意义(代武君等，2020)。丁昕玮(2020)利用遥感数据分析了 2001～2018 年甘肃植被物候动态，发现研究时段内，随着温度升高和降水增加，甘肃大部分地区植被返青期提前、落叶期有所推迟、植被生长季延长。张军周(2018)通过采集微树芯，研究了祁连山东部祁连圆柏、青杆和油松三个树种的物候动态与气候环境的关系，发现树木径向生长的开始主要受到温度的限制，限制形成层开始活动的最低温度阈值为 1～2℃，但限制树木生长结束的主要气候因子是水分，树木的生长速率和生长量主要由 5～6 月的降水量决定。

许多研究表明，升温导致的生长季延长会促进树木生长(Fang et al.，2014；Pretzsch et al.，2014)。但在祁连山，升温导致的生长季延长并没有促进祁连圆柏树木生长率和木材产量，这是由于升温引起的蒸散发增加，而夏季降水才是决定树木生长和木材产量的主要因素，升温引起的土壤水分有效性限制树木生长(Zhang et al.，2021)。此外，气候变暖促使树木生长提前和生长季延长，增加树木遭受霜冻伤害的可能性(Liu et al.，2018)。而目前关于黄河源区和甘南植被物候研究多集中于草地生态系统，暂未见有关森林植被物候研究方面的报道，未来区域森林物候变化还有待进一步深入研究。

据未来气候变化预测，黄河上游区域温度将进一步升高，降水有略微增加的趋势(Wang et al.，2021)。综上所述，未来升温并不一定有利于黄河森林生态系统的健康持续发展，而仅仅依据温度促进树木生长的固碳研究可能高估黄河上游森林生态系统的固碳能力，未来应更好地了解生长季节特别是生长季初期霜冻的发生情况，以及生长季温度和降水综合导致的土壤水分状况及其对森林生产力的潜在破坏性影响，制定合理的森林管理政策是未来促进黄河上游森林生态系统健康持续发展的优先事项。

7.3.2　树木径向生长响应

树木生长对气候变化的响应深刻地影响区域植被动态、陆地生态系统生物地球化学循环及气候反馈，正确理解及评估气候变化和陆地生态系统相互影响的机理过程及其影响的深度和广度，并提出相应的适应和管理对策，保证生态系统的可持续发展是人类迫切需要解决的问题(吴秀臣等，2016)。彭剑锋等(2007)在黄河源区阿尼玛卿山对不同海拔青海云杉的树轮研究表明，前一年生长季末和当年生长季初的水热组合是树木生长的主要限制因子，且不同海拔树木生长对气候变化响应具有一致性，低海拔树木对气候敏感性更高。而祁连圆柏对气候响应存在明显的海拔差异，低海拔树木生长与温度呈负相关，而高海拔树木生长与温度呈正相关，降水对低海拔树木的促进作用更大(Peng et al.，2008)。此外，有研究表明，春季土壤湿度是制约区域树木生长的主要气候因素，且树木生长与气候因子间的关系随气候变化存在不稳定性(Shi et al.，2010)。

Gao 等(2018)对祁连山青海云杉与气候关系的研究表明，近期的增温停滞及降水增加，缓解干旱对树木生长的限制作用，导致祁连山青海云杉径向生长加快。杜苗苗(2022)对祁连山中东部青海云杉的树轮研究发现，祁连山东部地区树木受到前一年 9 月和当年 5 月的土壤水分的限制，20 世纪 80 年代中东部温度显著升高，中东部树木生长受高温引起的干旱胁迫增强；20 世纪 90 年代以后，由于中部降水增加而东部降水变化不明显，中部树木生长所受干旱压力得到缓解，而东部森林受干旱的限制作用增强。此外，中东部青海云杉与温度、降水和自适应帕尔默干旱指数(scPDSI)的相关关系逐渐趋向一致，未来气候的持续变暖或许将减小中东部树轮-气候关系的差异。

土壤湿度显著影响祁连圆柏的生长季长度，生长季温度影响径向生长速率的大小。随着气候变暖，祁连圆柏生长季延长，径向生长速率加快，生长量增加，区域气候暖湿化可能会促进祁连圆柏的生长(王延芳，2020)。Yan 等(2021)通过研究祁连山东部红桦(*Betula albosinensis*)树木生长与气候关系发现，阔叶树红桦的生长主要受到冬季高温的限制，而非生长季土壤水分条件，升温导致红桦树木生长出现生长下降。此外，Wang

等(2018)通过对比研究祁连山东部人工林和天然的青海云杉林发现，由于气候变暖和干旱以及由此引起的森林病虫害增加，天然林出现树木生长速率下降和死亡现象，而青海云杉人工林没有出现生长速率下降，强调了在气候变化背景下人为干预森林，进行有效森林管理的重要性。

康淑媛和杨保(2013)利用甘南藏族自治州莲花山的青海云杉和紫果云杉树轮样本，通过对两组树木年轮宽度标准年表的统计特征的分析发现，两组树轮宽度年表的平均敏感度和标准差的变化基本相同，但紫果云杉信噪比要高于青海云杉，说明不同树种包含的气候信息强度不同。树轮宽度指数与临洮气象站月降水量、平均气温和极端最高气温的相关性分析表明，紫果云杉树轮宽度指数与逐月极端最高温度的相关系数值大于青海云杉，说明紫果云杉对温度更加敏感。因此，树木生长对气候变化的响应存在树种差异，而甘南树种丰富，还需开展进一步研究，分析不同树种径向生长的气候限制因子，为未来区域森林保护和管理提供针对性措施。

未来黄河上游地区温度将进一步上升，降水有增加趋势（Wang et al.，2021），由于区域尤其是祁连山东部和甘南地区树种多样性丰富，而不同树种对气候变化的响应存在差异，因此未来气候变化会对区域森林结构及树种组成产生影响。不可避免的是，随着区域气候变暖及降水的不确定性增加，干旱发生的频率和强度将增加，这可能会引起树木发生死亡的概率增加。而这迫切需要创新森林管理方式及造林策略，增强森林在气候变化中的生态弹性，维持稳定的森林生产力。

7.4　结　　论

黄河上游地区森林面积虽然不大，但在区域水、碳循环，维持生物多样性以及涵养水源方面具有重要作用，其生态功能极为重要。未来气候变化将不可避免地对黄河上游森林生态系统产生巨大影响，已有研究表明，气候变化对树木生长的影响存在区域和树种差异，未来还需要进一步研究。同时，还需要进一步关注区域森林更新状况，这关系到区域未来森林物种组成及森林结构动态。青海云杉作为区域水源涵养功能最重要的树种之一，在未来研究中应进一步对其加强森林培育和管理力度，充分发挥其生态作用。2004～2019 年区域温度上升趋缓，降水增加缓解了区域的干旱压力，加上天然林保护工程及国家自然保护区的建立，人工林的大力培育，区域森林结构趋好，树木生长加速。但同时，气候变暖引起的生长季提前，树木霜冻风险加大，以及干旱发生的频率和强度增加，都可能对区域森林生态系统造成负面影响。因此，迫切需要创新森林管理方式及造林策略，增强区域森林在气候变化中的生态弹性，维持稳定的森林生态功能，提升区域水源涵养能力，为黄河流域生态保护和高质量发展建立生态屏障。

参 考 文 献

白登忠. 2012. 祁连山青海云杉林线树木生长、更新的影响因素研究. 北京：中国林业科学研究院.

边瑞, 勾晓华, 年雁云. 2020. 祁连山北坡青海云杉林线的空间分布及影响因素. 兰州大学学报(自然科学版), 56(6): 711-717.

蔡伟祥, 徐丽, 李明旭, 等. 2022. 2010—2060 年中国森林生态系统固碳速率省际不平衡性及调控策略. 地理学报, 77(7): 1808-1820.

陈灵芝, 孙航, 郭柯. 2015. 中国植物区系与植被地理. 北京: 科学出版社.

代武君, 金慧颖, 张玉红, 等. 2020. 植物物候学研究进展. 生态学报, 40(19): 6705-6719.

丁昕玮. 2020. 甘肃省植被覆盖度与物候时空变化研究. 南京: 南京信息工程大学.

杜苗苗. 2022. 祁连山青海云杉径向生长对气候变化的响应及林分结构研究. 兰州: 兰州大学

黄婷, 郝家田, 杜一尘, 等. 2022. 青海三江源地区三种天然圆柏林更新特征. 应用生态学报, 33(2): 297-303.

康淑媛, 杨保. 2013. 甘肃省南部两种云杉树种树木径向生长对气候因子的响应. 中国沙漠, 33(2): 619-625.

李金良, 郑小贤, 陆元昌, 等. 2008. 祁连山青海云杉天然林林隙更新研究. 北京林业大学学报, 30(3): 124-127.

刘世荣, 常建国, 孙鹏森. 2007. 森林水文学: 全球变化背景下的森林与水的关系. 植物生态学报, 31(5): 753-756.

彭焕华, 姜红梅, 赵传燕. 2010. 甘肃省森林植被碳贮量及空间分布特征分析. 干旱区资源与环境, 24(7): 154-158.

彭剑峰, 勾晓华, 陈发虎, 等. 2007. 阿尼玛卿山地不同海拔青海云杉(*Picea crassifolia*)树轮生长特性及其对气候的响应. 生态学报, 27(8): 3268-3276.

彭守璋. 2015. 祁连山区青海云杉林生长过程及其固碳能力研究. 兰州: 兰州大学.

彭守璋, 赵传燕, 郑祥霖, 等. 2011. 祁连山青海云杉林生物量和碳储量空间分布特征. 应用生态学报, 22(7): 1689-1694.

沈维, 张林, 罗天祥. 2017. 高山林线变化的更新受限机制研究进展. 生态学报, 37(9): 2858-2868.

宋洁. 2021. 祁连山森林碳储量与森林景观格局时空变化研究. 兰州: 甘肃农业大学

田风霞, 赵传燕, 冯兆东. 2011. 祁连山区青海云杉林蒸腾耗水估算. 生态学报, 31(9): 2383-2391.

田风霞, 赵传燕, 冯兆东, 等. 2012. 祁连山青海云杉林冠生态水文效应及其影响因素. 生态学报, 32(4): 62-72.

拓锋. 2021. 祁连山青海云杉种群动态与空间格局分析. 兰州: 甘肃农业大学.

王延芳. 2020. 祁连圆柏径向生长的气候响应机制研究. 兰州: 兰州大学.

吴秀臣, 裴婷婷, 李小雁, 等. 2016. 树木生长对气候变化的响应研究进展. 北京师范大学学报(自然科学版), 52(1): 109-116.

杨建红, 赵传燕, 汪红, 等. 2020. 祁连山天涝池流域不同植被群落枯落物持水能力及时间动态变化. 兰州大学学报(自然科学版), 56(6): 733-739.

袁杰, 曹广超, 曹生奎, 等. 2018. 祁连山南坡不同植被类型枯落物及其土壤持水特性分析. 生态科学, 37(5): 180-190.

张芬, 高琳琳, 苏军德, 等. 2012. 青藏高原东北部阿尼玛卿山祁连圆柏年龄结构与林线动态分析及其对气候变化的响应. 地球环境学报, 3(3): 881-888.

张军周. 2018. 祁连山树木形成层活动及年内径向生长动态监测研究. 兰州: 兰州大学.

赵阳, 曹秀文, 李波, 等. 2020b. 甘肃南部林区 4 种天然林种群结构特征. 林业科学, 56(9): 21-29.

赵阳, 刘锦乾, 陈学龙, 等. 2020a. 洮河上游紫果云杉种群结构特征. 植物生态学报, 44(3): 266-276.

赵阳, 王飞, 齐瑞, 等. 2021. 白龙江、洮河林区 5 种典型森林枯落物与土壤层水源涵养效应. 水土保持研究, 28(3): 118-125.

周兴民, 王质彬, 杜庆. 1986. 青海植被. 西宁: 青海人民出版社.

Alkama R, Cescatti A. 2016. Climate change: Biophysical climate impacts of recent changes in global forest cover. Science, 351: 600-604.

Anderegg W R L, Trugman A T, Badgley G, et al. 2020. Climate-driven risks to the climate mitigation potential of forests. Science, 368: eaaz7005.

Andrus R A, Harvey B J, Rodman K C, et al. 2018. Moisture availability limits subalpine tree establishment. Ecology, 99(3): 567-575.

Du H, Liu J, Li M H, et al. 2018. Warming-induced upward migration of the alpine treeline in the Changbai Mountains, northeast China. Global Change Biology, 24: 1256-1266.

Fang J, Kato T, Guo Z, et al. 2014. Evidence for environmentally enhanced forest growth. Proceedings of the National Academy of Sciences of the United States of America, 111: 9527-9532.

Gao L, Gou X, Deng Y, et al. 2018. Increased growth of Qinghai spruce in northwestern China during the recent warming hiatus. Agricultural and Forest Meteorology, 260-261: 9-16.

Harsch M A, Hulme P E, McGlone M S, et al. 2009. Are treelines advancing? A global meta-analysis of treeline response to climate warming. Ecology Letters, 12(10): 1040-1049.

IPCC. 2021. Climate Change 2021: The Physical Science Basis Summary for Policymakers. Cambridge: Cambridge University Press.

Kang D, Guo Y, Ren C, et al. 2014. Population structure and spatial pattern of main tree species in secondary *Betula platyphylla* forest in Ziwuling Mountains, China. Scientific Reports, 4: 1-8.

Liang E, Wang Y, Piao S, et al. 2016. Species interactions slow warming-induced upward shifts of treelines on the Tibetan Plateau. Proceedings of the National Academy of Sciences of the United States of America, 113(16): 4380-4385.

Liu Q, Piao S, Janssens I A, et al. 2018. Extension of the growing season increases vegetation exposure to frost. Nature Communications, 9: 426.

Luyssaert S, Marie G, Valade A, et al. 2018. Trade-offs in using European forests to meet climate objectives. Nature, 562: 259-262.

Pan Y, Birdsey R A, Fang J, et al. 2011. A large and persistent carbon sink in the world's forests. Science, 333: 988-993.

Peng J, Gou X, Chen F, et al. 2008. Altitudinal variability of climate-tree growth relationships along a consistent slope of Anyemaqen Mountains, northeastern Tibetan Plateau. Dendrochronologia, 26: 87-96.

Pretzsch H, Biber P, Schütze G, et al. 2014. Forest stand growth dynamics in Central Europe have accelerated since 1870. Nature Communications, 5: 1-10.

Shi C, Masson-Delmotte V, Daux V, et al. 2010. An unstable tree-growth response to climate in two 500 year chronologies, North Eastern Qinghai-Tibetan Plateau. Dendrochronologia, 28: 225-237.

Wang B, Chen T, Xu G, et al. 2018. Anthropogenic-management could mitigate declines in growth and survival of Qinghai spruce (*Picea crassifolia*) in the east Qilian Mountains, northeast Tibetan Plateau. Agricultural and Forest Meteorology, 250-251: 118-126.

Wang Q, Zhao C, Gao C, et al. 2017. Effects of environmental variables on seedling-sapling distribution of Qinghai spruce (*Picea crassifolia*) along altitudinal gradients. Forest Ecology and Management, 384: 54-64.

Wang S, Zhang Y, Ju W, et al. 2020. Recent global decline of CO_2 fertilization effects on vegetation photosynthesis. Science, 370: 1295-1300.

Wang X, Chen D, Pang G, et al. 2021. Historical and future climates over the upper and middle reaches of the Yellow River Basin simulated by a regional climate model in CORDEX. Climate Dynamics, 56: 2749-2771.

Wang Y, Sylvester S P, Lu X, et al. 2019. The stability of spruce treelines on the eastern Tibetan Plateau over the last century is explained by pastoral disturbance. Forest Ecology and Management, 442: 34-45.

Yan X, Li Q, Deng Y, et al. 2021. Warming-induced radial growth reduction in *Betula albosinensis*, eastern Qilian Mountains, China. Ecological Indicators, 120: 106956.

Zhang J, Gou X, Alexander M R, et al. 2021. Drought limits wood production of *Juniperus przewalskii* even as growing seasons lengthens in a cold and arid environment. Catena, 196: 104936.

第8章

黄河上游祁连圆柏径向生长对气候变化的响应及适应

全球气候系统正经历着以温度持续升高、降水格局改变、极端气候事件频发为主要特征的气候变化(IPCC，2021)，对黄河上游半干旱森林生态系统产生了重要影响。树木径向生长作为森林主要的固碳形式，对气候变化非常敏感(Deslauriers et al.，2017)。明确树木生长动态及其对气候变化的响应，预估气候变化对树木生长的影响并提出应对措施，有助于评估区域森林的变化规律及趋势，为森林保护和管理提供科学依据，使其更好地发挥对人类社会的服务功能。

黄河上游湟水-大通河流域是我国东部湿润区、西北干旱区和青藏高寒区的过渡带与边缘区(姚檀栋和朱立平，2006)。黄河上游山地森林生态系统承担着涵养水源、调蓄降水、维持生物多样性等多种生态功能，是构成西部地区生态屏障的重要组成部分。祁连圆柏是我国特有树种，也是构成黄河上游半干旱山地森林生态系统的主要树种，广泛分布于黄河上游阿尼玛卿山地区及湟水-大通河流域高海拔地区。祁连圆柏生长状况及其对气候变化的响应及适应关乎我国西北地区森林健康状况和生态安全。过去50年，黄河上游地区温度持续升高，降水模式也发生了显著变化，干旱发生的频率及程度明显加剧(Liu et al.，2022)。然而，祁连圆柏径向生长如何响应气候变化，区域树木是否会通过改变其径向生长模式来适应气候变化等一系列问题亟待进一步明确。

温度升高、降水格局改变造成的干旱对树木生长和与之相关的一系列生理生态过程产生了重要影响，导致光合速率下降(Dusenge et al.，2019)，水力失衡(Adams et al.，2017)，生长下降(Balducci et al.，2016)，叶片(Fernandez-de-Una et al.，2018)、物候(Deslauriers et al.，2017)改变等。然而，树木也可以通过调整其生理过程来应对气候变化。径向生长对气候变化的适应机制包括通过提高细胞分裂速率补偿较短的生长季导致的细胞产量变化(Balducci et al.，2016)或在缺水的情况下停止细胞分裂(Deslauriers et al.，2016)。形成层活动对极端气候事件的塑性反应主要表现在木质部细胞数量或其他解剖结构的变化上，当不利的气候条件如严重的夏季干旱发生时，树木年轮中可能形成年内密度波动(de Micco et al.，2016)。然而，尽管已经明确树木生长对气候变化的响应具有高度的可塑性(Deslauriers et al.，2017)，但对树木能否适应未来气候变化尚不完全清楚。而在细胞水平上对树木径向生长的观测研究不仅可以解决这些问题，而且能够更好地理解生长过程对气候响应的生理机制，为树木生长对气候变化的响应和适应及未来植被分布格局和全球碳循环提供理论依据。

通过对黄河上游湟水-大通河流域祁连圆柏进行连续 6 年(2011～2016 年)的树木径向生长监测，以期明确以下两个问题：①寒冷干旱地区树木径向生长如何响应气候变化？②寒冷干旱区树木径向生长是否具有对气候变化及极端气候事件响应的弹性及恢复力？

8.1　湟水-大通河流域及气候特征

研究区位于黄河上游湟水-大通河流域(36°43′21″ N、103°37′59″ E)(图 8-1)，该区域是黄土高原和青藏高原的过渡区域，也是季风和西风的交互作用区域，表现为寒冷干旱的气候特征[图 8-2(a)]。区域森林分布呈典型的垂直地带性分布。祁连圆柏主要分布在海拔 2600～3300 m 干燥的阳坡区域。该区域是祁连圆柏分布的最东界。根据民和气象站(36°19′48″ N、102°51′06″N，海拔 1814 m)记录气候信息，研究区具有典型的干旱气候特征，2011～2016 年平均降水量只有 335 mm[图 8-2(a)]。1961～2016 年平均温度以 0.27℃/10a 的速度显著增加[图 8-2(b)]，但降水量以 6.59 mm/10a 的速率减少[图 8-2(c)]，从而导致 3 个月尺度的标准化降水蒸散指数(SPEI3)显著降低[图 8-2(d)]。

本研究通过在海拔 3100 m 处建立观测场，随机选择 5 棵无明显损伤或异常的祁连圆柏树木，对其径向生长进行了连续 6 年的监测研究。通过在监测样地同步安装自动气象站，对空气温度、降水量、相对湿度、土壤温度(10 cm 深度)和土壤含水量(10 cm 深度)进行了同步观测。为了量化干旱的严重程度，利用 2011～2016 年降水量和潜在蒸发量计算了 SPEI3(Vicente-Serrano et al.，2010)，SPEI3 的正值和负值分别表示湿润和干旱。

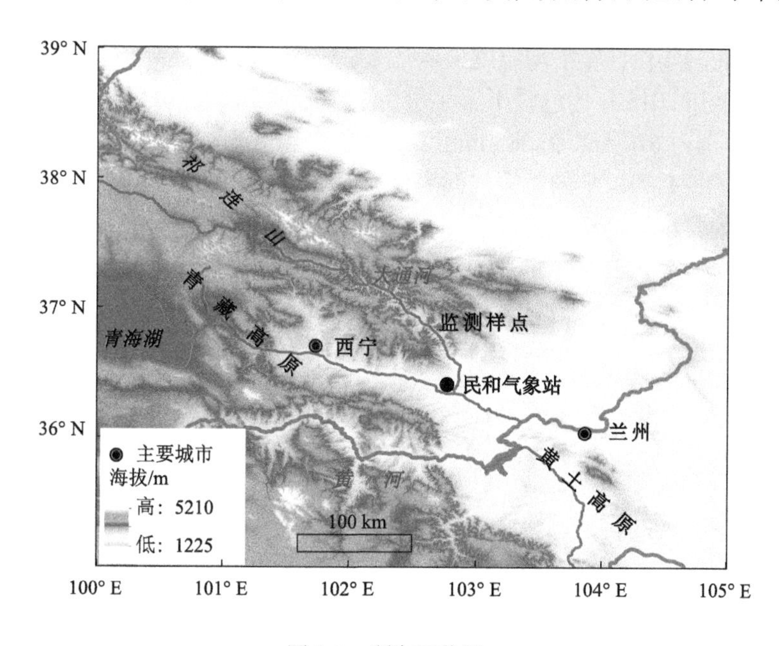

图 8-1　研究区位置

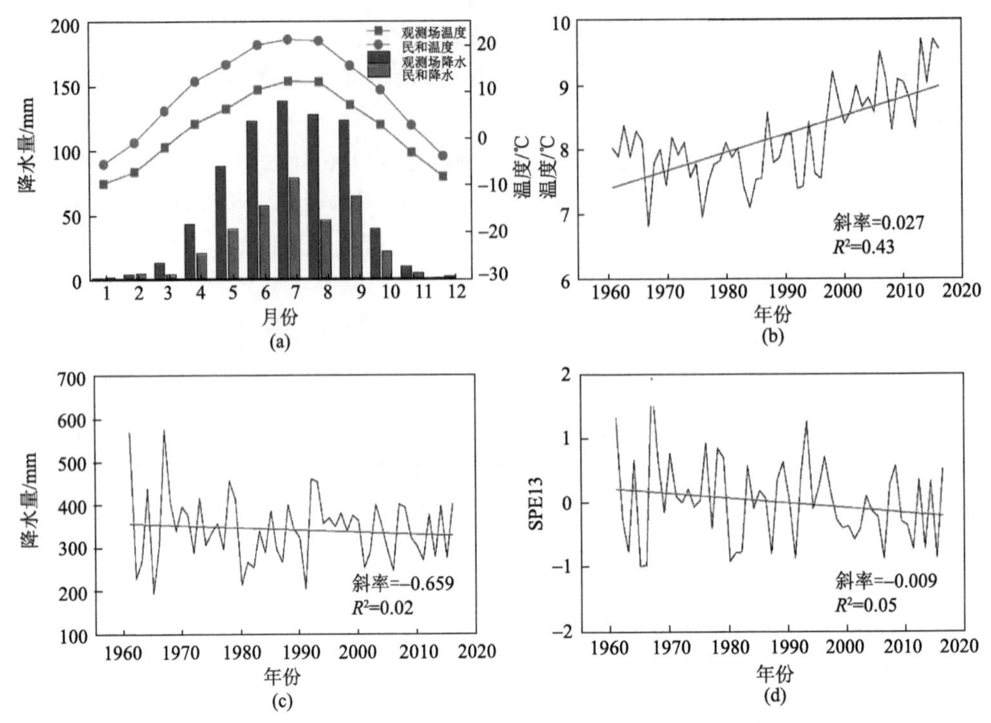

图 8-2　观测场自动气象站与民和气象站记录的 2011～2016 年月平均温度和降水量(a)以及民和气象站记录的 1961～2016 年平均温度(b)、降水量(c)以及 3 个月尺度的标准化降水蒸散指数(SPEI3)(d)及其变化趋势(红色线)

根据自动气象站记录的数据(表 8-1)，研究区 2011～2016 年的年平均温度为 1.7℃，年平均最低温为–2.8℃，年平均最高温为 7.5℃，年平均降水量为 699 mm。年内降水分布极不均匀，5～9 月降水量占全年降水量的 80%[图 8-2(a)]。在整个观测时段，2012 年是一个寒冷湿润的年份，年平均温度最低(0.6℃)，年降水量最高(746 mm)，SPEI3 最高(0.99)。2013 年和 2015 年为温暖干旱年份，年平均温度较高(分别为 2.0℃和 2.1℃)，年降水量较少(分别为 640 mm 和 663 mm)，SPEI3 较低(分别为–0.86 和–0.34)。2016 年生长季晚期出现了一系列异常的极端气候事件。7 月 29 日～8 月 13 日连续 16 d 没有降水，导致生长季土壤含水量降至年内最低，这一时期的平均温度高于 2011～2015 年同期的平均值。干旱时段结束于 2016 年 8 月 14 日，这一日降水量达到全年最大值(30.8 mm)，并在接下来 38 d 内频繁出现降水事件，使 2016 年 9 月成为全年降水量最多的月份。与此同时，日平均温度直到 9 月 19 日才降至 6.1℃以下。

表 8-1　2011～2016 年监测点气候变化特征

观测年份	年平均温度/℃	年平均最高温度/℃	年平均最低温度/℃	7 月平均温度/℃	1 月平均温度/℃	年降水量/mm	5 月降水量/mm	SPEI3
2011	1.7	7.4	–2.6	11.6	–12.5	690	98	–0.38
2012	0.6	6.3	–3.8	12.0	–12.7	746	123	0.99
2013	2.0	8.1	–2.5	11.5	–9.0	640	82	–0.86
2014	1.3	7.2	–3.0	11.7	–7.3	721	75	0.40

续表

观测年份	年平均温度/℃	年平均最高温度/℃	年平均最低温度/℃	7 月平均温度/℃	1 月平均温度/℃	年降水量/mm	5 月降水量/mm	SPEI3
2015	2.1	8.0	−2.5	11.1	−7.0	663	72	−0.34
2016	2.2	8.1	−2.3	12.8	−10.8	732	76	0.18
平均	1.7	7.5	−2.8	11.8	−9.9	699	88	—

8.2　形成层物候及其对气候要素的响应

8.2.1　形成层活动及其影响因素

2011～2016 年，祁连圆柏的径向生长开始和结束时间在不同年份间差异很大(图 8-3)。细胞扩大阶段(径向生长开始)、细胞壁加厚阶段和细胞成熟阶段开始时间最早出现在温暖的 2013 年，细胞扩大阶段和细胞壁加厚阶段开始时间最晚出现在寒冷湿润的 2012 年，细胞成熟阶段开始时间最晚出现在 2014 年。其中细胞扩大阶段、细胞壁加厚阶段和细胞成熟阶段开始时间在 2013 年(温暖年)分别比 2012 年(寒冷年)早了 27 d、25 d 和 23 d。年平均温度与生长开始时间之间存在显著的负相关关系(图 8-4)，表明径向生长各阶段开始时间在温暖年份比寒冷年份发生得更早。年平均温度升高导致细胞扩大阶段、细胞壁加厚阶段和细胞成熟阶段开始时间提前，提前的速率分别为 11.3 d/℃、11.4 d/℃和 8.9 d/℃。然而，土壤含水量与细胞扩大阶段、细胞壁加厚阶段或细胞成熟阶段开始时间没有显著关系。

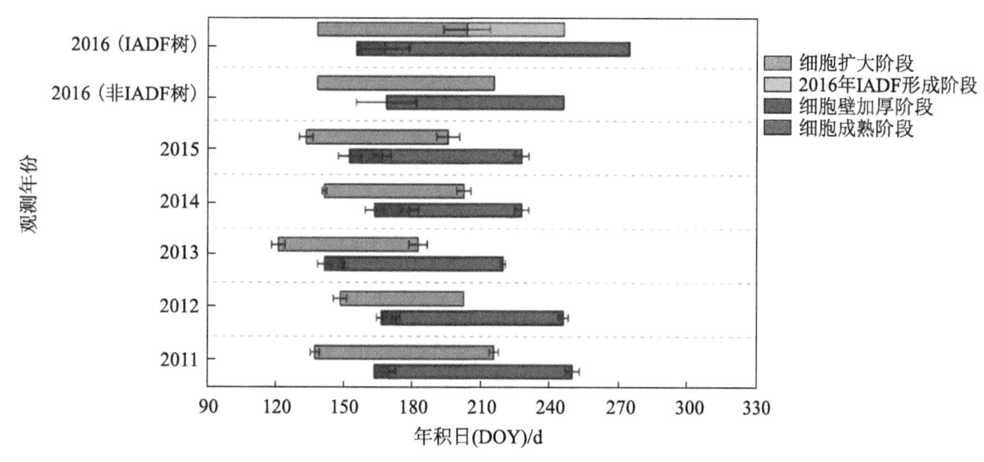

图 8-3　2011～2016 年祁连圆柏的形成层物候

IADF 表示年内密度波动；数据表示为平均值 ± 标准误差

温度对黄河上游寒冷地区祁连圆柏树木生长开始时间起着重要作用，这与基于不同海拔和不同区域的观测结果相同(Zhang et al.，2018a；Zhang et al.，2018b)，也与许多基于控制条件和自然条件下的研究结果一致(Huang et al.，2020；Oribe et al.，2003；Rossi et al.，

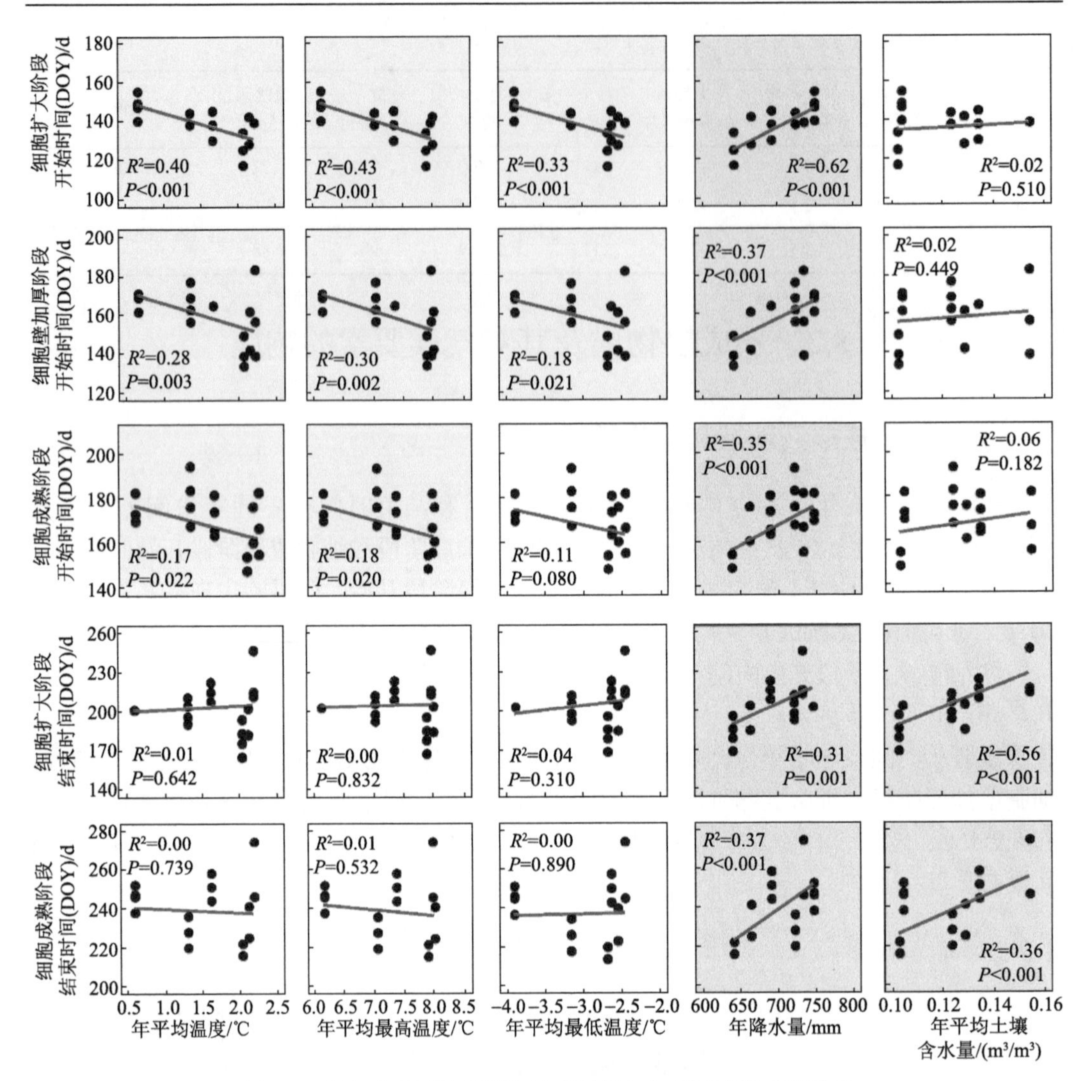

图 8-4 径向生长开始时间和结束时间与气候要素的响应关系

蓝色背景表示达到显著负相关，红色背景表示达到显著正相关($P < 0.05$)

2016)。尽管研究区比较干旱，但土壤含水量与生长开始时间没有关系，2013 年初的干旱并没有使树木径向生长开始时间推迟，但在非常湿润的 2012 年，生长季前期的低温导致径向生长开始时间比 2013 年晚了 27 d。因此，在寒冷地区，无论水分条件如何，温度仍然是限制树木生长开始时间的主要因素。祁连圆柏生长开始时间随着温度升高的速率为 11.3 d/℃，远远低于基于海拔梯度“以空间换时间”的预测(14.1 d/℃)(Zhang et al., 2018b)，表明“以空间换时间”可能会高估气候变化对树木生长的影响(Elmendorf et al., 2015；Roitberg and Shoshany，2017)。如果区域未来温度以当前相同的速率持续上升(0.27℃/10a)，未来祁连圆柏径向生长开始时间可能每 10 年提前 3.1 d。

在干旱的 2013 年，细胞扩大阶段结束和生长季结束时间明显早于其他年份(图 8-3)。在 2016 年，5 棵研究树木中有 3 棵的年轮结构中出现年内密度波动(IADF)，使其生长季延长，细胞扩大阶段和细胞成熟阶段的结束时间分别比前 5 年(2011～2015 年)晚了 17～50 d 和 13～43 d。与温度限制径向生长开始时间不同，温度与生长结束时间之间没有关系。但径向生长各阶段结束时间与降水量和土壤含水量均呈显著正相关，表明干旱发生时，径向生长结束时间会提前(图 8-4)。年降水量每增加 10 mm，细胞扩大阶段结束时间和细胞成熟阶段结束时间将分别推迟 2.7 d。如果降水量在未来继续以当前速率(6.59 mm/10a)持续下降，祁连圆柏生长结束时间可能每 10 年提前约 1.8 d。本研究支持了先前的研究结果，即形成层细胞在干旱环境中的分裂与水势密切相关，水分不足可能使细胞膨压降低，导致生长季后期的细胞分裂和细胞扩大结束(Steppe et al., 2015；Vieira et al., 2014)。

8.2.2 生长开始的温度阈值

本研究使用 logistic 回归评估了树木径向开始的阈值温度[式(8-1)](Rossi et al., 2008)。

$$\operatorname{logit}(\pi_x) = \ln\left(\frac{\pi_x}{1-\pi_x}\right) = \beta_0 + \beta_1 x_j \tag{8-1}$$

式中，π_x 为在给定温度 x 条件下形成层活动的可能性；x_j 为日期 j 天的温度；β_0 和 β_1 分别为 logistic 回归的截距和斜率。当形成层活动的可能性为 50%时，温度定义为形成层活动的阈值温度(x_c)，即当 $\operatorname{logit}(\pi)=0$ 时，$x_c=-\beta_0/\beta_1$。因此，如果某天温度大于 x_c，则形成层活动的可能性大于没有活动的可能性。使用单因素方差分析和 Tukey 检验比较各年份之间的阈值温度是否存在显著差异，如果各年份之间没有差异，则存在一致的温度阈值。

祁连圆柏径向生长开始的温度阈值在 6 个监测年份内无显著差异($P>0.05$)，说明存在决定祁连圆柏的径向生长开始的阈值温度(表 8-2)，其中日平均阈值温度为 6.1℃，日平均最高阈值温度为 11.7℃，日平均最低阈值温度为 1.7℃。

表 8-2　形成层活动开始的温度阈值(平均值 ± 标准偏差)

项目	2011 年	2012 年	2013 年	2014 年	2015 年	2016 年	F	P
平均温度	6.1 ± 1.3℃	6.7 ± 1.1℃	5.2 ± 1.0℃	6.3 ± 0.5℃	6.0 ± 0.9℃	6.5 ± 0.0℃	1.59	0.201
最大温度	11.9 ± 1.2℃	12.4 ± 0.6℃	11.0 ± 1.0℃	11.6 ± 0.5℃	11.4 ± 0.9℃	12.2 ± 0.0℃	2.19	0.088
最小温度	2.3 ± 0.9℃	2.2 ± 0.9℃	1.3 ± 0.4℃	1.9 ± 0.5℃	1.2 ± 1.1℃	1.7 ± 0.0℃	2.22	0.086

注：F 和 P 为单因素方差分析的统计结果。

祁连圆柏生长开始的日平均、最高和最低阈值温度与阿尔卑斯山脉林线树木生长开始的阈值温度(分别为 5.6～8.5℃、10.9～13.3℃、1.7～5.5℃)一致(Deslauriers et al., 2008)，说明 6～8℃可能是决定寒冷地区树木径向生长开始的温度阈值。大量的研究表明，6～8℃的平均温度能够保证木质部细胞的分裂(Gričar et al., 2006)，并刺激芽的伸长和根的生长(Alvarez-Uria and Körner, 2007)，同时是细胞生长及代谢过程所需的光合作用的温度阈值(Hoch et al.，2003)。当5月初日平均温度超过6℃时，祁连圆柏的光合速率迅速增加，与径向生长开始时间相吻合(Wang et al.，2021)。此外，温度也可能影响形成层细胞分裂过程中酶活性和生长素的水平(Love et al.，2009)。

8.2.3　生长季持续时间及其影响因素

不同观测年份的细胞扩大持续时间和生长季持续时间具有明显差异(图8-3和图8-5)。2012年的细胞扩大阶段持续时间(55 d)最短，2014年的生长季持续时间(87 d)最短，2016年细胞扩大阶段持续时间(95 d)和生长季持续时间(125 d)最长。细胞扩大阶段与温度及土壤含水量均呈显著正相关(图8-6)。年平均温度每增加1℃，细胞分裂持续时间将增加 14.3 d。由于径向生长的开始时间是由温度决定的，而径向生长的结束时间主要由水分有效性控制，温度和土壤含水量都对生长持续时间产生重要影响。但由于树木生长的开始时间和结束时间对气候变化的响应敏感度不同，进一步变暖可能依然会导致生长季延长。

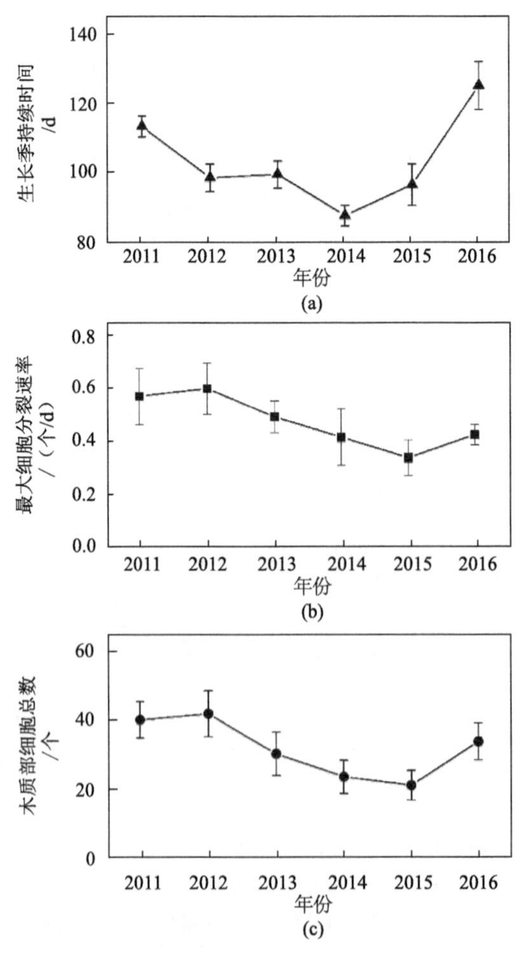

图8-5　祁连圆柏木质部分化动力学指标

数据表示为平均值±标准误差

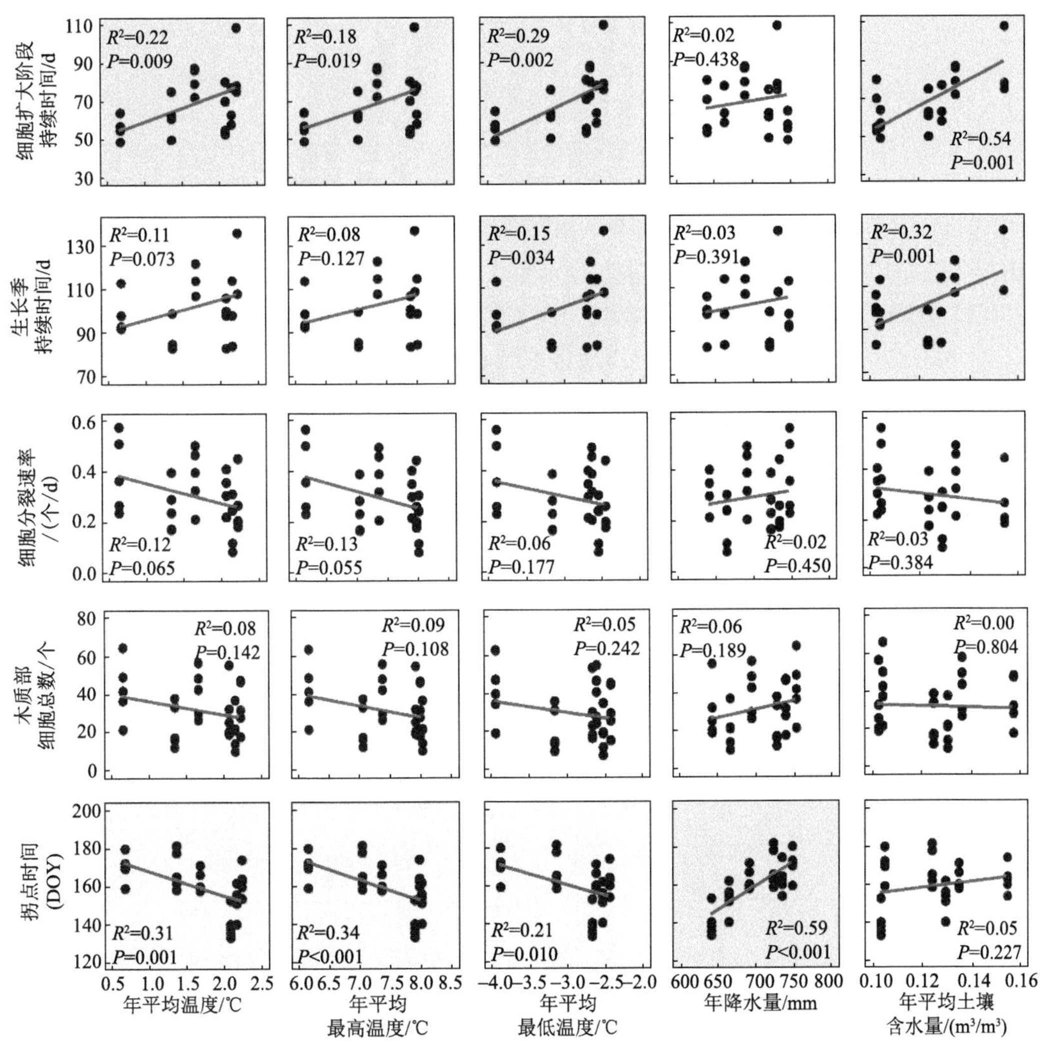

图 8-6　木质部分化各参数与气候要素的关系

蓝色背景表示达到显著负相关，红色背景表示达到显著正相关（$P < 0.05$）

8.3　径向生长动态及其对气候要素的响应

8.3.1　径向生长动态及其影响因素

本研究使用 Gompertz 函数拟合了树木径向生长过程(Rathgeber et al.，2011)，计算了最大生长速率和平均生长速率及其发生的日期(拐点)[(式 8-2)]。

$$Y = A\mathrm{e}^{-\mathrm{e}^{(\beta-\kappa t)}} \tag{8-2}$$

式中，Y 为木质部细胞的累积量；t 为日期，用年积日(DOY)表示；A 为上渐近线，表示形成层细胞分裂的木质部细胞总量(N_{cell})；β 为 x 轴的截距参数；κ 为变化速率参数。曲线拐点(t_p)、最大生长速率(R_{max})、平均生长速率(R_{mean})分别为

$$t_p = \beta / \kappa \tag{8-3}$$

$$R_{max} = \kappa A / e \tag{8-4}$$

$$R_{mean} \approx 9/40eR_{max} \tag{8-5}$$

Gompertz 函数很好地模拟了祁连圆柏的径向生长过程，模拟可以解释木质部细胞数量变化的 75%～99%。根据拟合结果，祁连圆柏生长速率在年际存在较大差异(图 8-5)，2011 年和 2012 年的最大细胞分裂速率分别为 0.57 个/d 和 0.60 个/d，约为温暖干旱的 2015 年(0.33 个/d)的两倍左右。同样，2012 年木质部细胞总数达到 42 个，是 2015 年的两倍(21 个细胞)。虽然细胞分裂速率、木质部细胞总数与年平均温度和年降水量之间没有显著关系(图 8-6)，但其与 5 月降水量呈显著正相关(图 8-7)，表明生长季初期的有效水分对生长速率和树木生长起着关键作用。先前的研究也表明，5 月和 6 月初的有效水分对生长速率与树轮宽度起着至关重要的作用，而温度对其则没有影响(Zhang et al.，2016)。同样，在青藏高原东北部，年内和年际尺度的树木年轮生长与春末夏初的降水和干旱条件呈正相关(Gou et al.，2015；He et al.，2016)。这些结果表明，在干旱环境下，无论是年内还是年际尺度上，水分有效性都对生长速率和木材产量具有重要的影响。

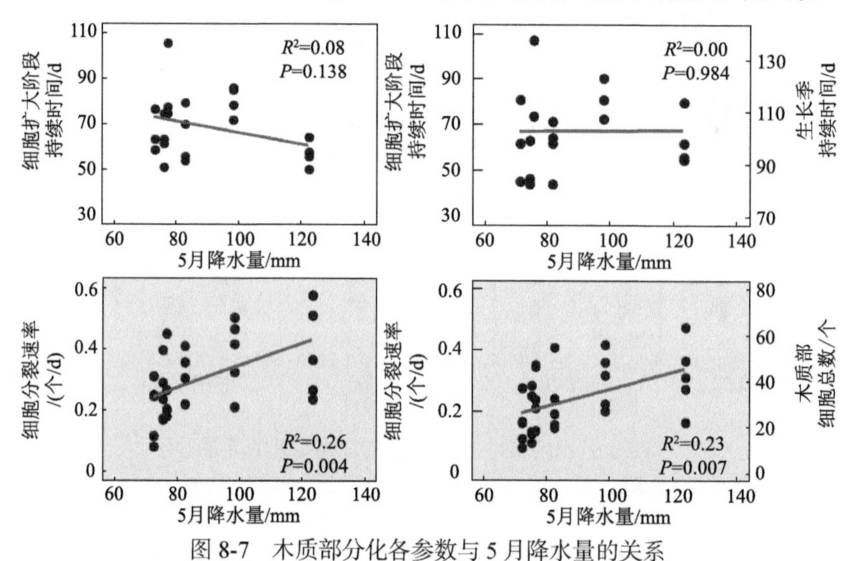

图 8-7　木质部分化各参数与 5 月降水量的关系

红色背景表示达到显著正相关($P < 0.05$)

8.3.2　径向生长策略

木质部细胞总数主要由径向生长速率(R_m)和持续时间(Δt_E)共同决定[$R^2 = 0.68$，$P < 0.001$，$n = 30$，图 8-8(a)]。敏感性分析表明，当细胞分裂速率保持在其平均值不变，细胞分裂持续时间允许在其平均值的两个标准差范围内变化时，本研究观察到细胞总数增加了 3.7 个(从 29.9 个增加至 33.6 个)。然而，当细胞分裂持续时间保持在其平均值不变，细胞分裂速率允许在其平均值的两个标准差范围内变化时，木质部细胞总数增加了 21.8 个(变化范围为 20.8～42.6 个)。因此，生长速率和持续时间对木质部细胞总数的影响分别为 85.5%和 14.5%[图 8-8(b)]，说明祁连圆柏的生长量主要由生长速率决定，生长季的

延长并不总是会产生更多的木质部细胞。

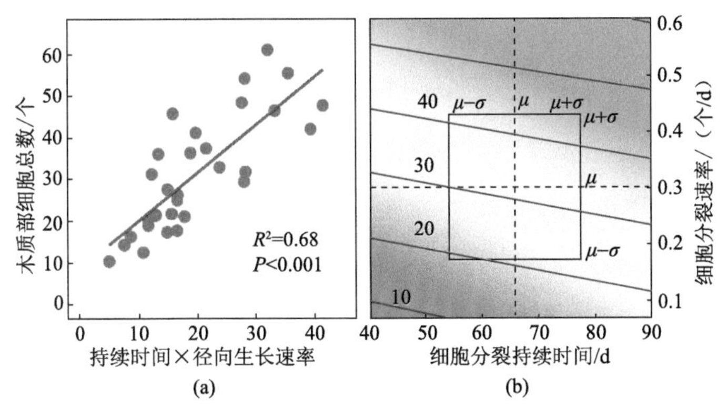

图 8-8　木质部细胞总数与细胞分裂持续时间和速率的关系

数字表示木质部细胞数量；μ 表示细胞分裂持续时间或细胞分裂速率的平均值；σ 表示标准差；$\mu+\sigma$ 表示平均值+标准差；$\mu-\sigma$ 表示平均值–标准差

生长速率对木材产量的影响明显高于生长持续时间，这与先前祁连山及其周边地区的监测结果一致(Ren et al., 2019；Zhang et al., 2018a)，同时与其他干旱区域的结果一致(Cuny et al., 2012)。然而，在寒冷湿润地区，生长持续时间(86%)比速率(14%)对木质部细胞产量的贡献量更大(Rossi et al., 2014)。因此，不同环境下树木的生长策略并不相同。在干旱环境下，当生长条件相对湿润时，形成层细胞会在短时间内加速分裂，产生较多的木质部细胞；而在寒冷和湿润环境下，相对温暖的条件允许树木有更长的时间进行径向生长。祁连圆柏似乎选择了介于以上两个策略中间的特殊生长策略：一方面，相对温暖的春季温度允许形成层活动提前开始，延长生长季的持续时间；另一方面，夏季相对较高的有效湿度会提高树木的细胞分裂速率，使其在短期内迅速分裂木质部细胞，防止高温和干旱导致的径向生长提前结束。这种特殊的生长策略使祁连圆柏成为唯一能够在低温、干旱等如此严酷条件下存活超过2000年的树种。

5月至6月初是祁连圆柏径向生长的主要时段，其在这一时段的径向生长量占全年木质部细胞总数的2/3以上。由于树木径向生长需要大量来自光合作用产生的非结构性碳水化合物，干旱可能通过影响光合速率来影响径向生长速率(Hansen and Beck, 1994)。监测结果表明，如果生长季早期水分条件较好，祁连圆柏将保持较高的光合速率，并产生较高水平的非结构性碳水化合物，以维持形成层细胞高的分裂速率，从而产生较多的木质部细胞(Wang et al., 2021)。然而，当干旱发生时，径向生长对干旱胁迫的响应比光合作用更敏感，水分亏缺导致细胞水势下降，迅速影响细胞扩大，进而导致生长速率和木材产量下降。

8.4　径向生长对极端气候的响应及适应

8.4.1　IADF 的形成动态及发生频率

在2016年，有两棵祁连圆柏的径向生长模式与过去5年的观测一致，但3棵树木在生长季晚期形成了IADF，导致生长季延长(图8-9和图8-10)。5棵树的径向生长开始时

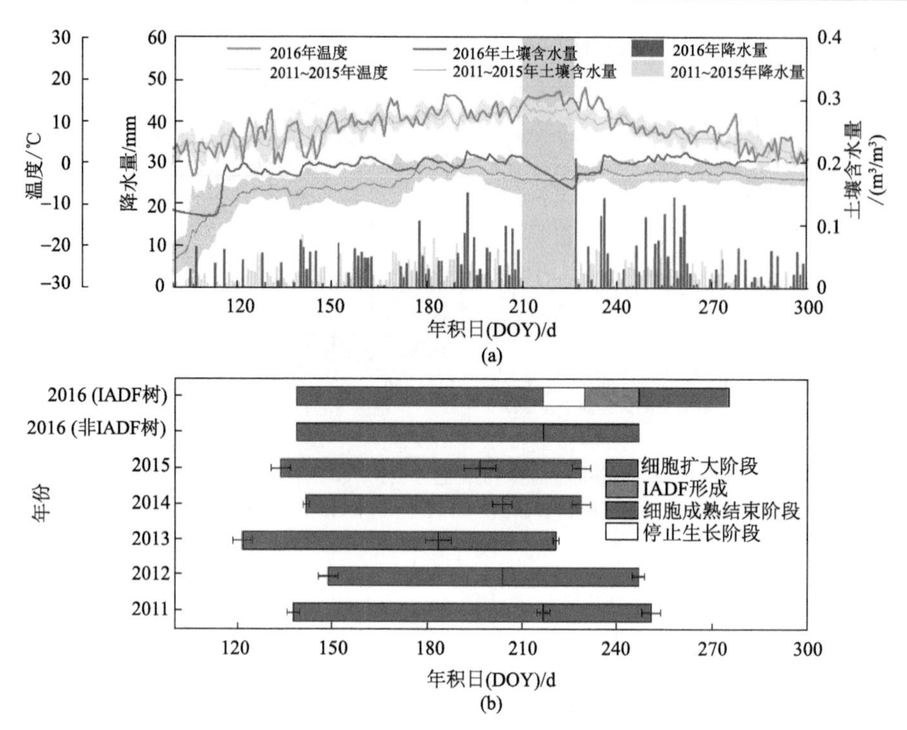

图 8-9　形成层物候与年内气候变化

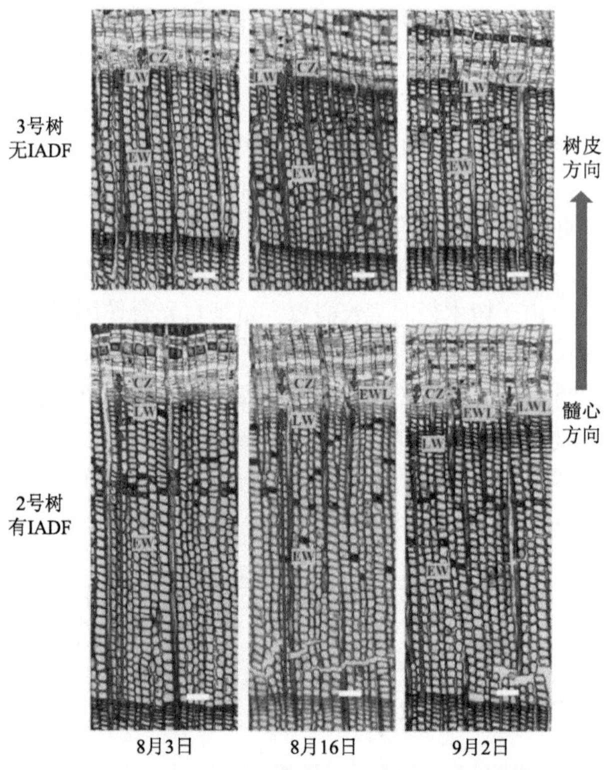

图 8-10　有无 IADF 树木的木质部分化过程的横切面

标尺表示 50μm。CZ，形成层；EW，早材；LW，晚材；EWL，早材状晚材细胞；LWL，晚材状晚材细胞间都发生在 5 月 18 日左右[图 8-9(b)和图 8-11]，并在 8 月 3 日停止生长。其中两棵没有 IADF 树木的木质部细胞在 9 月 2 日完全成熟[图 8-10 和图 8-11(b)]，但 3 棵 IADF 树木在 8 月 16 日恢复生长，产生早材状的扩大细胞和细胞壁加厚细胞[图 8-11(b)、(c)]，直到 9 月 13 日才结束生长，比两棵没有形成 IADF 树木生长结束时间晚了一个多月。

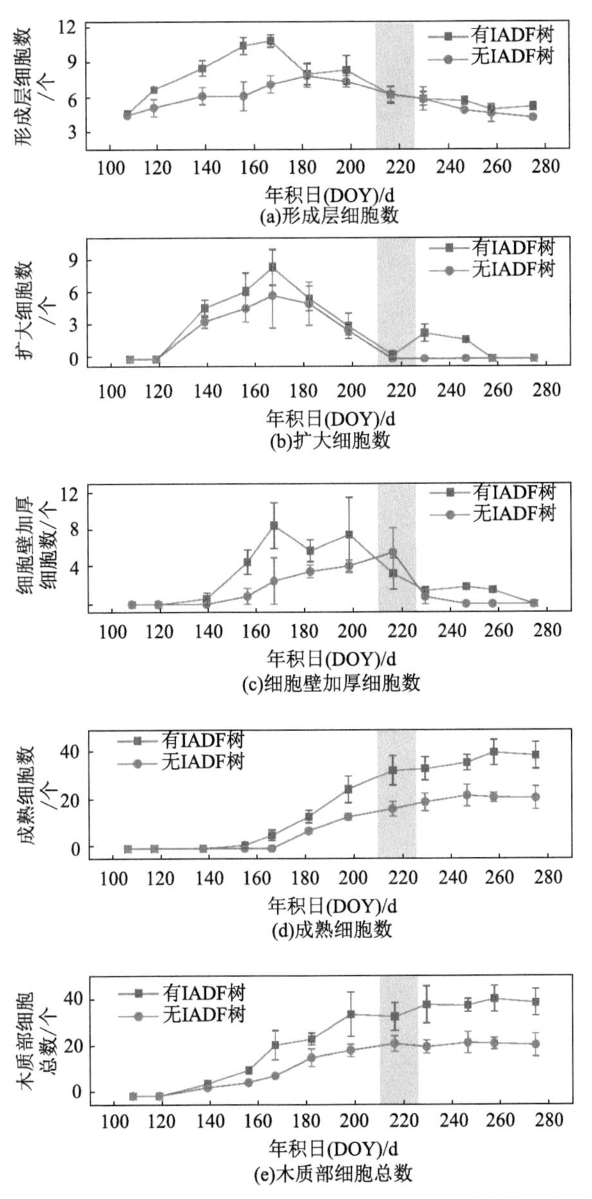

图 8-11　有无 IADF 树木木质部分化各阶段细胞数目(平均值 ± 标准差)比较

灰色区域表示 7 月 29 日～8 月 13 日的 16 d 无降水时期

为了在种群水平上评估 IADF 的发生频率，本研究在观测树木周围随机选择了 50 棵树木，在不同方向上进行了树芯样本的采集。所有样品都经过固定、风干和打磨，在显微镜下进行交叉年代和IADF鉴定，使用Velmex测量系统以0.001 mm的精度测量了2016年IADF形成前和形成后(全轮)的轮宽。结果发现共有32棵祁连圆柏树木在2016年形成了IADF。这一比例(64%)与基于微树芯观测的树木中(60%)得到的结果一致。

8.4.2　IADF形成的额外茎生物量

本研究使用异速生长方程估算了2016年IADF形成后导致的额外茎生物量。考虑到目前没有关于祁连圆柏的异速生长方程，使用了相似物种刺柏的异速生长方程来估算(García Morote et al.，2012)：

$$\ln(\mathrm{Bst}) = -1.53 + 1.80\ln(\mathrm{DBH}) \tag{8-6}$$

IADF形成导致的额外茎生物量为总生物量与IADF形成前生物量的差：

$$\mathrm{Bst}_{\mathrm{IADF}} = e^{[-1.53+1.80\ln(\mathrm{DBH}+2\mathrm{rwt})]} - e^{[-1.53+1.80\ln(\mathrm{DBH}+2\mathrm{rwb})]} \tag{8-7}$$

式中，$\mathrm{Bst}_{\mathrm{IADF}}$为IADF形成导致的额外茎生物量；rwb为IADF形成前的轮宽；rwt为2016年总轮宽。

在采集微树芯的IADF树中，木质部细胞数量平均增加(5.3 ± 0.5)个，平均径向生长增加(169 ± 17) μm，即增长17.2% ± 4.3%。同样，在采集树芯的32棵IADF树木中，IADF的形成使2016年的轮宽增加(161 ± 58) μm，即增加17.4% ± 9.5%。如果将其转化为生物量，在微树芯采集的树木中，2016年IADF的形成导致每棵树净增加(0.14 ± 0.02) kg茎生物量，即增加18.1% ± 4.7%生物量(图8-12)。考虑到本研究的祁连圆柏种群中有64%的树木形成了IADF，这些额外的径向生长将比没有形成IADF的树木固定更多的碳。将其推广到更大的空间尺度上，如果其他物种或生物种群也存在这种恢复力，这种额外的生长将对森林碳固定发挥重要作用。

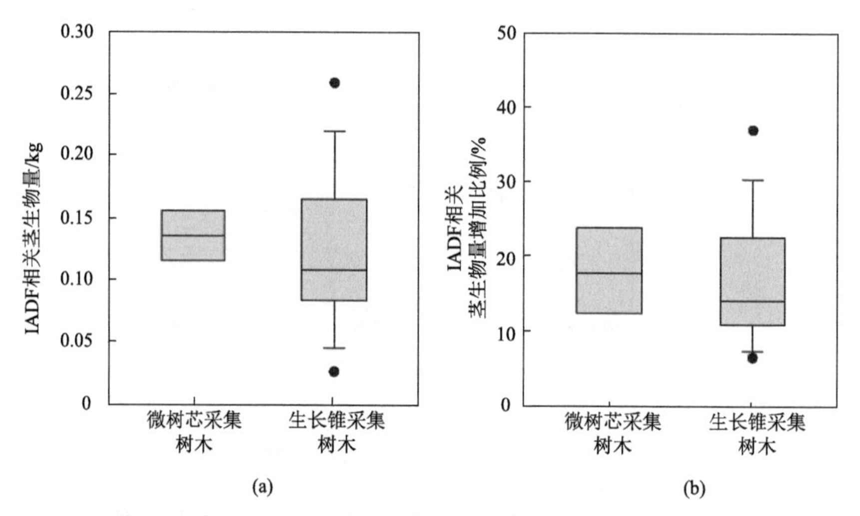

图8-12　树木IADF形成时的净茎生物量(a)和相对增加比例(b)

8.4.3 IADF 形成的潜在原因

IADF 的形成需要两个过程：一是木质部细胞生长速率减慢或停止，二是生长恢复(Vieira et al.，2014)。8 月初的高温和干旱与生长速率下降同步，说明夏季水分可用性的减少会导致生长季提前结束(Zhang et al.，2018a)。然而，新的类早材状细胞与恢复后频繁强降雨几乎同时发生，说明 8 月中旬的强降水事件导致树木恢复生长，从而形成 IADF。

尽管形成层细胞分裂和分化需要光合作用提供大量的蔗糖，但干旱导致的细胞膨压减小直接限制祁连圆柏的径向生长(Deslauriers et al.，2016)。这也说明干旱对形成层活动的直接影响远大于干旱胁迫通过影响光合作用而对树木生长产生的间接影响(Muller et al.，2011)。这与基于控制实验的观测结果一致，即当停止灌溉后，树木的细胞分裂随即停止(Deslauriers et al.，2016)。对祁连圆柏光合速率的测量也发现，祁连圆柏细胞分裂结束时光合速率依然很高(Wang et al.，2021)，这说明新合成的碳并不是决定木材形成停止和恢复的主要因素。

黄河上游地区树木 IADF 的形成与地中海气候下 IADF 形成的机制相似，IADF 的形成主要是生长季后期的降水恢复所致(de Micco et al.，2016)。但也不能忽视适宜的温度对 IADF 形成的影响。只有日平均温度保持在 6.1℃以上，并且水分有效性充足，径向生长才可以持续进行。在 8 月中旬至 9 月下旬温暖条件的保证下，降雨的恢复使得细胞分裂所需的细胞膨压增加，才能保证形成层细胞的分裂和扩大。因此，降水的恢复和依然适宜的温度条件是夏末细胞分裂停止后新的早材状细胞重新生长的原因。

IADF 的形成揭示了祁连圆柏具有较好的生长弹性以适应短期极端气候事件。气候预测表明黄河上游地区未来温暖持续升高，干旱可能加剧 (Liu et al.，2022)，像 2016 年这样的极端气候事件可能会变得更加频繁。但考虑到祁连圆柏的径向生长策略及对气候变化响应的弹性，黄河上游地区祁连圆柏有很大一部分可能不会简单地停止生长，而是充分利用有利的环境因素，在生长条件恢复后增加生长速率，延长生长季，增加生长量。

8.5 结　　论

本章通过对黄河上游地区祁连圆柏长达 6 年的树木径向生长监测研究，得到了以下主要结论。

(1)祁连圆柏的主要生长时期为 5～8 月，形成层活动对外界环境非常敏感，木质部分化各阶段发生的时间(形成层物候)在不同年份明显不同。木质部分化各阶段开始时间和结束时间在 2012 年和 2013 年相差一个月以上。祁连圆柏的形成层活动开始时间与温度显著相关，说明温度对生长开始起着至关重要的作用，限制祁连圆柏径向生长开始的平均温度阈值为 6.1℃；祁连圆柏结束生长时间与干旱指数或降水显著相关，说明限制祁连圆柏生长结束的主要气候因子是水分。温度每升高 1℃，祁连圆柏的径向生长将提前 10.1 d；降水每减少 10 mm，祁连圆柏的径向生长结束时间将提前 2.7 d。如果气候持续变暖，祁连圆柏的径向生长将会提前开始，生长季持续时间也将增加并前移。

(2)祁连圆柏的木质部细胞总数由径向生长速率和持续时间共同决定，其中生长速率决定 85.5%的木质部细胞产量，而分裂持续时间只决定 14.5%木质部生长量。此外，生长速率主要由生长季水分尤其是 5～6 月的水分决定。因此，祁连圆柏的径向生长量主要受到生长季水分的胁迫，这与年际尺度的树轮-气候响应的结果一致。未来气候变暖可能会导致干旱强度和发生的频率增加，势必会影响祁连圆柏的径向生长量，但祁连圆柏可能具有特殊的径向生长策略：一方面，暖春会使形成层活动提前开始，以增加细胞分裂的时间；另一方面，如果水分适宜，祁连圆柏会在短期内尽可能提高生长速率以避免高温导致的生长季提前结束。

(3)2016 年，60%的祁连圆柏在生长季末期形成 IADF，使祁连圆柏的生长季延长一个月，径向生长量增加 17%。8 月和 9 月初较高的温度以及连续干旱后降水的恢复等一系列极端气候事件导致 IADF 的形成和额外的径向生长，说明祁连圆柏生长具有较强的弹性和恢复力，这种特殊的弹性和恢复力可能是其适应黄河上游地区寒冷干旱的极端环境长期演化的结果。

参 考 文 献

姚檀栋, 朱立平. 2006. 青藏高原环境变化对全球变化的响应及其适应对策. 地球科学进展, 21: 459-464.

Adams H D, Zeppel M J B, Anderegg W R L, et al. 2017. A multi-species synthesis of physiological mechanisms in drought-induced tree mortality. Nature Ecology and Evolution, 1: 1285-1291.

Alvarez-Uria P, Körner C. 2007. Low temperature limits of root growth in deciduous and evergreen temperate tree species. Functional Ecology, 21: 211-218.

Balducci L, Cuny H E, Rathgeber C B, et al. 2016. Compensatory mechanisms mitigate the effect of warming and drought on wood formation. Plant Cell and Environment, 39: 1338-1352.

Cuny H E, Rathgeber C B, Lebourgeois F, et al. 2012. Life strategies in intra-annual dynamics of wood formation: Example of three conifer species in a temperate forest in north-east France. Tree Physiology, 32: 612-625.

de Micco V, Campelo F, de Luis M, et al. 2016. Intra-annual density fluctuations in tree rings: How, when, where, and why?. IAWA Journal, 37: 232-259.

Deslauriers A, Fonti P, Rossi S, et al. 2017. Ecophysiology and plasticity of wood and phloem formation//Amorosolori M M, Daniels L D, Baker P J, et al. Dendroecology, Tree-Ring Analyses Applied to Ecological Studies. New York: Springer International Publishing: 13-33.

Deslauriers A, Huang J G, Balducci L, et al. 2016. The contribution of carbon and water in modulating wood formation in black spruce saplings. Plant Physiology, 170: 2072-2084.

Deslauriers A, Rossi S, Anfodillo T, et al. 2008. Cambial phenology, wood formation and temperature thresholds in two contrasting years at high altitude in southern Italy. Tree Physiology, 28(6): 863-871.

Dusenge M E, Duarte A G, Way D A. 2019. Plant carbon metabolism and climate change: Elevated CO_2 and temperature impacts on photosynthesis, photorespiration and respiration. New Phytologist, 221: 32-49.

Elmendorf S C, Henry G H, Hollister R D, et al. 2015. Experiment, monitoring, and gradient methods used to infer climate change effects on plant communities yield consistent patterns. Proceedings of the National Academy of Sciences of the United States of America, 112: 448-452.

Fernandez-de-Una L, Aranda I, Rossi S, et al. 2018. Divergent phenological and leaf gas exchange strategies of two competing tree species drive contrasting responses to drought at their altitudinal boundary. Tree

Physiology, 38: 1152-1165.

García Morote F A, López Serrano F R, Andrés M, et al. 2012. Allometries, biomass stocks and biomass allocation in the thermophilic Spanish juniper woodlands of Southern Spain. Forest Ecology and Management, 270: 85-93.

Gou X, Deng Y, Gao L, et al. 2015. Millennium tree-ring reconstruction of drought variability in the eastern Qilian Mountains, northwest China. Climate Dynamics, 45: 1761-1770.

Gričar J, Zupančič M, Čufar K, et al. 2006. Effect of local heating and cooling on cambial activity and cell differentiation in the stem of Norway spruce (*Picea abies*). Annals of Botany, 97: 943-951.

Hansen J, Beck E. 1994. Seasonal changes in the utilization and turnover of assimilation products in 8-year-old Scots pine (*Pinus sylvestris* L.) trees. Trees-Structure and Function, 8: 172-182.

He M, Yang B, Wang Z, et al. 2016. Climatic forcing of xylem formation in Qilian juniper on the northeastern Tibetan Plateau. Trees-Structure and Function, 30: 923-933.

Hoch G, Körner C. 2012. Global patterns of mobile carbon stores in trees at the high-elevation tree line. Global Ecology and Biogeography, 21: 861-871.

Hoch G, Richter A, Korner C. 2003. Non-structural carbon compounds in temperate forest trees. Plant Cell and Environment, 26: 1067-1081.

Huang J G, Ma Q, Rossi S, et al. 2020. Photoperiod and temperature as dominant environmental drivers triggering secondary growth resumption in Northern Hemisphere conifers. Proceedings of the National Academy of Sciences of the United States of America, 117: 20645-20652.

IPCC. 2021. Summary for Policymakers//Climate Change 2021: The Physical Science Basis. Working Group I Contribution to the Sixth Assessment Report of the Intergovernmental Panel on Climate Change. Cambridge: Cambridge University Press.

Liu L Y, Wang X J, Gou X H, et al. 2022. Projections of surface air temperature and precipitation in the 21st century in the Qilian Mountains, Northwest China, using REMO in the CORDEX. Advances in Climate Change Research, 13: 344-358.

Love J, Bjorklund S, Vahala J, et al. 2009. Ethylene is an endogenous stimulator of cell division in the cambial meristem of Populus. Proceedings of the National Academy of Sciences of the United States of America, 106: 5984-5989.

Muller B, Pantin F, Génard M, et al. 2011. Water deficits uncouple growth from photosynthesis, increase C content, and modify the relationships between C and growth in sink organs. Journal of Experimental Botany, 62: 1715-1729.

Oribe Y, Funada R, Kubo T. 2003. Relationships between cambial activity, cell differentiation and the localization of starch in storage tissues around the cambium in locally heated stems of *Abies sachalinensis* (Schmidt) Masters. Trees, 17: 185-192.

Rathgeber C B, Rossi S, Bontemps J D. 2011. Cambial activity related to tree size in a mature silver-fir plantation. Annals of Botany, 108(3): 429-438.

Ren P, Ziaco E, Rossi S, et al. 2019. Growth rate rather than growing season length determines wood biomass in dry environments. Agricultural and Forest Meteorology, 271: 46-53.

Roitberg E, Shoshany M. 2017. Can spatial patterns along climatic gradients predict ecosystem responses to climate change? Experimenting with reaction-diffusion simulations. Plos One, 12: e0174942.

Rossi S, Anfodillo T, Čufar K, et al. 2016. Pattern of xylem phenology in conifers of cold ecosystems at the Northern Hemisphere. Global Change Biology, 22: 3804-3813.

Rossi S, Deslauriers A, Griçar J, et al. 2008. Critical temperatures for xylogenesis in conifers of cold climates. Global Ecology and Biogeography, 17: 696-707.

Rossi S, Girard M J, Morin H. 2014. Lengthening of the duration of xylogenesis engenders disproportionate increases in xylem production. Global Change Biology, 20: 2261-2271.

Steppe K, Sterck F, Deslauriers A. 2015. Diel growth dynamics in tree stems: Linking anatomy and ecophysiology. Trends in Plant Science, 20: 335-343.

Vicente-Serrano S M, Beguería S, López-Moreno J I. 2010. A multiscalar drought index sensitive to global warming: The standardized precipitation evapotranspiration index. Journal of Climate, 23: 1696-1718.

Vieira J, Rossi S, Campelo F, et al. 2014. Xylogenesis of Pinus pinaster under a Mediterranean climate. Annals of Forest Science, 71: 71-80.

Wang F, Zhang F, Gou X, et al. 2021. Seasonal variations in leaf-level photosynthesis and water use efficiency of three isohydric to anisohydric conifers on the Tibetan Plateau. Agricultural and Forest Meteorology, 308-309: 108581.

Zhang J, Gou X, Manzanedo R D, et al. 2018a. Cambial phenology and xylogenesis of *Juniperus przewalskii* over a climatic gradient is influenced by both temperature and drought. Agricultural and Forest Meteorology, 260-261: 165-175.

Zhang J, Gou X, Pederson N, et al. 2018b. Cambial phenology in *Juniperus przewalskii* along different altitudinal gradients in a cold and arid region. Tree Physiology, 38: 840-852.

Zhang J, Gou X, Zhang Y, et al. 2016. Forward modeling analyses of Qilian Juniper（*Sabina przewalskii*）growth in response to climate factors in different regions of the Qilian Mountains, northwestern China. Trees, 30: 175-188.

第9章

黄河源区冻土变化及碳循环特征

黄河源区一般指龙羊峡水库以上，青藏高原东北部的黄河流域范围，涉及青海、四川、甘肃。按照不同的流域标准划分，面积有所差异，但黄河源区都属于高寒地区，冻土(多年冻土和季节冻土)分布广泛。黄河源区主要为高寒草地生态系统，按照土壤水分和植被优势种，高寒草地生态系统可分为高寒沼泽草甸、高寒草甸、高寒草原和高寒荒漠，面积约占黄河源区的80%。近年来，受气候变暖和人类活动的影响，黄河源区生态系统发生明显变化，具体表现为冰川退缩、冻土退化、部分地区发生湿地干化、土地沙化、草地退化(Wang et al.，2018)。这些变化也直接影响到黄河上游的产流、汇流和产沙输沙等过程。因此，明确黄河源区冻土变化及碳循环过程是黄河流域综合治理的重要科学基础。

9.1 黄河源区冻土变化

9.1.1 冻土分布特征

黄河源区冻土分布特征既受到经度、纬度、高程等宏观因素控制，又受到微地形地貌、植被、土壤水分等局部因素的影响，因而黄河源区冻土的分布十分复杂。以黄河源区中西部布设的35个钻孔和214工程沿线布设的14个钻孔的测温资料为基础(罗栋梁等，2012；李静等，2016)，结合黄河源区历史积累的19个水文地质孔冻土资料(金会军等，2010)，探究黄河源区各类冻土的空间分布特征与分异规律。资料分析显示，环境因子的差异促使黄河源区内不同区域多年冻土分布下界的不同，黄河源区多年冻土的分布下界范围为海拔4215～4400 m(金会军等，2010)。黄河源区中东部，鄂陵湖以东的河谷与盆地区域岛状多年冻土与季节冻土交错。黄河源区东部，南北方向由野牛沟以北至玛多黄河沿，东西方向由多石峡出口处至野马滩周边地区，除个别丘陵外，海拔多在4300 m以下，主要为季节冻土分布(Jin et al.，2009；罗栋梁等，2012)。黄河源区东南部，热曲河谷及周边地区主要分布也为季节冻土。扎陵湖、鄂陵湖间的低山丘陵区及两湖北部冲洪积平原以不连续多年冻土分布为主(Li et al.，2016)。黄河源区中部的两湖区域以南至黄河源区南界巴颜喀拉山，受地形地势的影响，基本为不连续多年冻土区。由两湖区域向西、向北方向，地势逐渐增高，冻土类型逐渐过渡变化，至海拔 4400 m 以上多年冻土普遍发育(李静等，2016；金会军等，2010；罗栋梁等，2012；Jin et al.，2009)。

在全球气候变化的背景下，冻土作为冰冻圈的重要组成成分对环境变化十分敏感，正确认识冻土的空间分布格局及其变化对区域生态研究有着重要的意义。克服实测数据的局限性，将卫星资料或实测资料与冻土模型相结合，耦合温度、高程、植被、积雪、土壤质地等诸多要素，可以进一步探究冻土的基本分布特征与规律。在钻孔及地温数据的支持下，李静等(2016)借助多年冻土分布的经验-统计模型探究黄河源区冻土分布格局(图 9-1)。模拟表明，将 0℃作为划分季节冻土和多年冻土的标准和界限，黄河源区内多年冻土分布极为广泛，分布面积约占整个黄河源区面积的 85.1%，面积达到 2.5×10^4 km^2；季节冻土仅占黄河源区面积的 9.7%，面积为 3×10^3 km^2(李静等，2016)。季节冻土主要分布于扎陵湖与鄂陵湖以南的平原区域、源区东部黄河沿滩地和东南部热曲流域。罗栋梁等(2012)根据高程模型和年平均地温模型模拟了黄河源区多年冻土空间分布及其分布下界，表明黄河源区多年冻土的分布下界平均为 4265 m，最高为 4402 m。连续多年冻土在黄河源区广泛分布，约占黄河源区面积的 90%以上(洪涛，2013)。季节冻土与过渡带冻土的分布范围均较小。季节冻土主要分布在玛多县城及河湖附近，过渡带冻土和季节冻土的分布类似，主要分布在湖区周边及黄河干流附近。

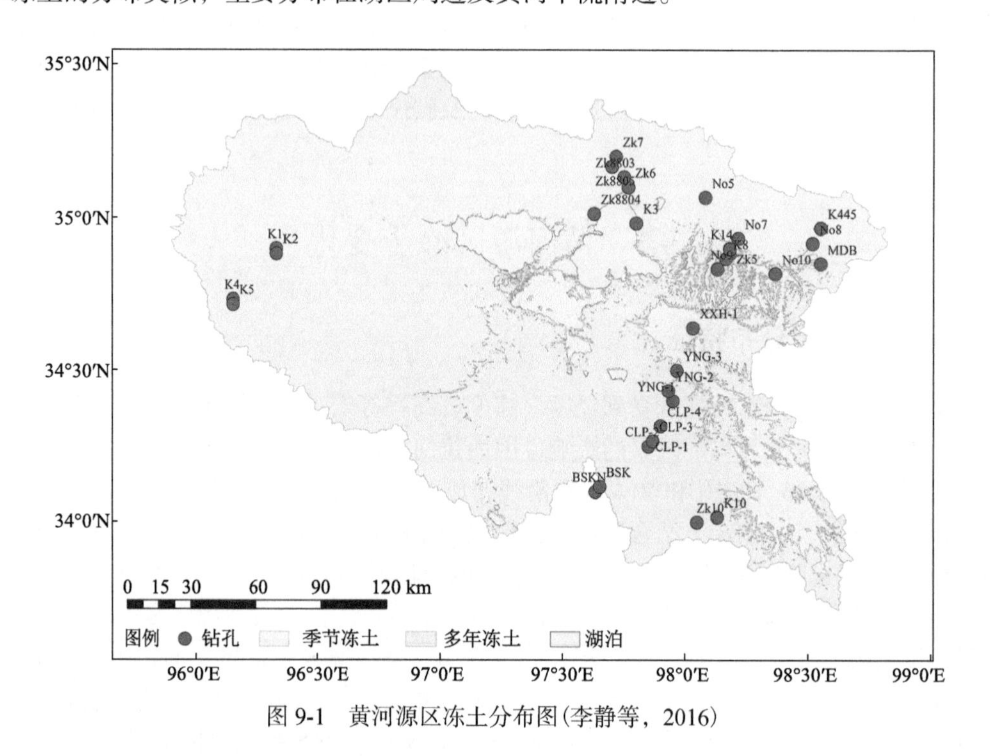

图 9-1　黄河源区冻土分布图(李静等，2016)

9.1.2　多年冻土地温及变化

多年冻土对气候变化的响应往往从地温变化开始显现。气候变暖，地表热平衡促使土层吸热，在热传导作用下多年冻土层温度升高。其热状况的变化对研究气候变化和高原多年冻土退化等方面起着重要的作用。

黄河源区多年冻土多为高温冻土，年均地温大部分介于–2～–0.2℃(马帅等，2017)；本研究利用新布设的冻土孔及原有冻土资料，分析黄河源区冻土温度的空间分布，发现黄河源区实测多年冻土年均地温最低为–1.81℃，位于巴颜喀拉山北坡的查拉坪。214 国道(K445～K604 段)沿线多为高温多年冻土(年均地温> –1℃)；但巴山北坡海拔为 4520 m、布青山海拔在 4300 m 以上，年均地温低于–0.5℃。巴山北坡海拔每升高 100 m，年均地温减少 0.47～0.75℃，冻土厚度增加 16～25 m；纬度向北增加 1°，年均地温减少 0.85℃(罗栋梁等，2012)。

随着全球气候变暖，黄河源区气温普遍升高，自 20 世纪 70 年代以来，气温升温速率为 0.01～0.03℃/a。虽然各监测点钻孔监测时间不一致(布设时间不同、连续监测程度不同、部分损坏)，但是几乎均表现出多年冻土地温逐渐升高的规律；其中 20 cm 深度处地温普遍升高 0.3～0.5℃。多年冻土温度的变化主要是对近二三十年来气候变化的响应。因此，多年冻土温度的升高与近几十年气温升高是相对应的。由于多年冻土温度变化过程中涉及冻土中的冰水相变潜热，尤其对高含冰量的多年冻土而言，相变潜热远高于土层温度变化的显热，传递到土层中的热量消耗于相变就会延缓土层温度的升高。因此，一般而言冻土的升温速率是远小于气温的。当地温接近 0℃时，多年冻土的温度升高不明显，即使气温仍然在升高，多年冻土地温也会维持在 0℃左右。因此，多年冻土升温速率理应与多年冻土温度有关。从监测点多年冻土温度与响应升温速率之间的关系发现，整体上黄河源区多年冻土升温速率与地温之间呈现的规律：地温越低，升温速率越高。

黄河源区多年冻土年均地温宏观分布格局是经度、纬度和高程宏观因素作用的结果，这 3 个因素可以解释地温数据 76.59%的变化，由此建立黄河源区多年冻土的主体模型；后对黄河源区冻土地温宏观格局进行计算模拟。年均地温(GT)计算结果表明，最小值为–4.47℃，最大值为 0.46℃。以 0.5℃或 1.0℃为分类间隔对模拟地温值进行分类，分为Ⅰ带(GT≤–4.0℃)、Ⅱ带(–4.0℃<GT≤–3.0℃)、Ⅲ带(–3.0℃<GT≤–2.0℃)、Ⅳ带(–2.0℃<GT≤–1.0℃)、Ⅴ带(–1.0℃<GT≤–0.5℃)、Ⅵ带(–0.5℃<GT≤0℃)和Ⅶ带(GT>0℃)7 个地温带。整体来看，黄河源区冻土为高温多年冻土类型，各地温带面积比例依次为 0.001%(Ⅰ带)、0.1%(Ⅱ带)、2.0%(Ⅲ带)、24.4%(Ⅳ带)、31.8%(Ⅴ带)、31.2%(Ⅵ带)和 10.4%(Ⅶ带)(李静等，2016)。

星宿海、尕玛勒滩、多格茸的多年冻土发生退化，低温冻土变为高温冻土，各类年平均地温出现不同程度的升高。到 2100 年，RCP 2.6 情景下黄河源区多年冻土全部退化为季节冻土，主要发生在目前年平均地温高于–0.15℃的区域，而–0.44℃～–0.15℃的区域部分发生退化；RCP 6.0、RCP 8.5 情景下目前年平均地温分别为高于–0.21℃、–0.38℃的区域多年冻土全部发生退化，而–0.69～–0.21℃以及–0.88～–0.38℃的区域部分发生退化(马帅等，2017)。

9.1.3　多年冻土厚度

多年冻土厚度是描述多年冻土的关键指标，其分布特征也是多年冻土发育地带性规律的重要表现形式。多年冻土厚度除了具有纬度地带性与高度地带性的普遍规律，也受到岩性、含水(冰)量、坡度坡向、地热梯度及其他局地因素的控制(Wu et al.，2010)。这也使得多年冻土厚度对冻土分布发育的地带性、区域性规律的反映更为复杂。

海拔可以通过气温的垂直梯度变化影响冻土年平均地温，从而影响多年冻土的厚度。通过对黄河源区的相关钻探数据分析表明，多年冻土厚度显示出冻土随海拔升高而增厚的普遍规律(程国栋等，2019；金会军等，2010)，即海拔增高及其引起的年均气温与年均地温降低使得冻土厚度相应增加。因此，黄河源区南部巴颜喀拉山北坡高海拔区域多年冻土较厚。海拔 4500 m 以上的查拉坪、查龙穷等地冻土厚度一般在 20 m 以上(罗栋梁等，2012)。在巴颜喀拉山区，年平均地温及多年冻土厚度受海拔控制相当明显。巴颜喀拉山北坡海拔每升高 100 m，年均地温降低 0.47～0.75℃，冻土厚度相应增加 1～25 m。整个黄河源区，海拔每升高 100 m，年均地温平均降低约 0.3℃，冻土厚度平均增加约 9.3 m(罗栋梁等，2012)。

在黄河源部分区域，多年冻土厚度的纬度地带性分异也十分明显。即使海拔相当，年平均地温与多年冻土厚度也会由于纬度的不同而异。XXH-1 孔与 MDB 孔海拔相当，纬度向北仅增加 7′，年平均地温就由 0.5℃变为−0.7℃(罗栋梁等，2012)，两处的多年冻土厚度也因此不同。由此可见，黄河源区内，纬度北增对冻土空间分布影响明显。

多年冻土发育的地带性规律往往受到局地因素影响的强烈干扰。冻土的形成和发育与太阳辐射有关，而坡度与坡向的不同造成山坡所接受的太阳辐射的差异极大。因此，即便海拔相同，不同坡向、坡度山坡上多年冻土的分布却有所不同。此外，温度年变化深度内的地层热状况相对复杂，该范围内冻土及其水热传输过程对植被覆盖类型、微地形、岩性、水文地质条件等局地因子的差异反馈十分明显(罗栋梁等，2012)。这也将导致多年冻土的发育厚度不同。

9.1.4 活动层厚度及变化

黄河源区多年冻土退化趋势不断加剧(马帅等，2017)，其重要表现之一便是活动层厚度不断加深。活动层指覆盖于多年冻土之上夏季融化、冬季冻结的土层，是地-气间进行水热交换的主要场所，也是多年冻土与气候变化相互作用中的主要载体。活动层厚度的不断加深会使得储存在多年冻土中的碳进一步排放至大气中，从而促使气温的不断升高，对气候变化形成正反馈作用(程国栋等，2019)。

为了研究黄河源区多年冻土活动层的冻结融化过程，分析黄河源区冻土-气候的动态关系，根据冻土类型、空间位置、微地形地貌、植被覆盖度等的不同，罗栋梁等(2014)在黄河源区布设了四个典型试验区,其中查拉坪与扎陵湖监测场地活动层融化深度较浅，监测点融化深度多在 1 m 左右，而麻多乡与鄂陵湖监测场活动层融化最深可达 2.5 m 以上。此外，国家基准台站玛多站气温记录表明，季节冻土活动层各深度年平均温度呈现不同程度的升温，以 0℃等温线所穿透的最大深度为当年季节冻结深度。通过回归分析发现，自 1980 年以来活动层 0℃等温线逐渐抬升，活动层季节冻结深度年均减少 3.07 cm(罗栋梁等，2014)。

因为活动层站点监测资料的局限性与不连续性，这些零散且随机的观测数据难以全面地反映黄河源区多年冻土活动层厚度的变化。通过多年冻土模型进行模拟，成为解决这一问题的重要途径。多年冻土模型主要是利用一些可以获取的变量(如海拔、气温等)来克服站点实测数据的不足(Pang et al.，2009；Romanovsky and Osterkamp，1997)。已有研究表明，多年冻土模型可以在一定程度上模拟和预测青藏高原地区多年冻土与活动层厚度的时空分布(Guo et al.，2012)。

基于此，罗栋梁(2012)采用 GIPL 模型模拟了黄河源区活动层厚度在 1：50 万尺度下的时空变化。图 9-2 为黄河源区 1980～2006 年活动层厚度变化趋势图，模拟结果表明，在 1980～2006 年气候变暖的大环境下，黄河源区的活动层厚度呈现出明显的加深趋势，活动层厚度的分布整体呈现出西低东高的特点。

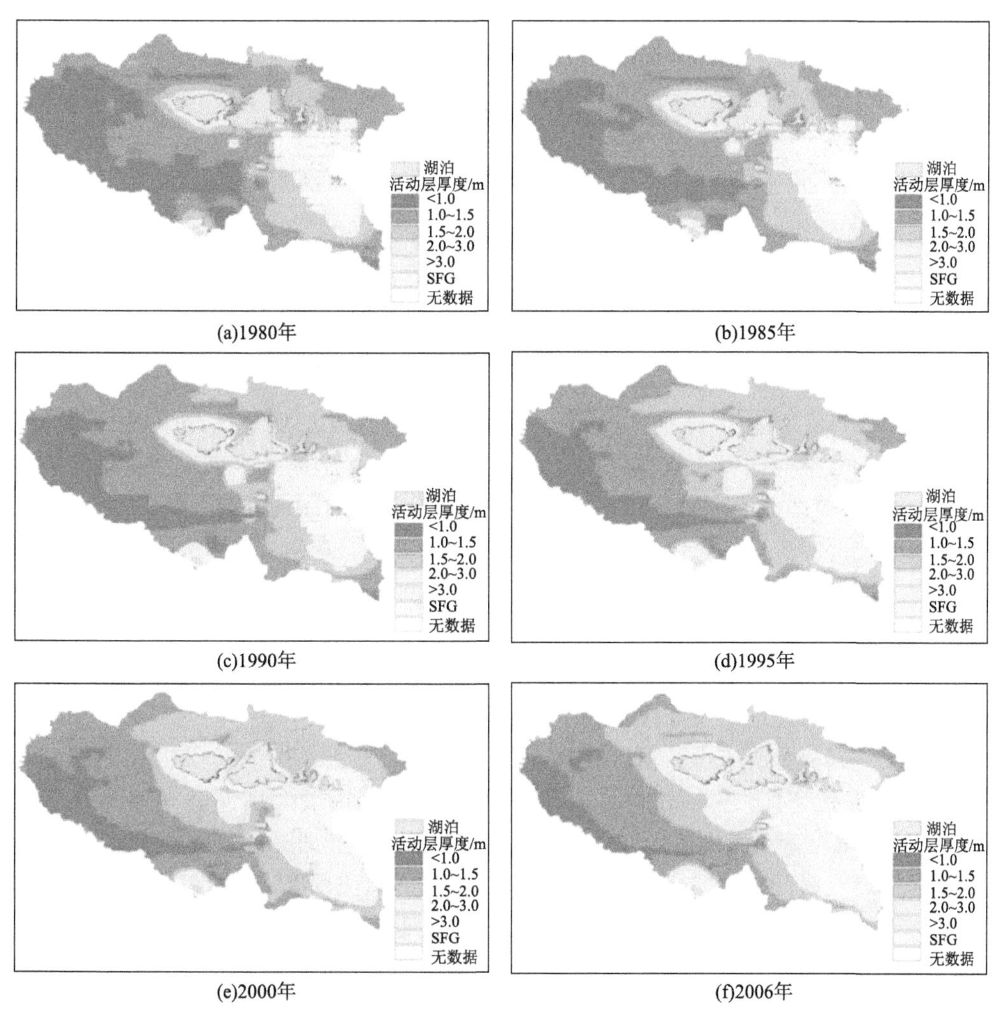

图 9-2　黄河源区 1980～2006 年活动层厚度分布

资料来源：罗栋梁等，2012

图 9-3 为黄河源区 1980～2007 年平均活动层厚度及最小活动层厚度的变化趋势图，

模拟结果表明，1980～2007 年，黄河源区活动层厚度呈现出加深的趋势，区域平均活动层厚度由 1980 年的 1.8 m 加深至 2007 年的 2.8 m，加深速率为 3.7 cm/a；区域最小活动层厚度由 1980 年的 0.45 m 加深至 2007 年的 0.87 m，加深速率为 1.6 cm/a，低于平均活动层厚度的加深速率。

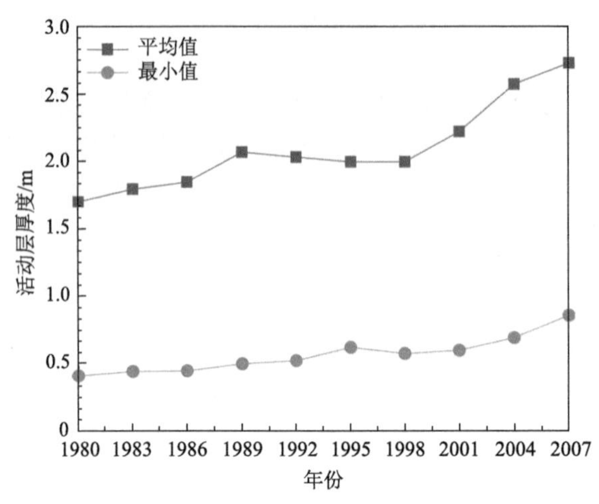

图 9-3　黄河源区 1980～2007 年平均活动层厚度及最小活动层厚度的变化趋势

9.1.5　冻结深度及变化

根据各观测站的逐日冻土观测数据，计算黄河源区 1997～2018 年各站的年平均最大冻深[图 9-4(a)]，得出玛多站的多年平均最大冻深值最大，为 213 cm；最小的为红原站，为 47 cm。整体而言，黄河源区冻深的空间分布特征表现为西深东浅，沿流域河流方向，从西北向东南冻深逐渐减小。仅阿尼玛卿山及其周边因地势高存在山地多年冻土，黄河源区西北部源头地区季节冻土最大冻深大于 2 m，而东南部和东北部地势低洼处最大冻深仅 1 m 左右，9 个站点中多年平均最大冻深的最大值和最小值相差 166 cm。在空间上，随着纬度的升高，多年平均最大冻深逐渐增大，遵从海拔降低，最大冻深减小，纬度降低，最大冻深减小的变化规律。总的来说，黄河源区在空间分布上呈现明显的海拔垂直分布性、纬度地带性和区域特性(盛乃宁等，2021)。

根据线性趋势分析求得黄河源区 9 个站点最大冻深在 1997～2018 年的时间变化趋势，即多年变化率[图 9-4(b)]。总体上，黄河源区冻土最大结深呈现减小趋势，以 5.7 cm/10a 的幅度减小，即以 5.7 cm/10a 的速率变浅。这与我国冻土研究的变化趋势相同，也与全球气候变暖有显著的相关性。除黄河源区东西部冻土最大冻深有较小幅度的增大趋势以外，其余整个中部地区的最大冻深均有不同程度的减小趋势，减小幅度随纬度的增大而增大，高纬度地区最大冻深变小的趋势更明显。其中玛多站、红原站、贵南站最大冻深的变化率为正数，即最大冻深是增大的趋势；其余所有站最大冻深变化率均为负值，即最大冻深以不同的幅度减小。红原站的冻深增大幅度最大，以 0.44 cm/a 的速率增大；最小的是玛多站，以 0.15 cm/a 的速率增大；减小幅度最大的是兴海站，以 2.28 cm/a 的速率减小；最小的是若尔盖站，以 0.02 cm/a 的速率减小(盛乃宁等，2021)。

综上所述，1997～2018 年，黄河源区总体呈波动型退化趋势，冻深越小的地区其深度变小的幅度较大；说明最大冻深越小的地区对气候变化越敏感，黄河源区季节冻土冻深的变化速率由东向西递减。

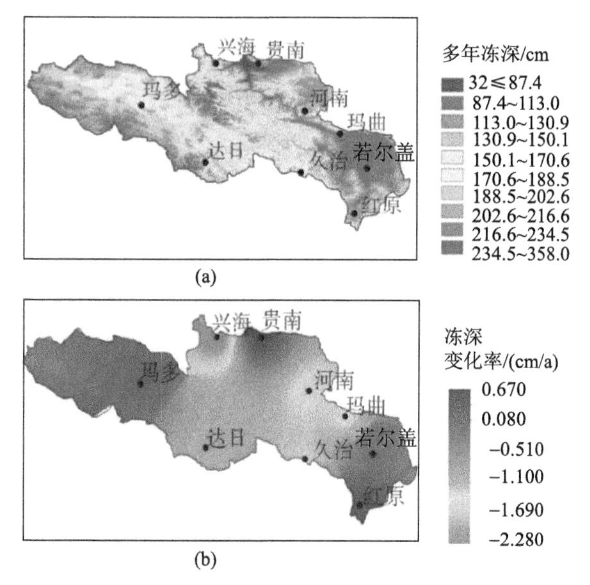

图 9-4　黄河源区多年平均最大冻深(a)与冻深变化率(b)空间分布

资料来源：盛乃宁等，2021

9.1.6　地下冰初步估算

多年冻土区地下冰分布广，且埋藏于一定深度以下，相较于冰川对气候的响应较缓，具有滞后性和隐域性。地下冰融化是冻土退化的一个表现，其主要模式为多年冻土上限附近的地下冰融化。而地下冰融化作为地下水储量的一部分，影响水文过程、生态环境，且在富冰区域地下冰融化易诱发水文地质灾害。地下冰赋存状态与地貌类型密切相关。地貌的形成和演变过程受多种营力和环境的影响，土质类型产生差异，在持水性不同的土层中地下冰赋存和冷生构造有不同的特征，因此可以基于监测资料和地貌分类得到黄河源区的地下冰初步估算结果(王生廷等，2017)。

按照黄河源区地貌单元的划分及观测资料，获得黄河源区 3～10 m 深度地下冰初步估算结果(图 9-5、表 9-1)(王生廷等，2017)。黄河源区多年冻土层 3～10 m 深度地下冰储量范围为(49.62±17.95) km^3，单位面积冰储量平均值为(2.05±0.75) m^3/m^2。其中，湖积湖沼平原、冰缘作用丘陵、冲湖积平原的单位面积冰储量高于平均值，分别高出平均值 66.1%、14.3%、12.9%；侵蚀剥蚀台地、冲洪积平原、冰川冰缘作用高山的单位面积冰储量低于平均值，分别低于平均值 60.1%、22.0%、9.3%。此外，从图 9-5 可以看出，不同地貌单元冰储量偏差差异较大，冰储量越大，偏差越大，在垂直方向上(表 9-1)也表现出同样的情况，靠近冻土顶板处偏差较大，说明在冰储量大、冻土顶板附近地下冰分布模式复杂多样。

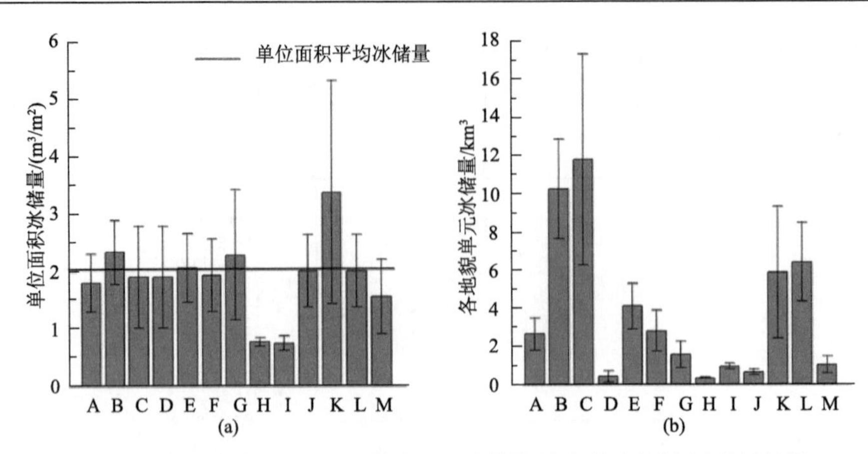

图 9-5 各地貌单元 3～10 m 单位面积冰储量(a)和总冰储量(b)统计结果

资料来源：王廷生等，2017

A. 冰川冰缘作用高山；B. 冰缘作用丘陵；C. 冰缘作用高山；D. 侵蚀剥蚀高山；E. 侵蚀剥蚀丘地；F. 侵蚀剥蚀丘地；G. 冲湖积平原；H. 侵蚀剥蚀台地；I. 剥蚀平原；J. 冲蚀阶地；K. 湖积湖沼平原 L. 冲洪积台地；M. 冲洪积平原

表 9-1 黄河源区多年冻土区不同深度地下冰储量分布

深度/m	3.0～3.5	3.5～4.0	4.0～4.5	4.5～5.0	5.0～5.5	5.5～6.0	6.0～6.5
冰储量/km³	3.66±1.76	3.67±1.85	3.82±2.12	3.78±1.81	3.56±1.41	3.45±1.28	3.39±1.12
深度/m	6.5～7.0	7.0～7.5	7.5～8.0	8.0～8.5	8.5～9.0	9.0～9.5	9.5～10.0
冰储量/km³	3.48±1.15	3.59±1.06	3.42±1.03	3.47±0.88	3.47±0.90	3.37±0.83	3.38±0.74

资料来源：王生廷等，2017。

从表 9-1 结果发现，在垂直方向上，黄河源区多年冻土层地下冰分布呈现上高下低的特点，在 4～5 m 深度范围冰储量较高，在 9～10 m 深度范围冰储量较小，这主要是由沉积环境、地下水等水文效应作用导致的。在冻土顶板附近冰储量较高，与共生冻土的发育和分凝冰的形成有关。共生冻土主要在粉土等细颗粒物质区域生成，区域局部含水量高达 100%～200%，因此冰储量与粉土含量显著正相关。冻土顶板捕捉活动层底部分凝冰，导致冻土顶板的冰储量增加，形成高冰储量区域。而深处的后生冻土中的冰储量取决于冻结前含水量、岩石成因类型等，在黏土等细颗粒土层处，易形成冰储量较高的冻土层；在粗颗粒土层处，当冻结前有外来水时，会有较高的冰储量，当冻结前无外来水时，冰储量较低。

从地下冰储量空间分布来看，受冲积、湖积、洪积等作用形成的地貌类型的地下冰储量较高，这些区域主要处于高海拔向低海拔、起伏度大向起伏度小过渡的平缓区域，区域土层受坡积、坡面片流、融冻泥流作用的影响，细颗粒物质在此处积聚，导致地表缓慢抬升，细颗粒土层具有较高的持水性，使得区域冰储量相对较高。单位面积冰储量最高的湖积湖沼平原，主要是由于冰川、湖冰末端表碛下的侵入冰和埋藏冰使得冰碛物与湖积物具有较高的冰储量，其虽然分布面积较小，但对总冰储量贡献较大，贡献率为 11.9%。冰缘作用丘陵、冰缘作用高山、冲洪积台地对黄河源区冰储量也有较大的贡献，贡献率分别为 23.6%、20.7%、13.0%，三种地貌类型的单位面积冰储量相对不大，主要是因为其面积较大。其余地貌单元对黄河源区地下冰储量的贡献较小，贡献率在 0.8%～8.3%。

9.1.7 未来变化预估

为了预测未来黄河源区冻土退化的情况，本研究采用了 CMIP6 数据中的共享社会经济路径(SSPs)数据，它是 IPCC 于 2010 年推出的描述全球社会经济发展情景的有力工具，该情景在典型浓度路径(RCPs)情景基础上发展而来，用于定量描述气候变化与社会经济发展路径之间的关系，反映未来社会面临的气候变化适应和减缓挑战。目前共有以下典型路径，分别是 SSP1(可持续路径)、SSP2(中间路径)、SSP3(区域竞争路径)、SSP4(不均衡路径)和 SSP5(化石燃料为主发展路径)。本研究中，主要选取了四种典型的未来情景，按照人为辐射强迫值由低到高分别是 SSP1-2.6，SSP2-4.5，SSP3-7.0 和 SSP5-8.5，SSP 后的第一个数字表示假设的共享社会经济路径，第二个数字表示到 2100 年的近似全球有效辐射强迫值(W/m^2)。

从未来各情景下(2071～2100 年)黄河源区年平均气温分布(图 9-6)来看，黄河源区年平均气温分布呈现出东高西低的特征。在 SSP1-2.6 情景下，黄河源区年平均气温最小值为−9.10℃，最大值为−1.93℃，平均值为−4.61℃；在 SSP2-4.5 情景下，黄河源区年平均气温最小值为−7.32℃，最大值为−0.18℃，平均值为−2.84℃；在 SSP3-7.0 情景下，黄河源区年平均气温最小值为−4.57℃，最大值为 2.61℃，平均值为−0.08℃；在 SSP5-8.5

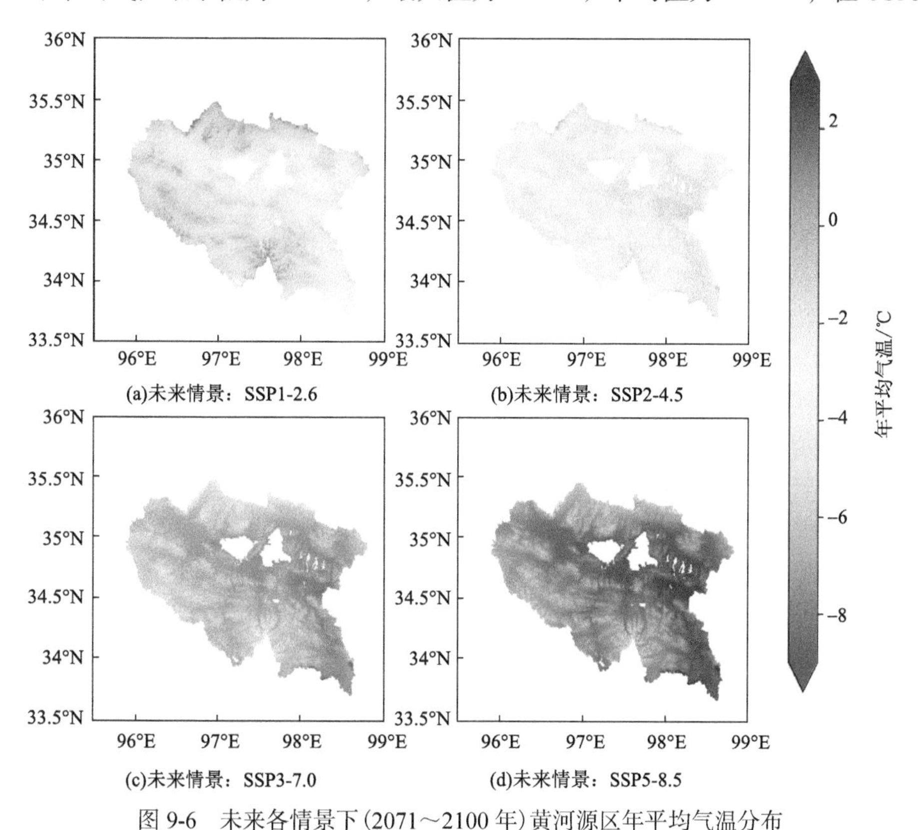

图 9-6 未来各情景下(2071～2100 年)黄河源区年平均气温分布

情景下，黄河源区年平均气温最小值为–3.20℃，最大值为 3.93℃，平均值为 1.29℃。在历史到未来情景下黄河源区整体年平均气温的变化趋势显示(图 9-7)，1980～2014 年，黄河源区年平均气温持续升高，平均气温升高速率约为 0.42℃/10a。而在未来情景下，黄河源区年平均气温产生不同程度的变化，在 SSP1-2.6 情景下，到 21 世纪末，较历史时期研究区年平均气温升高约 1.81℃，升高速率约为 0.15℃/10a；在 SSP2-4.5 情景下，较历史时期研究区年平均气温升高约 2.88℃，升高速率约为 0.45℃/10a；在 SSP3-7.0 情景下，较历史时期研究区年平均气温升高约 7.34℃，升高速率约为 0.87℃/10a；在 SSP5-8.5 情景下，较历史时期研究区年平均气温升高约 9.50℃，升高速率约为 1.12℃/10a。

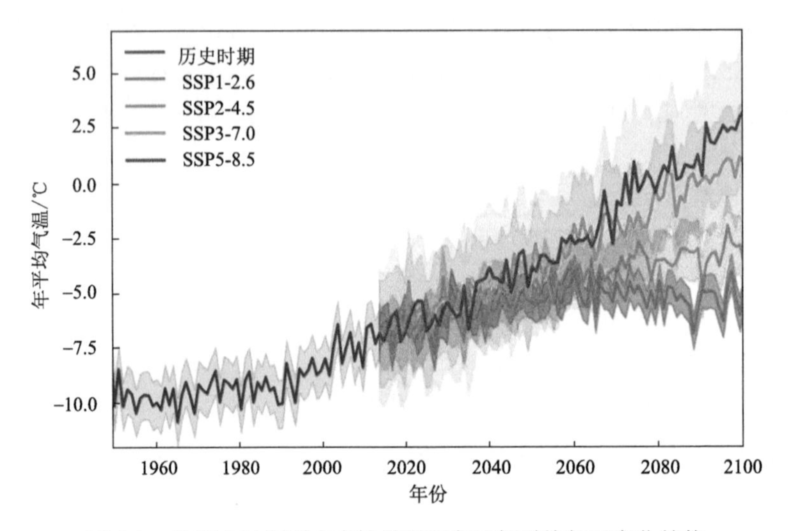

图 9-7　从历史时期到未来情景下研究区年平均气温变化趋势

同时，本研究通过机器学习算法模拟了未来各情景下(2071～2100 年)黄河源区年平均活动层厚度分布(图 9-8)，从整体来看，活动层厚度由西至东不断加深。在 SSP1-2.6 情景下，黄河源区活动层厚度最小值为 213.47 cm，最大值为 400.75 cm，平均值为 302.92 cm；在 SSP2-4.5 情景下，黄河源区活动层厚度最小值为 214.13 cm，最大值为 418.57 cm，平均值为 313.57 cm；在 SSP3-7.0 情景下，黄河源区活动层厚度最小值为 223.06 cm，最大值为 431.27 cm，平均值为 325.12 cm；在 SSP5-8.5 情景下，黄河源区活动层厚度最小值为 228.40 cm，最大值为 437.23 cm，平均值为 330.27 cm。

从历史时期到未来情景下黄河源区年活动层厚度变化趋势可以看出(图 9-9)，1980～2014 年，黄河源区活动层厚度略有增加。在未来情景下，由于气候变化，活动层厚度产生不同程度的变化，在 SSP1-2.6 情景下，到 21 世纪末，较历史时期黄河源区活动层厚度升高约 5.34 cm，升高速率约为 0.52 cm/10a；在 SSP2-4.5 情景下，较历史时期黄河源区活动层厚度升高约 12.81 cm，升高速率约为 2.14 cm/10a；在 SSP3-7.0 情景下，较历史时期黄河源区活动层厚度升高约 42.13 cm，升高速率约为 3.86 cm/10a；在 SSP5-8.5 情景下，较历史时期黄河源区活动层厚度升高约 56.81 cm，升高速率约为 5.51 cm/10a。

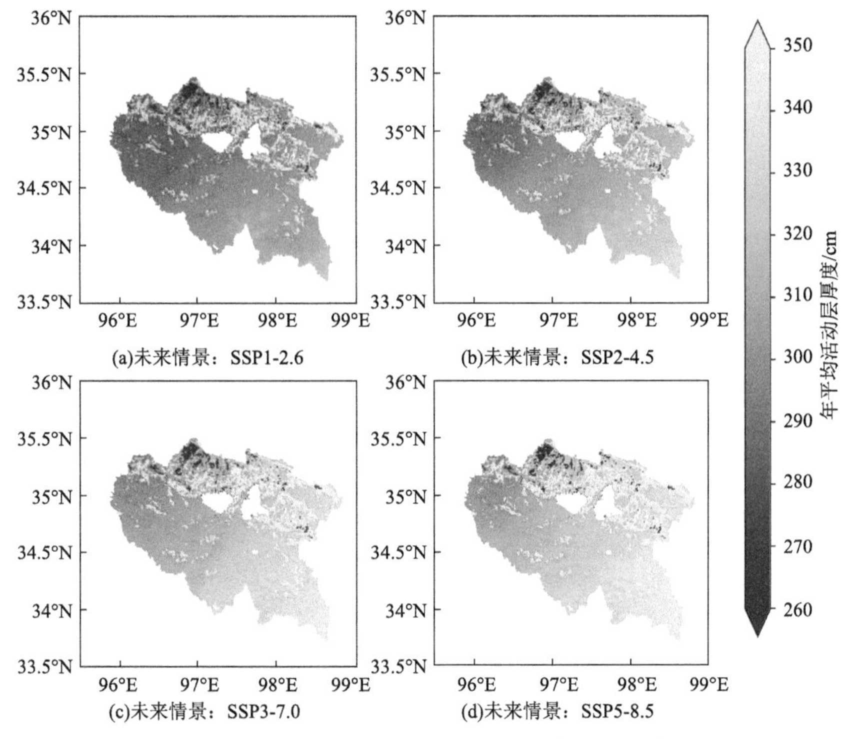

图 9-8　未来各情景下(2071～2100 年)黄河源区年平均活动层厚度分布

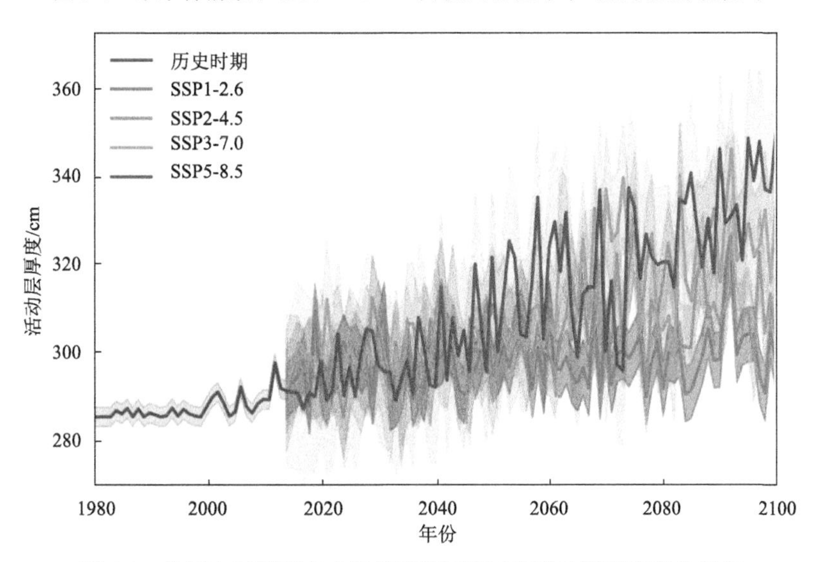

图 9-9　从历史时期到未来情景下黄河源区年活动层厚度变化趋势

9.2　黄河源区土壤碳储量和碳收支特征

9.2.1　土壤有机碳库

基于全国第二次土壤普查及已发表文献资料(Ding et al., 2016; Mu et al., 2015; Yang et al.，2008；Zhao et al.，2018)，本章共收集黄河源区 135 个土壤剖面站点及 12 个环境变量，涉及土壤性质、地形、气温降水及植被等影响因素，全面给出黄河源区土壤有机碳密度的分布情况(图 9-10)。黄河源区有机碳密度在东南地区较高、西北地区偏低。黄河源区土壤 0～3 m 土壤有机碳密度为 5.75～63.71 kg C/m^2，平均有机碳密度为 25.28(18.81～31.75) kg C/m^2。结合黄河源区多年冻土分布资料，多年冻土区平均有机碳密度为 22.33(17.24～27.42)kg C/m^2，季节冻土区有机碳密度为 27.54(21.05～34.03)kg C/m^2。

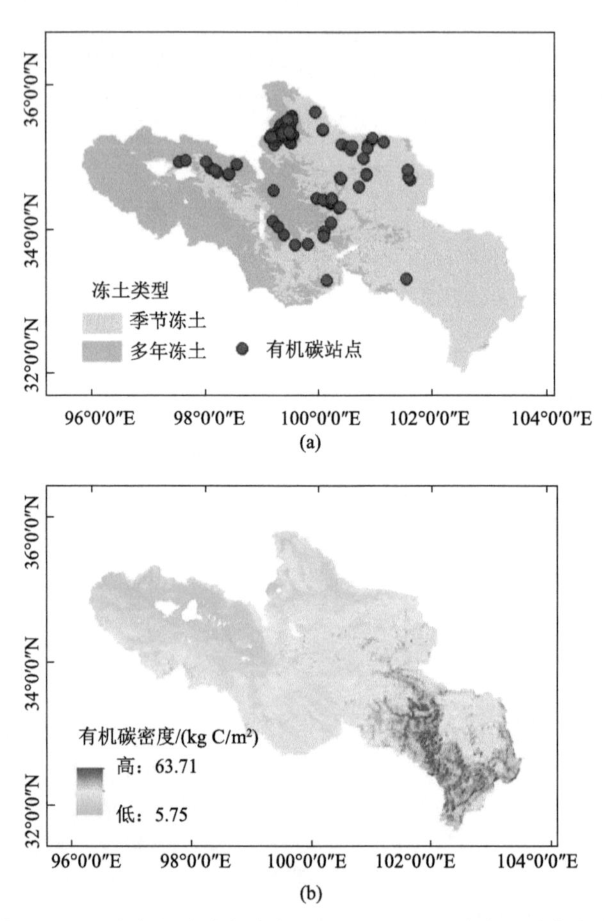

图 9-10　黄河源区土壤有机碳站点分布(a)和 0～3 m 土壤有机碳密度空间分布(b)

利用青藏高原植被类型分布数据，黄河源区多年冻土区的草地类型主要包括高寒草原、高寒草甸、高寒沼泽草甸、高寒荒漠，面积分别为 4.99×10^3 km^2、6.029×10^4 km^2、1.568×10^4 km^2、1.14×10^3 km^2(表 9-2)。不同植被类型下土壤有机碳密度也存在较大差异，高寒草甸有机碳密度最高，为 23.65(18.33～28.97) kg C/m^2；其次是高寒沼泽草甸和高寒草原，其有机碳密度分别为 22.85(18.37～27.27) kg C/m^2 和 20.41(14.68～26.14)kg C/m^2；高寒荒漠有机碳密度最低，为 15.66(10.58～20.74) kg C/m^2(表 9-2)。这是由于受海拔、气候等地理因素的影响，黄河源区不同土壤类型所处的水热条件不同，土壤有机碳密度差异较大。

由于采样点有限、土壤数据时间不同及更新的有机碳数据质量的限制，黄河源区碳储量存在较大的不确定性。黄河源区 0～3 m 土壤有机碳储量为 3.14（2.34～3.94）Pg C，其中，多年冻土区碳储量为 1.91（1.64～2.18）Pg C，占黄河源区总储量的 61%。高寒草原、高寒草甸和高寒沼泽草甸 0～300 cm 深度的有机碳储量分别为 0.10 Pg C、1.43 Pg C 和 0.36 Pg C。黄河源区多年冻土面积占青藏高原多年冻土面积的 5%，青藏高原多年冻土区的 0～3 m 深度土壤有机碳储量为 15.33 Pg C，说明黄河源区多年冻土区 0～3 m 土壤碳储量约占青藏高原碳储量的 12%。黄河源区高寒草地（包含高寒草甸和高寒草原）是青海和甘肃的重要碳汇，其未来变化会影响到生态系统碳平衡。

表 9-2　黄河源区多年冻土区不同植被类型下 0～3 m 土壤有机碳密度和碳储量分布

草地类型	面积/10^3 km^2	有机碳密度/（kg C/m^2）	碳储量/Pg C
高寒草原	4.99	20.41（14.68～26.14）	0.10（0.07～0.13）
高寒草甸	60.29	23.65（18.33～28.97）	1.43（1.11～1.75）
高寒沼泽草甸	15.68	22.85（18.37～27.27）	0.36（0.29～0.43）
高寒荒漠	1.14	15.66（10.58～20.74）	0.02（0.01～0.02）
平均值		20.64（15.49～25.78）	
总计	82.1		1.91（1.48～2.33）

注：括号中为取值范围。

9.2.2　高寒草地生态系统碳通量

黄河源区高寒草地生态系统碳通量具有显著的季节性变化特征，不同区域由于温度、降水和植被类型不同，生态系统碳排放通量具有较大差异。总的来看，黄河源区高寒草地生态系统主要表现为较强的碳汇功能，但不同生态系统类型具有不同的碳汇格局。生长季节碳通量要高于非生长季节，这主要受到植物根系和土壤微生物呼吸作用的影响。除了气候变化的影响，黄河源区高寒草地生态系统碳通量也受人类活动的干扰，如密集放牧导致草地的退化，二氧化碳释放通量特征为未退化草地>人工草地>中度退化草地>重度退化草地>轻度退化草地。基于黄河源区若尔盖（34.63°N、97.32°E）、玛多（33.93°N、102.87°E）和果洛藏族自治州（34.27°N、100.56°E）三个涡动监测资料，发现 2008～2017 年若尔盖地区的净生态系统生产力（NEP）在年内的变化规律基本一致，从 4 月开始升高，到 6～7 月达到最高值后开始下降（图 9-11）。若尔盖和果洛藏族自治州的年平均净生态系统碳交换分别为−96.3 g C/m^2、−140.1 g C/m^2，玛多的月平均净生态系统碳交换为−33.1 g C/m^2，都表现为碳汇。

调控高寒草地生态系统碳排放的因素很多，其中温度和降水是主要影响因子。黄河源区草地生态系统植物根系长期适应高寒、潮湿的环境，因此，植被和碳通量对温度变化非常敏感。在气候变暖和人类活动影响下，多年冻土退化更为剧烈，必然会影响生态系统碳收支过程，然而，目前多年冻土退化如何影响并在多大程度上影响生态系统碳交换还不清楚。建立在碳平衡和水量平衡基础上的过程模型（如碳循环模型）是研究多年冻土区碳循环动态变化的理想手段。但是模型在冻土冻融过程的表达、参数和验证等方面均存在不足，未来还需要结合多年冻土碳循环模拟需求，从模型的冻土物理、参数化方案和参数优化方面对陆面过程模型进行改进，构建适用于青藏高原多年冻土碳循环模拟的模型，厘清高寒草地生态系统碳通量变化，以提高对多年冻土退化影响碳循环过程的认识，提升高寒草地生态系统碳循环与气候变暖之间反馈关系的认知，为区域可持续发展、西南生态安全屏障建设和区域可持续发展提供科学依据。

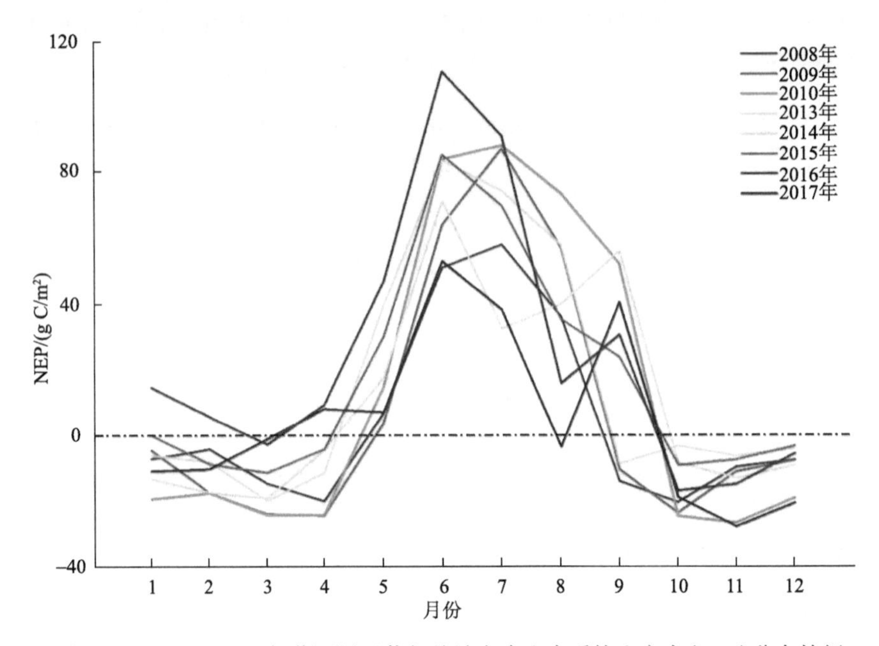

图 9-11　2008～2017 年黄河源区若尔盖站点净生态系统生产力(NEP)分布特征

9.3　结　　论

本章综合阐述黄河源区高寒草地演变、冻土变化及其生态系统碳收支特征，厘清高寒草地生态系统与冻土之间相互作用机理；基于过去监测资料系统阐明黄河源区多年冻土变化特征，并预估未来变化趋势；利用土壤有机碳含量和涡动数据揭示黄河源区高寒草地生态系统土壤碳库储量和二氧化碳交换过程特征，主要结论如下。

(1) 高寒地区在全球分布范围广，各地区的环境异质性较大，要明确特定地区的高寒草地生态系统演变过程，需要界定时间和空间范围并对其主控因素进行系统分析。黄河源区生态系统以“高寒”为主要特征，只有厘清气候-植被-土壤-冻土之间相互作用关系，才能明确高寒草地生态系统演变的驱动机制，进而对未来变化进行准确预估。然而，目前人们对冻土与植被之间水热过程和碳氮循环的作用机理认识还不够，从而限制陆面过程模型发展。

(2) 黄河源区多年冻土多为高温冻土，年均地温大部分介于−2～−0.2℃，同时黄河源区分布着大量的地下冰，多年冻土层 3～10 m 深度地下冰储量约为(49.62±17.95) km^3。

受气候变暖的影响，黄河源区冻土最大冻深正以 5.7 cm/10a 的速率变浅，活动层厚度也在以 3.5 cm/a 的速率不断加深(1980～2006 年)。此外，在未来各情景下，气温及活动层厚度呈现出不断上升的趋势，在 SSP5-8.5 情景下变化最为明显。在 SSP5-8.5 情景下，到 21 世纪末，黄河源区年平均气温较历史时期升高约 9.50℃，升高速率约为 1.12℃/10a；活动层厚度升高约 56.81 cm，升高速率约为 5.51 cm/10a。

(3) 黄河源区高寒草地生态系统 0～3 m 平均有机碳密度为 25.28 kg C/m^2，其中多年冻土区和季节冻土区平均有机碳密度分别为 22.33 kg C/m^2 和 27.54 kg C/m^2。黄河源区碳库储量估算存在较大的不确定性，0～3 m 土壤有机碳储量为 3.14(2.34～3.94) Pg C，其中，多年冻土区碳储量为 1.91(1.64～2.18) Pg C，占黄河源区总储量的 61%，表明未来多年冻土变化会影响到生态系统碳平衡。站点涡动数据表明，若尔盖、果洛藏族自治州地区年平均净生态系统碳交换分别为−96.3 g C/m^2、−140.1 g C/m^2 玛多地区的月平均净生态系统碳交换为−33.1 g C/m^2，都表现为碳汇。

未来需要从冻融循环过程中土壤温度和水分的变化着手，厘清高寒草地生态系统退化过程与驱动因子，阐明冻土调控的水热变化及其对植被生长和土壤碳释放的影响机制，进而发展和改进模型并预估黄河源区高寒草地生态系统和碳循环的变化。研究结果不仅可以加深对寒区生态系统变化机制的认识，并解决陆面过程模型和动态植被模型在寒区应用的问题，还可以为高寒草地生态系统的保护和恢复提供理论依据，进而为黄河流域高质量发展和“双碳”目标提供重要科学支撑。

参 考 文 献

程国栋, 赵林, 李韧, 等. 2019. 青藏高原多年冻土特征、变化及影响. 科学通报, 64: 2783-2795.

洪涛. 2013. 黄河源区多年冻土的时空变化特征及其生态环境效应. 北京: 中国地质大学.

金会军, 王绍令, 吕兰芝, 等. 2010. 黄河源区冻土特征及退化趋势. 冰川冻土, 32: 8.

李静, 盛煜, 吴吉春, 等. 2016. 黄河源区冻土分布制图及其热稳定性特征模拟. 地理科学, 36: 9.

罗栋梁, 金会军, 林琳, 等. 2012. 黄河源区多年冻土温度及厚度研究新进展. 地理科学, 32: 898-904.

罗栋梁, 金会军, 吕兰芝, 等. 2014. 黄河源区多年冻土活动层和季节冻土冻融过程时空特征. 科学通报, 59: 1327-1336.

马帅, 盛煜, 曹伟, 等. 2017. 黄河源区多年冻土空间分布变化特征数值模拟. 地理学报, 72: 1621-1633.

盛乃宁, 鞠琴, 顿珠加措, 等. 2021. 黄河源区冻土变化特征及其与温度的关系. 南水北调与水利科技(中英文), 19(5): 843-852.

王生廷, 盛煜, 曹伟, 等. 2017. 基于地貌分类的黄河源区多年冻土层地下冰储量估算. 水科学进展, 28: 801-810.

Ding J Z, Li F, Yang G B, et al. 2016. The permafrost carbon inventory on the Tibetan Plateau: A new evaluation using deep sediment cores. Global Change Biology, 22: 2688-2701.

Guo D, Wang H, Li D. 2012. A projection of permafrost degradation on the Tibetan Plateau during the 21st century. Journal of Geophysical Research: Atmospheres, 117(D5): D05106.

Jin H, He R, Cheng G, et al. 2009. Changes in frozen ground in the Source Area of the Yellow River on the Qinghai-Tibet Plateau, China, and their eco-environmental impacts. Environmental Research Letters, 4: 045206.

Li J, Sheng Y, Wu J, et al. 2016. Landform-related permafrost characteristics in the source area of the Yellow River, eastern Qinghai-Tibet Plateau. Geomorphology, 269: 104-111.

Mu C, Zhang T, Wu Q, et al. 2015. Editorial: Organic carbon pools in permafrost regions on the Qinghai-Xizang (Tibetan) Plateau. Cryosphere, 9: 479-486.

Pang Q, Cheng G, Li S, et al. 2009. Active layer thickness calculation over the Qinghai-Tibet Plateau. Cold Regions Science and Technology, 57: 23-28.

Romanovsky V, Osterkamp T. 1997. Thawing of the active layer on the coastal plain of the Alaskan Arctic. Permafrost and Periglacial Processes, 8: 1-22.

Wang T, Yang D, Qin Y, et al. 2018. Historical and future changes of frozen ground in the upper Yellow River Basin. Global and Planetary Change, 162: 199-211.

Wu Q, Zhang T, Liu, Y. 2010. Permafrost temperatures and thickness on the Qinghai-Tibet Plateau. Global and Planetary Change, 72(1-2): 32-38.

Yang Y H, Fang J Y, Tang Y H, et al. 2008. Storage, patterns and controls of soil organic carbon in the Tibetan grasslands. Global Change Biology, 14: 1592-1599.

Zhao L, Wu X D, Wang Z W, et al. 2018. Soil organic carbon and total nitrogen pools in permafrost zones of the Qinghai-Tibetan Plateau. Scientific Reports, 8: 3656.

第 10 章

黄河上游甘南水源涵养区生态系统类型时空格局与变化

黄河流域是中华文明的主要发祥地之一，是我国重要的生态屏障。近年来，黄河流域生态保护和高质量发展成为重大国家战略(Liang et al.，2022)。黄河上游水源涵养区在维系黄河安危和保障整个流域生态安全、经济发展中有着十分重要的作用(王文浩，2008)。甘肃省甘南藏族自治州处于黄河上游，地处青藏高原东南边缘，在地理上将其及周边地区称为甘南高原，该区域作为重要的黄河水源补给区，每年向黄河补水 65.9 亿 m^3，占黄河上游径流量的 60%，占总径流量的 11.4%(Wang et al.，2007)。但在近 30 年来，受气候变化和人类活动影响，甘南高原湿地面积锐减、草地退化、水土流失加剧(赵志刚和史小明，2020；Pei et al.，2021)。生态系统类型的变化影响局部气候及区域生态平衡，开展生态系统类型变化研究可以为土地的合理利用、生态环境保护工作及黄河流域高质量发展提供科学依据(敖泽建等，2020；Zhang et al.，2016)。

在此背景下，亟须对黄河上游甘南重要水源涵养区生态环境的变化情况进行调查，并进一步了解生态环境变化的驱动因素，以便更好地服务于黄河流域生态环境保护工作。对于甘南的生态环境变化遥感监测，现有的研究以对植被覆盖度及草地生长状况进行分析为主。陆荫等(2021)研究发现，近 20 年来甘南藏族自治州 18.08%的草地呈持续性恶化趋势。张卓等(2015)研究发现，甘南藏族自治州的植被整体是逐年增加的，但增长趋势较小，气候变化的正向促进作用与人类活动的负向作用基本相互抵消。在对某一区域生态格局多年动态变化研究方面，通常以始末两期或多期遥感影像为数据源，采用生态系统类型解译、格局变化分析、景观指数分析等方法进行研究。徐新良等(2008)分析了 20 世纪 70 年代中期到 2004 年青海三江源地区的生态系统格局及空间结构的动态变化。赵培强和陈明霞(2018)基于 2010 年和 2015 年两期遥感影像，运用景观生态转移矩阵和生态景观指数法对祁连山生物多样性保护优先区的生态景观特征和景观格局变化进行了研究。史娜娜等(2019)采用生态系统年变化率、动态度、景观格局指数研究 2000～2015 年长江经济带生态系统格局特征。杨斌等(2018)利用多期遥感影像分别获取四川茂县 2000 年、2007 年、2015 年的景观生态安全综合指数值，利用综合指数法评价景观生态安全状况。赵卫权等(2017)以2000年、2005年、2008年、2013年4期遥感数据为基础，对赤水河流域景观格局演变过程进行了分析；胡昕利等(2019)利用1990年、2000年、2010年、2015年Landsat TM遥感影像数据，分析了长江中游地区1990～2015年土地利用时空变化格局及其与社会经济因素的关系。

10.1 甘南水源涵养区气候与水文概况

依据《甘南黄河重要水源补给生态功能区生态保护与建设规划(2013—2020年)》划定甘南水源涵养区范围(图10-1)。2020年甘南水源涵养区人口总数为189.49万人，GDP总量约为387.64亿元。甘南水源涵养区在甘肃西南部，位于黄河上游，地处中国西部地区，是青藏高原东北边缘与甘肃、青海、四川的接合部，包括甘南藏族自治州西部的玛曲县、碌曲县、夏河县、合作市、临潭县部分地区、卓尼县部分地区和临夏回族自治州西南部的临夏县、积石山保安族东乡族撒拉族自治县(简称积石山自治县)部分地区、临夏市部分地区、和政县、康乐县(Ma et al., 2021)。整个区域位于100.76°E～104.03°E、33.11°N～35.86°N，海拔介于1725～4775 m，总面积为33114.51 km^2，包括黄河干流、洮河和大夏河三大水系，河流众多、水系发达、水资源丰富(Huang et al., 2016; Gao et al., 2016)。甘南流域多年平均入境水资源量为133.1亿m^3，自产地表水资源量为65.9亿m^3，地表水资源总量为199.0亿m^3，是黄河重要的水源涵养区和补给区(Meng et al., 2018; Liu et al., 2020)。

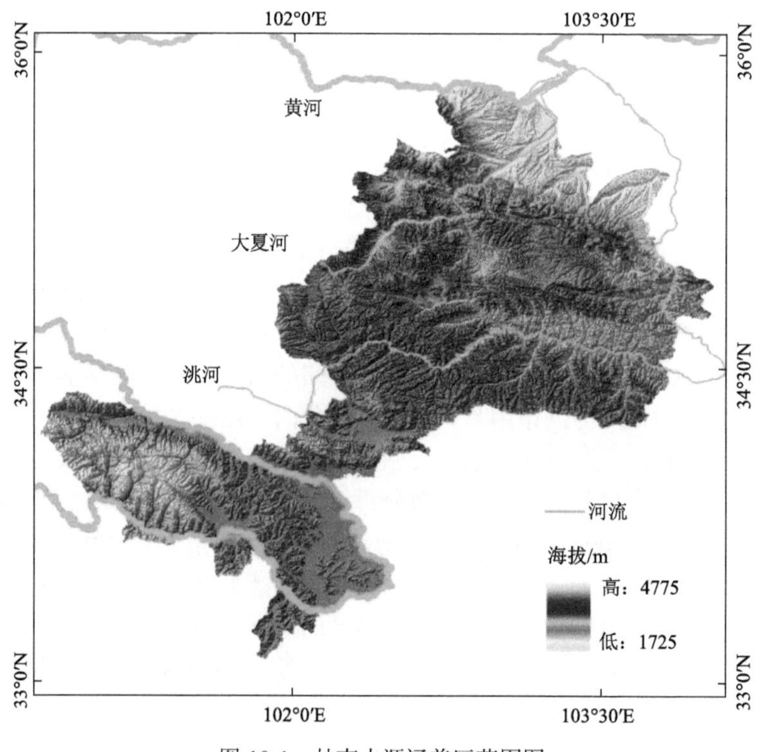

图10-1 甘南水源涵养区范围图

甘南水源涵养区年均气温为 0.6～2.3℃，该区气温的年较差一般在 20～22℃，年降水量在 370～930 mm，该区是甘肃降水最丰富的区域，但同时降水量呈现西南高、东北低的空间分布差异。2000～2020 年，甘南水源涵养区年均气温整体呈上升趋势，增速为 0.014℃/a(图 10-2)。气温升高区域主要分布在东北部卓尼县、康乐县、和政县、临夏市、积石山自治县，气温降低区域主要分布在玛曲县的西北部(图 10-3、图 10-4)。

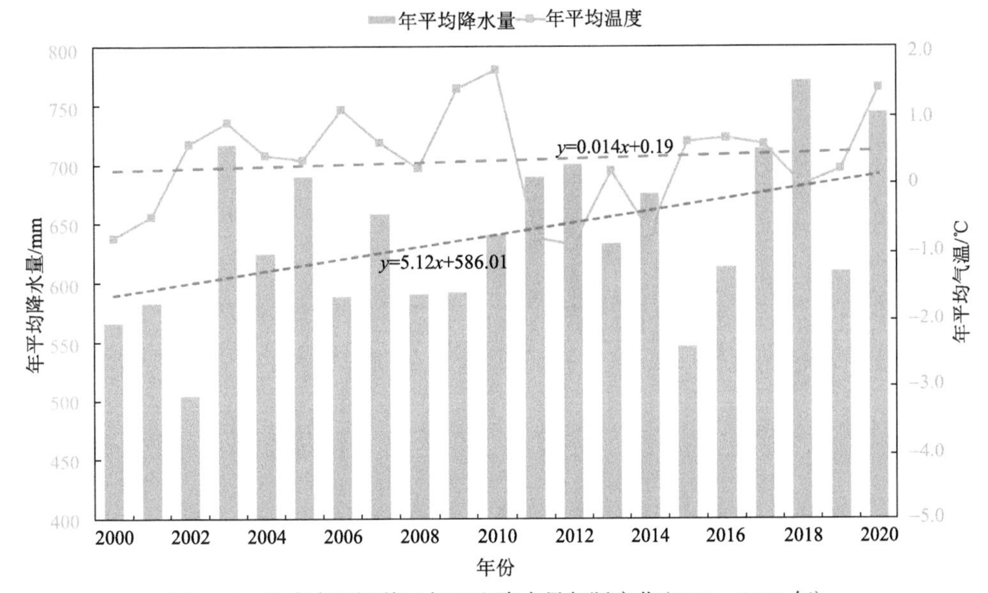

图 10-2　甘南水源涵养区气温和降水量年际变化(2000～2020 年)

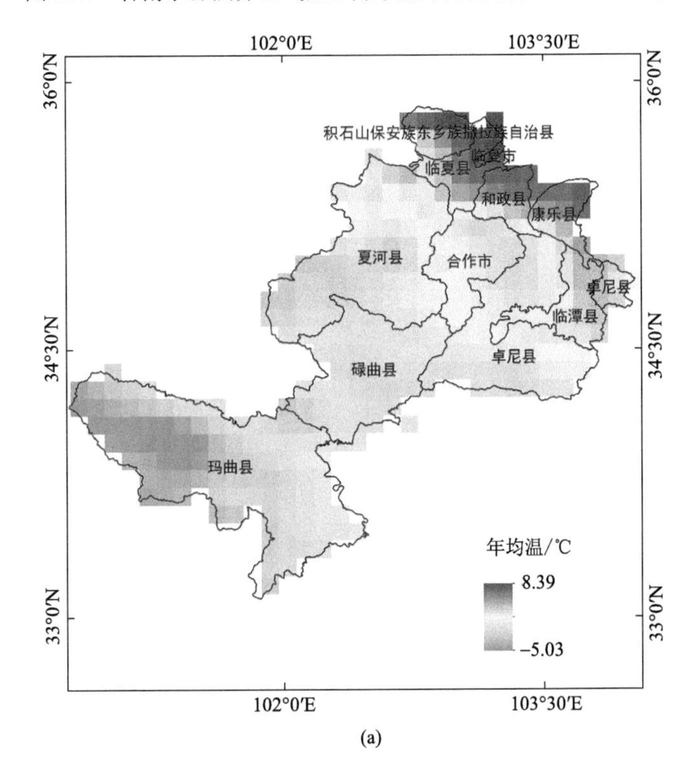

(a)

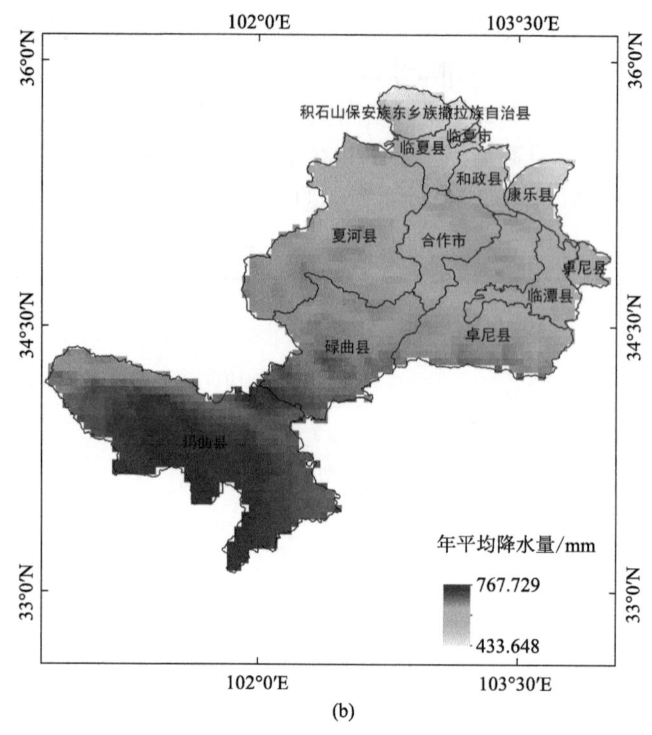

(b)

图 10-3　甘南水源涵养区气温(a)和降水(b)空间分布(2000～2020 年)

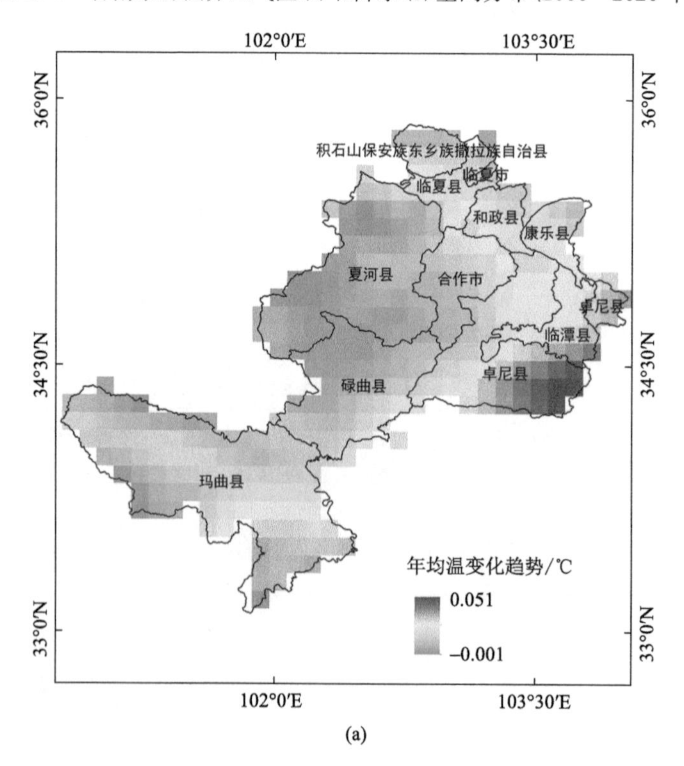

(a)

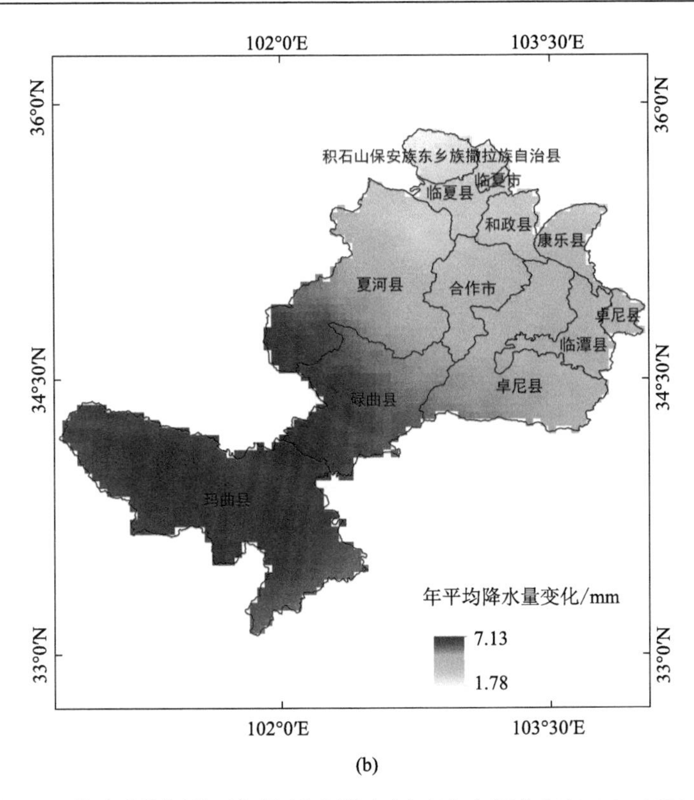

图 10-4　甘南水源涵养区气温(a)和降水(b)变化空间分布(2000～2020 年)

10.2　甘南水源涵养区生态系统空间分布格局的特点

2015 年甘南水源涵养区的生态系统一级类型以草地和灌丛为主，其面积分别为 18477.56 km^2 和 6801.92 km^2，分别占总区域面积的 55.80%和 20.54%(表 10-1)。2020 年甘南水源涵养区生态系统一级类型中草地和灌丛的面积为 18465.21 km^2 和 6800.98 km^2，分别占总面积的 55.76%和 20.54%(表 10-2)。从数量结构来看，2015～2020 年，面积变化最大的是湿地，增加 23.49 km^2，占比从 3.88%增加到 3.95%；城镇面积增加 22.12 km^2，所占比例由 0.94%增加到 1.01%；农田面积减少 18.95 km^2，占比从 10.19%减少到 10.13%。2015～2020 年，湿地、城镇的面积相对增加，草地和农田的面积相对减少。

表 10-1　甘南水源涵养区 2015 年生态系统一级类型所占面积及比例

项目	森林	灌丛	草地	湿地	农田	城镇	荒漠	其他
面积/km^2	2324.13	6801.92	18477.56	1285.12	3373.53	311.06	26.70	514.49
面积占比/%	7.02	20.54	55.80	3.88	10.19	0.94	0.08	1.55

表 10-2　甘南水源涵养区 2020 年生态系统一级类型所占面积及比例

项目	森林	灌丛	草地	湿地	农田	城镇	荒漠	其他
面积/km^2	2325.24	6800.98	18465.21	1308.61	3354.58	333.18	26.63	500.08
面积占比/%	7.02	20.54	55.76	3.95	10.13	1.01	0.08	1.51

2015 年甘南水源涵养区生态系统二级类型以草甸、阔叶灌丛、草原和耕地为主，面积分别为 10575.95 km^2、6800.02 km^2、6576.39 km^2 和 3347.50 km^2，分别占总面积的 31.94%、20.53%、19.86%和 10.11%(表 10-3)。2020 年甘南水源涵养区生态系统二级类型中草甸、阔叶灌丛、草原和耕地的面积分别为 10576.98 km^2、6799.03 km^2、6576.30 km^2 和 3328.67 km^2，分别占总面积的 31.94%、20.53%、19.86%和 10.05%(表 10-4)。从数量结构变化来看，2015～2020 年，面积变化最大的是耕地，减少 18.83 km^2，占比从 10.11%下降到 10.05%；居住地面积增加 15.36 km^2，占比从 0.66%上升到 0.70%，是生态系统类型中面积增加最多的一类。2015～2020 年，沼泽、湖泊、河流、居住地和工矿交通的面积相对增加，耕地和稀疏草地的面积相对减少。

表 10-3　甘南水源涵养区 2015 年生态系统二级类型所占面积及比例

项目	针叶林	阔叶灌丛	草甸	草原	草丛	稀疏草地	沼泽	湖泊
面积/km^2	2324.13	6800.02	10575.95	6576.39	303.19	1020.85	1090.26	63.93
面积占比/%	7.02	20.53	31.94	19.86	0.92	3.08	3.29	0.19
项目	河流	耕地	园地	居住地	工矿交通	戈壁	其他	
面积/km^2	131.11	3347.50	25.54	217.16	97.19	26.70	514.59	
面积占比/%	0.40	10.11	0.08	0.66	0.29	0.08	1.55	

表 10-4　甘南水源涵养区 2020 年生态系统二级类型所占面积及比例

项目	针叶林	阔叶灌丛	草甸	草原	草丛	稀疏草地	沼泽	湖泊
面积/km^2	2325.24	6799.03	10576.98	6576.30	303.00	1008.89	1091.23	72.47
面积占比/%	7.02	20.53	31.94	19.86	0.92	3.05	3.30	0.22
项目	河流	耕地	园地	居住地	工矿交通	戈壁	其他	
面积/km^2	143.99	3328.67	25.40	232.52	102.92	26.63	501.24	
面积占比/%	0.43	10.05	0.08	0.70	0.31	0.08	1.51	

从空间分布上来看，甘南水源涵养区内草地大面积分布在夏河县、合作市和玛曲县；灌丛主要分布在夏河县、和政县、卓尼县和临潭县；农田主要分布在甘南水源涵养区东北部，在积石山自治县、临夏县、和政县、康乐县分布较多；森林大面积分布在卓尼县；湿地集中分布在玛曲县东南部，并向四周扩展，在碌曲县南部也有集中分布；城镇在甘南水源涵养区东北部及合作市零星分布。2015～2020 年，湿地的变化最为明显，其中，

碌曲县的湿地面积有明显扩张趋势，玛曲县的湿地有零星增加。在甘南水源涵养区北部的积石山自治县、临夏县、和政县，有部分农田和草地转化为城镇，使该区域城镇面积不断增加，但总体呈零星分布。耕地大面积分布在甘南水源涵养区东北部的积石山自治县、临夏县、和政县和康乐县；草甸以条带状大面积分布在夏河县、碌曲县和玛曲县；沼泽大面积分布在玛曲县；湖泊集中分布在碌曲县的南部；针叶林和针阔混交林集中分布在卓尼县与碌曲县(图 10-5、图 10-6)。

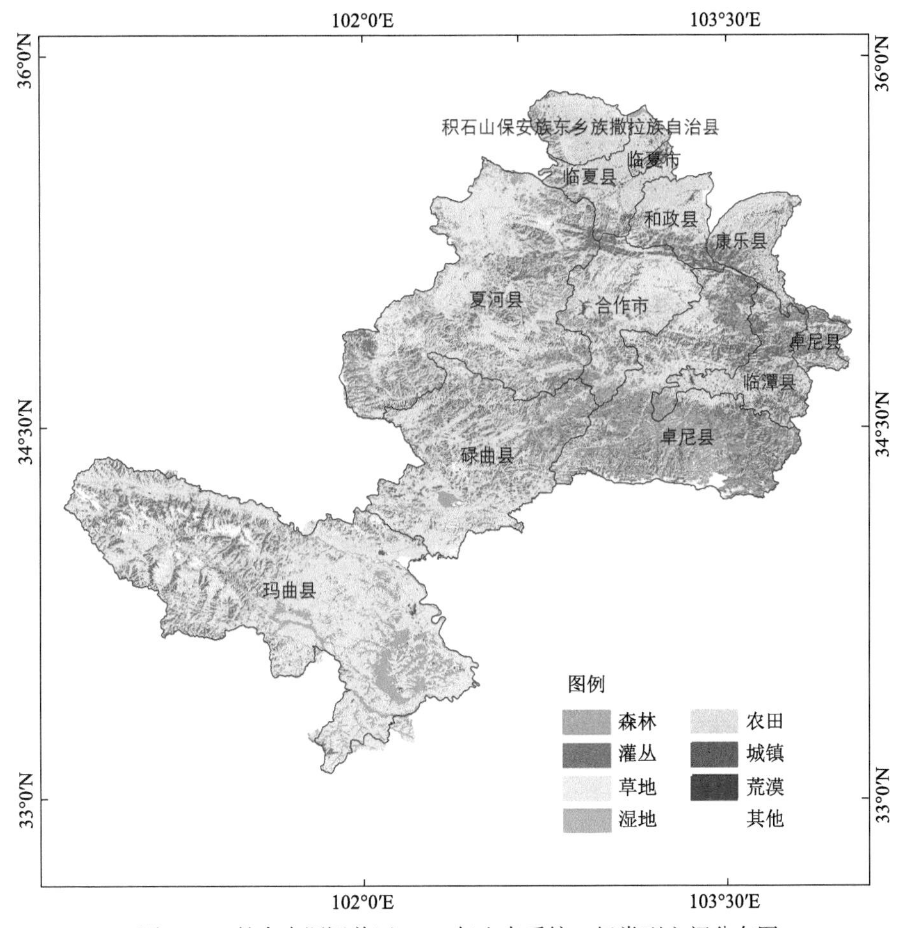

图 10-5　甘南水源涵养区 2020 年生态系统一级类型空间分布图

10.3　甘南水源涵养区生态系统时间变化的特点

表 10-5 为 2015～2020 年甘南水源涵养区生态系统一级类型转移矩阵。总体来看，2015～2020 年甘南水源涵养区内生态系统一级类型共发生了 22 种生态系统转换类型。草地转出面积为 15.86 km^2，其中 38.27%转变为城镇、37.96%转变为湿地；农田转出面积为 20.62 km^2，其中 77.40%转变为城镇；其他类型转出面积为 18.60 km^2，其中 97.80%转变为湿地。湿地转入面积为 25.67 km^2，其中 70.86%来自其他类型、23.45%来自草地；

城镇转入面积为 22.16 km^2，其中 72.02%来自农田、27.39%来自草地。

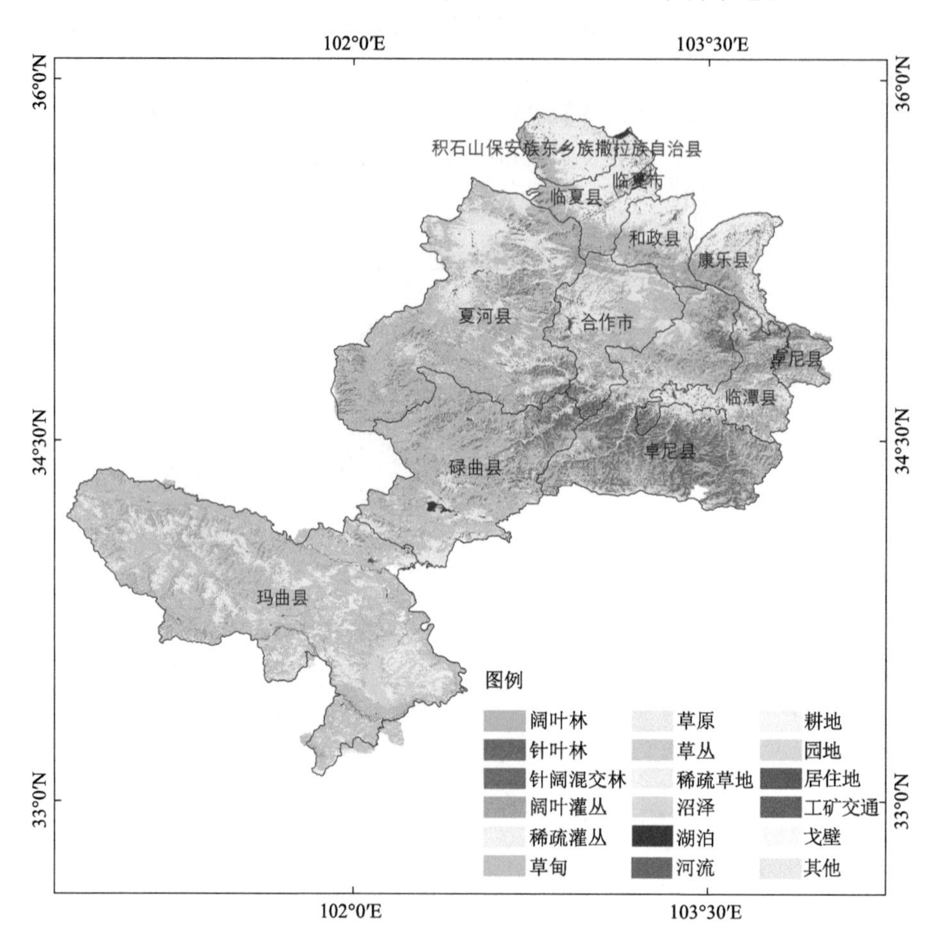

图 10-6　甘南水源涵养区 2020 年生态系统二级类型空间分布图

表 10-5　2015～2020 年甘南水源涵养区生态系统一级类型转移矩阵　（单位：km^2）

	森林	灌丛	草地	湿地	农田	城镇	荒漠	其他	总计
森林	2324.06		0.0045	0.07					2324.1345
灌丛		6800.95	0.05	0.47		0.13		0.32	6801.92
草地		0.03	18461.70	6.02	1.67	6.07		2.07	18477.56
湿地			2.07	1282.94				0.11	1285.12
农田	1.18		0.98	0.81	3352.91	15.96		1.69	3373.53
城镇				0.04		311.02			311.06
荒漠				0.07			26.63		26.70
其他			0.41	18.19				495.89	514.49
总计	2325.24	6800.98	18465.2145	1308.61	3354.58	333.18	26.63	500.08	33114.51

表 10-6 为 2015～2020 年甘南水源涵养区生态系统二级类型转移矩阵。总体来看，

2015～2020 年甘南水源涵养区内生态系统二级类型共发生了 54 种生态系统转换类型。草甸转出面积为 8.95 km^2，其中 34.41%转变为工矿交通、29.61%转变为沼泽；草原转出面积为 13.39 km^2，其中 60.12%转变为草甸；稀疏草地转出面积为 12.85 km^2，其中 84.05%转变为草原；耕地转出面积为 20.50 km^2，其中 62.44%转变为居住地、14.83%转变为工矿交通。草原转入面积为 13.30 km^2，其中 81.20%来自稀疏草地；湖泊转入面积为 10.87 km^2，其中 50.41%来自其他类型、22.54%来自沼泽；河流转入面积为 12.99 km^2，其中 97.77%来自其他类型；居住地转入面积为 15.36 km^2，其中 83.33%来自耕地。总体来看，草原、稀疏草地和耕地分别大规模向草甸、草原和居住地转变。

表 10-6　2015～2020 年甘南水源涵养区生态系统二级类型转移矩阵　（单位：km^2）

	针叶林	阔叶灌丛	草甸	草原	草丛	稀疏草地	沼泽	湖泊	河流	耕地	园地	居住地	工矿交通	盐碱地	其他	总计
针叶林	2324.06							0.07								2324.13
阔叶灌丛		6799	0.05			0.05		0.36	0.11			0.02	0.11		0.32	6800.02
草甸		0.03	10567	0.2		0.31	2.65	0.77	0.14	0.45		0.39	3.08		0.93	10575.95
草原			8.05	6563		0.18	1.42	0.75	0.04	0.37		1.45	0.42		0.71	6576.39
草丛					303			0.13							0.06	303.19
稀疏草地				10.8		1008	0.1			0.85		0.56	0.17		0.37	1020.85
沼泽			0.81				1087	2.45								1090.26
湖泊			1.03	1.23				61.6							0.07	63.93
河流			0.04	0.03					131						0.04	131.11
耕地	1.18			0.98			0.06	0.75		3327		12.8	3.04		1.69	3347.5
园地											25.4	0.14				25.54
居住地												217.16				217.16
工矿交通								0.04					96.1		1.05	97.19
盐碱地								0.07						26.63		26.70
其他				0.06		0.35		5.48	12.7						496	514.59
总计	2325.24	6799.03	10576.98	6576.3	303	1008.89	1091.23	72.47	143.99	3328.67	25.4	232.52	102.92	26.63	501.24	33114.51

生态系统类型变化主要受到人为因素的影响。通过对 2015～2020 年人类活动数据资料分析发现，人类活动对区域生态环境的不利影响主要表现为对资源不合理的开发利用。生活在甘南的广大藏族、汉族、回族、蒙古族等各族群众，不仅要从有限的土地上获取食物、能源等基本生活资料，还要靠出售大量畜牧产品以购买衣物、食盐等日用品以及获得教育、医疗等基本服务。在传统畜牧业生产方式下，随着市场需求的增加和人口的增长，资源环境的负担不断加重，生态环境恶化趋势加剧(Ge et al.，2018)。超载过

牧、森林破坏、人畜增加过快、滥采滥挖滥建滥抽滥捕滥排等人为因素，造成夏河县、临潭县、卓尼县、康乐县、临夏县等地区草地、农田较大规模向城镇转变(Jiao et al., 2021)。人类活动对区域生态环境的有利影响主要表现为近些年来甘南当地生态保护政策的有效执行。2015～2020 年，甘南水源涵养区中部碌曲县部分沼泽和裸地转化为湖泊；玛曲县南部的部分沼泽转化为河流；玛曲县、碌曲县湿地面积明显增加。

在传统畜牧业生产方式下，市场需求的增加和人口的增长对资源环境造成一定的压力，部分地区的草地和农田向城镇发生转变(Liu et al., 2020)。同时，随着生态保护政策的落实，玛曲县、碌曲县湿地面积明显增加，从而为区域内水源涵养和生物多样性维持提供保障。因此，人为因素的影响是甘南水源涵养区生态系统类型变化的主要原因。

10.4　结　　论

本章主要综述甘南水源涵养区在 2015～2020 年的生态系统格局及其动态变化特征，以及生态系统相互转化时空变化特征等,旨在揭示 2015～2020 年生态系统格局变化的特点和规律。主要研究成果包括以下三部分。

(1)甘南水源涵养区的生态系统类型以草地、灌丛为主，草地大面积分布在夏河县、合作市、玛曲县；灌丛主要分布在夏河县、和政县、卓尼县、临潭县。

(2)在 2015～2020 年，区域内生态系统类型面积变化最大的是湿地，占比从 3.88%增加到 3.95%；农田面积占比从 10.19%减少到 10.13%。2015～2020 年，湿地和城镇的面积相对增加，农田和草地的面积相对减少。

(3)甘南水源涵养区中部碌曲县的湿地面积有明显扩张趋势，表明区域内的生态保护政策取得较为显著的成效；北部的积石山自治县、临夏县、和政县境内，有部分农田和草地转化为城镇，使城镇面积不断增加，表明在传统畜牧业生产方式下，市场需求的增加和人口的增长对区域资源环境造成压力，致使部分地区的草地和农田向城镇转变，人类活动是该地区生态系统格局变化的主要驱动力。

甘南水源涵养区生态保护和修复是关系黄河中、下游地区生产生活与生态安全的关键，是推动地方经济高质量发展的重大举措，是促进社会和谐稳定的工作需要。可以通过大力实施森林、草原、湿地保护以及黄河、洮河和大夏河流域综合治理等生态保护与建设工程，增加甘南水源涵养区的水源涵养功能和补给能力，提供更多的生态产品，促进高品质的区域经济发展。本章结论为甘南水源涵养区的生态保护和生态修复提供数据支持与理论依据。

参 考 文 献

敖泽建, 王建兵, 蒋友严, 等. 2020. 2000—2017 年甘南牧区植被变化特征及其影响因子. 沙漠与绿洲气象, 14(1): 95-100.

付慧, 王萍. 2017. 矿区水体变化遥感监测方法研究. 测绘与空间地理信息, 40(7): 95-98, 103.

付甜梦, 张丽, 陈博伟, 等. 2021. 基于 GEE 平台的海岛地表覆盖提取及变化监测——以苏拉威西岛为例. 遥感技术与应用, 36(1): 55-64.

胡昕利, 易扬, 康宏樟, 等. 2019. 近25年长江中游地区土地利用时空变化格局与驱动因素. 生态学报, 39(6): 1877-1886.

李飞, 杨小平, 毛晖. 2014. 基于MODIS-NDVI数据的甘肃临夏州的春小麦遥感估产. 陕西农业科学, 60(10): 74-77.

李亚刚, 李文龙, 刘尚儒, 等. 2015. 基于遥感技术的甘南牧区草地植被状况多年动态. 草业科学, 32(5): 675-685.

陆荫, 杨淑霞, 李晓红. 2021. 甘南州高寒天然草地生长状况遥感监测. 草业科学, 38(1): 32-43.

毛转梅, 刘青, 彭尔瑞, 等. 2021. 基于NEWI模型的典型岩溶区普者黑流域水体信息提取. 中国农村水利水电, (1): 71-75.

聂欣然, 刘荣, 聂爱球, 等. 2018. 近30年南昌城区湖泊面积变化图谱和动态监测. 测绘与空间地理信息, 41(8): 117-122.

史娜娜, 肖能文, 王琦, 等. 2019. 长江经济带生态系统格局特征及其驱动力分析. 环境科学研究, 32(11): 1779-1789.

万安国, 王建强, 武可强. 2020. 新余市生态环境遥感动态监测与分析. 测绘与空间地理信息, 43(6): 75-80.

王佃来, 宿爱霞, 刘文萍. 2019. 几种植被覆盖变化趋势分析方法对比研究. 安徽农业科学, 47(5): 10-14.

王凯, 杨太保, 何毅, 等. 2015. 近30年阿尼玛卿山冰川与气候变化关系研究. 水土保持研究, 22(3): 300-303, 308.

王文浩. 2008. 黄河上游甘南水源补给区生态保护思路. 人民长江, 405(20): 25-27, 98.

王一帆, 徐涵秋. 2020. 基于客观阈值与随机森林Gini指标的水体遥感指数对比. 遥感技术与应用, 35(5): 1089-1098.

徐涵秋. 2008. 从增强型水体指数分析遥感水体指数的创建. 地球信息科学, 10(6): 6776-6780.

徐新良, 刘纪远, 邵全琴, 等. 2008. 30年来青海三江源生态系统格局和空间结构动态变化. 地理研究, (4): 829-838, 974.

杨斌, 李茂娇, 程璐, 等. 2018. 多时相遥感数据在四川省茂县景观生态安全格局评价中的应用. 测绘工程, 27(4): 41-48.

杨林山, 李常斌, 王帅兵, 等. 2014. 气候变化和人类活动对洮河流域植被动态的影响研究. 资源科学, 36(9): 1941-1948.

张卓, 孙建国, 汪秀泽, 等. 2015. 2000年～2013年甘南州植被覆盖变化的驱动力研究. 遥感信息, 30(6): 89-95.

赵培强, 陈明霞. 2018. 祁连山生物多样性保护优先区域生态景观格局动态变化分析. 中国水土保持, (10): 44-48, 68.

赵芩. 2019. 川西高原茂县植被生态水遥感动态监测. 成都: 成都理工大学.

赵卫权, 杨振华, 苏维词, 等. 2017. 基于景观格局演变的流域生态风险评价与管控——以贵州赤水河流域为例. 长江流域资源与环境, 26(8): 1218-1227.

赵志刚, 史小明. 2020. 青藏高原高寒湿地生态系统演变, 修复与保护. 科技导报, 599(17): 35-43.

Gao Q, Guo Y, Xu H, et al. 2016. Climate change and its impacts on vegetation distribution and net primary productivity of the alpine ecosystem in the Qinghai-Tibetan Plateau. Science of the Total Environment, 554: 34-41.

Ge J, Meng B, Liang T, et al. 2018. Modeling alpine grassland cover based on MODIS data and support vector machine regression in the headwater region of the Huanghe River, China. Remote Sensing of Environment, 218: 162-173.

Huang K, Zhang Y, Zhu J, et al. 2016. The influences of climate change and human activities on vegetation dynamics in the Qinghai-Tibet Plateau. Remote Sensing, 8(10): 876.

Jiao W, Wang L, Smith W K, et al. 2021. Observed increasing water constraint on vegetation growth over the last three decades. Nature Communications, 12(1): 1-9.

Li W, Liu C, Su W, et al. 2021. Spatiotemporal evaluation of alpine pastoral ecosystem health by using the Basic-Pressure-State-Response Framework: A case study of the Gannan region, northwest China. Ecological Indicators, 129(10): 108000.

Liang Y, Zhang Z, Lu L, et al. 2022. Trend in satellite-observed vegetation cover and its drivers in the Gannan Plateau, upper reaches of the Yellow River, from 2000 to 2020. Remote Sensing, 14(16): 3849.

Liu C, Li W, Zhu G, et al. 2020. Land use/land cover changes and their driving factors in the Northeastern Tibetan Plateau based on Geographical Detectors and Google Earth Engine: A case study in Gannan Prefecture. Remote Sensing, 12(19): 3139.

Ma F, Jiang Q, Xu L, et al. 2021. Processes, potential, and duration of vegetation restoration under different modes in the eastern margin ecotone of Qinghai-Tibet Plateau. Ecological Indicators, 132: 108267.

Meng B, Gao J, Liang T, et al. 2018. Modeling of alpine grassland cover based on unmanned aerial vehicle technology and multi-factor methods: A case study in the East of Tibetan Plateau, China. Remote Sensing, 10(2): 320.

Meng B, Liang T, Yi S, et al. 2020. Modeling alpine grassland above ground biomass based on remote sensing data and machine learning algorithm: A case study in east of the Tibetan Plateau, China. IEEE Journal of Selected Topics in Applied Earth Observations and Remote Sensing, 13: 2986-2995.

Pei H, Liu M, Jia Y, et al. 2021. The trend of vegetation greening and its drivers in the agro-pastoral ecotone of northern China, 2000-2020. Ecological Indicators, 129: 108004.

Wang H, Yang Z, Saito Y, et al. 2007. Stepwise decreases of the Huanghe(Yellow River) sediment load (1950-2005): Impacts of climate change and human activities. Global and Planetary Change, 57(3-4): 331-354.

Zhang Y, Zhang C, Wang Z, et al. 2016. Vegetation dynamics and its driving forces from climate change and human activities in the Three-River Source Region, China from 1982 to 2012. Science of the Total Environment, 563: 210-220.

第11章

三江源区高寒草甸退化成因和恢复

三江源位于青海省南部，地处青藏高原腹地，是黄河、长江和澜沧江的源头地区，素有“中华水塔”之称，是我国青藏高原生态安全屏障建设的重点区域。三江源每年向下游供水约500亿m^3，是我国、南亚和东南亚11亿～12亿人口重要的水源地（Immerzeel et al., 2010）。草地是本区主要的土地类型，面积为19.9万km^2，占三江源区总面积的69%；其次是裸地，总面积为4.2万km^2；湿地次之，面积为2.6万km^2。面积大于1万km^2的还有林地，约为1.2万km^2（图11-1）。但近几十年来，由于气候变化和人类活动的影响，三江源区高寒草甸发生了严重退化。高寒草甸退化不仅影响着当地居民的生计，而且也严重影响着其水源涵养功能①。目前针对三江源区高寒草甸退化现状、过程、成因及恢复等开展了丰富的科学研究以及恢复实践，但不同研究之间所关注的焦点及环境差异

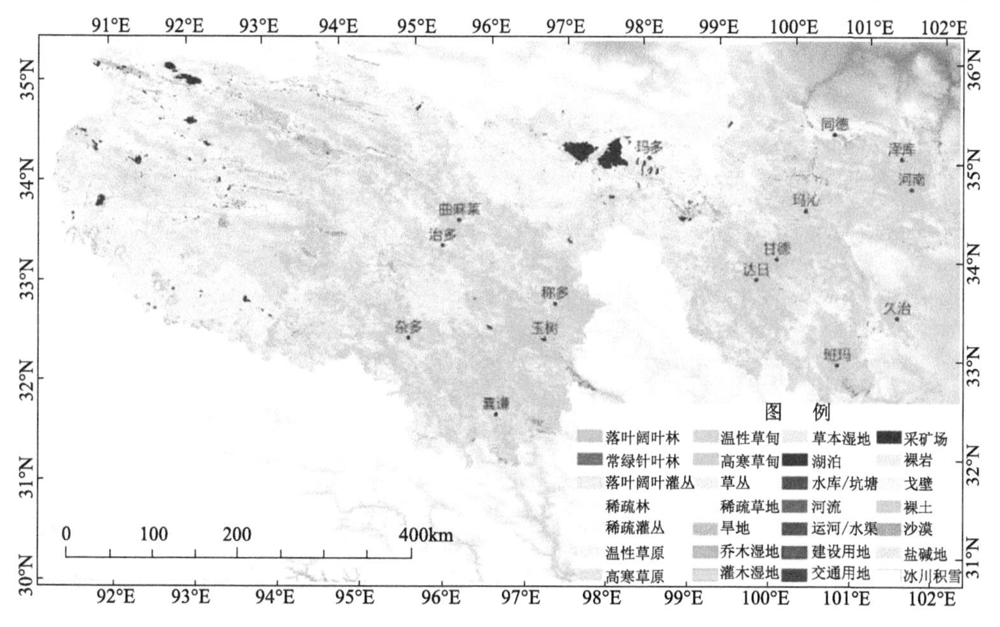

图11-1　三江源区土地覆被图（2015年）

① 国家发展和改革委员会. 2020. 全国重要生态系统保护和修复重大工程总体规划（2021—2035年）.

等导致结果往往不同，有时甚至相反（Harris，2010；Dong et al.，2013；Miehe et al.，2019），这影响着三江源区生态修复和保护的顺利实施及其成效。明确三江源区高寒草甸退化现状，认识其过程，确定导致其退化的主要因素是开展高效恢复的前提。本章将在总结已开展的退化高寒草甸现状、过程、成因和恢复研究的基础上，分析目前还存在的问题，针对问题提出未来研究的着力点，以更好地恢复和保护三江源的主要生态系统类型——高寒草甸。

11.1 三江源区高寒草甸退化现状

高寒草甸退化现状调查时，通常采用的方法有遥感监测和地面调查。遥感监测可研究时段长，如可用于监测植被生长状况的 GIMMS NDVI 能回溯到 1982 年且可大范围地监测植被生长状况，因而被广泛采用；但遥感监测结果无法体现植物群落结构的变化，如适口性好的牧草被适口性差的牧草代替。在高寒草甸生态系统中当适口性差甚至有生理毒性的瑞香狼毒（*Stellera chamaejasma* L.）和黄帚橐吾（*Ligularia virgaurea*）等在群落中增加，而适口性好的莎草科嵩草属植物如高山嵩草（*Kobresia pygmaea*）和矮生嵩草（*Kobresia humilis*）在群落中减少时，虽然群落生产力增加，但从畜牧业角度看高寒草甸还是发生了退化。

大多数遥感监测结果都表明，青藏高原 1982 年以来无论是归一化植被指数（NDVI）还是模拟的净初级生产力（NPP）都增强，但存在空间差异（张镱锂等，2013）。高寒草甸退化主要发生在青藏高原东部，如青海湖周围、青海西部、四川西北部、甘肃西南部等地区（Wang et al.，2016），而在三江源地区，NPP 无显著变化，甚至由于气候变化和人类活动而增加（图 11-2）。然而，无论是科技工作者还是资源管理部门都认为三江源天然草地发生了严重的退化（马玉寿等，2008；马玉寿等，2002；张镱锂等，2007）。

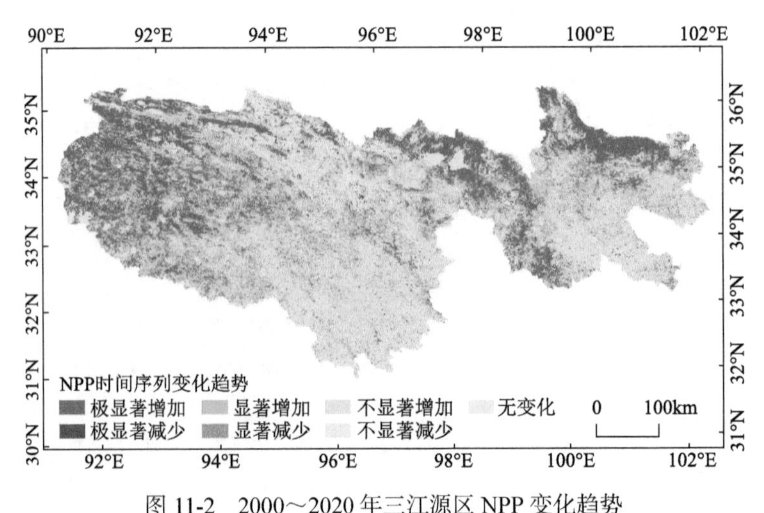

图 11-2 2000～2020 年三江源区 NPP 变化趋势

研究人员将高寒植被表层被剥离后，在植被学上不具有发生学意义的次生裸地称为“黑土滩”（尚占环等，2018）。这一退化高寒草地的形象性称谓始于三江源区的草地资源调查。据报道，最早的三江源区草地退化调查工作始于 1971 年，由当时的青海省草原工作队在果洛藏族自治州达日和班玛两县开展。青海中度以上退化草地（黑土滩退化）的面积在 20 世纪 70 年代为 338.13 万 hm^2，进入 80 年代以后降低到 120.14 万 hm^2，然后在 90 年代又扩展到 213.07 万 hm^2，且这些退化的草地主要分布在黄河源区（马玉寿和郎百宁，1998）。但有学者认为这些历史数据由于分级标准的差异而存在不确定性（马玉寿和郎百宁，1998）。虽然也有学者根据遥感影像发现 2005～2012 年三江源区高寒荒漠生态系统局部向草地生态系统转变（张颖等，2017），但中度以上退化高寒草地的面积变化不大（尚占环等，2018）。三江源区草地退化现状目前主要采用 2006 年三江源区“黑土滩”退化草地本底调查的结果。这一结果指出，截至 2005 年三江源区中度以上退化草地面积为 4.66 万 km^2，约占全区面积的 23%。但自《青海三江源自然保护区生态保护和建设总体规划》于 2005 年实施并起作用以来，人们对三江源区高寒草地变化情况还缺乏统一的认识。《青海三江源自然保护区生态保护和建设工程生态成效评估报告（2005—2012 年）》指出，三江源区高寒荒漠生态系统局部向草地生态系统转变，但草地增加的面积远小于荒漠减少的面积（邵全琴等，2016）。草地面积的增加主要源于温性草原的增加，中度以上退化草地一般主要分布在高寒草甸区。三江源区不同县域尺度的遥感调查结果存在很大差异，如魏卫东和李希来（2013）发现 2009～2011 年甘德县草地退化加重；徐剑波等（2012）发现玛多县草地退化面积增加，但 2006～2009 年草地退化速率降低；芦清水等（2009）发现三江源区东部 8 县草地退化的趋势仍然在持续；但最新土地覆盖变化调查结果发现 2006～2015 年三江源区土地覆盖并没有显著变化（表 11-1）。

表 11-1　三江源区 1990 年和 2015 年不同土地覆被类型面积　（单位：km^2）

年份	林地	草地	农田	湿地	人工用地	裸地
1990	12762.17	199618.37	395.07	26550.80	412.18	42243.61
2015	12724.19	199640.29	426.80	26717.31	455.95	42017.65

作者认为上述三江源区草地退化现状不同结果之间的差异主要是由遥感 NPP 产品、以 NDVI 为数据源模拟的 NPP、土地利用覆被数据，以及三江源生态保护建设项目成效评估中所采用的指标体系的差异和研究区域等差别造成的。此外，本节开始部分指出即使天然高寒草甸植物群落结构变化导致群落生产力增加，但增加的主要是不可食牧草时，从生产的角度来看，高寒草地发生了退化。不同学者侧重点有差异，其对退化现状的认识就存在不同。因此，有必要以 2025 年为节点，以三江源生态保护建设生态成效评估体系为依据，开展生态保护建设实施 20 年后三江源草地现状调查。

11.2　高寒草甸生态系统退化过程

在探讨高寒草甸退化过程之前需明确草地退化的概念。广义的草地退化是发生在草地上的土地退化，指由人类活动导致草地生产力、多样性、生态系统服务功能降低的现象。植被、土壤作为陆地生态系统中物质循环和能量流动的重要参与者及载体，是相互影响和反馈的。因而，在生态系统退化研究中往往同时从植被退化和土壤退化两方面展开。因此，本节将从植物、土壤和二者相互作用的变化进行高寒草甸退化过程的阐述。

11.2.1　植被退化过程

1. 植被生产力的变化

大多数研究指出随着退化程度加剧高寒草地植被盖度和生物量显著降低(Peng et al., 2018；李军豪等，2020；李成阳等，2021)，这一结果并不意外，因为植被生产力降低和长势变差就是定义退化时的主要指标。在野外界定不同退化程度时，主要依赖研究者的经验及知识背景，采用的主要指标有覆盖度、植被长势、裸地面积比例等半定量的方式。然后，根据划定的几个不连续的退化阶段，采集生物量，对比不同阶段生产力或者生物量的差别。虽然这种方法提供退化后植被生产力或者生物量变化的定量结果，但在逻辑上是循环验证的，所以在同行评议中通常被诟病。基于此，在野外高寒草地退化调查中，除植被生产力外，植被群落结构的变化更多地受到了重视。正如 Bardgett 等(2021)在综述文章中指出，在定义草地退化时应更多地考虑利益相关者的需求，当草地提供的生态系统服务功能低于利益相关者的需求时就认为是退化。在青藏高原，放牧是当地居民生计基础，牧民是最大的利益相关者，其对草地最大的需求就是草地的生长状况要能满足家畜的采食。因此，在天然嵩草草地中，当杂类草在群落中的比例增大时就可以认为其发生了退化。但杂类草通常叶面积较大、生长速率较快、对土壤养分的需求也较大，因而其积累的生物量也就越大。这就是另外一部分研究中指出的，在高寒草甸退化早期，植被的生物量维持不变甚至增加(Peng et al., 2018)，但高寒草地的承载力下降(Li et al., 2018)。植被群落结构的变化能部分解释遥感监测的三江源区植被生产力增加，但很多地面调查研究及政府工作报告中都指出，三江源区草地退化的态势还在持续。作者认为三江源区高寒草甸无论是生产力增加还是持续退化，看似矛盾的结果都有其翔实的数据支持，造成这一矛盾的主要原因是对高寒草地退化的定义以及所采用指标的差别，为此，有必要从社会-生态的角度建立一个以植被生产力为核心，但同时考虑其他生态系统要素变化的综合评估框架。

2. 植被群落结构的变化

植被群落结构，特别是植物多样性，包括物种多样性、功能群多样性、功能性状多样性等，影响着生态系统的生产力。因此，在退化研究中除植被生产力外，植被群落结构调查也是一个重点(董世魁等，2017)。大多数研究认为，高寒草甸退化后禾本科植物高度降低，改善群落下层的光照条件，促进低矮的杂草在群落中的建植，所以物种多样性增加(周华坤等，2005；李成阳等，2021)。但这种增加只发生在中度退化之前(柳小妮等，2008)。中度干扰理论通常被用来解释这一变化。气候变化和放牧等中度干扰增加群落中的空间生态位及不同物种间地球化学生态位的分化，从而导致群落物种多样性增加。但在中度退化以后，由于土壤质地的急剧变化，即使植物个体或者植物-微生物之间发生生态位分化，但土壤中水分和养分显著下降，无法满足植物的生长需求，所以无论是多样性还是生物量都会下降。

高寒草甸常见的植物功能群主要有莎草科嵩草属、禾本科及杂类草[主要为菊科的弱矮火绒草(*Leontopodium nanum*)、沙生风毛菊(*Saussurea arenaria*)，龙胆科的麻花艽(*Gentiana straminea*)和蔷薇科的二裂委陵菜(*Potentilla bifurca*)等]。莎草科及禾本科的植物主要为须根系，且其根系主要分布在 0～20 cm 层，往往会形成致密的草毡层(图 11-3)。但无论是气候变化还是放牧活动导致高寒草甸退化后，草毡层会流失，群落中嵩草和禾草比例降低，而豆科和杂类草增加(Peng et al.，2018)。在极度退化草地中，嵩草和禾草甚至会完全消失，从而导致功能群多样性下降。土壤含水量变化被认为是不同功能群植物随退化而变化的一个原因，随着高寒草甸退化土壤水分往往降低(刘育红等，2018)。莎草科和禾本科植物根系较浅而杂类草植物往往是主根型植物且其根系较深，因此，即使退化后浅层土壤水分降低，但杂类草可利用深层土壤水，从而维持生长，而莎草科和禾本科植物在群落中的比例逐渐下降。除了水分变化的直接影响，不同功能群之间的竞争对比关系也影响着群落结构。在天然高寒草甸中，保守型养分利用的植物主要为莎草科嵩草属和禾本科早熟禾属植物，其竞争优势较强。但在外界干扰后，群落中不同功能群比例发生变化也会影响不同功能群的竞争关系。在功能群去除实验中，去除禾草和莎草弱化了二者的竞争效应，显著增加了杂草功能群的优势比，使其生物量达到最高。

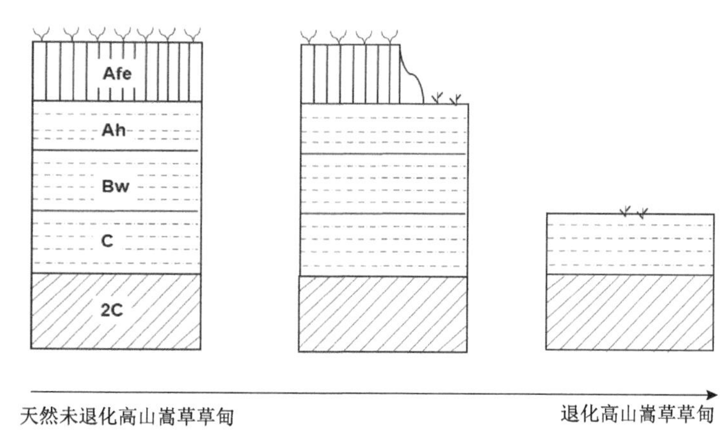

图 11-3　退化高寒草甸土壤发生层的变化

资料来源：Miehe et al.，2019

大写字母 A、B、C 分别代表腐殖质层，淀积层和母质层；小写字母 fe、h、w 分别代表含密集根系，中度分解的有机质、淀积的无定形有机胶体、具有明显结构和颜色，罗马数字 2 代表和上层母质层具有明显的矿物和粒径组成的母质层

功能性状是指影响植物资源利用效率进而影响其生态系统服务功能的一些形态和养分特征，如叶面积、比叶面积、比根长、植物高度、细根总长等。目前针对高寒草甸功能性状的研究主要集中在功能性状对围栏封育和放牧的响应方面。高寒草甸退化后其植物功能性状的变化目前还很少涉及，特别是在三江源区。仅有的一例是滇西北高寒草甸植物功能性状随退化的变化，结果发现在退化程度较轻的高寒草甸，种间相互作用提高不同物种植株高度和根长性状轴的均匀程度，随着退化程度加剧，植株高度低、比叶面积小，总根长小且叶片干物质量小的植物更容易生存，群落的功能丰富度降低(盛芝露，2015)。

无论是物种多样性、功能群还是功能性状的变化，都是为了解释退化后高寒草甸群落生产力的变化。目前地面调查的三江源区高寒草甸生产力和植物群落结构随退化的变化结果在不同研究之间是相对一致的。主要结论都是虽然在退化初期生产力保持不变甚至增加，而随着退化程度加剧生产力都显著降低，且植物群落中嵩草和禾草逐渐降低，杂草逐渐增加。但物种和功能多样性随退化的变化在不同研究之间还有差异，这主要是由于不同研究之间采样时样方大小以及退化的定义标准不一。为了方便不同研究之间的横向对比，需要明确三江源区高寒草甸物种多样性与采样面积之间的关系，明确最小采样面积，并建立高寒草甸退化调查的技术指标体系。

11.2.2 土壤退化过程

很多研究指出土壤退化相较于植被退化是一个漫长的过程，这一论断的背景是土壤形成过程往往需要几十年、数百年甚至更长时间。高寒草甸土的形成需要的时间更长。研究认为，高寒草甸草毡层形成于中晚全新世(Miehe et al.，2019)，下伏风成母质，其土壤分化较弱，主要土壤发生层有草毡层、腐殖质层、淀积层和母质层(图 11-3)。

1. 土壤层的变化

土壤发生层随高寒草甸退化的变化取决于所调查的退化阶段及导致退化的主要外营力。当气候变化导致活动层冻融循环增强，从而引起草毡层破坏时，在退化初期草毡层就可能开始流失。草毡层破坏后，下层土壤出露。由于下层土壤是发育在风成母质上的，土壤松散、结构发育不完全，更容易受到风蚀和水蚀的影响，土壤中的粉粒和黏粒被侵蚀后，土壤粗质化。当放牧是高寒草甸退化的主要外营力时，放牧强度增加会增强家畜对草毡层的践踏，从而导致其松散、土壤渗透性增强、表层土壤干旱化。虽然最终草毡层都会破碎化，甚至流失殆尽(图 11-3)，但放牧导致的草毡层破碎化相较于冻融循环对草毡层的影响要慢。

2. 土壤质地、结构的变化

土壤质地和结构影响着土壤水分、养分循环和有效性。土壤质地通常采用不同粒径土壤颗粒的比例来指征。三江源区的矮生嵩草和高山嵩草草甸土壤机械组成以粉砂和细砂粒为主(王长庭等，2013)。退化后黏粒和粉粒含量降低，砂粒含量显著增加，土壤粗质化(李军豪等，2020)(图 11-4)。土壤团聚体是土壤结构的基本单元和植物养分的重要载体，因此土壤结构变化的研究主要集中在团聚体上。团聚体根据大小可分为大团聚体(粒径>250 μm)和微团聚体(55～250 μm)。有研究表明高寒草甸土壤以大团聚体为主，占 53%左右，微团聚体占 21%。退化后土壤中大团聚体增加，微团聚体减小(Dong et al.，2020)。但已发表的主要是海拔低于 4000 m 高寒草甸的结果，在长江源区高寒草甸土中还是以微团聚体为主，大团聚体较少(图 11-5)。不同团聚体被植物根系侵入与团聚体中有机质被微生物分解的可能性有较大差别。大团聚体不同团粒之间的黏合物主要是有机胶体，微团聚体的主要黏合物是无机胶体。在青藏高原，频繁的冻融交替导致大团聚体容易破碎，因而土壤以微团聚体为主。团聚体内部的有机质被胶体包裹，微生物不能直接接触，这可能是高寒草甸土壤有机质含量较高的一个机制。随着退化，大团聚体变化不大，微团聚体直到严重退化才开始降低(图 11-5)。三江源区表层的草毡层流失是退化后土壤粗质化、土壤团聚体变化的主要原因。

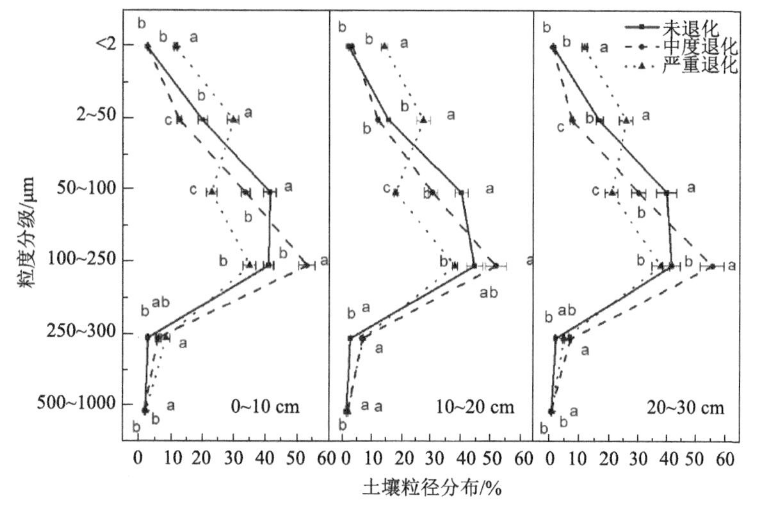

图 11-4　三江源区典型未退化、中度退化和严重退化样地土壤粒径组成

不同小写字母代表相关指标在 $P<0.05$ 的水平上具有显著差别，下同

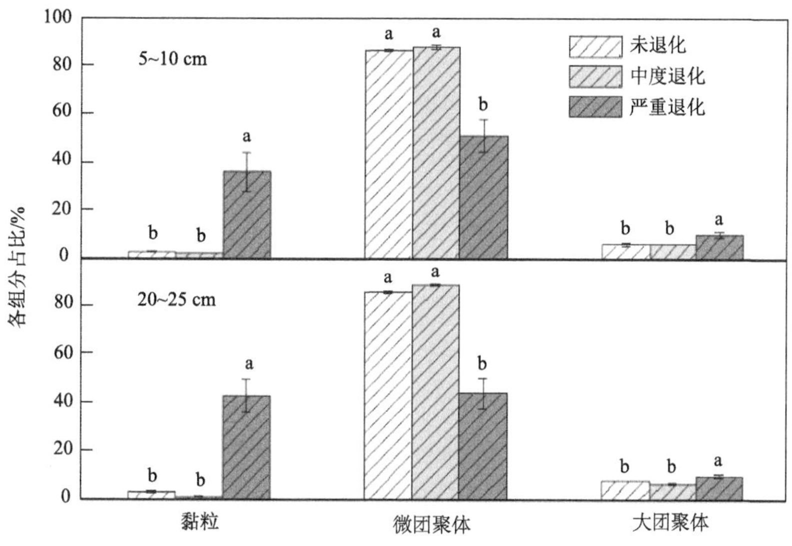

图 11-5　长江源区不同退化程度高寒草甸不同粒级团聚体

3. 土壤养分的变化

氮和磷是植物所需的大量养分。通常认为，高寒生态系统植物生长受到氮限制，而高寒地区由于成土年龄较短、土壤中矿物磷含量较丰富，较少受到磷限制。因此，大多数高寒草甸土壤养分的研究都是围绕土壤氮开展的。土壤中氮主要是以有机态存在的，因此，在调查土壤氮变化时，常常也会调查土壤有机碳。研究表明高寒草甸退化会导致土壤总碳和总氮含量减少。例如，在三江源区退化导致土壤总氮和总磷含量分别减少 33% 和 17%(Liu et al.，2018)，西藏当雄县退化草地土壤总氮含量降低 56%，甘肃玛曲县重

度退化高寒草甸土壤总氮含量降低 56%等。在调查了祁连山、青藏高原东部、三江源区高寒草甸后，作者也发现高寒草甸总氮含量随着退化而降低(Peng et al.，2018)。然而，在玛沁县中度退化高寒草甸由于地下生物量增加，土壤总碳和总氮含量反而增加。当前大多数研究结果都表明，随着退化加剧，高寒草甸土壤总磷含量降低(Liu et al.，2018)。与土壤总氮不同，土壤总磷取决于母质和成土阶段。高寒草甸草毡层被剥蚀后，下层土壤由于风化程度较弱土壤总磷含量较高，因而出现总磷含量在严重退化程度增加的现象。不同研究之间总磷含量随退化变化的差异结果主要还是对退化的定义和采样时的差别造成的。以物理深度分层采样，对比不同退化程度之间总磷含量时，需要注意草毡层是否被剥蚀。土壤总磷含量增加预示着退化已经极其严重，风蚀或者水蚀已经导致草毡层流失。

总量养分表征了植物可能利用的最大养分，速效养分才是能被植物直接利用的部分。荟萃分析结果表明，随着退化程度加剧，速效氮、速效磷和速效钾含量均显著降低(Liu et al.，2018；Zhang et al.，2019)，且表层养分的变化大于底层(李军豪等，2020)。微生物对有机质的矿化是土壤中速效养分的主要来源，受微生物群落组成与结构、土壤质地及总有机质的影响。有研究发现，退化后高寒草甸氨化速率和净矿化速率逐渐降低，而硝化速率逐渐升高，也有研究发现高寒草甸净矿化速率随退化程度先增加后降低。通常净矿化速率的变化都可解释相关研究中有效养分的变化。例如，氨化速率和净矿化速率降低会导致土壤中有效氮含量减少(张振华等，2021)。此外，硝化速率增加不仅会导致土壤中氮以气体形态释放到大气中，而且硝态氮由于流动性较强，易随水流失，从而加剧土壤中有效氮含量的降低(Liu et al.，2018)。土壤中微生物群落及其功能的变化可能是影响不同矿化过程，从而影响土壤中不同形态有效氮的一个主要因素。有研究表明，退化后土壤中硝化菌丰度增加(Che et al.，2018)，随着退化加剧，土壤中反硝化细菌丰度持续增加。硝化菌丰度增加会消耗土壤中的铵态氮，增加土壤中的硝态氮。在矿化速率随退化程度先增加后降低的研究中，土壤速效养分在矿化速率增加的阶段反而可能无显著变化，这主要是由于退化早期植物群落结构变化，植物对氮的需求增加，从而维持矿化速率增加与植物氮吸收增强之间的动态平衡。可见，随着高寒草甸退化，对于土壤速效养分的变化，不同研究结果可能各异，不同研究之间对比时需注意各个研究之间所定义的退化阶段、土壤质地等的差别。

4. 土壤和植物的相互作用

植物和土壤相互作用、相互影响。植被的退化会影响到土壤中的生物地球化学过程，例如植物群落结构变化影响凋落物质量，从而影响微生物群落和有机质矿化，进而影响植物的养分利用，形成植物-土壤正反馈或者负反馈。查明影响退化过程中植物群落结构和生产力变化的主要土壤要素是通过改良土壤恢复退化高寒草甸的关键因素。冗余分析结果表明，土壤硝态氮含量、土壤 C/N 及铵态氮含量是与高寒草甸退化过程中植物群落结构变化密切相关的土壤要素。但这几个土壤要素只解释了植物群落结构变化的 9.5%（图 11-6)，可见还有其他非土壤养分要素驱动着高寒草甸退化过程中植物群落结构变化，还需要相关研究。此外，阐明不同退化阶段高寒草甸优势物种之间的植物-土壤反馈是认识退化过程和机制，以及恢复的关键。但目前还缺乏相关研究。

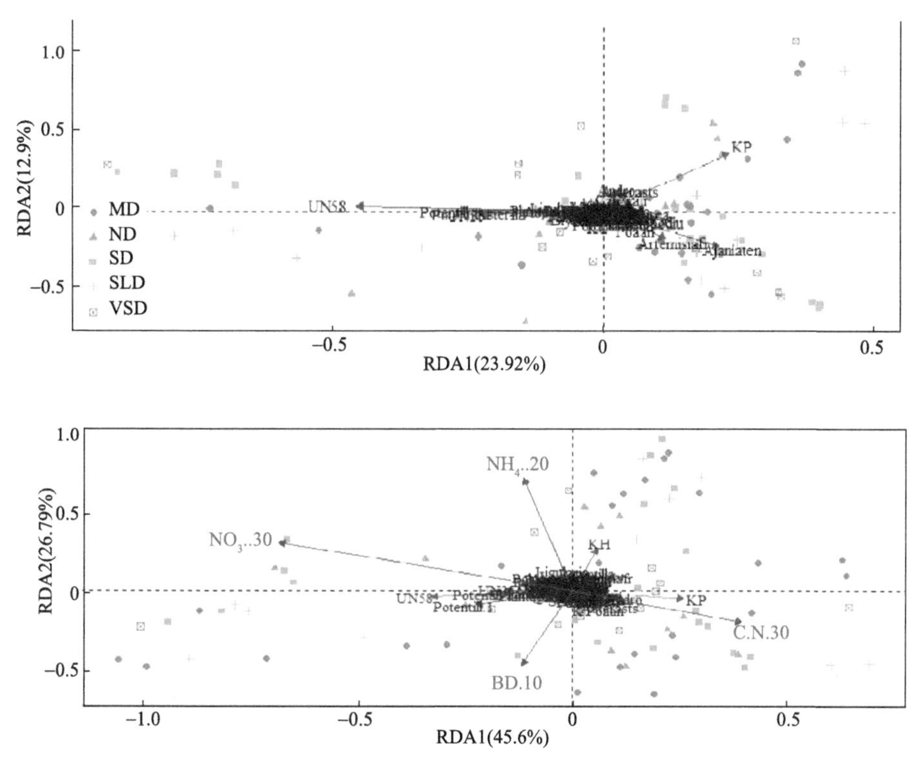

图 11-6　不同退化程度高寒草甸植物群落结构与土壤主要养分(a)和前向选择确定的土壤养分(b)之间的冗余分析

ND 为未退化高寒草甸，SLD 为轻度退化高寒草甸，MD 为中度退化高寒草甸，SD 为严重退化高寒草甸，VSD 为极严重退化高寒草甸；KP 是高山嵩草的简写，UN58 代表未识别物种

NH_4..20 为 10～20 cm 层土壤中的铵态氮，NO_3..30 为 20～30 cm 层土壤中的硝态氮，BD.10 为 0～10 cm 层土壤容重，C.N.30 为 20～30 cm 层土壤的 C/N

11.3　高寒草甸退化的主要因素

明确高寒草甸退化的主要外营力对制定修复方案具有重要的参考意义。目前，高寒草甸退化的主要影响因素主要包括人为干扰(如过度放牧、交通和输电设施架设)和自然因素(如气候变化导致的干旱化等)(Harris，2010；Dong et al.，2013；Cao J F et al.，2019)。此外，2000 年以前高原鼠兔和高原鼢鼠等啮齿类动物也被认为是导致高寒草甸退化的主要因素。西方学者 Harris(2010)指出高寒草甸退化因素的研究中缺乏基于假设的实证研究。此后，中国学者开展了一系列区域尺度的调查研究以及气候变暖和放牧对高寒草甸影响的试验研究，以期揭示高寒草甸退化的主要因素及过程。

11.3.1　区域尺度研究中影响退化的主要因素

区域尺度调查退化成因的方法综合社会经济数据调查，主要包括人口、家畜数量，气象数据，以及遥感调查的方法。社会经济数据和气象数据的时长取决于统计部门和气象管理部门开始有效工作的时间，遥感调查植被生产力等则依赖于遥感影像的可获取性。

目前最早用于植被调查的遥感影像始于 1982 年。因此，虽然统计数据通常会回溯到 20 世纪 50 年代，但由于 50～70 年代植被地面调查数据缺乏，即使有人口、家畜和气候的时间序列数据，也无法确定两者之间的联系。1982 年以后，可以利用社会经济数据、气象数据与植物生产状况进行相关分析，从而揭示人为因素在草地退化中的作用。例如，Dong 等(2013)认为三江源区多数高寒草甸都存在过度放牧现象，与理论草场载畜量相比，海南藏族自治州和黄南藏族自治州超载率分别为 130%和 140%，且都存在明显的升温现象。因此，认为人类活动和气候变化都会导致高寒草甸退化。但这类方法无法明确人类活动和气候变化的具体作用过程。

近年来发展了利用植物实际生产力和气候生产力的差值揭示气候变化与人类活动在高寒草甸退化中相对作用的方法。Wang 等(2016)根据该方法认为 2001～2013 年青藏高原东部和东南部高寒草地发生了退化，其主要是由气候变化导致的，而在中部特别是三江源的核心地带，高寒草甸以恢复为主，且主要是由人类活动导致其恢复。王亚晖等(2022)研究发现，三江源区 2000～2017 年草地生产力以增加为主，长江和澜沧江源区植被恢复主要是由气温升高导致的，而黄河源区人类活动是植被恢复的主要原因(图 11-7)。该方法能厘清人类活动对生产力影响的年际差异，因而被越来越多地应用于退化成因分析中。但该方法不能解释生产力与植物群落结构变化之间的关系，因此该方法并不能完全准确反映高寒草甸退化的主导因素。

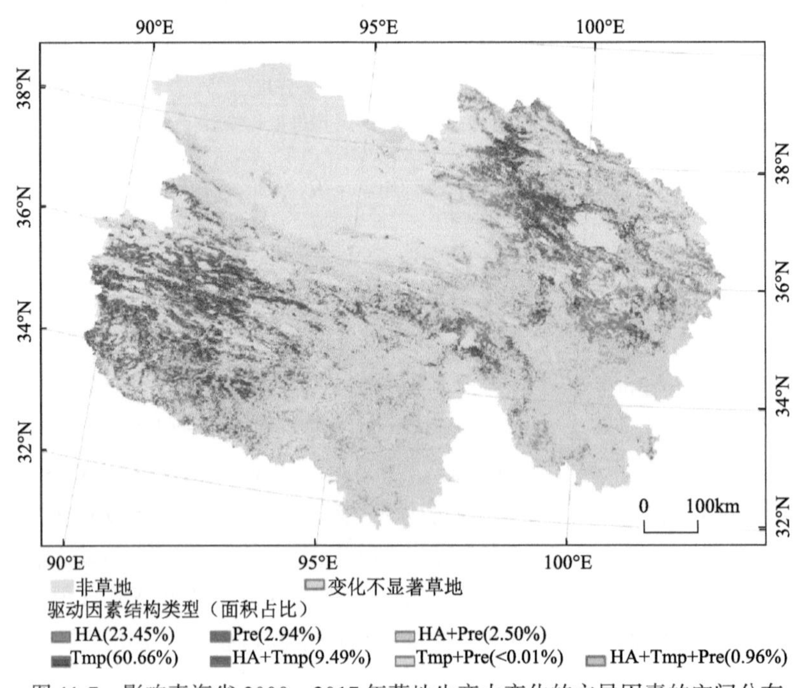

图 11-7　影响青海省 2000～2017 年草地生产力变化的主导因素的空间分布

HA 为人类活动，Pre 为降水，Tmp 为温度

11.3.2　气候变化对高寒草甸退化的影响

青藏高原气候变化的特点是温度显著升高，而降水在整个高原上并无显著的变化。

高寒地区由于低温限制，植物生长缓慢。因而，有研究认为气候变暖可以缓解温度对植物生长的限制、延长生长季等促进植物的生长。例如，1982～1999 年青藏高原高寒草地生长季 NDVI 显著增加(杨元合和朴世龙，2006)。但同时有研究指出，气候变暖会导致冻土退化，随之引起表土干旱化和草地退化(薛娴等，2007；王谋等，2004)。在这些研究中，通常会将植物生长相关的遥感指标(如 NDVI 和 NPP)与气候因子进行相关分析，从而推测气候变化对植物生长的影响，这些结果虽然有助于认识大范围影响高寒草甸植被变化的因子，但对气候变暖影响植物生长的具体机制的研究还欠缺。近年来，在高寒草甸区开展了多点模拟气候变暖对高寒草甸生长的野外控制试验。三江源区的相关结果表明气候变暖会导致表土干旱化，特别是 0～20 cm 土层土壤含水量随着气候变暖会显著下降，但同时会促进高寒草甸植物的生长，这主要是由于气候变暖后植物群落发生变化，群落中深根系的杂草增加，而浅根系的禾草和嵩草减少(Peng et al.，2017)。此外，未退化和退化草甸的对比试验研究发现气候变暖会加剧未退化高寒草甸的表层干旱化(Xue et al.，2017)，且不会促进退化高寒草甸植被的生长，这表明气候变暖不利于已经退化的高寒草甸的恢复。

气候变暖对高寒草甸的影响还受到土壤水分的调节。距长江源区较近的那曲高寒草甸四年的增温试验结果发现，温度升高会导致土壤含水量较低的高寒草甸生物量降低，但其对植物物候产生影响，如推迟禾本科植物的返青并推迟嵩草的枯黄，从而部分补偿增温对植物生长的抑制作用(Ganjurjav et al.，2021)。而在较湿润且年均温较高的青藏高原东部，无论是否有放牧活动，增温都会促进高寒草甸植物的生长，但放牧会降低增温对植物生长的正效应(Wang et al.，2012)，这表明气候变暖对高寒草甸的影响随立地条件的变化而变化。为了系统揭示高寒草甸对气候变暖的影响，有必要将开展的高寒草甸增温试验进行联网对比。

11.3.3　放牧高寒草甸退化的影响

放牧和增温的双因素控制试验通常被用来揭示气候变暖与放牧对高寒草甸的影响。中国科学院海北高寒草甸生态系统定位研究站开展的试验结果表明，增温会增加生态系统生产力，但叠加放牧后增温对高寒草甸生态系统生产力的促进作用将会减小，这表明放牧而非气候变暖是导致高寒草甸退化的主要因素(Wang et al.，2012)。而在相近的研究点，采用不同的增温方法，发现增温降低总地上 NPP 和可食牧草的生产力，增温后群落中麻花艽生物量降低，而瑞香狼毒生物量增加。放牧会缓解增温导致的生物量降低，因而认为气候变暖是高寒草甸退化的主要原因(Klein et al.，2007)。在长江源区的北麓河试验站，作者团队开展的增温和放牧的交互试验结果发现，增温促进高寒草甸生态系统 NPP，而模拟放牧降低地上生物量，但气候变暖对高寒草甸生产力的影响受当年降水的调节。

这些研究中模拟气候变暖所用的增温装置存在差别，红外辐射灯可较真实地模拟气候变暖，而开顶箱是非自由大气增温。但在青藏高原，由于电力设施及费用的限制，目前在青藏高原上开展的增温试验所用的装置主要是开顶箱。此外，通常会采用刈割来模拟动物采食的影响，但刈割是无差别地将地上生物量齐地面剪除，这忽略了家畜对不同植物的选择性采食，并且刈割无法模拟家畜践踏对表层土壤质地的影响，以及土壤质地变化对高寒草甸生态过程的间接影响。因此，在高寒草甸增温试验的联网研究中，有必要统一增温方式，且尽可能地开展家畜放牧而非刈割模拟放牧的研究。

11.3.4 啮齿类动物的影响

较早的研究认为，啮齿类动物如高原鼠兔(图 11-8)会在高寒草甸土壤中筑巢，在筑巢过程中会将土壤翻至地表，从而造成斑块状退化，被高原鼠兔翻至地表的松散物质更容易被侵蚀。野外调查也发现，高原鼠兔密度较高时可食牧草在群落中的比例最低(Sun et al.，2015)。但近年来研究发现，啮齿类动物增加并不是高寒草甸退化的原因，而是其结果。在未退化高寒草甸中植被较高，高原鼠兔无法躲避天敌如狐狸和鹰的捕食，但在退化后由于植被高度降低，高原鼠兔视线开阔，更容易躲避天敌，从而在退化高寒草甸中大量繁殖和定居(Dong et al.，2013)。当地牧民根据其观察提出，在干旱的年份高原鼠兔会大量增加，因为高原鼠兔需要挖取植物的根以补充水分，从而对高寒草甸造成破坏。这一观点也得到了试验的证实，如气候变暖会加剧啮齿类动物对高寒草甸的影响，而降水增加会降低其影响(Wei et al.，2019)。

图 11-8　高原鼠兔采食及其对高寒草甸的影响

11.4 退化高寒草甸生态系统修复

近几十年来，鉴于青藏高原高寒草甸退化日益严重的现象，政府和科研工作者提出与制定了一系列的恢复措施，并取得了一定的效果。退化草地的恢复主要是恢复其生态和生产功能(张骞等，2019)，以恢复草地的生物多样性、植被生产力、群落结构、土壤物理结构和养分等为目标(张骞等，2019)。针对不同退化程度及不同区域的高寒草甸，不同恢复措施的效果也各异。

人们对导致高寒草甸退化的主要因素的认识影响其采取的恢复措施。例如，早期高原鼠兔被认为是草地退化的主要原因，所以在保护或减缓草地退化行动中开展了大规模的化学和人工灭鼠。据报道，青藏高原从 1958 年开始实施灭鼠行动，从 1960 年开始到

20 世纪末结束，超过 20 万 hm^2 的土地被投放了灭鼠剂。自 2014 年三江源二期生态保护工程实施以来，青海省已投入数以亿计的资金用于阻击鼠害。但近年来由于科学的发展，高原鼠兔不再被认为是高寒草甸退化的“元凶”，且鹰和狐狸等食用灭鼠剂杀死的高原鼠兔后也会中毒死亡，这样会破坏不同营养级之间的平衡，降低生态系统的稳定性而不利于退化高寒草甸的恢复，大规模的灭鼠行动才被慢慢叫停。

在青藏高原上大规模的围栏封育始于 2003 年，这是在过度放牧被认为是高寒草甸退化的主要原因的基础上展开的。目前，围栏封育是青藏高原上最为广泛的一种恢复措施，其主要特点是简单易行、成本低。大多数研究认为，围栏封育有利于修复退化的高寒草地，争论的焦点集中在最佳围栏时长上。Sun 等(2020)认为 7 年的围栏封育对植物地上部分生长的恢复最有利，当围栏封育大于 7 年后，其对恢复的正效应并不会再增加；苗福泓等(2012)认为在青藏高原东北部围封 3 年左右，植被地上生物量达到高峰，植物群落结构也呈现稳定趋势，草地植被生态系统趋于正常；而 Cao J J 等(2019)却认为 13 年是青藏高原高寒草地较为适宜的围栏时长。可见，不同研究之间对于最佳围栏时长还存在较大的争议，这可能与所研究的高寒草甸生态系统所处的自然环境相关。例如，在高原东部，海拔较低、水热条件较好，在围栏后退化草地可以很快恢复，而在高原面上由于环境限制，围栏后植物恢复较慢。也有研究认为围栏并不会促进退化高寒草甸的恢复，特别是严重退化高寒草甸。马玉寿等(2008)发现围栏封育后黑土滩以毒杂草为主的群落反而会越来越稳定。此外，围栏会影响到野生动物的迁移，动物翻越围栏时偶尔会造成死亡。因此，有研究指出当围栏后地上部分恢复较好时，可考虑拆除围栏(Sun et al.，2020)。

围栏封育无法恢复的严重退化高寒草地通常采用人工草地的方式进行干预。当人工草地建植时，需翻耕严重退化草地，然后播撒禾本科草种。目前三江源区人工草地建植只能应用于黑土滩型退化高寒草甸。其特点是，可以在较短的时间内恢复退化高寒草地的群落盖度和生物量(尚占环等，2018)。但可用于人工草地建植的禾本科草种仅有垂穗披碱草(*Elymus nutans*)、冷地早熟禾(*Poa crymophila*)、老芒麦(*Elymus sibiricus*)、中华羊茅(*Festuca sinensis*)等(尚占环等，2018；贺金生等，2020)。播撒的草种较单一，容易造成人工草地植物群落结构的稳定性失衡，不利于生物多样性可持续发展，有可能导致草地再次发生退化(方精云等，2016)，从而增加治理成本。

免耕补播也是退化草地恢复过程中一项主要的治理措施，其主要特点是能保护当地草地植被的正常生长，使退化草地植被群落结构向良性方向发展(贺金生等，2020)。例如张永超等(2012)在甘肃玛曲退化高寒草甸进行补播试验发现，补播后退化草地杂类草的比例降低，禾本科植物在群落中的比例增加。垂穗披碱草的补播可以显著增加土壤养分含量，从而加快退化草地恢复。但由于不同物种竞争能力各异，不同退化程度草地免耕补播的效果也存在很大差别。青藏高原海拔高、温度低，氮、磷限制较为严重(宗宁等，2013)，大部分高寒草甸植物(豆科植物除外)并不具备固氮能力，主要依靠根系从土壤中吸收无机氮。因此，通过施加氮肥的措施可以有效增加草地生物量和提升牧草品质。目前为止，在青藏高原高寒草地中，氮肥是使用最多也最为普遍的一种肥料。例如，在甘南典型退化高寒草甸，仁青吉等(2004)认为施肥可以使草地生产力在短期内大幅度增加。但大量施用氮肥也会使草地生物多样性下降(Song and Yu，2015)。

综上所述，各种恢复措施都能在一定程度上促进退化草地的恢复，但也存在一定的局限性。针对不同恢复措施的局限性，贺金生等(2020)提出了青藏高原退化高寒草地近自然修复的理念。这一理念指通过科学有效的人工辅助及其管理措施，依靠自然生态过程，把退化生态系统恢复到物种组成、多样性和群落结构与地带性群落接近的生态系统。其有两个核心：第一是科学有效的人工干预，第二是依靠自然生态过程。目前已开展的围栏封育、施肥、补播、人工草地建植等都是干预措施。而依靠自然生态过程的基础是了解自然生态过程。

11.5　结　　论

本章首先分析遥感数据和地面调查两种手段对高寒草甸生态系统退化现状研究得到结论的异同及其原因；然后从植被、土壤以及植物–土壤相互作用的变化分析高寒草甸生态系统退化过程；其次探讨气候变化、放牧和啮齿类动物在高寒草甸生态系统退化中的作用；最后分析现行的不同退化高寒草甸修复措施的优缺点。得出以下主要结论。

(1)虽然遥感数据表明近几十年来高寒草甸生态系统 NDVI 和 NPP 增加，但遥感数据无法监测植物群落结构变化。这是造成遥感数据调查显示高寒草甸在恢复，而地面调查结果显示高寒草甸退化矛盾结果的主要原因。高寒草甸退化现状调查时，不同学者侧重点不同，其对退化现状的认识就存在差异。有必要以 2025 年为节点，以三江源生态保护建设生态成效评估体系为依据，开展生态保护建设实施 20 年后三江源高寒草地现状调查。

(2)在退化初期高寒草甸生态系统生产力保持不变甚至增加，但随着退化程度加剧植被生产力都显著降低，植被群落中嵩草和禾草逐渐减少，杂类草逐渐增加。物种、功能多样性随退化程度的变化在不同研究之间存在差异，这主要是由于不同研究之间采样时样方大小以及退化的定义标准不一。草毡层的存在与否是判断高寒草甸生态系统退化程度的重要标志之一，放牧对草毡层流失的影响慢于气候变化导致的冻融循环增强的影响。退化后高寒草甸生态系统土壤粗化，土壤中大团聚体比例下降、微团聚体比例上升。与生产力类似，退化初期，土壤速效氮、速效磷等的变化在不同研究之间存在差异，土壤中总碳、总氮含量都会降低。高寒草甸草毡层被剥蚀后，下层土壤由于风化程度较弱，土壤总磷含量较高，出现总磷含量在严重退化程度增加的现象。以物理深度分层采样，对比不同退化程度之间总磷含量时，需要注意草毡层是否被剥蚀。土壤总磷含量增加预示着退化已经极其严重，风蚀或者水蚀已经导致草毡层流失。

(3)对比高寒草甸生产力和社会经济数据随时间的异同变化虽然可以指示放牧等人类活动与高寒草甸退化之间的联系，但并不能明确其机制。气候生产力和实际生产力差值的方法常被用来揭示气候和人类活动对高寒草甸退化的相对贡献率，但该方法不能解释生产力与植物群落结构变化之间的关系，因此并不能完全准确反映高寒草甸退化的主导因素。气候变暖可缓解低温对高寒草甸生长的限制，但增温引起的表层干旱化在干旱立地条件下会抵消增温对高寒草甸生产力的促进作用，甚至降低生产力。为了系统揭示高寒草甸对气候变暖的影响，有必要将已开展的高寒草甸增温试验进行联网对比。通常采用刈割等模拟放牧对高寒草甸生态系统的影响并不能模拟家畜选择性采食的影响，因而其结论并不能揭示放牧对高寒草甸退化的影响，但普遍认为过度放牧会造成高寒草甸生态系统的退化。

(4)围栏封育、免耕补播等措施短期内都能促进退化高寒草甸的恢复，但普遍认为其长期使用会降低高寒草甸的稳定性和恢复力，特别是围栏封育甚至会造成二次退化。认识高寒草甸退化过程，特别是植被-土壤-微生物相互作用随退化程度的变化，是把退化生态系统恢复到物种组成、多样性和群落结构与地带性群落接近的生态系统等近自然修复的关键。

目前对高寒草甸退化的研究主要还集中在通过遥感手段大范围监测其时间动态，根据研究人员的经验，现场确定不同退化阶段，然后监测不同退化阶段高寒草甸的植被和土壤特征，评估不同修复措施的成效等方面。在相关研究中，常见的描述是退化或者恢复措施导致高寒草甸某些性质的变化。退化的某个阶段是自然或人为干扰导致生态系统变化的一个结果，而不是原因。需要明确的是：气候变化和放牧这两个目前被认为是高寒草甸退化的主要因素如何影响自然生态过程(如水分循环、养分循环、植物-土壤反馈等)，从而导致退化；在退化的外营力消失后这些自然生态过程的弹性和恢复力如何。只有理解这些自然生态过程，才能适度地开展人工干预，在适当时机减弱甚至停止人工干预，从而实现退化高寒草甸的近自然修复。

参考文献

董世魁, 汤琳, 张相锋, 等. 2017. 高寒草地植物物种多样性与功能多样性的关系. 生态学报, 37(5): 1472-1483.

方精云, 白永飞, 李凌浩, 等. 2016. 我国草原牧区可持续发展的科学基础与实践. 科学通报, 61(2): 155-164.

贺金生, 卜海燕, 胡小文, 等. 2020. 退化高寒草地的近自然修复: 理论基础与技术途径. 科学通报, 65(34): 3898-3908.

李成阳, 张文娟, 赖炽敏, 等. 2021. 黄河源区不同退化程度高寒草原群落生产力、物种多样性和土壤特征及其关系特征. 生态学报, 41(11): 4541-4551.

李军豪, 杨国靖, 王少平. 2020. 青藏高原区退化高寒草甸植被和土壤特征. 应用生态学报, 31(6): 2109-2118.

刘育红, 杨元武, 张英. 2018. 退化高寒草甸植物功能群与土壤因子关系的冗余分析. 生态与农村环境学报, 34(12): 1112-1121.

柳小妮, 孙九林, 张德罡, 等. 2008. 东祁连山不同退化阶段高寒草甸群落结构与植物多样性特征研究. 草业学报, 17(4): 1-11.

芦清水, 黄麟, 吕宁. 2009. 三江源区东部 8 县草地退化格局分析. 自然资源学报, 24(2): 259-267.

马玉寿, 董全民, 施建军. 2008. 三江源区“黑土滩”退化草地的分类分级及其治理模式. 青海畜牧兽医杂志, 38(3): 1-3.

马玉寿, 郎百宁. 1998. 建立草业系统恢复青藏高原“黑土型”退化草地. 草业科学, 15(1): 5-9.

马玉寿, 朗百宁, 李青云, 等. 2002. 资源江河源区高寒草甸退化草地恢复与重建技术研究. 草业科学, 19(9): 1-5.

苗福泓, 郭雅婧, 缪鹏飞, 等. 2012. 青藏高原东北缘地区高寒草甸群落特征对封育的响应. 草业学报, 21(3): 11-16.

仁青吉, 罗燕江, 王海洋, 等. 2004. 高寒草原典型高寒草甸退化草地的恢复. 草业科学, 13(2): 43-49.

尚占环, 董全民, 施建军, 等. 2018. 青藏高原"黑土滩"退化草地及其生态恢复近10年研究进展——兼论三江源生态恢复问题. 草地学报, 26: 1-18.

邵全琴, 樊江文, 刘纪远, 等. 2016. 三江源生态保护和建设一期工程生态成效评估. 地理学报, 71(1): 3-20.

盛芝露. 2015. 退化梯度上高寒草甸植物群落功能多样性研究. 昆明: 云南大学.

王谋, 李勇, 白宪洲, 等. 2004. 全球变暖对青藏高原腹地草地资源的影响. 自然资源学报, 19(3): 331-336.

王亚晖, 唐文家, 李森, 等. 2022. 青海省草地生产力变化及其驱动因素. 草业学报, 31(2): 1-13.

王长庭, 王根绪, 刘伟, 等. 2013. 高寒草甸不同类型草地土壤机械组成及肥力比较. 干旱区资源与环境, 27(9): 60-65.

魏卫东, 李希来. 2013. 三江源区高寒草甸退化草地退让侵蚀模型与模拟研究. 环境科学与管理, 38(7): 26-30.

徐剑波, 宋立生, 赵之重, 等. 2012. 近15a来黄河源地区玛多县草地植被退化的遥感动态监测. 干旱区地理, 35(4): 615-622.

薛娴, 郭坚, 张芳, 等. 2007. 高寒草甸地区沙漠化发展过程及其成因分析——以黄河源玛多县为例. 中国沙漠, 27(5): 725-732.

杨元合, 朴世龙. 2006. 青藏高原草地植被覆盖度变化及其与气候因子的关系. 植物生态学报, 30(1): 1-8.

张骞, 马丽, 张中华, 等. 2019. 青藏高寒区退化草地生态恢复: 退化现状、恢复措施、效应与展望. 生态学报, 39(20): 7441-7451.

张镱锂, 丁明军, 张玮, 等. 2007. 三江源地区植被指数下降趋势的空间特征及其地理背景. 地理研究, 26(3): 500-508.

张镱锂, 祁威, 周才平, 等. 2013. 青藏高原高寒草地净初级生产力(NPP)时空分异. 地理学报, 68(9): 1197-1211.

张颖, 章超斌, 王钊齐, 等. 2017. 气候变化与人为活动对三江源草地生产力影响的定量研究. 草业学报, 26(5): 1-14.

张永超, 牛得草, 韩潼, 等. 2012. 补播对高寒草甸生产力和植物多样性的影响. 草业科学, 21(2): 305-309.

张振华, 刘振杰, 陈白洁, 等. 2021. 枯落物添加对三江源区退化高寒草甸土壤碳矿化的影响. 草地学报, 2: 156-164.

周华坤, 赵新全, 周立, 等. 2005. 青藏高原高寒草甸的植被退化与土壤退化特征研究. 草业学报, 14(3): 31-40.

宗宁, 石培礼, 蒋婧, 等. 2013. 施肥和围栏封育对退化高寒草甸植被恢复的影响. 应用与环境生物学报, 19(6): 905-913.

Bardgett R, Bullock J M, Lavorel S, et al. 2021. Combatting global grassland degradation. Nature Reviews Earth & Environment, 2(10): 720-735.

Cao J F, Adamowski J F, Ravinesh C D, et al. 2019. Grassland degradation on the Qinghai-Tibetan Plateau: Reevaluation of causative Factors. Rangeland Ecology and Management, 72(6): 988-995.

Cao J J, Li G D, Adamowski J F, et al. 2019. Suitable exclosure duration for the restoration of degraded Alpine grasslands on the Qinghai-Tibetan Plateau. Land Use Policy, 86 : 261-267.

Che R X, Qin J L, Tahmasbian I, et al. 2018. Litter amendment rather than phosphorus can dramatically change inorganic nitrogen pools in a degraded grassland soil by affecting nitrogen-cycling microbes. Soil Biology and Biochemistry, 120: 145-152.

Dong Q M, Zhao X Q, Wu G L, et al. 2013. A review of formation mechanism and restoration measures of 'Black-Soil-Type' degraded grassland in the Qinghai-Tibetan Plateau. Environmental Earth Sciences, 70(5): 2359-2370.

Dong S K, Zhang J, Li Y Y, et al. 2020. Effect of grassland degradation on aggregate-associated soil organic carbon of Alpine grassland ecosystems in the Qinghai-Tibetan Plateau. European Journal of Soil Science, 71(1): 69-79.

Ganjurjav H, Gornish E, Hu G Z, et al. 2021. Phenological changes offset the warming effects on biomass production in an Alpine meadow on the Qinghai-Tibetan Plateau. Journal of Ecology, 109(2): 1014-1025.

Harris R B. 2010. Rangeland degradation on the Qinghai-Tibetan Plateau: A review of the evidence of its magnitude and causes. Journal of Arid Environments, 74(1): 1-12.

Immerzeel W, van Beek L, Bierkens M. 2010. Climate change will affect the Asian water towers. Science, 328: 1382-1385.

Klein J A, Harte J, Zhao X Q. 2007. Experimental warming, not grazing, decreases rangeland quality on the Tibetan Plateau. Ecological Applications, 17(2): 541-557.

Li C Y, Peng F, Xue X, et al. 2018. Productivity and quality of Alpine grassland vary with soil water availability under experimental warming. Frontiers in Plant Science, 871: e01790.

Liu S B, Zamanian K, Schleuss P, et al. 2018. Degradation of Tibetan Grasslands: Consequences for carbon and nutrient Cycles. Agriculture, Ecosystems and Environment, 252: 93-104.

Miehe G, Schleuss P, Seebe Er, et al. 2019. The *Kobresia pygmaea* ecosystem of the Tibetan highlands - origin, functioning and degradation of the world's largest pastoral alpine ecosystem. Science of the Total Environment, 648: 754-771.

Peng F, Xue X, Xu M H, et al. 2017. Warming-induced shift towards forbs and grasses and its relation to the carbon sequestration in an Alpine meadow. Environmental Research Letters, 12(4). aa6508.

Peng, F, Xue X, You Q G, et al. 2018. Changes of soil properties regulate the soil organic carbon loss with grassland degradation on the Qinghai-Tibet Plateau. Ecological Indicators, 93: 572-580.

Song M H, Yu F H. 2015. Reduced compensatory effects explain the nitrogen-mediated reduction in stability of an Alpine meadow on the Tibetan Plateau. New Phytologist, 207(1): e13329.

Sun F D, Chen W Y, Liu L, et al. 2015. Effects of plateau pika activities on seasonal plant biomass and soil properties in the Alpine meadow ecosystems of the Tibetan Plateau. Grassland Science, 61(4): 195-203.

Sun J, Liu M, Fu B J, et al. 2020. Reconsidering the efficiency of grazing exclusion using fences on the Tibetan Plateau. Science Bulletin 65(16): 1405-1414.

Wang S P, Duan J C, Xu G P, et al. 2012. Effect of warming and grazing on soil N availability, species composition, and ANPP in an Alpine meadow. Ecology, 93(11): 2365-2376.

Wang Z Q, Zhang Y Z, Yang Y, et al. 2016. Quantitative assess the driving forces on the grassland degradation in the Qinghai-Tibet Plateau, in China. Ecological Informatics, 33: 32-44.

Wei H X, Zhao J X, Luo T X. 2019. The effect of pika grazing on *Stipa purpurea* is amplified by warming but alleviated by increased precipitation in an Alpine grassland. Plant Ecology, 220(3): 371-381.

Xue X, You Q G, Peng F, et al. 2017. Experimental warming aggravates degradation-induced topsoil drought in Alpine meadows of the Qinghai-Tibetan Plateau. Land Degradation & Development, 28(8): 2343-2353.

Zhang W J, Xue X, Peng F, et al. 2019. Meta-analysis of the effects of grassland degradation on plant and soil properties in the Alpine meadows of the Qinghai-Tibetan Plateau. Global Ecology and Conservation, 20: e00774.

第12章 青藏高原土壤微量元素的地球化学特征及其意义

微量元素或痕量元素(trace element)指体系中(岩石、土壤及海洋等)含量小于1%的元素。实际上，在地学研究中，除O、Si、Al、Fe等几个丰度较大的元素外，其余皆可称为微量元素，微量元素的丰度较低，总质量仅占地壳的0.126%(Gromet et al.，1984；赵振华，2016)。相较于常量元素，微量元素对地球环境变化的感知性更为灵敏，所以它们的分布不仅在时间上随地质作用演化表现出明显的变化，而且在空间上也具有显著的区域性差异(李兴远等，2015；赵振华，2016；Gardiner et al.，2021)。微量元素在自然界可呈活动状态和非活动状态，非活动状态主要有类质同象、固溶体分凝物、机械混入物、吸附状态、与有机物质结合的形式，以及形成独立矿物等(赵振华，2016；Gardiner et al.，2021)；活动状态主要呈离子、可溶化合物和配合物、水溶胶、气溶胶、悬浮态和气体等，在现代自然地理过程中，如风化、淋滤、侵蚀中，绝大多数微量金属元素溶解时以配合物形式迁移(张成龙等，2008；Bortnikova et al.，2012；Durn et al.，2021)。虽然微量元素众多，但就地学示踪作用和表生资源环境效应而言，常用微量元素主要包括以下三类：①有毒微量元素(重金属元素)；②稀土元素(REE)及部分大离子亲石元素(如Rb、Sr、Ba等)；③功能性微量元素(如Se及Ge等)。

青藏高原是世界上平均海拔最高的地区，拥有众多独特的地理环境，素有“世界屋脊”之称(Li et al.，2009；Wu et al.，2018)。实际上，青藏高原也是元素的“聚宝盆”，其多次多阶段的地质作用造就元素在成土母岩的初步富集，几乎囊括所有关键性元素，包括诸多稀有矿产元素(Hou et al.，2006；Liu et al.，2018)。在此基础上，受地形、气候、温度等影响，独特的表生风化作用深刻地影响着青藏高原土壤的次生富集(Wang et al.，2007；张成龙等，2008；Dai et al.，2019)。此外，随着近年来人类活动在青藏高原的加剧，人类活动作为元素迁移富集的一种形式也正深深地改变着青藏高原土壤的元素分布模式(Wu et al.，2016；Li et al.，2018)。鉴于此，为了更好地理解微量元素在青藏高原的地球化学特征及其意义，本章通过收集已发表的数据，对青藏高原土壤微量元素的地球化学特征、示踪意义及其资源环境效应进行综述性研究，抛砖引玉，利用前文提及的三类微量元素回答下述问题：①青藏高原表层土壤有毒微量元素的污染现状如何？②青藏高原表层土壤稀土元素是否能够示踪？③青藏高原表层土壤功能性微量元素的资源效应如何？实际上，开展青藏高原土壤微量元素地球化学的研究具有重要的科学意义和现实意义。首先，能够为青藏高原关键带(尤其是高原人口相对稠密区，如黄河上游水源涵养区)的生态保护和风险评估提供新的科学依据与基础数据；其次，由于稀土独特的地球化学性质，可以反演某些关键地质地理学过程，并可以建立青藏高原土壤稀土模式数据库，如同“基因库”一样，可以为其他地区相关研究(如亚洲粉尘来源)提供基础比对数据；最后，作为重要的自然地理资源，功能性微量元素对绿色农业产业的开发具有重要的社会意义和经济意义。

12.1　青藏高原土壤微量元素的研究现状

首先，从爱思唯尔(Elsevier)、科学在线、中国知网(CNKI)和中文期刊全文数据库收集了多篇与搜索词“微量元素”“稀土”“重金属”“土壤”“青藏高原”对应的文献资料(中英文)。其次，从每篇论文中提取以下数据：①经度、纬度和采样点数量；②第一作者、题目、出版年份和采样年份；③最大值、最小值和平均值。为了确保结果的准确性，选定的论文必须符合以下资格标准：①所使用的抽样和处理方法被科学界广泛接受；②土壤样本是从青藏高原表层土壤的浅层(0～15 cm 或 0～20 cm)采集的；③分析方法广泛被接受，主要包括原子吸收光谱法(AAS)和电感耦合等离子体质谱法(ICP-MS)等；④提供含量和标准偏差及变异系数的详细信息，需要注意的是，部分研究将流域周边土壤和表层沉积物(如青藏高原东北缘黑河上游区域)(Wei et al.，2018)归类一起研究，因此，这部分数据也被纳入收集范围。通过上述标准收集的数据涵盖如图 12-1 所示的样品点位。

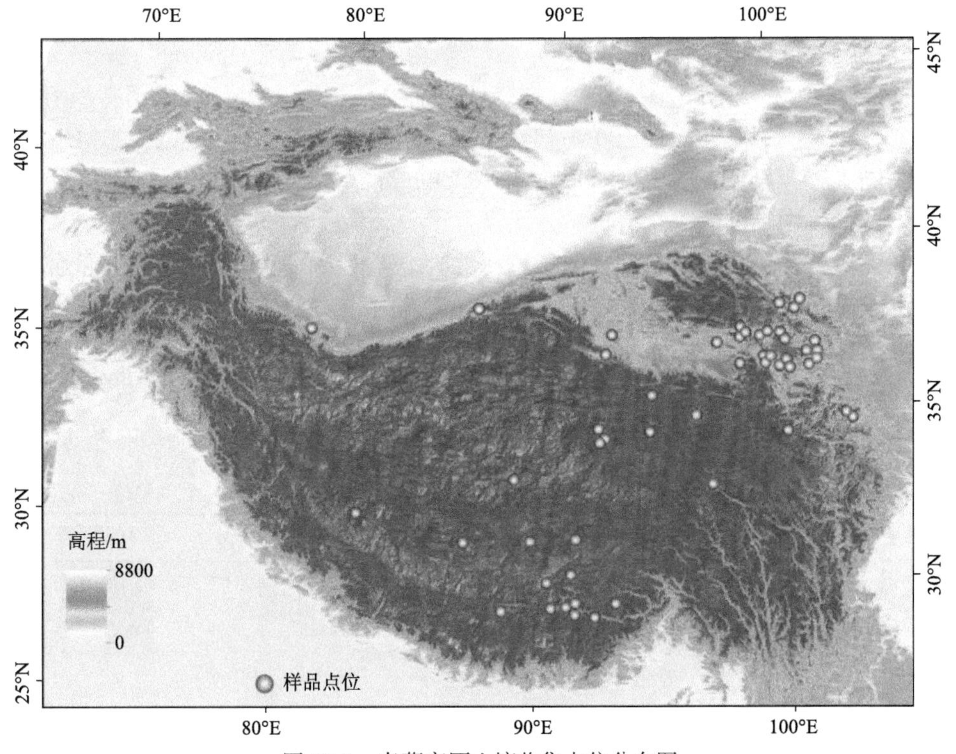

图 12-1　青藏高原土壤收集点位分布图

综合来看，目前关于青藏高原土壤元素地球化学的研究论文总体偏少，微量元素研究的种类集中于有毒微量元素如铜、铅、锌、镉、汞等，研究区域主要集中于矿业开采区，以及青藏高原东北区、高原湖泊及交通道路等相关区域。近十年来，论文数量有逐年增加的趋势，这可能归因于随着人类活动的加剧，青藏高原有毒微量元素的问题更加引起人们的重视，但关于土壤中其他种类的微量元素研究相对偏少。此外，需要说明的是青藏高原区域的划分有狭义和广义的区域范围，狭义的青藏高原仅包括青海和西藏，广义的青藏高原则包括青海全境和西藏全境，还有云南、四川、甘肃和新疆的部分区域，以及尼泊尔等多个国家的部分区域。本章提到的青藏高原区主要涵盖青海、西藏全境及黄河上游青藏高原区域。

12.2　微量元素的地球化学特征

12.2.1　有毒微量元素

青藏高原土壤有毒微量元素的主要统计参数见表 12-1，从中位值来看，青藏高原土壤数据与中国土壤背景值大体持平，说明本次收集统计的数据具有客观性。但从平均值来看，相当一部分元素含量的平均值大于相应的背景值，尤其是 As 和 Cd 含量的平均值远高于背景值，分别是背景值的 8 倍和 7 倍。在个别矿区，表层土壤 As 和 Cd 含量的最高值甚至分别达到 768.40 mg/kg 和 27.39 mg/kg。进一步地，从各元素含量的变化范围和平均值来看，Pb、Zn、Cu 和 Cr 含量变化范围分别为 8.04～910.00 mg/kg、19.34～2460.93 mg/kg、1.65～852.00 mg/kg 和 2.06～1114.00 mg/kg，平均值分别为 35.97.mg/kg、96.51 mg/kg、33.52 mg/kg 和 83.24 mg/kg。在本次数据统计研究中，土壤中 Ni 的含量稍高于中国土壤背景值，变化范围为 1.79～205.00 mg/kg，平均值为 34.64 mg/kg，而土壤中 Hg 的含量最接近中国土壤背景值，变化范围为 0.01～0.23 mg/kg，平均值为 0.06 mg/kg。除受自然成土母岩的直接影响外，土壤有毒微量元素含量受人为因素的影响较大。例如，位于青藏高原东北部的早子沟金矿土壤，属于黄河上游地区重要的金开采矿区，其重金属平均含量相对较高，尤其是土壤 As 的高含量，要格外引起关注。此外，在青藏高原东北缘的黑河上游，土壤及表层沉积物样品也展示出较高的有毒微量元素值。例如，Zn 含量达到极大值，Cd 含量也相对较高，这可能源于祁连山关键带的采矿活动、农牧业活动及地本身巨厚的石灰岩沉积层。

表 12-1　青藏高原土壤有毒微量元素统计参数表　　（单位：mg/kg）

有毒微量元素	As	Cu	Zn	Pb	Cr	Cd	Hg	Ni
最小值	2.20	1.65	19.34	8.04	2.06	0.07	0.01	1.79
最大值	768.40	852.00	2460.93	910.00	1114.00	27.39	0.23	205.00
平均值	94.89	33.52	96.51	35.97	83.24	0.66	0.06	34.64
中位值	21.85	19.47	69.80	24.33	65.10	0.23	0.05	23.90
中国土壤背景值	11.2	22.6	74.2	26	61	0.097	0.065	26.9

12.2.2　稀土元素

稀土在不同介质中的分配系数与其离子半径相关，因此稀土元素含量常常展现出有规律的依次递减或递增。综合来看，青藏高原表层土壤稀土总量($\sum$REE)均相对较低，如表12-2所示，青藏高原$\sum$REE变化范围为71.30～306.80 mg/kg，平均值为170.19 mg/kg，低于北美页岩的平均值(173.20 mg/kg)。事实上，$\sum$REE一般与成土年龄呈极显著线性正相关，$\sum$REE可作为衡量土壤发育程度的良好指标，这与青藏高原现代土壤成土时间短是相对应的。此外，轻、重稀土含量及其比值(LREE/HREE)是稀土元素地球化学中重要的参数，它能够表征稀土元素的分馏程度，并以此来反演关键地学过程。本次所收集点位的LREE/HREE变化范围为2.91～12.16，平均值为8.24，表明轻、重稀土分异明显，轻稀土富集，重稀土相对亏损。此外，对于Ce和Eu的两类参数来讲，在所收集点位数据中，各组样品差异较大，但δEu均显示负异常，变化范围为0.21～0.76，平均值为0.52；δCe则几乎无异常，范围为0.93～1.06，δCe平均值接近1，个别点位数据中有十分微弱的负异常。

表12-2　青藏高原土壤稀土元素主要参数统计表

样品来源	δEu		δCe		$\sum$REE / (mg/kg)		LREE/HREE	
	平均值	范围	平均值	范围	平均值	范围	平均值	范围
青藏高原表层砂质土壤	0.65	0.56～0.76	1.99	0.93～1.05	119.41	74.69～250.79	8.44	6.00～11.93
青藏高原西部土壤	0.64	0.64～0.65	1.04	1.01～1.06	167.52	144.98～190.05	9.36	8.89～9.83
纳木错湖	0.57	0.49～0.69	0.95	0.93～0.97	192.84	128.04～257.64	11.05	9.33～12.16
青藏高原东北部	0.22	0.21～0.24	1.02	1.01～1.04	178.60	55.30～306.80	3.14	2.91～3.59
珠峰地区土壤	0.52	0.41～0.66	0.97	0.93～1.04	192.56	71.30～256.70	9.20	7.50～10.60
青藏高原	0.52	0.21～0.76	1.19	0.93～1.06	170.19	71.30～306.80	8.24	2.91～12.16

12.2.3　功能性微量元素(Se)

硒(Se)属于微量元素中的分散元素，在地壳中含量十分低，近乎十亿分比浓度级别，根据目前的标准(谭见安，1991)，当土壤中硒含量大于0.4 mg/kg时即视为富硒土壤。现有的数据表明(曲航等，2015)，青藏高原南部区域土壤整体缺硒。张晓平和张玉霞(2000)自北起唐古拉山南至亚东、樟木等地，东从金沙江，西到班公错——除羌塘高原北部以外的西藏广大地区，采集了156个土壤C层的样品，概略性摸清了西藏土壤全硒含量平均值为(0.150±0.084) mg/kg，其仅为中国土壤全硒含量平均值[(0.290±0.255)mg/kg]的一半。实际上，土壤硒的缺乏可能导致西藏部分区域大骨节病高发。值得注意的是，在西藏的局部区域，同时存在部分全硒含量较高的土壤，土壤全硒含量介于0.3～0.54 mg/kg，该区域主要分布在雅鲁藏布江以南区域，如日喀则市的岗巴县、山南地区的错那县、隆子县、措美县等地(张晓平和张玉霞，2000；曲航等，2015)。

青海富硒土壤的发现肇始于在青海东部地区的平安—乐都地区“圈出”的 840 km^2 的富硒土壤资源，主要位于拉脊山及湟水谷地一带(姬丙艳等，2012；马强等，2012)。平安地区土壤全硒含量变化范围为 0.089～0.782 mg/kg，平均值为 0.418 mg/kg。之后又在柴达木盆地诺木洪地区发现大面积连片富硒土壤，与青海东部发现的富硒土壤资源相比，柴达木盆地发现的富硒土壤硒元素含量略高于青海东部富硒土壤。随着多目标地球化学工作的深入，青藏高原东北缘大量的富硒土壤被发现。例如，在青海东部地区发现了大于 0.23 mg/kg 的富硒土壤，面积达 3026 km^2(马瑛等，2019)。此外，处在青藏高原东北缘祁连山麓地下的山丹县，亦有大面积的富硒土壤，富硒土壤面积达 598.07 km^2。总体上，目前对于青藏高原土壤硒元素及其他功能性微量元素的研究较少，基础数据相当缺乏。

12.3　示踪意义及其资源环境效应

12.3.1　生态环境与人体健康风险

地质累积指数(I_{geo})通常称为 Muller 指数(Muller，1969)，不仅考虑自然地质过程对背景值的影响，而且也充分注意人为活动对重金属污染的影响，因此该指数不仅可以反映重金属分布的自然变化特征，而且可以判别人为活动对环境的影响，是区分人为活动影响的重要参数(Shi et al.，2019；Li et al.，2020a)。如图 12-2 所示，青藏高原不同采样点重金属的 I_{geo} 差异显著，指示其所对应的污染程度也显著不同。各元素污染比例($I_{geo}>0$)从高到低依次为 Cd > Hg > As > Pb > Ni > Cr > Cu > Zn，其中有毒微量元素 Cr、Ni、Cu 和 Zn 超过 80%的采样点处于未污染水平($I_{geo}<0$)。I_{geo} 的评价标准(Muller，1969)分为 7 个层次评估污染程度，如图 12-2 所示，Cr、Ni、Cu 和 Ni 少部分点位处于轻度到中度污染水平，Zn 和 Pb 极少点位处于中度污染水平，15.38% 的 As 点位处于严重污染或者非常严重污染水平。对于 Cd，各级污染程度都有分布，严重污染水平的采样点达到 22.22%，

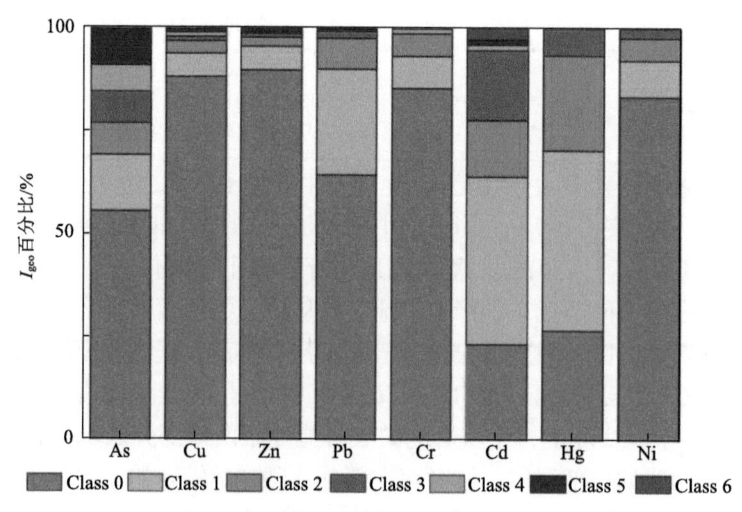

图 12-2　不同元素地质累积指数(I_{geo})百分比图

Class 0 代表未污染

甚至污染程度最高级也有 2.61%的点位分布，说明 Cd 在研究区域的污染水平最严重，上述结论与之前的研究结果基本一致(Wu et al.，2018；Li et al.，2018)。需要注意的是，本研究数据可能存在统计偏差，因为学者更关心受污染的场地，部分数据来自矿区土壤，可能会高估青藏高原有毒微量元素的污染程度。此外，与全国表层农田土壤相比(Yang et al.，2018；Shi et al.，2019；Li et al.，2020a)，青藏高原有毒微量元素的污染程度相对较小，但 Cd 和 As 这两类元素需要引起足够的关注。

美国国家环境保护局[①]提出的土壤健康风险模型是目前成熟度较高的评价土壤的人体健康风险的方法，本研究为了探究青藏高原有毒微量元素的人体健康风险，利用该通用模型进行了计算。本研究区分了两个组(成人组和儿童组)，暴露途径假定为吸入、摄入和皮肤接触情景。结果表明，无论成人组还是儿童组，8 种重金属通过 3 种不同途径的非致癌风险从大到小依次为 As > Pb > Cr > Ni > Cu > Cd > Zn > Hg。其中，As、Pb 和 Cr 的最大值分别为 3.54×10^{-1}、3.59×10^{-2} 和 7.50×10^{-3}，Ni、Cu、Cd、Zn 和 Hg 的最大值分别为 1.42×10^{-3}、2.94×10^{-3}、3.78×10^{-3}、1.13×10^{-3} 和 1.07×10^{-4}。换言之，本研究中土壤重金属非致癌风险所有点位均小于 1，这表明青藏高原土壤所选点位的有毒微量元素的非致癌风险都在尚可接受的非致癌风险阈值范围内。此外，结果还表明儿童比成人有更大的非致癌风险。一个可能的原因是，儿童独特的生理特征，如手/手指吮吸等儿童接触途径，此外他们可能有更高的重金属吸收率(White and Marcus，1998)。Shi 等(2019)的研究也报道了类似的发现。

在致癌风险评估(LCR)中，致癌风险指数超过 10^{-4} 被视为不可接受，致癌风险指数低于 10^{-6} 被认为不会对健康造成重大影响，致癌风险指数介于 10^{-6}～10^{-4} 被认为是可接受的范围(USEPA，2001)。由于模型参数所限[①]，本研究主要针对元素 As、Pb 和 Cd 进行了致癌风险的计算，区分了两个组(成人组和儿童组)，暴露途径假定为吸入、摄入和皮肤接触情景。结果表明，致癌风险指数在不同暴露途径中的排序与非致癌风险相同，即致癌风险主要暴露途径也为经口摄入，不同重金属在儿童组和成人组的致癌风险指数大小为 Pb>As>Cd，需要注意的是，其中 As 和 Pb 的最大值大于 10^{-4}，即该点位的 As 和 Pb 污染构成致癌风险，采样点致癌风险指数大于 10^{-4} 的点位集中在藏南和青藏高原金属采矿与冶炼活动区域，其他大部分点位致癌风险指数均小于 10^{-4}。95%以上的点位都在尚可接受的致癌风险阈值范围，表明青藏高原土壤中的重金属致癌风险较低。需要注意的是，在本次计算中，儿童的致癌风险低于成人，这可能是因为儿童接触时间较短。此外，其他潜在因素(如土壤性质和重金属物种等)可能会影响重金属吸收，从而给健康风险评估结果带来一些不确定性(Shi et al.，2019)。

12.3.2 地学研究中的示踪意义

稀土元素具有独特的地球化学性质，是良好的地球化学示踪剂，在诸多地学分支领域均具有重要的示踪意义(赵振华，2016；Vural，2020；Durn et al.，2021)。其示踪原

① USEPA. 2009. Risk Assessment Guidance for Superfund(RAGS), Volume 1: Human Health Evaluation Manual: Part F, Supplemental Guidance for Inhalation Risk Assessment.

理基于以下认知：首先，稀土元素由性质极为相似的地球化学元素组成，在地质-地球化学作用过程中整体活动，并在地球各圈层中分布广泛（赵振华，2016；Sojka et al.，2021）。稀土元素离子半径略微不同，因而进入各种熔流体分配系数不同，除经受岩浆熔融外，稀土元素基本上不会破坏它们的整体组成，不会导致稀土元素整体模式发生变化，是“指纹元素”（Li et al.，2020b）。其次，稀土中 Eu 和 Ce 具有独特的地球化学性质，研究表明，Eu 和 Ce 异常的产生取决于 Eu^{2+}和 Eu^{3+}及 Ce^{4+}和 Ce^{3+}的平衡，影响该平衡的因素包括温度、压力、氧逸度和研究体系组分（赵振华，2016）。例如，岩浆氧逸度增高，Ce^{3+}转变为 Ce^{4+}，与 Ce^{3+}相比，Ce^{4+} 会优先进入矿物晶格，从而出现 Ce 正异常（Trail et al.，2011）。最后，在现代成土过程中，地下水的淋滤会造成 Eu 异常，还原环境下 Eu^{3+}被还原成 Eu^{2+}之后，与 Sr^{2+}一起淋溶损失（黄成敏和龚子同，2000；Zhang et al.，2021）。因此 Ce 异常和 Eu 异常在不同的介质中可以示踪地质过程及现代自然地理学过程。

为探究并验证土壤稀土元素的示踪意义，本研究分别制作了青藏高原砂质土壤、青藏高原西部土壤、中国黄土、现代上地壳和华南广州红壤的稀土配分曲线。如图 12-3 所示，无论是球粒陨石还是北美页岩标准化图，中国黄土及现代上地壳稀土配分模式基本一致，而华南广州红壤稀土配分模式明显与其他地区土壤不一致，尤其是在北美页岩的配分模式图上，重稀土亏损，轻稀土配分明显富集，配分曲线较为陡峭，不同土壤的稀土配分模式图可能指示华南广州红壤与青藏高原物质联系不大，稀土元素具有较强的示踪作用可窥见一斑。此外，值得注意的是，中国黄土重稀土配分模式与青藏高原土

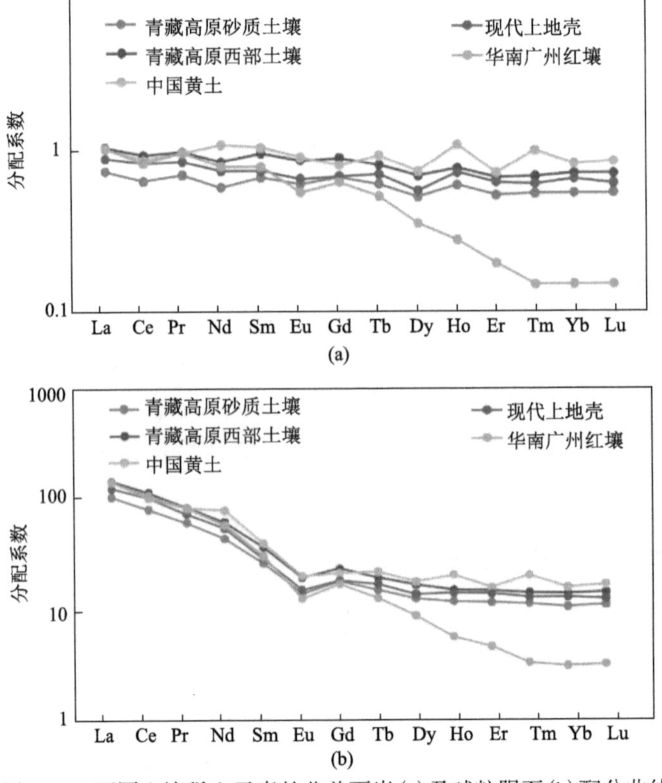

图 12-3　不同土壤稀土元素的北美页岩(a)及球粒陨石(b)配分曲线图

壤相比仍然小有区别，中国黄土的重稀土发生不同程度的分异，这可能是由于其他来源物质的混染及黄土在某些现代地理学过程中造成的重稀土分异，其具体原因尚需进一步研究。实际上，有研究指出，亚洲粉尘的主要源区之一即青藏高原地区(张成龙等，2008；Li et al.，2009；Ding et al.，2021)，因为青藏高原的高山作用，如冰川研磨作用、山体剥蚀作用、山前冲洪积作用等，会形成大量松散物质就近分布于青藏高原及其周边地区。稀土元素特征是砂质表土物理化学性质的重要部分，同时是稀土元素示踪系统的基础，目前关于青藏高原表土稀土元素特征的研究相对缺乏，鉴于其重要性，有必要对青藏高原地区表土物质的稀土元素特征进行研究，建立稀土地球化学组成数据库。

12.3.3　硒元素的资源效应

作为功能性微量元素的典型代表，硒元素被誉为“长寿元素”，实际上，硒是一种自然界存在的非金属元素，硒位于第四周期(Ⅵ族)，处在周期表氧族元素硫和金属元素碲之间。硒的化合物以零价、二价、四价和六价的形式存在(Tian et al.，2016)。研究表明，人体摄入适量的硒元素，能够起到预防癌变、抗衰老、提高免疫力、解毒排毒和提高人体免疫力等作用(Hughes et al.，2015)。人体和动物主要是通过水果、蔬菜和粮食等介质从土壤中间接获取硒元素，因此土壤是食物硒的最重要来源储库(Hsu et al.，2008)。土壤硒的元素地球化学研究成为学者关注的热点之一(Fordyce，2007；Tian et al.，2016；Pokhrel et al.，2020)。统计表明，大部分土壤中硒元素含量范围为 0.01～2.0 mg/kg，平均值为 0.4 mg/kg(Fordyce，2012；Tian et al.，2016)。一般来说，如果土壤中硒元素含量大于 0.4 mg/kg，则该土壤可以被视为富硒土壤。从目前公布的数据来看，中国的闽粤琼区、西南区、湘鄂皖赣区、苏浙沪区、晋豫区及西北区均分布有富硒土壤(Tian et al.，2016)，前已述及，青藏高原土壤整体缺硒，部分地区甚至由于缺硒而引发了大骨节等地方病。

为什么青藏高原会缺硒呢，归纳起来可能有如下原因：首先，青藏高原缺乏高效的含硒母岩，一般来讲，成土母岩是造成土壤硒含量地理分异的重要因素，研究表明(Tian et al.,2016)，黑色岩系硒含量最丰富，而花岗岩、石英岩和砂岩则有着较低的硒丰度(Tian et al.，2016；刘道荣和焦森，2021)。中国华南地区分布着广泛的黑色岩系，是多个地区富硒土壤的有效含硒母岩(陈东平等，2021)。例如，有研究指出，浙江省内的绝大多数富硒土壤分布区与黑色岩系出露范围的吻合性较好，因而黑色岩系被誉为浙江省土壤的“硒库”(刘健等，2019)。其次，青藏高原成土时间较短，有机质含量相对较低。多数研究证明(Fordyce，2012；Tian et al.，2016；田欢，2018)，硒可以被土壤中有机质有效吸附，因此土壤中硒含量与有机质含量成正比。在青藏高原地区，由于近代的自然条件变得越来越严酷，土壤发育的速度减缓，现代土壤形成的历史比较短暂，年轻的青藏高原土壤特别是高山土壤大多表现出厚度不大、层次简单的特点，以及有机质相对缺乏的特点，这种特点导致青藏高原土壤进一步失去对硒的次生富集能力。

然而，在青藏高原局部区域仍然存在一定范围的富硒土壤，如东部湟水-黄河谷地和青海湖盆地，湟水–黄河谷地以灌淤土为主，河谷低阶地和黄土丘陵以灰钙土为主，该区域是青藏高原重要的农业区，耕作历史悠久，土壤的熟化程度较高(姬丙艳等，2012)。青海湖盆地及其以南地区的土壤以栗钙土和暗栗钙土为主，相较于青藏高原其他土壤类型，栗钙土有着相对丰富的有机质(马强等，2012；宋晓珂等，2018)。此外，研究结果表明古近系–新近系西宁群红色泥岩的硒平均含量最高，为 0.82 mg/kg，厚度达几百米，很可能是该区域土壤稳定高效的成硒母岩，可以为上述区域富硒区土壤提供稳定的硒元素(姬丙艳等，2012)。值得欣喜的是，相比于华南地区，青藏高原富硒土壤有着有毒微量元素含量较低的优势，黑色岩系形成的土壤通常富含硒和重金属元素，尤其是 Cd(田欢，2018；刘健等，2019)。这很可能归因于有毒微量元素与硒同属于亲硫元素，具有类似的地球化学亲和性，如硒常常赋存在黄铁矿中(Tian et al.，2020)。黑色岩系中大量的有机质吸附硒的同时也聚集有毒微量元素，其在后期成壤过程中同时释放进入土壤，这类富硒土壤有着较高的人体健康风险，对天然富硒土壤的开发造成障碍。因此，青藏高原的局部富硒土壤区域，有着较为独特的硒资源开发优势。

12.4　结　　论

本章通过收集已发表的土壤微量元素数据，对青藏高原土壤微量元素的地球化学特征、示踪意义及其资源环境效应进行综述性研究，得出以下结论。

青藏高原总体土壤质量污染程度相对较低，除 As 和 Cd 外，其余有毒微量元素造成的生态环境风险较小。具体来看，青藏高原不同采样点重金属的 I_{geo} 差异显著，各元素污染比例($I_{geo}>0$)从高到低依次为 Cd > Hg > As > Pb > Ni > Cr > Cu > Zn，此外，少部分点位的 As 和 Pb 有一定的致癌风险，需要关注这些元素的富集区域，如位于黄河流域上游与青藏高原东北缘交汇的多金属采矿活动区域。

中国黄土及现代上地壳的稀土配分模式基本一致，而华南广州红壤稀土配分模式明显与其他地区土壤不一致，尤其是在北美页岩的配分模式图上，重稀土相对亏损，轻稀土明显富集，配分曲线整体较为陡峭。以上迥异的稀土配分模式指示华南广州红壤与青藏高原的成土物质联系不大。因此，土壤稀土元素能够对不同物源性土壤进行区分，显示出其强大的示踪潜力。实际上，目前青藏高原土壤相对缺乏稀土的基础数据，这会对一些地学过程的反演示踪研究形成制约，所以今后有必要对青藏高原地区土壤的稀土元素特征进行精细化研究，以便建立稀土元素地球化学数据库。

青藏高原土壤整体缺硒，可能与青藏高原富硒母岩的缺失和土壤有机质的缺乏有关，但局部区域富硒，主要集中在土壤成熟度较高的湟水–黄河谷地，这可能与古近系–新近系西宁群红色泥岩的高硒丰度有关。值得注意的是，华南地区黑色岩系大量的有机质吸附硒的同时也聚集有毒微量元素，在后期成壤过程中同时释放进入土壤，这类富硒土壤有着较高的人体健康风险，而相比于华南黑色岩系形成的富硒土壤，青藏高原东北缘黄河上游地区很可能有着独特的土壤硒资源禀赋，其高的富硒值、低的重金属含量有利于当地绿色天然富硒产业的开发。

参 考 文 献

陈东平, 张金鹏, 聂合飞, 等. 2021. 粤北山区连州市土壤硒含量分布特征及影响因素研究. 环境科学学报, 41(7): 2838-2848.

丁维新. 1990. 土壤中稀土元素总含量及分布. 稀土, 11(1): 42-46.

黄成敏, 龚子同. 2000. 土壤发育过程中稀土元素的地球化学指示意义. 中国稀土学报, (2): 150-155.

姬丙艳, 张亚峰, 马瑛, 等. 2012. 青海东部富 Se 土壤及 Se 赋存形态特征. 西北地质, 45(1): 302-306.

李兴远, 周永章, 安燕飞, 等. 2015. 钦-杭成矿带南段丰村铅锌矿区下园垌矿段围岩微量元素的地球化学特征及其意义. 地学前缘, 22(2): 131-143.

刘道荣, 焦森. 2021. 天然富硒土壤成因分类研究及开发适宜性评价. 物探与化探, 45(5): 1157-1163.

刘健, 汪一凡, 林钟扬, 等. 2019. 浙江省"硒库"——寒武系黑色岩系面面观. 浙江国土资源, (8): 35-37.

马强, 姬丙艳, 张亚峰, 等. 2012. 青海东部土壤及生物体中硒的地球化学特征. 地球科学进展, 27(10): 1148-1152.

马瑛, 刘庆宇, 邱瑜, 等. 2019. 青海西宁及周缘地区土壤硒地球化学特征及成因研究. 物探化探计算技术, 41(4): 554-562.

曲航, 尼玛扎西, 韦泽秀, 等. 2015. 西藏土壤硒状况与富硒青稞生产路径. 中国农业科学, 48(18): 3645-3653.

宋晓珂, 李宗仁, 王金贵. 2018. 青海东部农田土壤硒分布特征及其影响因素. 土壤, 50(4): 755-761.

谭见安. 1991. 中华人民共和国地方病与环境图集. 北京: 科学出版社.

田欢. 2018. 典型富硒区岩石-土壤-植物中硒的赋存状态及环境行为研究. 武汉: 中国地质大学.

魏复盛, 杨国治, 蒋德珍, 等. 1991. 中国土壤元素背景值基本统计量及其特征. 中国环境监测, 1(1): 1-6.

赵振华. 2016. 微量元素地球化学原理. 北京: 科学出版社.

赵振华, 严爽. 2019. 矿物——成矿与找矿. 岩石学报, 35(1): 31-68.

章申, 孙景信, 屠树德, 等. 1990. 珠穆朗玛峰地区土壤中稀土元素的含量和分布. 地理研究, (2): 58-66.

张成龙, 邬光剑, 高少鹏. 2008. 青藏高原砂质表土样品稀土元素特征的初步探讨. 冰川冻土, 30(2): 259-265.

张晓平, 张玉霞. 2000. 西藏土壤中硒的含量及分布. 土壤学报, 37(4): 558-562.

Bortnikova S, Bessonova E, Gaskova O. 2012. Geochemistry of arsenic and metals in stored tailings of a Co-Ni arsenide-ore, Khovu-Aksy area, Russia. Applied Geochemistry, 27(11): 2238-2250.

Durn G, Perković I, Stummeyer J, et al. 2021. Differences in the behaviour of trace and rare-earth elements in oxidizing and reducing soil environments: Case study of Terra Rossa soils and Cretaceous palaeosols from the Istrian Peninsula, Croatia. Chemosphere, 283: 131286.

Dai L, Wang L, Liang T, et al. 2019. Geostatistical analyses and co-occurrence correlations of heavy metals distribution with various types of land use within a watershed in eastern QingHai-Tibet Plateau, China. Science of the Total Environment, 653: 849-859.

Ding J, Wu Y, Tan L, et al. 2021. Trace and rare earth element evidence for the provenances of aeolian sands in the Mu Us Desert, NW China. Aeolian Research, 50: 100683.

Fordyce F. 2007. Selenium geochemistry and health. Ambio, 36: 94-97.

Gardiner N J. 2017. Contrasting granite metallogeny through the zircon record: A case study from Myanmar. Scientific Reports, 7(1): 748.

Gardiner N J, Hawkesworth C J, Robb L J. 2021. Metal anomalies in zircon as a record of granite-hosted

mineralization. Chemical Geology, 585: 120580.
Gromet L P, Haskin LA, Korotev R L, et al. 1984. The "North American shale composite": Its compilation, major and trace element characteristics. Geochimica et Cosmochimica Acta, 48(12): 2469-2482.
Hou Z Q, Mo X X, Yang Z M, et al. 2006. Metallogeneses in the collisional orogen of the Qinghai-Tibet Plateau: Tectonic setting, tempo-spatial distribution and ore deposit types. Geology in China, 33(2): 340-351.
Hsu P F, Wu C R, Li Y T. 2008. Selection of infectious medical waste disposal firms by using the analytic hierarchy process and sensitivity analysis. Waste Management, 28: 1386-1394.
Hughes D J, Fedirko V, Jenab M, et al. 2015. Se-lenium status is associated with colorectal cancer risk in the European prospective investigation of cancer and nutrition cohort. International Journal of Cancer, 136: 1149-1161.
Li C, Kang S, Zhang Q. 2009. Elemental composition of Tibetan Plateau top soils and its effect on evaluating atmospheric pollution transport. Environmental Pollution, 157(8-9): 2261-2265.
Li L, Wu J, Lu J, et al. 2018. Distribution, pollution, bioaccumulation, and ecological risks of trace elements in soils of the northeastern Qinghai-Tibet Plateau. Ecotoxicology and Environmental Safety, 166: 345-353.
Li X, Zhang J, Gong Y, et al. 2020a. Status of copper accumulation in agricultural soils across China(1985-2016). Chemosphere, 244: 125516.
Li X, Zhou Y, Wang J, et al. 2020b. Contrasting granite metallogeny through the zircon REE composition: Perspective from data mining. Applied Geochemistry, 122: 104758.
Liu H, Wang X, Zhang B, et al. 2021. Concentration and distribution of selenium in soils of mainland China, and implications for human health. Journal of Geochemical Exploration, 220: 106654.
Liu Y G, Li W Y, Jia Q Z, et al. 2018. The dynamic sulfide saturation process and a possible slab break-off model for the giant Xiarihamu magmatic nickel ore deposit in the East Kunlun orogenic belt, Northern Qinghai-Tibet Plateau, China. Economic Geology, 113(6): 1383-1417.
Muller G. 1969. Index of Geoaccumulation in Sediments of the Rhine River. GeoJournal, 2(3): 109-118.
Pokhrel G R, Wang K T, Zhuang H M, et al. 2020. Effect of selenium in soil on the toxicity and uptake of arsenic in rice plant. Chemosphere, 239: 124712.
Shi T, Ma J, Zhang, Y. et al. 2019. Status of lead accumulation in agricultural soils across China(1979-2016). Environment International, 129: 35-41.
Sojka M, Choi ń ski A, Ptak M, et al. 2021. Causes of variations of trace and rare earth elements concentration in lakes bottom sediments in the Bory Tucholskie National Park, Poland. Scientific Reports, 11(1): 1-18.
Tian H, Bao Z, Wei C. et al. 2016. Improved selenium bioavailability of selenium-enriched slate via calcination with a Ca-based sorbent. Journal of Geochemical Exploration, 169: 73-79.
Tian H, Xie S, Carranza E J M, et al. 2020. Distributions of selenium and related elements in high pyrite and Se-enriched rocks from Ziyang, Central China. Journal of Geochemical Exploration, 212: 106506.
Trail D, Watson E B, Tailby N D. 2011. The oxidation state of Hadean magmas and implications for early Earth's atmosphere. Nature, 480: 79-82.
USEPA. 2001.Risk Assessment Guidance for Superfund (RAGS):Part D:Standardized planning, reporting, and review of superfund risk assessments.Washington, DC: U.S.Environmental Protection Agency.
Vural, A. 2020. Investigation of the relationship between rare earth elements, trace elements, and major oxides in soil geochemistry. Environmental Monitoring and Assessment, 192(2), 1-11.
Wang G, Wang Y, Li Y, et al. 2007. Influences of alpine ecosystem responses to climatic change on soil properties on the Qinghai-Tibet Plateau, China. Catena, 70(3): 506-514.
Wei W, Ma R, Sun Z, et al. 2018. Effects of mining activities on the release of heavy metals(HMs) in a typical

mountain headwater region, the Qinghai-Tibet Plateau in China. International Journal of Environmental Research and Public Health, 15 (9) : 1987.

White P D, Marcus A H. 1998. The conceptual structure of the integrated exposure uptake biokinetic model for lead in children. Environmental Health Perspectives, 106: 1513e1530.

Wu J, Duan D, Lu J, et al. 2016. Inorganic pollution around the Qinghai-Tibet Plateau: An overview of the current observations. Science of the Total Environment, 550: 628-636.

Wu J, Lu J, Li L, et al. 2018. Pollution, ecological-health risks, and sources of heavy metals in soil of the northeastern Qinghai-Tibet Plateau. Chemosphere, 201: 234-242.

Yang Q, Li Z, Lu X, et al. 2018. A review of soil heavy metal pollution from industrial and agricultural regions in China: Pollution and risk assessment. Science of the Total Environment, 642: 690-700.

Zhang L, Han, W, Peng M, et al. 2021. Geochemical characteristics of rare earth elements (REEs) in soils developed on different parent materials, in the Baoshan area, Yunnan Province, SW China. Geochemistry: Exploration, Environment, Analysis, 21 (2) : geochem2019-082.

第三篇

人类活动

第13章

三江源地区生态保护与建设活动

三江源地区是黄河上游地区重要的水源涵养区，三江源地区位于青藏高原腹地，是长江、黄河及澜沧江源头汇水区，黄河总水量的49%来自三江源地区。三江源地区是我国面积最大、海拔最高的天然湿地和生物多样性分布区以及生物物种形成、演化的中心之一，同时是我国生态安全的重要屏障及全球气候变化的敏感区和生态脆弱区（龚静等，2020）。自2005年至今，国家在三江源地区的生态保护投入已超180亿元（陈兴和余正勇，2022）。三江源国家公园是我国第一个国家公园体制改革试点，也是首批5个国家公园之一，是当前我国面积最大的国家公园。因此，研究三江源地区的生态保护与建设活动，可为生态环境保护相关政策的制定和区域可持续发展提供理论依据。

13.1 三江源地区生态保护与建设活动演变历程

13.1.1 第一阶段（2000～2009年）：生态保护为主，保障基本民生

1. 面临的问题和挑战

受气候变化和人类活动的共同影响，2000年以前三江源地区人与自然的矛盾逐渐突出，草地退化严重，生态系统逐渐失衡（图13-1），牧民生产生活受到影响，不仅威胁当地社会经济的稳定发展，而且三江源作为我国生态安全屏障，其作用难以继续发挥。

一是资源开发过度、超载过牧、盲目开采等现象严重，生态环境逐渐恶化。19世纪末至20世纪初，自然因素和人为因素的共同作用导致三江源地区生态严重恶化，其中人类活动的不合理利用超出了自然环境的承载能力。大多牧区追求高牲畜量，大范围的超载过牧常态化，草场环境遭到严重破坏。例如，位于三江源核心地带的玛多县，是20世纪70年代全国有名的“富裕县”，1979年牲畜数量达67.79万头，但持续增加的牲畜数量让原本生机勃勃的草场不堪重负。1999年牲畜存栏量只有28.6万头，全县70%的草地面积呈退化状态（姜辰蓉和叶超，2004）。在利益驱使下，不合理的牧业活动、非法偷捕乱猎及无序地采挖沙金药材和冬虫夏草，使原本生机盎然的三江源千疮百孔、斑驳陆离（石凡涛和马仁萍，2013），高寒牧区的草原生态受到严重威胁。据统计，每年约有

12 万外来人员进入三江源保护区挖掘虫草，留下了无数寸草不生的坑洞；1980～1994 年仅玛多县因非法采金活动流失的沙金高达 2.8 t，导致 $2.133 \times 10^5 \, hm^2$ 的植被破坏(董锁成等，2002)，使自然生境面积急剧下降，生态环境受损严重，野生动物数量骤减，食物链遭到破坏，原有的生态平衡被打破，自然灾害频发，生态系统陷入恶性循环(李辉霞等，2011)。

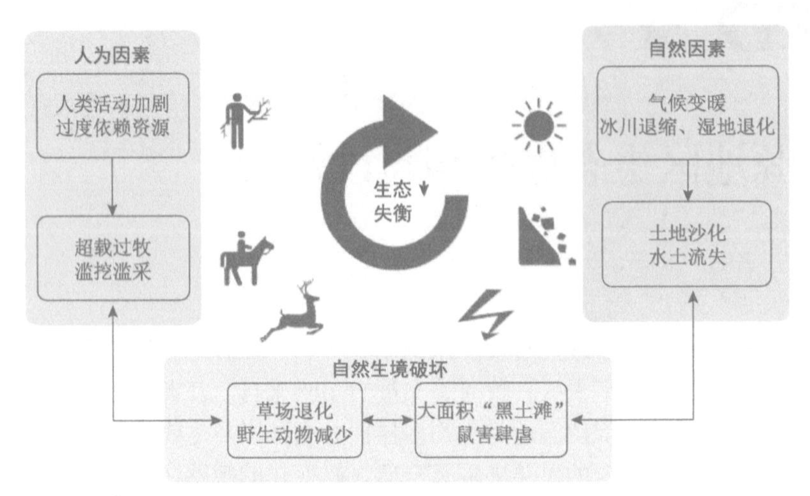

图 13-1　1980～2000 年三江源生态系统失衡图

二是草场退化严重，鼠害猖獗，畜牧业发展不可持续。在不合理的人类活动影响下，三江源地区草场覆盖度逐年降低，28%的可利用草场均有鼠害发生，“黑土滩”面积激增，天然草场存在不同程度的退化，同 1950 年相比，单位面积产草量下降了 30%～50%(何友均和邹大林，2002)，玛沁县、达日县、玛多县、杂多县、曲麻莱县、泽库县和兴海县 7 县退化草地的总面积由 1986 年的 6372.12 万亩增加至 2006 年的 12574.01 万亩，增加了 6201.89 万亩，增幅达 97.33%，牧民的畜牧活动受到影响，部分地区经济水平下降，贫困程度加剧(何争流，2002)。长期生活在高原、以放牧为生的藏族人民在“失去了草场”后艰难求生，很难找到合适的替代产业，三江源地区畜牧业发展不可持续。

三是湿地面积曾急剧减少，水源涵养功能降低，“中华水塔”遭到重创。20 世纪末，三江源地区水土流失日趋严重，风蚀、冻融等面积占总面积的 34%，土地沙化、荒漠化面积高达 $2.528 \times 10^6 \, hm^2$(周立志等，2002)。三江源是江河湖泊的重要源头，其大部分冰川呈退缩状态，湖泊面积缩小、干涸，沼泽湿地消失，源头水量降低。黄河源头水量降低，曾连续 7 年出现枯水期，年均径流量减少 22.7%，1997 年第一季度降到历史最低，源头首次出现断流(王启基等，2005)，“守着源头没水喝”的现象时有发生(表 13-1)。水土流失加剧、荒漠面积增加和冰川消融加快，如果不加以保护与治理，“中华水塔”将会走向荒漠。

表 13-1　黄河流域主要水文站年径流量(均值)变化　(单位：m^3/s)

时段	黄河流域	
	唐乃亥站	吉迈站
1975～1980 年	221.21	46.26
1975～1990 年	236.10	47.90

续表

时段	黄河流域	
	唐乃亥站	吉迈站
1975～2004 年	200.65	39.87
1975～2011 年	201.40	41.90
1991～2004 年	165.20	31.26
1997～2004 年	161.00	30.20
2004～2011 年	197.90	47.30

2. 大事件剖析

1）三江源自然保护区设立

三江源自然保护区于 2000 年成立，是西部大开发中生态建设的重要一环，为西部开发创造了良好的自然环境，也为我国的生态安全和经济发展提供了保障。三江源自然保护区以保护湿地水资源、生物多样性和典型高原高寒草甸与山地草原植被为主，保护区面积为 15.23 万 km^2，占青海省总面积的 21%，占三江源地区总面积的 42%，行政区划上由 69 个不完整的乡镇组成,并于 2005 年 7 月 18 日正式设立三江源国家级自然保护区管理局。自三江源国家级自然保护区成立以来，在中共中央和青海省人民政府的高度重视、支持、引导下，三江源地区生态保护的工作顺利开展，环境状况明显好转，保护区内的生态退化趋势得到缓解，人们保护生态的意识得到提高，农牧民的生产生活条件逐步改善，各项工程有序推进，并取得了良好的效果。

2）退牧还草工程实施

为了保护和恢复三江源地区的生态环境，自 2003 年起，三江源地区开始实施退牧还草工程。通过人工种草、补播改良、草原有害生物防治，以及围栏建设、禁牧、休牧、划区轮牧等措施，恢复草原植被，改善草原生态，提高草原生产力，促进草原生态与畜牧业协调发展。自 2003 年实施退牧还草工程以来，三江源地区草原保护工作取得显著成效：工程区内植被逐步恢复，草地生态出现积极性变化，生物多样性、群落均匀性、饱和持水量、土壤有机质含量均有提高，草地水源涵养、水土保持、防风固沙等生态系统服务功能增强，牲畜超载率大幅下降，生态环境明显改善。与非工程区比较，草原植被覆盖度、植被高度和产草量都有不同程度的增加(Zhang et al.，2018)。

3）三江源国家级自然保护区生态保护和建设一期工程启动

2005 年 1 月 26 日，国务院第 79 次常务会议批准实施《青海三江源自然保护区生态保护和建设总体规划》(简称一期规划)，三江源生态保护和建设工程正式启动，规划总投资 75 亿元，建设内容包括三大类 22 项。一期规划重点落实以退牧还草、退耕还林、恶化退化草场治理、森林草原防火、草地鼠害治理、水土保持等为主要内容的生态环境保护与建设项目。目标是，到 2010 年，实现退牧还草 9658.29 万亩，退耕还林还草 9.81 万亩，封山育林、沙漠化土地防治、湿地保护、黑土滩治理 1200.89 万亩，鼠害治理 3138.13 万亩，水土流失治理 500 km^2，生态移民 55773 人，解决 13.16 万人的饮水困难，以期尽快恢复三江源生态功能，促进人与自然和谐和社会经济可持续发展，使农牧民生活达到小康水平。

随着生态移民力度不断加大，世世代代以放牧为生的牧民迁往城镇，失去了赖以生存的生产资料，缺乏非牧业劳动技能的群众转移就业十分困难，生活支出又大幅提高，原有的生态移民饲料粮补助按户发放，致使家庭人口较多的牧户生活得不到基本保障，生态移民困难群众的生活问题亟待解决。2009 年 4 月 7 日，青海省人民政府发布《关于对三江源生态移民困难群众发放生活困难补助的通知》，对三江源国家级自然保护区生态保护和建设工程中形成的生活困难的生态移民发放生活困难补助，提高取暖及生活燃料补助。保障农牧民的基本生活，巩固已有的生态建设成果，确保三江源生态保护和建设工程顺利推进。

2000～2009 年，一期工程在三江源国家级自然保护区的典型地块实施的包括生态保护与建设、农牧民生产生活基础设施建设和生态保护支撑三大类，共 22 个项目，大部分均已顺利完工(表 13-2)。其中，一期工程在保护区内完成退牧还草 3360 万亩、围栏封山育林 182.68 万亩、退耕还林 9.81 万亩、黑土滩治理 14.6 万亩、地面鼠害防治 8122 万亩等，工程覆盖区域的植被覆盖度和水源涵养功能得到恢复与改善(潘韬等，2013)。自一期工程实施以来，三江源国家级自然保护区内的生态环境得到明显改善，生态系统逐步得到保护和恢复，林草植被覆盖度增加，长江、黄河、澜沧江三大水系江河径流量稳定增加，湿地生态系统面积扩大，水源涵养能力和水土保持能力明显提升，草地退化趋势得到初步遏制。一期生态工程实施后期(2008～2012 年)三江源国家级自然保护区内各类草地平均植被覆盖度为 48.8%，全区平均提高幅度为 6.6%，高寒草甸覆盖度增长到 88%，高寒草原平均植被覆盖度达到 33.2%，严重退化草地平均植被覆盖度提高至 55.5%(邵全琴等，2013)。

表 13-2　一期工程实施前、后草地明显好转面积对比

区域	工程前退化草地		工程后明显好转草地	
	面积/km^2	占各区退化草地面积比例/%	面积/km^2	占各区退化草地面积比例/%
自然保护区	43490.67	49.4	3173.00	7.87
非自然保护区	44591.40	50.6	2252.81	5.32
三江源全区	88082.07	100	5425.81	6.56

资料来源：《三江源生态保护和建设一期工程生态成效评估》。

一期工程在积极改善生态环境的同时，初步建立以中央财政为主、地方财政为辅助的生态补偿机制，还通过实施小城建设、人畜饮水、能源建设等项目改善农牧民的饮水、住房、医疗、教育设施，针对移民后生活困难群众具体落实补助发放政策，适当提高补助的金额和力度，帮助农牧民转移就业，保障困难群众的基本生活，为今后各项工程的实施提供良好的社会基础(表 13-3)。

表 13-3　第一阶段(2000～2009 年)主要政策

发布日期	政策名称	发布机构	政策类型	政策内容/主旨
2000 年 5 月	《关于建立三江源省级自然保护区的批复》	青海省人民政府	批复	建立以保护湿地水资源、生物多样性和典型的高原高寒草甸与山地草原植被为主的三江源省级自然保护区

续表

发布日期	政策名称	发布机构	政策类型	政策内容/主旨
2003 年 1 月	《关于发布内蒙古额济纳胡杨林等 9 处新建国家级自然保护区的通知》	国务院	通知	国务院批准三江源自然保护区晋升为国家级自然保护区，保护区面积为 15.23 万 km^2
2005 年 1 月 26 日	《青海三江源自然保护区生态保护和建设总体规划》	国务院	总体规划	2005～2013 年，共投资 75 亿元人民币，致力于保护和改善其生态环境，以尽快实现恢复三江源生态功能、促进人与自然和谐和可持续发展、农牧民生活达到小康水平为目标
2008 年 11 月	《国务院关于支持青海等省藏区经济社会发展的若干意见》	国务院	指导意见	国务院提出适时启动三江源二期工程前期研究工作、建立三江源国家生态保护综合试验区
2009 年 4 月 17 日	《关于对三江源生态移民困难群众发放生活困难补助的通知》	青海省人民政府	通知	为保障三江源生态移民基本生活，巩固三江源自然保护区生态建设成果，对三江源生态移民困难群众中符合条件人员发放生活困难补助

13.1.2　第二阶段(2010～2015 年)：生态优先、以人为本

1. 面临的问题和挑战

三江源生态保护与修复是一项长期的工作，经过上一阶段的努力，各项工作都取得了明显的成效，但三江源地区生态整体退化的趋势尚未从根本上遏制(赵娜，2014)，探索适合三江源地区，且兼顾生态保护、社会进步、经济发展、民生改善的生态保护管理体制和生态补偿机制，实现跨越式发展，力争在 2020 年实现小康社会的奋斗目标，是三江源本阶段面临的重要任务和挑战。具体表现如下。

一是生态退化尚未遏制。截至 2012 年，三江源地区仍存在中度以上退化草地面积为 1330.86 万 hm^2，占三江源地区总面积的 33.7%，鼠虫害发生土地面积达 1670 万 hm^2，占总面积的 42.3%，沙化土地面积为 312.9 万 hm^2，水土流失面积为 1215 hm^2。

二是超载过牧现象仍然存在。牧民仍以传统的放牧生产为主要生计来源，舍饲畜牧业的基础设施建设薄弱，畜牧业生产方式落后(韦晶等，2015)，草原补奖机制也有待发展(石凡涛和马仁萍，2013)，草原超载问题尚未解决，草畜矛盾仍然存在。

三是管理机制有待完善。随着各项工程的开展，政府机构既要助力生态工程顺利进行，又要保证机构的正常、稳定运转，地方财政新增支出压力明显增长，当地政府承担的生态保护与建设任务更加繁重，基本公共服务提供不足。

四是生态保护与社会经济发展之间矛盾突出。为保证生态环境修复任务顺利完成，区域内的自然资源开发利用受限，短期内产业结构调整难度大，牧民转产就业缺少条件，当地政府和群众在经济发展受到限制，生态保护、民生改善、经济发展、社会进步之间存在矛盾。

2. 大事件剖析

1)生态补偿

生态补偿作为自然保护地缓解生态保护与区域发展关系的有效模式，根据《中共中

央 国务院关于加快四川云南甘肃青海四省藏区经济社会发展的意见》和《关于支持青海等省藏区经济社会发展的若干意见》相关政策的部署与要求，青海省人民政府于 2010 年 10 月 10 日发布《青海省人民政府关于探索建立三江源生态补偿机制的若干意见》，坚持生态优先、以人为本、促进发展、循序渐进、激励约束的原则，中央、地方、社会等多渠道筹措生态补偿资金，以省为单位建立生态补偿转移支付制度，实行“当年考核、次年补偿”，合理安排补偿资金规模。

2010～2011 年，青海省人民政府办公厅陆续发布《三江源生态补偿机制试行办法》《关于做好落实三江源地区农牧民技能培训和转移就业补偿政策工作的通知》《青海省重点保护陆生野生动物造成人身财产损失补偿办法》《青海省草原生态保护补助奖励机制实施意见(试行)》《关于三江源农牧区清洁工程的实施意见》，多方面、多层次地具体落实补偿措施。针对生态保护与建设、改善和提高农牧民基本生活条件、提升基层政府基本公共服务能力三方面，重点落实减人减畜、农牧民培训创业和教育发展等方面的补偿机制，以人为本，保障农牧民的人身财产；草原生态保护与畜牧业经济、社会可持续发展方面，按照生态优先、保护与发展并举的原则，兼顾天然草原生态环境保护、畜牧产品生产稳定供给、牧民增收稳步提升、畜牧业发展方式转变、牧区经济社会可持续发展等多个目标，实行以 5 年为一个周期的补奖机制政策，在全省草原牧区全面推行禁牧、休牧、轮牧和草畜平衡制度，建立健全生态畜牧业发展模式和草原监督管理体系，努力实现人、草、畜平衡，维护民族团结与地区经济社会稳定发展。

2) 三江源国家生态保护综合试验区建立

为从根本上解决三江源地区的生态和民生发展综合矛盾，探索建立有利于生态建设和环境保护的体制机制，中华人民共和国国务院总理温家宝于 2011 年 11 月 16 日主持召开国务院常务会议，批准实施《青海三江源国家生态保护综合试验区总体方案》，按照尊重文化、保护生态、保障民生的原则，形成符合三江源地区功能定位的保护发展模式，建成生态文明的先行区，为全国同类地区积累经验、提供示范，标志着三江源生态保护和经济社会发展进入了一个新的阶段。生态保护综合试验区的建立是对三江源生态保护与建设一期工程的进一步优化、深化和发展，主要特点包括：标准要求更高，青海省生态保护综合试验区按照尊重文化、保护生态、保障民生的原则，将生态保护、绿色发展与改善民生相结合；实施范围更广，试验区涉及面积由 15.23 万 km^2 增加到 39.5 万 km^2，分为重点保护区、一般保护区和承接转移发展区，分别占试验区总面积的 50.1%、47.9% 和 2.0%；功能定位更全，以保护建设好生态环境为前提，试验区功能定位涵盖了生态环境保护和建设、转变经济发展方式、增强基础设施支撑能力、改善生产生活条件等，把探索形成符合三江源实际的政策措施和体制机制作为重点。

3) 三江源生态保护和建设二期工程初期

2014 年 1 月 8 日，《青海三江源生态保护和建设二期工程规划》发布，规划范围与青海三江源国家生态保护综合试验区相同，包括玉树藏族自治州、果洛藏族自治州、海南藏族自治州、黄南藏族自治州全部行政区域的 21 个县和格尔木市的唐古拉山镇，共 158 个乡镇。于 2014～2020 年，针对草原生态系统、森林生态系统保护和建设、荒漠生态系统、湿地、冰川与河湖生态系统、生物多样性的保护和建设多方面，开展系统、全面的工程建设。目标包括：有效保护林草植被，提高草地植被覆盖度 25～30 个百分点；遏制土地沙化趋势，沙化土地治理区内植被覆盖度提高至 30%～50%；增强水土保持能力、水源涵养能力和增加江河径流量；改善湿地生态系统状况和野生动植物栖息地环境，恢复生物多样性；提高农牧民生产生活。

解决易地搬迁群众(生态移民和禁牧搬迁群众)的长远生计问题，完善搬迁安置社区基础设施和公共服务设施建设，是巩固三江源生态保护和建设、促进社会稳步发展的重要举措。2014 年 12 月 31 日，青海省人民政府发布《关于进一步促进三江源地区易地搬迁群众可持续发展的意见》，针对搬迁群众的户籍制度改革、住房产权安置、转移就业支持政策、搬迁群众的社会保险制度、安置地居民的教育、医疗等社区服务以及搬迁群众的转移就业和后续产业发展进行战略部署。到 2020 年，形成搬迁群众后续产业发展模式，提高搬迁户的转移就业数量和收入，实现小康社会的总体目标。

建立“牧民为主、专兼结合、管理规范、保障有力”的生态管护员队伍，充分调动农牧民参与生态管护的积极性，发挥农牧民自我管理、自我约束作用，从而提升草原、林地和湿地管护成效，保护生态的同时，起到改善民生的作用。2014 年 12 月 31 日，青海省人民政府印发《三江源国家生态保护综合试验区生态管护员公益岗位设置及管理意见》，综合考虑交通、通信、牧户、人口、牲畜等因素匡算后，增设草原管护员岗位，每 3 万亩设置一名管护员，由 6591 个岗位提升至 10996 个岗位，以激发内生动力，提升保护成效。

随着二期工程在本阶段顺利启动，巩固一期工程成果、扩大保护范围的同时，对生态系统实施更科学、更系统、更精准的保护和建设，落实国家构建青藏高原生态安全屏障重大部署的战略举措(表 13-4)。通过实施生态畜牧业、农村能源建设和生态监测等配套工程，在建设生态环境的同时，积极探索生态保护、经济发展和民生改善三者共进的发展模式。

表 13-4　第二阶段(2010～2015 年)主要政策

发布日期	政策名称	发布机构	政策类型	政策内容/主旨
2010 年 10 月 28 日	《三江源生态补偿机制试行办法》	青海省人民政府	试行办法	围绕推进生态保护与建设、改善和提高农牧民基本生产生活条件与生活水平、提升基层政府基本公共服务能力三个方面，落实具体补偿措施，重点突出减人减畜、农牧民培训创业和教育发展等方面的补偿机制
2011 年 7 月 8 日	《关于做好落实三江源地区农牧民技能培训和转移就业补偿政策工作的通知》	青海省人力资源和社会保障厅、青海省财政厅	通知	具体落实三江源地区农牧民技能培训和转移就业补偿政策工作，补贴范围、补贴标准、补贴申请、审核、拨付程序、资金的管理与监督
2011 年 9 月 6 日	《青海省重点保护陆生野生动物造成人身财产损失补偿办法》	青海省人民政府	补偿办法	重点落实保护陆生野生动物伤害造成人身财产损失时的补偿金额计算办法和经费的承担问题。保障公民、法人和其他组织因重点保护陆生野生动物造成人身财产损失时享有依法取得补偿的权利

续表

发布日期	政策名称	发布机构	政策类型	政策内容/主旨
2011 年 9 月 28 日	《青海省草原生态保护补助奖励机制实施意见（试行）》	青海省人民政府	实施意见	以 5 年为一个周期，在全省草原牧区全面推行禁牧、休牧、轮牧和草畜平衡制度，最终实现草原超载过牧状况得到控制，生态总体恶化的趋势得到基本遏制，草原综合生产能力明显提高，畜牧业发展方式加快转变，牧区可持续发展能力稳步增强，牧民收入水平不断提高，基本实现生态良好、生产发展、人与自然和谐相处
2011 年 9 月 28 日	《关于三江源农牧区清洁工程的实施意见》	青海省人民政府	实施意见	全面开展农牧区环境卫生整治，加强农牧区环保基础设施建设，建立农牧区环保长效机制
2011 年 11 月 16 日	《青海三江源国家生态保护综合试验区总体方案》	国务院	方案	保护范围首次从 15.23 万 km^2 扩大至 39.5 万 km^2，将生态保护、绿色发展与提高人民生活水平相结合，科学规划，改革创新，形成符合三江源地区功能定位的保护发展模式，建成生态文明的先行区，为全国同类地区积累经验、提供示范
2014 年 1 月 8 日	《青海三江源生态保护和建设二期工程规划》	国家发展和改革委员会	规划	以保护和恢复植被为核心，将自然修复与工程建设相结合，加强草原、森林、荒漠、湿地与河湖生态
2014 年 12 月 31 日	《三江源国家生态保护综合试验区生态管护员公益岗位设置及管理意见》	青海省人民政府	管理意见	形成“牧民为主、专兼结合、管理规范、保障有力”的生态管护员队伍，以保护生态、改善民生，激发内生动力，调动农牧民参与生态管护的积极性，发挥农牧民自我管理、自我约束作用，提升草原、林地和湿地管护成效
2014 年 12 月 31 日	《关于进一步促进三江源地区易地搬迁群众可持续发展的意见》	青海省人民政府	实施意见	2015～2020 年，进一步完善搬迁安置社区基础设施和公共服务设施，推进搬迁群众户籍制度改革，明确安置住房产权，加大转移就业政策支持，拓宽就业渠道，使搬迁群众稳得住、能致富
2015 年 2 月 9 日	《三江源生态保护和建设生态效果评估技术规范》	青海省环境保护厅、青海省质量技术监督局	技术规范	规定了三江源生态保护和建设生态效果评估的数据来源、评估指标体系、评估指标的计算方法、评估分析方法等。适用于三江源区生态保护和建设的生态效果评估及区域生态本底评估

13.1.3 第三阶段（2016～2020 年）：体制机制创新，公众广泛参与

1. 青海三江源生态保护和建设二期工程收尾阶段

2016～2020 年三江源生态保护和建设二期工程进入收尾阶段，评估结果显示，通过退牧还草、封山育林、禁牧封育、草畜平衡管理、黑土滩治理、草原有害生物防控等一系列措施，三江源地区草原植被覆盖度提高约 2%，退化草地减少 2300 km^2，实际载畜量已减少到 1599 万羊单位[①]，草场质量大幅提升，草原鼠害面积下降（张良侠等，2014），草畜矛盾得到缓解，草原生态系统状况明显好转；实施封山育林、共造林、中幼林抚育等措施后，森林覆盖度由 4.8%提高到 7.43%，森林郁闭度、高度和灌木林平

① 羊单位，sheep unit，指草食家畜饲养量当量单位。1 个羊单位相当于 1 只体重 50kg、1 年内哺育 1 只断乳前羔羊的健康成年绵羊，日食量为 1.6kg 标准干草。

均盖度均呈增长趋势，森林涵养水源、保持水土的能力逐渐提升，沙化扩大趋势缓解，三江源地区水域面积呈增长趋势，生物多样性逐步恢复；随着生态补偿机制得到进一步完善，生态保护红利持续发放，环境保护意识深入人心，农牧民生活水平提高，幸福感稳步增强(表 13-5)。

表 13-5　青海三江源生态保护和建设二期工程中期(2018 年)评估结果

系统	措施	指标变化	实际效果
草原生态系统	退牧还草、禁牧封育、草畜平衡管理、黑土滩治理、草原有害生物防控等措施	草原植被覆盖度提高约 2%；实际载畜量减少到 1599 万羊单位；退化草地面积减少约 2300 km^2	各类草地草层厚度、覆盖度和产草量呈上升趋势，草原鼠害危害面积大幅下降，大多数地区草原鼠害由重度危害转为中度和轻度危害，草畜矛盾趋缓，草原生态退化趋势得到遏制，严重退化草地生态恢复明显
森林生态系统	通过实施封山(沙)育林、人工造林、现有林管护和中幼林抚育等措施	森林覆盖度由 4.8%提高到 7.43%；各树种灌木林平均盖度增加 0.21%；各树种灌木林平均高度增加 0.82 cm	森林涵养水源、保持水土的生态效益逐渐释放。可治理沙化土地治理率提高到 47%，沙化扩大趋势得到初步遏制，流沙侵害公里等现象得到缓解
湿地生态系统	通过采取围栏、设立封育警示等措施，减少人为干扰	水域占比由 4.89%增加到 5.70%；湿地监测站点植被覆盖度增长 4.67%；年均出境水量比 2005～2012 年年均出境水量增加 59.61 亿 m^3	湿地面积显著增加，植被覆盖度逐步提高，湿地生态系统得到有效保护，湿地功能逐步增强，生物多样性逐步恢复

2. 三江源国家公园试点

2015 年 5 月 18 日，国务院批转国家发展和改革委员会《关于 2015 年深化经济体制改革重点工作的意见》，该文件提出，在包括青海省在内的 9 个省份开展“国家公园体制试点”，在地方探索实践基础上，构建我国国家公园体制的顶层设计。经国家发展和改革委员会报请中央全面深化改革领导小组第十九次会议审议通过，2016 年 3 月，中共中央办公厅、国务院办公厅印发《三江源国家公园体制试点方案》，全面启动三江源国家公园体制试点工作。将三江源国家公园划分为长江源(可可西里)、黄河源、澜沧江源 3 个园区，遵循保护优先、科学规划、社会参与、改善民生、永续利用的原则，协调建立长江、黄河、澜沧江流域生态保护、生态补偿、技术协作和人才交流合作机制。2018 年 1 月 12 日，国家发展和改革委员会公布《三江源国家公园总体规划》，划定三江源国家公园体制试点区域总面积 12.31 万 km^2，涉及治多、曲麻莱、玛多、杂多四县和可可西里国家级自然保护区管辖区域，共 12 个乡镇、53 个行政村，其中核心保育区、生态保育修复区、传统利用区各占总面积的 73.55%、4.81%、21.64%。后于 2021 年 10 月在昆明举办的联合国生物多样性大会(COP15)将长江源格拉丹东、当曲、黄河源约古列宗纳入，面积扩大至 19.07 万 km^2。《三江源国家公园总体规划》以生态系统自然修复为主线，开展综合治理，实施三江源二期、湿地保护、生物多样性等生态保护工程，以及精准修复牧场、优化围栏、转变畜牧业生产方式等创新型生态保护工程，保护生态系统完整性的同时注重人的发展，满足文化历史传承的需要，实现人与自然和谐发展。

《三江源国家公园体制试点方案》的颁布对长江源、黄河源、澜沧江源 3 个园区的自然生态系统和自然文化遗产的原真性与完整性实施系统保护，实现生态、生产、生活的科学合理布局和资源的可持续利用；创新管理运行体制，实现自然资源统一管理，因地制宜建立高效完善自然资源综合执法模式；科学规划生态保护进程，减少人为干预造成的生态系统紊乱，以自然恢复为主，统筹实施二期工程，综合开展“黑土滩”治理、湿地保护、生物多样性等生态建设工程；开展系统生态保护的同时，更加注重文化保护和人的发展，构建社区发展新模式，加强城乡环境连片治理，最终实现人与自然和谐共生(表 13-6)。

表 13-6　第三阶段(2016～2020 年)主要政策

发布日期	政策名称	发布机构	政策类型	政策目标/主导思想
2016 年 3 月 5 日	《三江源国家公园体制试点方案》	中共中央办公厅、国务院办公厅	试点方案	落实《建立国家公园体制试点方案》，三江源国家公园体制试点启动，落实三江源国家公园范围和目标定位及体制试点的主要任务
2017 年 6 月 2 日	《三江源国家公园条例(试行)》	青海省人民代表大会常务委员会	条例	结合三江源国家公园实际，规范三江源国家公园保护、建设和管理活动，实现自然资源的持久保育和永续利用，保护国家重要生态安全屏障，促进生态文明建设
2017 年 10 月 20 日	《三江源国家公园草原生态保护补助奖励政策实施方案》	三江源国家公园管理局	实施方案	对公园内生存环境恶劣、草场退化严重、不宜放牧以及江河源水源涵养区的 5318 万亩中度以上退化草原继续实施禁牧封育，对公园禁牧区以外传统利用区的 2377 万亩草原实施草畜平衡管理
2018 年 1 月 12 日	《三江源国家公园总体规划》	国家发展和改革委员会	总体规划	结合现行保护地功能区划和管控要求，科学规划空间布局，明确功能分区、功能定位和管理目标，统一用途管制，统一规范管理，以 2015 年为基准，规划期到 2025 年，展望到 2035 年。系统保护自然生态系统和自然文化遗产的原真性、完整性
2018 年 3 月 22 日	《三江源国家公园标准体系导则》	青海省质量技术监督局	导则	规定了三江源国家公园标准体系的构成，以及基础标准、技术标准和管理标准三个子体系的结构和内容要求
2019 年 6 月 15 日	《关于建立以国家公园为主体的自然保护地体系的指导意见》	中共中央办公厅、国务院办公厅	指导意见	加快建立以国家公园为主体的自然保护地体系，构建科学合理的自然保护地体系，提供高质量生态产品，推进美丽中国建设

13.1.4　第四阶段(2021 年至今)：山水林田湖草沙冰综合治理与自然保护地体系不断完善

2021 年 2 月启动三江源生态保护建设三期工程，统筹山水林田湖草沙冰综合治理、系统治理、源头治理，严格落实长江十年禁捕，深入推进河湖长制，全面推行林长制，筑牢国家生态安全屏障。运用人工智能等技术，加快构建“天空地一体化”生态监测网络，夯实国家公园科学化、精准化、智慧化建设与管理的基础。要推进共建共享，凝聚各方力量，进一步加强交流合作，借鉴有益经验，整体谋划、分项落实国家公园论坛、“六五”环境日主场活动等，携手开创生态共建、环境共治、成果共享的新局面。坚持在发展中保障和改善民生，结合乡村振兴战略，积极挖掘生态潜力，以点带面、连点成线开展生态教育、自然体验等活动，建立健全资金保障、特许经营等机制，让当地农、牧民群众从生态的利用者转变为生态的守护者、受益者。

2021 年 10 月三江源国家公园正式设立，成为首批成立的五大国家公园之一。国家发展和改革委员会生态成效阶段性综合评估报告显示，三江源区主要保护对象都得到了更好的保护和修复，生态环境质量得以提升，生态功能得以巩固，水源涵养能力不断增强，草地覆盖度、产草量分别比 10 年前提高了 11%、30%以上。藏羚羊数量由 20 世纪 80 年代的不足 2 万只恢复到如今的 7 万多只，斑头雁数量从不到 1000 只增加到 3000 多只，三江源核心区域雪豹频现，各大水域花斑裸鲤等 50 种高原土著鱼类资源明显恢复。黄河、长江、澜沧江青海段年均出境水量达 620 亿 m^3 以上，水质稳定保持在二类以上。

13.2　三江源生态保护与建设活动特征

13.2.1　体制机制：不断优化

自 2000 年，三江源自然保护区成立后批准实施《青海三江源自然保护区生态保护和建设总体规划》，开启了对三江源地区大规模的生态保护和管理。2011～2014 年，三江源地区生态保护作为国家的重大战略，国务院批准设立青海省三江源国家生态保护综合试验区，顺利启动三江源生态保护和建设二期工程，开展精准、系统、全面的生态保护与建设项目，同时关注区域社会经济的发展，致力于探索生态保护、民生改善、经济发展、社会进步并举的自然保护地发展模式。三江源国家公园体制试点的开展，标志着三江源地区迈入人与自然协调发展、生态环境科学保护的新阶段(赵新全，2021)(表 13-7)。

表 13-7　三江源国家公园体制演变

阶段	体制创新	设立时间	指导文件	意义
第一阶段 (2000～2009 年)	自然保护区	2000～2003 年	《关于建立三江源省级自然保护区的批复》 《关于发布内蒙古额济纳胡杨林等 9 处新建国家级自然保护区的通知》	进一步加强管理和保护，以期改善三江源地区生态环境，促进经济社会可持续发展
第二阶段 (2010～2015 年)	生态保护综合试验区	2011 年	《青海三江源国家生态保护综合试验区总体方案》	从根本上遏制三江源地区生态功能的退化趋势，建立实施范围更广、功能定位更全的高标准生态文明先行区，为全国其他保护地积累经验、提供示范
第三阶段 (2016 年至今)	国家公园	2015～2016 年	《三江源国家公园体制试点方案》	完善我国的保护地体系，提高保护的有效性

自 2015 年，为全面落实《建立国家公园体制试点方案》《三江源国家公园体制试点方案》要求，三江源国家公园秉承生态保护和文化传承第一的原则，进行科学规划、综合治理，最大限度地服从和服务于保护，生态治理模式逐步成熟。在管理运行体制上，不断整合优化、统一规范，组建管理机构，明确划分权责，以生态、生产、生活联动和谐的理念推进生态保护，形成职能统一、管理高效的运行机制。实行国家公园区域内自然资源权属为国家所有，推进自然资源统一管理，以园区范围为登记单元，从法规层面开展自然资源确权登记试点。以科学规划为起点，创新构建了符合中国国情、体现三江源独特优势的国家公园体制，为全国生态文明、全球生态安全做出贡献。

13.2.2　功能定位：趋于多目标化

在第一阶段(2000～2009 年)三江源自然保护区成立初期，青海省人民政府组织当地系统地开展以湿地、草地为主的生态保护工作，并及时关注群众的基本生活，制定相应的补偿政策，保障群众的基本生活。第二阶段(2010～2015 年)持续保护生态的同时重点关注民生问题，继续完善生态补偿机制，农牧民生活水平稳步提升，解决生态保护和社会发展之间的矛盾。2016 年至今，三江源国家公园体制逐步建立，功能定位目标更全面，主要包括以下五方面(图 13-2)。

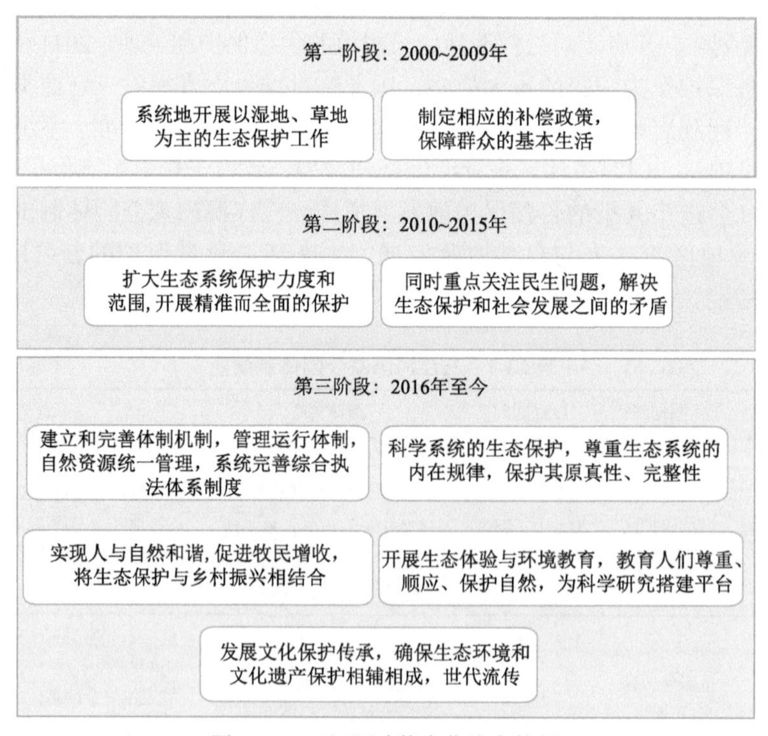

图 13-2　三江源功能定位演变特征

(1)建立和完善体制机制，管理运行体制打破“九龙治水”，自然资源统一管理，系统完善综合执法体系制度。

(2)科学系统的生态保护，坚持从生态系统的内在规律出发，减少人为干预，保护生态系统原真性、完整性，提高生态产品供给能力。

(3)实现人与自然和谐，通过转变畜牧业发展模式、城镇社区建设、生态补偿制度、社区共建等多方位地推进牧民转产，促进牧民增收，将生态保护与乡村振兴相结合。

(4)开展生态体验与环境教育，以绿色、环保的理念设计生态体验路线，规定访客承载数量，适度开展生态体验和环境教育活动，教育人们尊重、顺应、保护自然，为科学研究搭建平台。

(5)发展文化保护传承，充分利用当地的自然文化遗产，传承和弘扬民族传统文化的生态保护理念，发扬文化建设在三江源生态保护中的力量，引导文化传播能量规范化，推进生态文明建设，确保生态环境和文化遗产保护相辅相成，世代流传。

13.2.3　制度体系：逐步规范化

至 2021 年三江源国家公园正式设立，各项制度体系逐步完善，建设地方性法规和规章制度，具体落实《三江源国家公园条例(试行)》，在生态管护、草原流转、社会参与、责任考核等多方面实施规范管理，为今后三江源国家公园高效有序的管理提供保障。主要表现在以下七方面(图 13-3)。

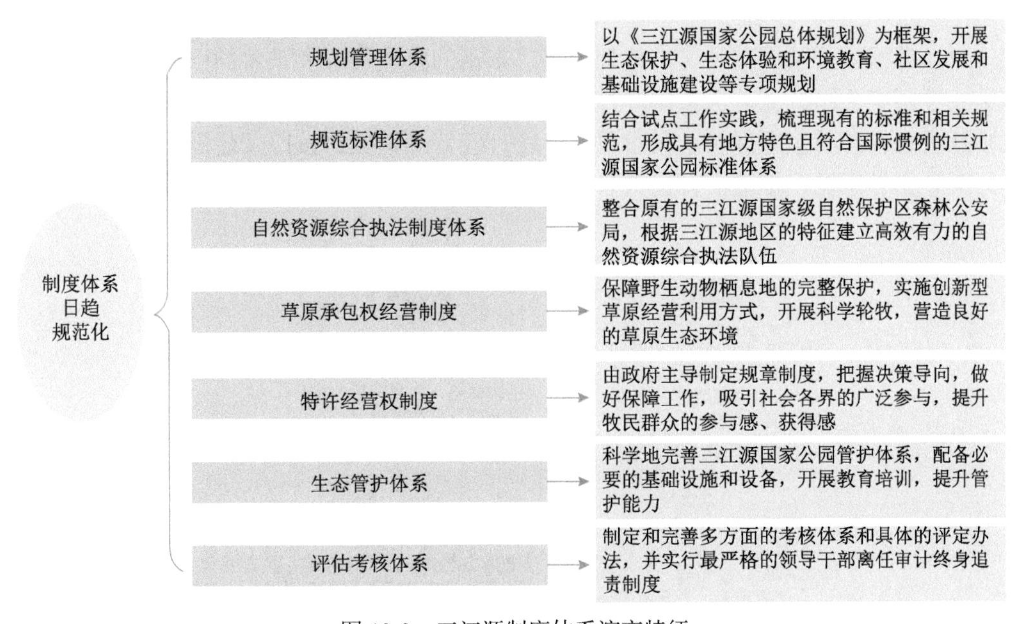

图 13-3　三江源制度体系演变特征

(1)规划管理体系。以《三江源国家公园总体规划》为框架，开展生态保护、生态体验和环境教育、社区发展和基础设施建设等专项规划，互相依托，目标统一，任务协调。

(2)规范标准体系。结合试点工作实践，梳理现有的标准和相关规范，形成具有地方特色且符合国际惯例的三江源国家公园标准体系。

(3) 自然资源综合执法制度体系。整合原有的三江源国家级自然保护区森林公安局，根据三江源地区的特征建立高效有力的自然资源综合执法队伍，明晰司法领域和执法权责地域，辖区内生态国土空间管制和自然资源统一执法。

(4) 草原承包权经营制度。保障野生动物栖息地的完整保护，实施创新型草原经营利用方式，开展科学轮牧，营造良好的草原生态环境。

(5) 特许经营权制度。坚持保护第一，做到资源的合理开发和永续利用，由政府主导制定特许经营范围、管理办法、准入制度等规章制度，把握决策导向，以及做好项目引导、资金技术投入、人才引进等保障工作，吸引社会各界的广泛参与，提升牧民群众的参与感、获得感。

(6) 生态管护体系。根据园区的资源分布、功能导向、人为活动等，进一步科学地完善三江源国家公园管护体系，配备必要的基础设施和设备，对园区内的管理人员、生态公益岗位开展教育培训，提升管护能力。

(7) 评估考核体系。制定和完善包括生态工程、文化保护、社区发展、环境质量、科研教育、社会参与、资金管理等多方面的考核体系和具体的评定办法，并实行最严格的领导干部离任审计终身追责制度。

13.2.4　参与角色：日趋多元化

三江源国家公园因其特殊的地理位置、丰富的自然资源和重要的生态功能而成为我国第一个国家公园，充分汲取国际经验，探索具有中国特色的国家公园运行方式，积极鼓励社会各界参与生态保护、科学研究、特许经营等领域，按照《建设国家公园体制总体方案》指导意见，推进“社区共管”模式，多元化体现在以下四方面(图 13-4)。

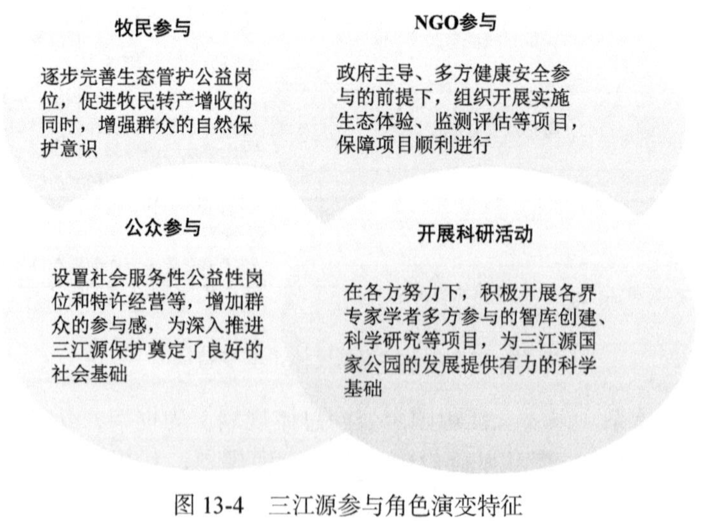

图 13-4　三江源参与角色演变特征

(1) 牧民参与。逐步完善生态管护公益岗位，促进牧民转产增收的同时，群众自然保护意识显著增强，自觉参与到自然生态保护和建设中去。

(2)公众参与。通过设置社会服务性公益性岗位和特许经营等，吸引志愿者的深入、广泛参与，增加群众的参与感，保证生态保护工程顺利进行，为深入推进三江源保护奠定了良好的社会基础。

(3)非政府组织(NGO)参与。2018 年，澜沧江源区昂赛乡开展由政府主导、第三方山水自然保护中心组织管理、社区居民实际参与的自然体验项目——大猫谷，适量筛选接待来自世界各地的自然体验者，最终收益的 45%属于接待家庭增收，45%由社区政府管理来用于公共事务，10%作为野生动物的保护基金，多方健康安全参与的前提下，实现野生动物保护和财政增收。

(4)开展科研活动。在各方努力下，三江源地区积极开展多方参与的智库创建、科学研究和社区共管等项目。2009 年，建成青海三江源生态保护和建设工程项目专家库，271 名国内外生态、环境、草原、畜牧、农林、水利、能源等领域的专家学者首批入编。2018 年，依托中国科学院西北高原生物研究所共同建设，青海省人民政府与中国科学院双方统筹研究力量、资金、人才等资源，国家级科技创新平台中国科学院三江源国家公园研究院成立。

13.3　结　　论

三江源地区是长江、黄河及澜沧江的源头，黄河总水量的 49%来自三江源地区。本研究通过政府文件逐条查询与梳理并结合文献进行分析归纳，梳理并总结了 2000 年以来针对三江源地区的生态保护与建设活动，结论如下。

(1)三江源地区的生态保护与建设活动演变过程共分为四个阶段：第一阶段是 2000～2009 年的“生态保护为主，保障基本民生”时期，该阶段针对当地草地退化严重，生态系统逐渐失衡，人与自然矛盾突出等问题，建设了三江源国家级自然保护区，实施了退牧还草工程并启动了三江源国家级自然保护区生态保护和建设一期工程；第二阶段是 2010～2015 年的“生态优先、以人为本”时期，该阶段生态退化尚未完全遏制并且存在生态保护与社会经济发展之间矛盾突出的现象，此时，三江源国家生态保护综合试验区正式设立，生态补偿制度以及三江源生态保护和建设二期工程开始实施；第三阶段是 2016～2020 年的“体制机制创新，公众广泛参与”时期，该阶段经过一系列政策的实施，三江源地区的生态状况已有明显的改善，但是局部地区仍有恶化的情况，该阶段国家重点开展了三江源国家公园的建设工作，我国第一个国家公园体制试点——三江源国家公园由此诞生；第四阶段是 2021 年至今的“山水林田湖草沙冰综合治理与自然保护地体系不断完善”时期，该阶段启动了三江源生态保护建设三期工程并于 2021 年 10 月正式设立三江源国家公园，其成为我国首批成立的五大国家公园之一，生态环境质量继续提升，生态功能持续得到巩固。

(2)三江源地区的生态保护与建设活动的特征主要是，首先体制机制在不断优化，从自然保护区到国家公园，吸收借鉴先进管理经验持续优化体制机制建设；其次，功能定位趋于多目标化，从最初重点修复生态环境问题，到后来的实现人与自然和谐共生、发展生态体验与环境教育、塑造文化保护传承，目标逐渐多元丰富；再次，国家公园管理的制度体系逐渐规范化，管理和监督体系逐渐完善、增设生态管护体系和评估考核体系并实施草原承包权经营制度和特许经营制度；最后，参与角色的日趋多元化，不仅仅包括牧民，而且更多的公众和非政府组织也参与其中，高校、科研院所等组织也在其中发挥着重要作用。

经过一系列政策的实施、政府和广大群众的共同努力，三江源地区的生态环境状况正持续得到改善，人与自然之间的协调关系正逐步找到平衡点，这对于保护黄河上游地区的生态环境状况，实现人与自然和谐共生的美丽愿景显得尤其重要。同时，存在着局部地区的生态环境改善效果不显著甚至恶化的情况，这就需要政府和当地居民的不断投入与建设，使整个三江源地区真正成为我国生态文明建设的重点区和重大贡献区。

参 考 文 献

陈春阳, 陶泽兴, 王焕炯, 等. 2012. 三江源地区草地生态系统服务价值评估. 地理科学进展, 31(7): 978-984.

陈佳, 杨新军, 尹莎, 等. 2016. 基于 VSD 框架的半干旱地区社会-生态系统脆弱性演化与模拟. 地理学报, 71(7): 1172-1188.

陈兴, 余正勇. 2022. 三江源国家公园生态保护研究进展与展望. 国土资源科技管理, 39(2): 13-24.

陈叙图, 魏钰. 2019. 中国国家公园生态系统完整性的问题与改进对策. 环境保护, 47(5): 55-58.

陈耀华, 黄丹, 颜思琦. 2014. 论国家公园的公益性、国家主导性和科学性. 地理科学, 34(3): 257-264.

代云川, 薛亚东, 张云毅, 等. 2019. 国家公园生态系统完整性评价研究进展. 生物多样性, 27(1): 104-113.

董锁成, 周长进, 王海英. 2002. “三江源”地区主要生态环境问题与对策. 自然资源学报, (6): 713-720.

方创琳, 王岩. 2015. 中国城市脆弱性的综合测度与空间分异特征. 地理学报, 70(2): 234-247.

付梦娣, 刘伟玮, 李博炎, 等. 2021. 国家公园生态环境保护成效评估指标体系构建与应用. 生态学杂志, 40(12): 4109-4118.

高红梅, 蔡振媛, 覃雯, 等. 2019. 三江源国家公园鸟类物种多样性研究. 生态学报, 39(22): 8254-8270.

龚静, 张玉欣, 王启花, 等. 2020. 三江源地区空中云水资源人工增雨潜力及其对生态环境影响评估. 青海环境, 30(2): 82-90.

何彦龙, 袁一鸣, 王腾, 等. 2019. 基于 GIS 的长江口海域生态系统脆弱性综合评价. 生态学报, 39(11): 3918-3925.

何友均, 邹大林. 2002. 三江源地区的生态环境现状及治理对策. 中国林业, (11): 40.

何争流. 2002. “三江源自然保护区”的现状与近期的建设目标. 西藏科技, (12): 29-32.

黄晓宇. 2017. 三江源国家生态保护综合试验区生态健康评价与生态补偿标准研究. 西宁: 青海师范大学.

贾慧聪, 曹春香, 马广仁, 等. 2011. 青海省三江源地区湿地生态系统健康评价. 湿地科学, 9(3): 209-217.

姜辰蓉, 叶超. 2004. 三江源环境恶化来自“人祸”. 经济参考报.

李辉霞, 刘国华, 傅伯杰. 2011. 基于 NDVI 的三江源地区植被生长对气候变化和人类活动的响应研究. 生态学报, 31(19): 5495-5504.

李琳, 林慧龙, 高雅. 2016. 三江源草原生态系统生态服务价值的能值评价. 草业学报, 25(6): 34-41.

李双成, 吴绍洪, 戴尔阜. 2005. 生态系统响应气候变化脆弱性的人工神经网络模型评价. 生态学报, 25(3): 621-626.

刘世梁, 孙永秀, 赵海迪, 等. 2021. 基于多源数据的三江源区生态工程建设前后草地动态变化及驱动因素研究. 生态学报, 41(10): 3865-3877.

刘晓娜, 刘春兰, 张丛林, 等. 2021. 青藏高原国家公园群生态系统完整性与原真性评估框架. 生态学报, 41(3): 833-846.

穆少杰, 李建龙, 陈奕兆, 等. 2012. 2001—2010 年内蒙古植被覆盖度时空变化特征. 地理学报, 67(9): 1255-1268.

欧阳志云, 徐卫华, 臧振华. 2021. 完善国家公园管理体制的建议. 生物多样性, 29(3): 272-274.

潘韬, 吴绍洪, 戴尔阜, 等. 2013. 基于 InVEST 模型的三江源区生态系统水源供给服务时空变化. 应用生态学报, 24(1): 183-189.

彭杨靖, 樊简, 邢韶华, 等. 2018. 中国大陆自然保护地概况及分类体系构想. 生物多样性, 26(3): 315-325.

乔慧捷, 汪晓意, 王伟, 等. 2018. 从自然保护区到国家公园体制试点: 三江源国家公园环境覆盖的变化及其对两栖爬行类保护的启示. 生物多样性, 26(2): 202-209.

邵全琴, 樊江文, 刘纪远, 等. 2016. 三江源生态保护和建设一期工程生态成效评估. 地理学报, 71(1): 3-20.

邵全琴, 刘纪远, 黄麟, 等. 2013. 2005—2009年三江源自然保护区生态保护和建设工程生态成效综合评估. 地理研究, 32(9): 1645-1656.

石凡涛, 马仁萍. 2013. 三江源自然保护区生态保护与建设工程总体规划“黑土滩”治理工程实施情况调查. 黑龙江畜牧兽医, (5): 78-80.

史正涛, 曾建军, 刘新有, 等. 2013. 基于模糊综合评判的高原盆地城市水源地脆弱性评价. 冰川冻土, 35(5): 1276-1282.

苏小艺. 2019. 三江源国家公园生态健康评价. 西宁: 青海师范大学.

王丽婧, 郭怀成, 刘永邛. 2005. 海流域生态脆弱性及其评价研究. 生态学杂志, 24(10): 1192-1196.

王启基, 来德珍, 景增春, 等. 2005. 三江源区资源与生态环境现状及可持续发展. 兰州大学学报, (4): 50-55.

王瑞燕, 赵庚星, 周伟, 等. 2008. 土地利用对生态环境脆弱性的影响评价. 农业工程学报, 24(12): 215-220.

韦晶, 郭亚敏, 孙林, 等. 2015. 三江源地区生态环境脆弱性评价. 生态学杂志, 34(7): 1968-1975.

吴春生, 黄翀, 刘高焕, 等. 2018. 基于模糊层次分析法的黄河三角洲生态脆弱性评价. 生态学报, 38(13): 4584-4595.

徐庆勇, 黄玫, 陆佩玲, 等. 2011. 基于 RS 与 GIS 的长江三角洲生态环境脆弱性综合评价. 环境科学研究, 24(1): 58-65.

许茜, 李奇, 陈懂懂, 等. 2018. 近 40 a 三江源地区土地利用变化动态分析及预测. 干旱区研究, 35(3): 695-704.

臧振华, 徐卫华, 欧阳志云. 2021. 国家公园体制试点区生态产品价值实现探索. 生物多样性, 29(3): 275-277.

臧振华, 张多, 王楠, 等. 2020. 中国首批国家公园体制试点的经验与成效、问题与建议. 生态学报, 40(24): 8839-8850.

张凤太, 苏维词, 周继霞. 2008. 基于熵权灰色关联分析的城市生态安全评价. 生态学杂志, 27(7): 1249-1254.

张良侠, 樊江文, 邵全琴, 等. 2014. 生态工程前后三江源草地产草量与载畜压力的变化分析. 草业学报, 23(5): 116-123.

张明阳, 王克林, 何萍. 2005. 生态系统完整性评价研究进展. 热带地理, 25(1): 10-13, 18.
张沛, 徐海量, 杜清, 等. 2017. 基于RS和GIS的塔里木河干流生态环境状况评价. 干旱区研究, 34(2): 416-422.
赵娜. 2014. 三江源生态建设二期工程启动总投资160亿元, 植被覆盖率要提高25%～30%. 资源与人居环境, (2): 48.
赵人镜, 尚琴琴, 李雄. 2018. 日本国家公园的生态规划理念、管理体制及其借鉴. 中国城市林业, 16(4): 71-74.
赵新全. 2021. 三江源国家公园创建“五个一”管理模式. 生物多样性, 29(3): 301-303.
郑德凤, 郝帅, 吕乐婷, 等. 2020. 三江源国家公园生态系统服务时空变化及权衡——协同关系. 地理研究, 39(1): 64-78.
钟晓娟, 孙保平, 赵岩, 等. 2011. 基于主成分分析的云南省生态脆弱性评价. 生态环境学报, 20(1): 109-113.
周侃, 刘汉初, 樊杰, 等. 2021. 青藏高原国家公园群区域人类活动环境胁迫强度与空间效应——以三江源地区为例. 生态学报, 41(1): 268-279.
周立志, 李迪强, 王秀磊, 等. 2002. 三江源自然保护区鼠害类型、现状和防治策略. 安徽大学学报(自然科学版), (2): 87-96.
朱春全. 2017. 国家公园体制建设的目标与任务. 生物多样性, 25(10): 1047-1049.
Abebe F B, Bekele S E. 2018. Challenges to national park conservation and management in Ethiopia. Journal of Agricultural Science, 10(5): 52-62.
Andreasen J K, O'Neill R V, Noss R, et al. 2001. Considerations for the development of a terrestrial index of ecological integrity. Ecological Indicators, 1(1): 21-35.
Girard P, Boulanger J, Hutton C. 2014. Challenges of climate change in tropical basins: Vulnerability of ecoagro systems and human populations. Climatic Change, 127(1): 1-13.
Harwell M A, Myers V, Young T, et al. 1999. A framework for an ecosystem integrity report card: Examples from South Florida show how an ecosystem report card links societal values and scientific information. BioScience, 49(7): 543-556.
Kaly U L, Jones G P. 1994. Long-term effects of blasted boat passages on intertidal organisms in Tuvalu: A meso-scale human disturbanc. Bulletin of Marine Science, 54(54): 164-179.
Karr J R. 1981. Ecological perspective on water quality goals. Environmental Management, 5(1): 55-68.
Karr J R. 1993. Measuring biological integrity: Lessons from streams//Woodley S, Kay J. Ecological Integrity and the Management of Ecosystems. Boca Raton, FL: St. Lucie Press: 83-104.
Lamsal P, Kumar L, Atreya K, et al. 2017. Vulnerability and impacts of climate change on forest and freshwater wetland ecosystems in Nepal: A review. Ambio, 46(8): 1-16.
Li X L, Liang S, Yu G R, et al. 2013. Estimation of gross primary production over the terrestrial ecosystems in China. Ecological Modeling, 261: 80-92.
Malik S M, Awan H, Khan N. 2012. Mapping vulnerability to climate change and its repercussions on human health in Pakistan. Globalization and Health, 8(1): 31.
Mcmullin R T, Ure D, Smith M, et al. 2017. Ten years of monitoring air quality and ecological integrity using field-identifiable lichens at Kejimkujik National Park and National Historic Site in Nova Scotia, Canada. Ecological Indicators, 81(10): 214-221.
Parks Canada Agency. 2005. Monitoring and Reporting Ecological Integrity in Canada's National Parks, Guiding Principles. Quebec: Parks Canada Agency.
Preston B L, Yuen E J, Westaway R M. 2011. Putting vulnerability to climate change on the map: A review of approaches, benefits, and risks. Sustainabilityence, 6(2): 177-202.

Scott J M, Davis F W, Mcghie R G, et al. 2001. Nature Reserves: Do they capture the full range of America's biological diversity?. Ecological Applications, 11: 999-1007.

Timko J, Satterfield T. 2008. Criteria and indicators for evaluating social equity and ecological integrity in national parks and protected areas. Natural Areas Journal, 28 (3): 307-319.

Woodley S. 1993. Monitoring and measuring ecosystem integrity in Canadian National Parks//Woodley S J K, Francis G. Ecological Integrity & the Management of Ecosystems. Delray Beach, USA: St. Lucie Press: 155-176.

Yuan W P, Liu S G, Yu G R, et al. 2010. Global estimates of evapotranspiration and gross primary production based on MODIS and global meteorology data. Remote Sensing of Environment, 114 (7): 1416-1431.

Zhang H Y, Fan J W, Cao W, et al. 2018. Changes in multiple ecosystem services between 2000 and 2013 and their driving factors in the Grazing Withdrawal Program, China. Ecological Engineering, 116: 67-79.

第14章

黄河流域中上游林草生态调节服务功能价值核算

14.1　黄河流域林草生态系统服务功能研究现状

生态系统服务功能的研究起步于 Daily 对自然生态系统为人类提供的各种服务及价值的阐述(Daily，1997)。Costanza 等(1997)提出了对生态服务价值进行评估的原理及方法，并将全球生态系统分为 16 类，并以气体调节、水调节等指标开展生态系统价值测算。相继有学者对不同生态系统服务价值进行了探讨。例如，评估草地在维持大气环境、保持土壤及基因遗传等方面的服务功能(Daily，1997)；阐述森林在生物多样性维护、流域保护、固碳及游憩方面的价值(Pearce，2001)；估算生态系统维持生物多样性、气体调节等服务功能总价值(欧阳志云等，1999)。联合国千年生态系统评估组开展了“生态系统与人类福祉”研究(房学宁和赵文武，2013)，定量评估生态系统服务功能价值，为推动生态系统的保护和可持续利用奠定科学基础。当前，生态系统服务功能价值评估技术及方法成为该领域重要交叉前沿课题(侯鹏等，2015；Lara et al.，2009)，如利用当量因子法(Xie et al.，2010)、功能价值法(王兵等，2011)等估算生态系统生态服务价值。但传统方法多是基于统计或调查数据的静态估算，难以掌握服务价值在区域内的空间格局及微观变化规律(肖骁等，2017a；陈颖等，2015)。而考虑到不同区域生态系统的多样性和环境条件的多样性，生态系统服务强度存在着空间差异性，因此微观尺度的生态服务价值空间异质性是重要的科学问题。近年来基于遥感技术的生态系统服务功能价值评估得到了普遍关注(Burkhard et al.，2012)。目前主要有两种主要的评估方法：一是利用遥感数据计算生态系统面积并根据面积计算结果构建当量因子法模型(乔斌等，2020)，二是整合遥感数据和生态学参数数据，借助生理生态模型进行价值量计算(娄佩卿等，2019；韦惠兰和祁应军，2016；姜立鹏等，2007)。以上研究克服了传统静态评估技术对服务功能价值量空间异质性认识不足的问题，提升了评估结果的精度和可靠性。

林草生态系统作为陆地生态系统重要组成部分，是全球大气、水及土壤等生态要素的连接纽带(Small et al.，2017)，对流域生态系统起到涵养水源、保持水土及维持生物多样性等重要调节作用，是流域实现经济-社会-环境可持续发展的关键生态基础(Woldeyohannes et al.，2020；欧阳志云等，1999)。开展林草生态系统调节服务功能价值的精细化评估，根据价值量的空间分布特征，制定环境功能区划、生态恢复和生态补偿等政策，有利于生态系统优化配置，促进生态服务功能的正常发挥和生态产品价值实现，推进流域生态环境系统治理并促进全流域高质量发展。然而，目前林草生态系统服务价值评价在指标体系建立和评估参数选取等方面仍然具有一定主观性，大区域尺度的遥感影像解译和模型构建相对困难(袁周炎妍和万荣荣，2019)，所以如何提高小区域评估参数体系的科学性同时提高大区域评估结果的精细度是目前面临的重要挑战。因此，本章以黄河中、上游流域为研究区域，基于多源空间数据及遥感与空间统计分析技术，集成联合国千年生态系统评估框架、《森林生态系统服务功能评估规范》(简称《规范》)(GB/T 38582—2020)及国内外林草生态服务功能价值评估的方法体系和基础参数数据，尝试构建像元尺度的林草生态调节服务功能价值评估体系，明确黄河中、上游流域生态服务功能价值组成及空间格局，以期为黄河流域生态保护与治理提供科学依据。

14.2　林草生态系统服务功能评估框架及技术体系

14.2.1　评估方法与指标

结合黄河中上游流域生态系统特点及《规范》，利用市场价格法、影子价值法、机会成本法等评估方法(方瑜等，2011)，开展黄河中上游流域的林草生态系统调节服务功能价值核算。森林生态系统服务功能参考《规范》，选取涵养水源、保育土壤、固碳释氧、林木养分固持、净化大气环境、生物多样性保护 6 项服务功能建立评估体系(表 14-1)。

表 14-1　林草生态系统服务功能价值量评估公式及参数说明

功能	计算公式	参数说明	参数来源及依据
U_1	$U_{水量}=10C_{库}S_i\left(P-E-C\right)$　(14-1) $U_{水质}=10C_{水质}S_i\left(P-E-C\right)$　(14-2)	$U_{水量}$ 为森林调节水量价值；$C_{库}$ 为水库建设单位库容投资量；S_i 为第 i 类森林面积(适用于后面公式)；P 为年均降水量；E 为年均蒸散量；C 为年均地表径流量；$U_{水质}$ 为森林净化水质价值；$C_{水质}$ 为水净化费用	《规范》公共数据、基础统计数据、土地利用数据、徐新良等(2014)
U_2	$U_{固土}=C_{土}\dfrac{S_i\left(X_2-X_1\right)}{\rho}$　(14-3) $U_{肥}=S_i\left(X_2-X_1\right)\sum\left(C_jP_j\right)$　(14-4)	$U_{固土}$ 为森林固土价值；$U_{肥}$ 为森林保肥价值；X_1 为现实土壤侵蚀模数；X_2 为潜在土壤侵蚀模数；$C_{土}$ 为挖取和运输单位体积土方所需费用；ρ 为林地土壤容量；C_j 为森林土壤含第 j 种营养物质质量分数；P_j 为第 j 种营养物质市场价格	《规范》公共数据、基础统计数据、土地利用数据、遥感产品数据、气象监测数据、郭生祥等(2012)
U_3	$U_{碳}=S_iC_{碳}\left(1.63R_{碳}B_{年}+F_{土}\right)$　(14-5) $U_{氧}=1.19C_{氧}\sum S_iB_{年}$　(14-6)	$U_{碳}$ 为森林固碳价值；$U_{氧}$ 为森林释氧价值；$B_{年}$ 为森林净生产力；$C_{碳}$ 为固碳价格；$C_{氧}$ 为氧气价格；$R_{碳}$ 为 CO_2 中碳的含量；$F_{土}$ 为单位面积森林土壤年固碳量	《规范》公共数据、土地利用数据、遥感产品数据、龙启德和房林娜(2016)、杨东辉(2011)、姜立鹏等(2007)、Running 等(2000)

续表

功能	计算公式	参数说明	参数来源及依据
U_4	$U_{营} = \sum(M_p N_p) S_i B_{年}$　(14-7)	$U_{营}$为林木养分固持价值；M_p为森林含第p类养分质量分数；N_p为第p类养分价格	《规范》公共数据、土地利用数据、郭生祥等(2012)
U_5	$U_{负} = (Q_{负} - 600) \times \frac{5.256 \times 10^{15} S_i H K_{负}}{L}$　(14-8) $U_{污} = \sum_{i=1}^{n} S_i (K_j Q_j)$　(14-9) $U_{噪} = K_{噪} A_{噪}$　(14-10) $U_{滞} = \sum S_i K_{滞尘} Q_{滞}$　(14-11)	$U_{负}$为生产负离子价值；$K_{负}$为负离子生产费用；$Q_{负}$为林分负离子浓度；L为负离子寿命；H为森林高度；$U_{污}$为森林大气环境净化污染物总价值；K_j为第j种污染物的净化效率；Q_j为第j种污染物的净化市场价格；$U_{噪}$为森林年降低噪声价值；$K_{噪}$为降低噪声价格；$A_{噪}$为折合为隔音墙的公里数；$U_{滞}$为林分年滞尘价值；$K_{滞尘}$为降尘清理费用；$Q_{滞}$为单位面积林分年滞尘量	《规范》公共数据、土地利用数据、郭生祥等(2012)、孔德昌和董琼(2008)
U_6	$U_{生物} = S_i S_{生}$　(14-12)	$U_{生物}$为林分年物种保育价值；$S_{生}$为单位面积年物种损失的机会成本	《规范》公共数据、土地利用数据、郭生祥等(2012)、
V_1	$V_{水量} = P_w SJKR$　(14-13)	$V_{水量}$为草地调节水量价值；P_w为水库造价；J为地区多年平均降水总量；K为流域产流降水量占降水总量比例；R为与裸地相比草地生态系统截留降水、减少径流的效益系数；S为草地面积(适用于后面公式)	土地利用数据、气象监测数据、基础统计数据、方瑜等(2011)
V_2	$V_{减} = PS(A_p - A_r)/(\rho H)$　(14-14) $V_{肥} = S(A_p - A_r)\sum(C_i P_i)$　(14-15)	$V_{减}$为减少土地废弃价值；P为土地年均收益；A_p为草地潜在土壤侵蚀模数；A_r为草地现实土壤侵蚀模数；ρ为草地的土壤容量；H为草地的计算深度；$V_{肥}$为草地保肥价值；C_i为土壤中第i类养分含量；P_i为第i类养分的市场价格	土地利用数据、遥感产品数据、气象监测数据、方瑜等(2011)
V_3	$V_{碳} = P_c(1.62\mathrm{NPP} + R_c S)$　(14-16) $V_{氧} = 1.2 P_o \mathrm{NPP}$　(14-17)	$V_{碳}$为草地固碳价值；P_c为市场固定CO_2价格；NPP为草地的净初级生产力；R_c为草地土壤固碳速率；$V_{氧}$为草地释氧价值；P_o为市场制造O_2价格	土地利用数据、遥感产品数据、气象监测数据、方瑜等(2011)、杨东辉(2011)、姜立鹏等(2007)、Running等(2000)
V_4	$V_{生物} = \mathrm{NPP}(C_n P_n + C_p P_p)$　(14-18) $V_{土壤} = SH\rho(S_n P_n + S_p P_p)$　(14-19)	$V_{生物}$为草地生物体内参与营养元素循环的总价值；C_n为草地生物质中含N元素的比例；C_p为草地生物质中含P元素的比例；P_n、P_p分别对应N、P的市场价格；$V_{土壤}$为草地土壤库中营养物质保持的总价值；S_n为草地土壤库中含N元素的比例；S_p为草地土壤库中含P元素的比例	土地利用数据、方瑜等(2011)
V_5	$V_{环境} = \sum_{i=1}^{n} S(U_i P_i)$　(14-20)	$V_{环境}$为草地环境净化总价值；U_i为第i种环境污染物的净化效率；P_i为第i种环境污染物的净化市场价格	土地利用数据、童李霞(2017)

注：U_1代表森林涵养水源价值；U_2代表森林保育土壤价值；U_3代表森林固碳释氧价值；U_4代表林木养分固持价值；U_5代表森林净化大气环境价值；U_6代表森林生物多样性保护价值；V_1代表草地涵养水源价值；V_2代表草地土壤保持价值；V_3代表草地固碳释氧价值；V_4代表草地营养物质保持价值；V_5代表草地环境净化价值。

草地生态系统服务功能参考联合国千年生态系统评估框架与既有研究（童李霞，2017），选取涵养水源、土壤保持、固碳释氧、营养物质保持、环境净化 5 项进行评估。各项价值量计算公式为式（14-1）～式（14-20），常数类参数引自《规范》及相关文献，非常数类参数来源于土地利用数据、遥感产品数据及政府统计数据。对于无法从已有数据直接取值的参数（如土壤侵蚀模数、NPP 数据等）利用遥感影像、气象监测数据等建模反演将 1km×1km 像素格网作为最小评估单元进行价值量核算。受限于数据、评估方法等因素，生物多样性保护价值仅考虑森林生态系统，未对森林防护功能及草地废弃物降解功能进行价值核算。

14.2.2　关键评估参数

1. NPP 计算

森林和草地生态系统植被 NPP 基于 2015 年植被指数与气象监测数据，借鉴姜立鹏等（2007）构建的光能利用率模型计算得到，计算公式如下：

$$\mathrm{NPP} = (\mathrm{FPAR} \times \mathrm{PAR}) \times (\varepsilon^{*} \times \sigma_{\mathrm{T}} \times \sigma_{\mathrm{E}}) \tag{14-21}$$

$$\mathrm{FPAR} = \frac{(\mathrm{VI} - \mathrm{VI}_{\min})(\mathrm{FPAR}_{\max} - \mathrm{FPAR}_{\min})(\mathrm{FPAR}_{\max} - \mathrm{FPAR}_{\min})}{\mathrm{VI}_{\max} - \mathrm{VI}_{\min}} + \mathrm{FPAR}_{\min} \tag{14-22}$$

$$\mathrm{PAR} = 0.47Q \tag{14-23}$$

$$Q = Q_0(a + bX) \tag{14-24}$$

$$Q_0 = 0.0418675(c_0 + c_1\varphi + c_2H + c_3e) \tag{14-25}$$

$$\sigma_{\mathrm{T}} = \left(1 + \exp\left[\frac{-220000 + 710(T_{\mathrm{S}} + 273.16)}{8.314(T_{\mathrm{S}} + 273.16)}\right]\right)^{-1} \tag{14-26}$$

$$\sigma_{\mathrm{E}} = 0.611\left[\exp\left(\frac{17.27(T_{\mathrm{S}} - 273.2)}{T_{\mathrm{S}} - 35.86}\right) - \exp\left(\frac{17.27(T_{\mathrm{d}} - 273.2)}{T_{\mathrm{d}} - 35.86}\right)\right] \tag{14-27}$$

式中，NPP 为净初级生产力；FPAR 为草所吸收的光合有效辐射比例，根据比值植被指数（VI）计算，$\mathrm{FPAR}_{\max}$=0.950，$\mathrm{FPAR}_{\min}$=0.001（姜立鹏等，2007）；PAR 为到达地表的光合有效辐射；ε^{*} 为植物的最大光能利用率，根据 Running 等（2000）对植被的模拟结果，草地最大光能利用率取 0.608 g/MJ，森林取 1.106 g/MJ；σ_{T} 为温度对植物生长的影响系数；σ_{E} 为大气水分含量对植物生长的影响系数；$\mathrm{VI}_{\max}$ 和 $\mathrm{VI}_{\min}$ 分别为最大和最小比值植被指数，VI 由 NDVI 计算得到；Q 为太阳总辐射；a 和 b 为常数（取 a=0.248，b=0.752）；X 为日照百分率，由月日照百分率数据插值得到；Q_0 为最大晴天总辐射量，由地理纬度 φ、海拔 H 及地面水汽压 e 估算得到；c_0、c_1、c_2、c_3 为常数，取值参见既有文献（杨东辉，2011）；T_{S} 为地表温度；T_{d} 为近地层露点温度。

2. 土壤侵蚀模数计算

土壤侵蚀模数是计算林草生态系统保育土壤价值中的重要参数，潜在土壤侵蚀模数是在没有植被覆盖条件下(裸地)的土壤侵蚀量，现实土壤侵蚀模数是在现实的植被覆盖条件下的土壤侵蚀量。计算公式如下(王顺利等，2011)：

$$A = R \times K \times L \times Y \times C \times P \tag{14-28}$$

$$R = 0.043 p^{1.61} \tag{14-29}$$

$$\begin{cases} Y = 10.80\sin\theta + 0.03 & \theta < 5° \\ Y = 16.80\sin\theta - 0.50 & 5° \leqslant \theta < 10° \\ Y = 21.91\sin\theta - 0.96 & \theta \geqslant 10° \end{cases} \tag{14-30}$$

$$L = \left(\frac{\lambda}{22.13}\right)^m \begin{cases} m = 0.5 & \tan\theta > 0.05 \\ m = 0.4 & 0.03 < \tan\theta \leqslant 0.05 \\ m = 0.3 & 0.01 < \tan\theta \leqslant 0.03 \\ m = 0.2 & \tan\theta \leqslant 0.01 \end{cases} \tag{14-31}$$

式中，A 为年土壤侵蚀模数；R 为降雨侵蚀因子，并通过伍育鹏等(2001)的研究方法，由式(14-29)计算，其中 p 为年降水量，mm，年降水量数据由气象监测站点数据空间插值得到；K 为土壤可蚀性因子，采用童李霞(2017)研究中的取值 0.2519；L、Y 分别为坡长因子、坡度因子，根据魏兰香等(2017)的研究方法，利用 DEM、坡度数据根据式(14-30)、式(14-31)计算；θ 为坡度，°；λ 为水平坡长，m；m 为坡长指数(无量纲)；C 为植被覆盖因子，由植被覆盖度计算得到，植被覆盖度参考肖骁等(2017b)的计算方法；P 为水土保持措施因子，取值为 1(童李霞，2017)。

14.3 林草生态系统调节服务功能总价值及格局

2015 年黄河中上游流域林草生态系统调节服务功能总价值为 18997.69 亿元，单位面积林草生态系统产生的生态服务功能价值量为 395.54 万元/km^2。既有研究结果显示，黄河中、上游流域 GDP 总量为 6.95 万亿元(徐勇和王传胜，2020)，林草生态系统价值量相当于 GDP 的 27.33%。森林生态系统提供的涵养水源、保育土壤、固碳释氧、林木养分固持、净化大气环境、生物多样性保护六项服务功能价值为 11833.11 亿元，单位林地面积价值量为 1131.87 万元/km^2。草地生态系统提供的涵养水源、土壤保持、固碳释氧、营养物质保持、环境净化五项服务功能价值为 7164.58 亿元(表 14-2)，单位草地面积价值量为 190.67 万元/km^2。森林生态系统价值量最大的是保育土壤功能(6756.10 亿元)，最小的是林木养分固持功能(273.35 亿元)，标准差是 2208.65 亿元；草地生态系统价值量最大的是固碳释氧功能(4170.42 亿元)，最小的是环境净化功能(30.10 亿元)，标准差是 1690.58 亿元。森林和草地均在保育土壤方面具有较高价值，森林在生物多样性保护、净化大气环境等方面具有优势，草地在固碳释氧、营养物质保持方面具有优势。

表 14-2　2015 年黄河中上游林草生态系统各项服务功能价值与组成

森林生态系统服务功能价值			草地生态系统服务功能价值		
功能	价值/亿元	占比/%	功能	价值/亿元	占比/%
林木养分固持	273.35	2.31	营养物质保持	2667.75	37.23
固碳释氧	701.18	5.93	固碳释氧	4170.42	58.21
涵养水源	644.72	5.45	涵养水源	113.85	1.59
保育土壤	6756.10	57.09	土壤保持	182.46	2.55
净化大气环境	1706.54	14.42	环境净化	30.10	0.42
生物多样性保护	1751.22	14.80			
小计	11833.11			7164.58	
合计/亿元			18997.69		

从价值区间上看，每平方千米林草生态系统生态服务功能总价值介于 75.74 万～1417.66 万元(图 14-1)，表明具有较强的空间差异性；青海东部、甘肃南部、陕西中部、山西西部及河南西部的单位面积林草价值量较高，一般在 760 万元/km^2 以上，主要为祁连山、阿尼玛卿山、吕梁山及秦岭山地。内蒙古南部、宁夏大部、甘肃中部以及黄河源

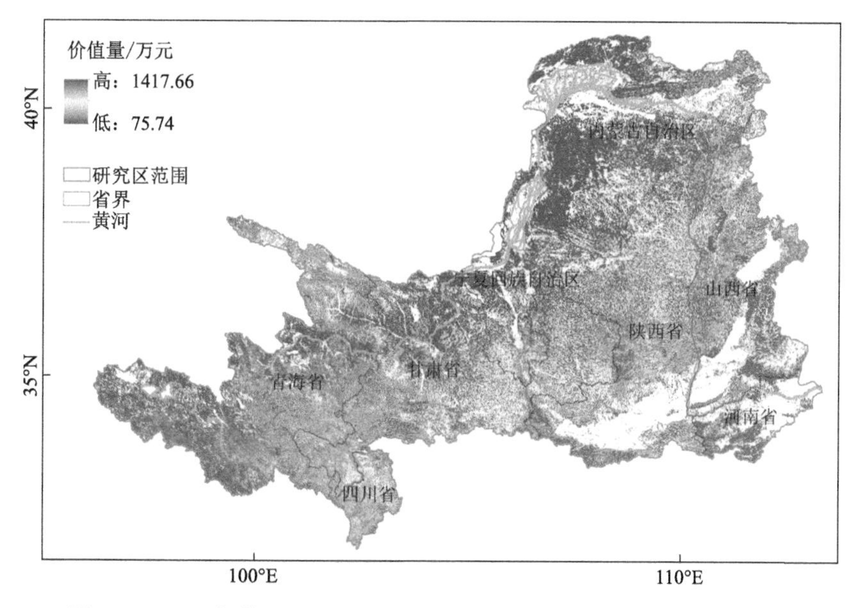

图 14-1　2015 年黄河中上游流域林草生态系统服务功能总价值空间分布

部分地区为价值量低值区，大多数在 350 万元/km^2 以下。从行政单元上看：①省域尺度上林草生态系统服务功能价值总量排名依次是青海、山西、甘肃、陕西、内蒙古、河南、四川、宁夏。各省(自治区)每平方千米林草生态价值量变化规律为河南(917.72 万元)>山西(700.90 万元)>陕西(500.46 万元)>四川(446.93 万元)>甘肃(384.90 万元)>青海(355.84 万元)>宁夏(193.96 万元)>内蒙古(188.13 万元)；②市级尺度上，林草生态价值最大值在青海果洛藏族自治州(1519.21 亿元)、最小值在河南平顶山市(1225 万元)，中位数在甘肃兰州市(189.96 亿元)。每平方千米价值量最大值在河南南阳市(1295.98 万元)、最小值在内蒙古乌海市(114.96 万元)，中位数在内蒙古乌兰察布市(480.52 万元)。

14.4 森林生态系统调节服务功能价值核算及格局

14.4.1 森林生态系统调节服务功能价值核算

森林生态系统服务功能价值集中在青海东部、甘肃西南部、陕西中部，这些地区也是黄河中上游流域有林地的主要聚集区(图 14-1)。有林地的价值量最高，达到 1281.59 万元/km^2；疏林地和灌木林的价值量均值分别为 1167.56 万元/km^2 和 1078.27 万元/km^2。森林生态系统调节服务价值量的高低主要取决于有林地土壤侵蚀模数、土壤容重、净生产力及年物种损失机会成本等评估参数。利用分区统计方法计算不同森林类型的土壤侵蚀模数的结果表明，有林地土壤侵蚀模数最低，且土壤容重等其他生态参数最高，其所提供的生态功能价值最高。研究区灌木林面积最大，生态价值总量居于首位，为 5155.23 亿元，有林地和疏林地的价值贡献分别为 4706.78 亿元和 1921.81 亿元。

14.4.2 森林生态系统各类调节服务功能价值空间格局

将林草生态系统服务功能价值按不同服务功能进行统计，并以栅格像元为最小单位进行空间可视化表达(图 14-2)。综合发现，森林生态系统的各项服务功能价值分布具有差异化特征。其中，保育土壤、净化大气环境的单位面积价值分布有“东部高于西部、南部高于北部”的明显趋势，这与不同林地类型的分布密切相关。有林地单位面积保育土壤价值和净化大气环境价值分别为 711.47 万元/km^2 和 169.52 万元/km^2，均高于灌木林(641.01 万元/km^2 和 167.62 万元/km^2)和疏林地(641.92 万元/km^2 和 168.38 万元/km^2)，东南部的太岳山、吕梁山西部、秦岭北麓地区地处半湿润气候区，林地分布广泛且林分以天然林和人工林为主。反观西部的黄土高原甘肃段、青海阿尼玛卿山麓等地区以及西北部的祁连山，有林地面积和聚集度均不及东南部，因此东部林地比西部林地产生较高的保育土壤和净化大气环境价值；而涵养水源、固碳释氧、林木养分固持单位面积价值的高值区呈现东、西两翼的分布态势，即“青海-甘肃”与“陕西-山西”两个高值区，这是气候、海拔及地理纬度等因素综合作用的结果。

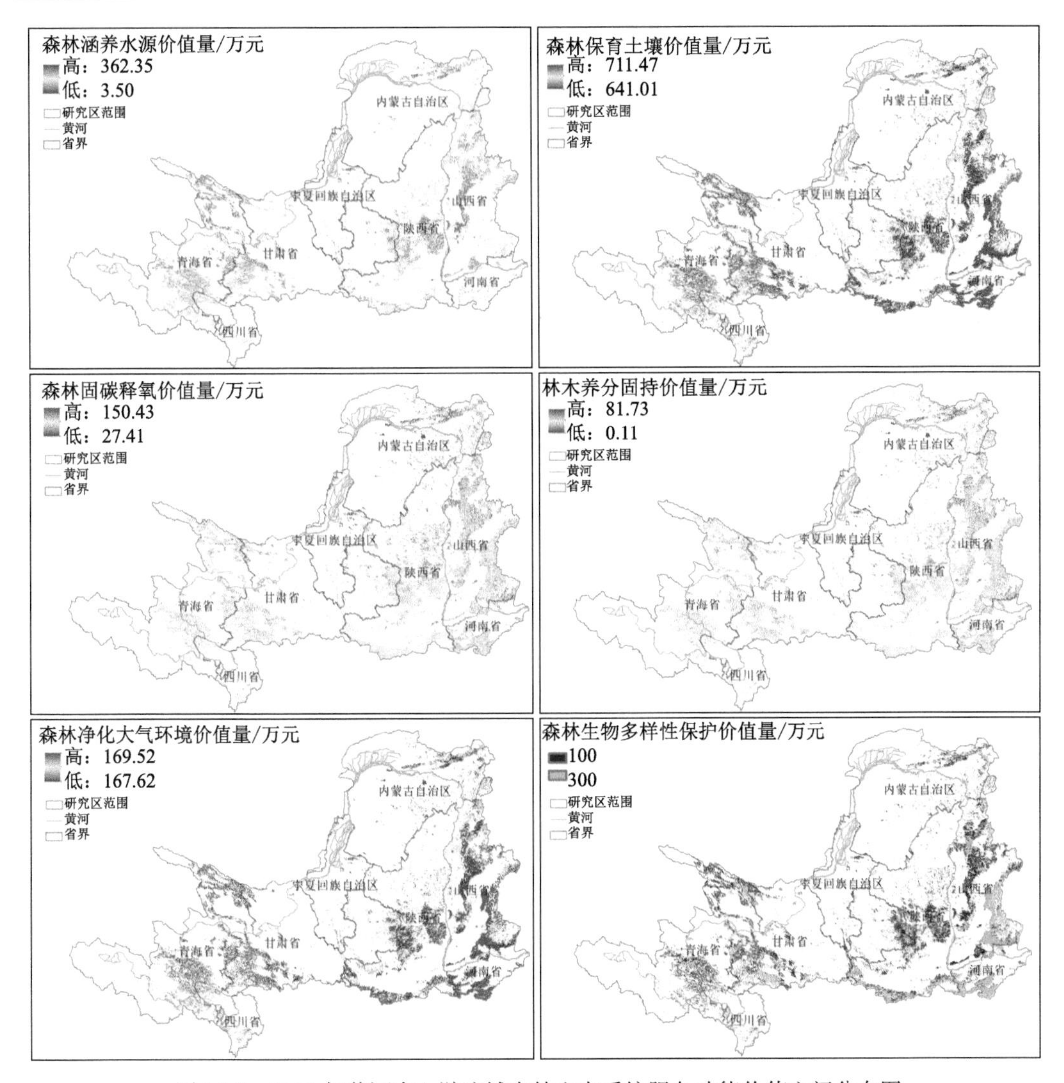

图 14-2　2015 年黄河中上游流域森林生态系统服务功能价值空间分布图

14.5　草地生态系统调节服务功能价值核算及格局

14.5.1　草地生态系统调节服务功能价值核算

草地生态系统服务功能价值集中在黄河上游的青海东部、四川北部、甘肃西部及黄河中游的陕西西部，涉及祁连山区、阿尼玛卿山、黄土高原部分地区(图 14-1)。由每种草地提供的生态系统服务功能价值均值和总量可知，高覆盖度草地的价值均值最高(264.79 万元/km^2)，中覆盖度草地和低覆盖度草地价值均值分别为 185.15 万元/km^2 和 151.88 万元/km^2。草地生态系统服务功能价值量与草地净生产力、草地土壤侵蚀模数及所在地区降水量密切相关，高覆盖度草地比中、低覆盖度草地具有更高的净生产力和最低的土壤侵蚀量。中覆盖度草地的面积最大，价值量占比为 44.44%，高、低覆盖度草地价值量占比为 29.38%和 26.18%。

14.5.2 草地生态系统各类调节服务功能价值空间格局

草地生态系统涵养水源、土壤保持功能价值量均呈现“南高北低”的空间格局，高值区分布在四川邛崃山北麓以及甘肃、陕西南部的秦岭北麓，涵养水源价值达到 6 万元/km^{2}以上，土壤保持价值达到 70 万元/km^{2}以上(图 14-3)。涵养水源价值自南向北梯式递减，这与降水量的空间态势相吻合。而土壤保持价值量自南向北则是骤减，除在甘肃南部、陕西南部存在东西连片窄条状的过渡带外，北部的鄂尔多斯高原、黄土高原、河套平原、宁夏平原等大部分地区草地土壤保持价值低于 10 万元/km^2，这些地区由于深居内陆、气候干旱、草地覆盖度较低，土壤侵蚀量较高，是全域土壤保持价值的低值区。草地固碳释氧与营养物质保持价值高值区集中在黄河上游的甘南草原、阿尼玛卿山、祁连山南麓、湟水谷地等高海拔连片地带，单位面积草地提供的固碳释氧价值高达 400.85

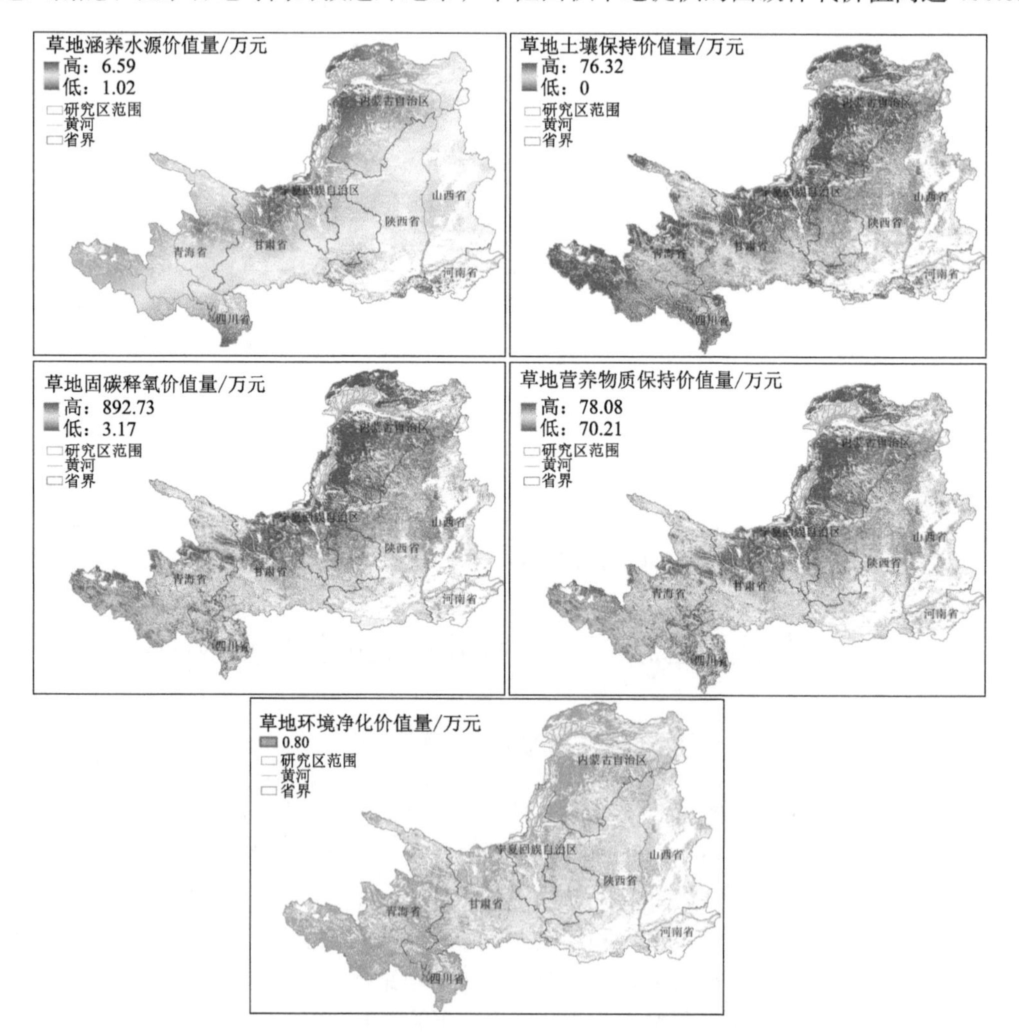

图 14-3 2015 年黄河中上游流域草地生态系统服务功能价值空间分布图

万元/km^{2}以上，营养物质保持价值高达 73.73 万元/km^{2}以上。黄河中游草地面积较大，但大部分草地固碳释氧与营养物质保持价值偏低，单位面积草地提供的固碳释氧价值低至 153.17 万元/km^{2}以下，营养物质保持价值低至 71.54 万元/km^{2}以下。陕西南部受到南水北调、水源涵养地等政策因素形成了局部高值区，其固碳释氧价值达到 300 万元/km^{2}以上，营养物质保持价值达到 72 万元/km^{2}以上。

14.6　结　　论

本章基于多源空间信息数据，利用空间统计分析技术，评估 2015 年黄河中上游流域像元级林草生态调节服务功能价值量及空间格局与区划特征。主要得出以下结论。

(1) 集成运用土地利用数据、遥感产品数据、气象数据及统计监测数据，参考联合国千年评估框架、《规范》及既有研究，通过反演 NPP、土壤侵蚀模数等生态参数数据，构建 1km×1km 格网尺度林草生态系统调节服务功能价值评估体系，克服传统研究根据实地采样监测数据以点带面估算价值量存在精确度不足的缺点，打破传统统计调查数据受限于特定行政单元的局限，发现整个流域范围内生态价值量的微观空间异质性特征，为开展系统性、整体性及协同性区域生态保护和治理提供科学依据。在 GIS 分区统计技术的支持下，该方法体系支持省、市行政单元生态价值的核算，有利于各级行政部门制定生态环境治理对策；支持不同林分区域、不同密度草地、不同海拔及气候带等自然单元价值量核算，为探究生态服务价值空间差异的形成机制及差异化生态补偿机制制定提供参考。

(2) 2015 年黄河中上游流域林草生态调节服务功能价值为 18997.69 亿元，其中森林提供 11833.11 亿元，草地提供 7164.58 亿元。单位面积林草生态系统服务价值具有较强的空间异质性，高值区集中在青海、甘肃、陕西、山西、河南连片区域，主要受到祁连山、阿尼玛卿山、秦岭山地等水热条件的影响作用，而内蒙古南部、宁夏大部、甘肃中部及黄河源部分地区由于受降水、地形、地貌等因素的影响，单位面积林草生态价值较低。有林地和高覆盖度草地单位面积生态服务价值最高，但对全域生态服务价值贡献最大的是灌木林与中覆盖度草地。

(3) 森林生态系统的 6 项调节服务功能价值量均呈现西部青海—甘肃、中北部宁夏—内蒙古、东部陕西—山西等三大区域空间分布特征，保育土壤、净化大气环境的单位面积价值的空间分布有东南高于西北的态势，而涵养水源、固碳释氧、林木养分固持的单位面积价值的高值聚集区分为东、西两翼，这与有林地空间分布及 NPP 等生态参数值的空间差异有关。草地涵养水源、土壤保持价值呈现南高北低的空间格局，与降水量等气候因素密切相关，草地固碳释氧与营养物质保持价值高值区集中在黄河上游高海拔地带。

实施黄河流域生态保护和高质量发展战略，不仅要维系林草生态系统服务功能，还要依托生态产品优势促进经济增长。

一是不同生态服务功能形成的空间区域特征表明，流域各省(自治区)应该根据当地各项生态服务功能价值的差异与优势，突出生态功能区域空间特征，实施“系统性、整体性、协同性”的生态保护与治理策略。四川、青海、甘肃等上游流域是流域重要的水源涵养区和补给区，应严格落实国家主体功能区战略，保护三江源、祁连山、甘南草原等林草生态功能区，推进天然林与人工林保护、退牧还草、地震灾后植被恢复等重点生态工程，不断提升水源涵养能力；甘肃、宁夏、山西、陕西的黄土高原丘陵沟壑区水沙关系不协调易引发洪涝灾害，鉴于林草生态系统具有强大的水土保持功能，不同林分和草地覆盖度的土壤保持价值各异。应在该区域增加林草植被覆盖度，并将水土流失预防重点由以往的增加林草地面积为主向复合生态修复转变，如实施树种结构调整、森林抚育、封育提升等工程。

二是利用精细空间的生态系统服务功能价值估算结果，摸清生态产品家底，掌握生态产品清单，明晰生态服务与产品的空间位置及存在形态，创新建立生态系统服务功能价值实现机制。在黄河中上游流域探索林草生态效益精准量化补偿、自然资源资产负债表、绿色碳库功能生态效益交易价值化等生态系统服务功能价值的就地实现路径(王兵等, 2020)；对于生态系统服务产生的区域之外的价值，尝试建立迁地实现路径，按照“谁受益谁补偿”的原则，探索建立可量化计算的上下游生态补偿办法，如黄河上游涵养水功能的价值化实现需要在中游予以体现，黄河中游的保育土壤功能的价值化实现需要在下游予以体现。

三是要打好生态产品组合拳，着力构建精准化的生态产业体系，通过生态产业化、产业生态化战略，促进生态价值与经济价值的持续稳定协同增长。提炼林草调节服务功能价值转化途径与渠道，评估各区域生态服务及产品的开发潜力，因地制宜发展生态旅游、生态农业、生态制造业、生态服务业和生态高新技术产业，全面提高生态产品的生产水平和供给能力。例如，上游青海、四川等生态功能区在保证生态功能的同时可通过发挥资源优势，建立以国家公园为主体的生态旅游业，构建绿色农牧产业体系和产品品牌；中游河套灌区、汾渭平原粮食主产区应通过产业分工与协同，推动产业结构升级，提升农产品数量和质量。

参考文献

陈颖, 孙勇, 曾冠岚, 等. 2015. 辽河保护区草地生态系统服务功能间接价值评估. 生态科学, 34(1): 103-109.

方瑜, 欧阳志云, 肖燚, 等. 2011. 海河流域草地生态系统服务功能及其价值评估. 自然资源学报, 26(10): 1694-1706.

房学宁, 赵文武. 2013. 生态系统服务研究进展——2013 年第 11 届国际生态学大会(INTECOL Congress)会议述评. 生态学报, 33(20): 6736-6740.

郭生祥, 汪有奎, 张建奇. 2012. 甘肃祁连山国家级自然保护区天然林保护工程生态效益初步评价分析. 甘肃林业科技, 37(1): 21-25, 48.

侯鹏, 王桥, 申文明, 等. 2015. 生态系统综合评估研究进展: 内涵、框架与挑战. 地理研究, 34(10): 1809-1823.

姜立鹏, 覃志豪, 谢雯, 等. 2007. 中国草地生态系统服务功能价值遥感估算研究. 自然资源学报,

22(2): 161-170.
孔德昌, 董琼. 2008. 马关古林箐自然保护区森林生态系统服务功能价值评估. 林业调查规划, 33(2): 84-86.
龙启德, 房林娜. 2016. 贵州省白云区林业自然资源资产价值量评估. 中国集体经济, 24(8): 15-18.
娄佩卿, 付波霖, 刘海新, 等. 2019. 锡林郭勒盟草地生态系统服务功能价值动态估算. 生态学报, 39(11): 3837-3849.
欧阳志云, 王效科, 苗鸿. 1999. 中国陆地生态系统服务功能及其生态经济价值的初步研究. 生态学报, 19(5): 607-613.
乔斌, 祝存兄, 曹晓云, 等. 2020. 格网尺度下青海玛多县土地利用及生态系统服务价值空间自相关分析. 应用生态学报, 31(5): 1660-1672.
童李霞. 2017. 三江源区草地生态系统服务功能价值遥感估算研究. 济南: 山东科技大学.
王兵, 牛香, 宋庆丰. 2020. 中国森林生态系统服务评估及其价值化实现路径设计. 环境保护, 48(14): 28-36.
王兵, 任晓旭, 胡文. 2011. 中国森林生态系统服务功能及其价值评估. 林业科学, 47(2): 145-153.
王顺利, 刘贤德, 王建宏, 等. 2011. 甘肃省森林生态系统保育土壤功能及其价值评估. 水土保持学报, 25(5): 35-39.
韦惠兰, 祁应军. 2016. 森林生态系统服务功能价值评估与分析. 北京林业大学学报, 38(2): 74-82.
魏兰香, 曹广超, 曹生奎, 等. 2017. 基于USLE模型的祁连山南坡土壤侵蚀现状评价. 武汉工程大学学报, 39(3): 288-295.
伍育鹏, 谢云, 章文波. 2001. 国内外降雨侵蚀力简易计算方法的比较. 水土保持学报, 15(3): 31-34.
肖骁, 李京忠, 韩彬, 等. 2017b. 东北老工业区植被覆盖度时空特征及城市化关联分析. 生态科学, 36(6): 71-77.
肖骁, 穆治霖, 赵雪雁, 等. 2017a. 基于RS/GIS的东北地区森林生态系统服务功能价值评估. 生态学杂志, 36(11): 3298-3304.
徐新良, 庞治国, 于信芳. 2014. 土地利用/覆被变化时空信息分析方法及应用. 北京: 科学技术文献出版社.
徐勇, 王传胜. 2020. 黄河流域生态保护和高质量发展: 框架、路径与对策. 中国科学院院刊, 35(7): 875-883.
杨东辉. 2011. 基于MODIS数据的石羊河上游植被净第一性生产力变化研究. 兰州: 西北师范大学.
袁周炎妍, 万荣荣. 2019. 生态系统服务评估方法研究进展. 生态科学, 38(5): 210-219.
Burkhard B, Kroll F, Nedkov S, et al. 2012. Mapping ecosystem service supply, demand and budgets. Ecological Indicators, 21: 17-29.
Costanza R, d'Arge R, de Groot R, et al. 1997. The value of the world's ecosystem services and natural capital. Nature, 387(6630): 253-260.
Daily G C. 1997. Nature's Services: Societal Dependence on Natural Ecosystems. Washington DC: Island Press.
Lara A, Little C, Urrutia R, et al. 2009. Assessment of ecosystem services as an opportunity for the conservation and management of native forests in Chile. Forest Ecology and Management, 258(4): 415-424.
Pearce D W. 2001. The economic value of forest ecosystems. Ecosystem Health, 7(4): 284-296.
Running S W, Thornton P E, Nemani R, et al. 2000. Global terrestrial gross and net primary productivity from the earth observing system//Sala O E, Jackson R B, Mooney H A, et al. Methods in Ecosystem Science. New York: Springer: 44-57.
Small N, Munday M, Durance I T. 2017. The challenge of valuing ecosystem services that have no material

benefits. Global Environmental Change, 44: 57-67.

Woldeyohannes A, Cotter M, Biru W D, et al. 2020. Assessing changes in ecosystem service values over 1985—2050 in response to land use and land cover dynamics in Abaya-Chamo Basin, Southern Ethiopia. Land, 9(2): 37.

Xie G D, Zhen L, Lu C X, et al. 2010. Applying value transfer method for eco-service valuation in China. Journal of Resources and Ecology, 1(1): 51-59.

第 15 章

人类活动系统水-碳耦合交互过程及空间调控

15.1 人类活动系统水-碳耦合框架及方法学

15.1.1 水碳足迹及其环境效应

水、碳两大要素是区域人类活动的原料和动力，水循环、碳循环及水-碳耦合关系既构成“社会-经济-生态”复合系统功能和过程的主要内容，又是自然生态和人类社会的“供给-需求”关系的集中表现(赵荣钦等，2016)。目前，水-碳耦合研究主要集中在陆地生态系统，关注要素在“植被-土壤-大气”中的连续运动过程，研究可分为单一要素和多要素耦合研究，其中单一要素研究着重量化水及其他生产资源(化石燃料、清洁能源等)的消耗及其对环境的影响。生态足迹的核算包括直接资源消耗和间接资源消耗，研究方法以生命周期评价、自上而下核算、自下而上核算和投入产出等模型为主，对区域资源的利用情况、承载能力及对外依存程度进行计算。

15.1.2 水-碳耦合关系及其进展

目前关于水-碳耦合方面的研究在区域层面上主要集中在两方面：①陆地生态系统的水-碳耦合研究，主要研究方向为森林、农田、山区及人工林等；②水体碳排放通量及其季节性变化特征相关的监测研究，以水库和河流为主要研究方向。区域的水-碳耦合微观尺度以自然科学的研究为主，并通过通量检测和实验分析的方法展开相关研究；宏观尺度上的方法则主要为采样数据及估测模型(赵荣钦等，2016)。在中国的温室气体碳排放总量中，有 17%～20%来自农业温室气体的排放(Wang et al.，2012)，其中地下水的温室气体排放占农业水资源碳排放的 65%～88%(Li et al.，2013)。相关研究指出，在水的抽取、运输、使用和废弃物的处置等环节过程中都会产生相应的碳排放，而碳排放量最高的环节则为居民使用和废水处理的环节(赵荣钦等，2016)。

对于自然生态系统的水-碳耦合关系研究，研究方法包括基于光合-气孔-蒸腾过程的水-碳耦合模型和水文-生态集成模型(刘宁等，2012)。气孔是植物进行气体交换和水汽蒸腾的重要通道，量化气孔导度是衡量水-碳耦合关系的重要途径(张彦群等，2013)，常用模型包括 CEVSA(Carbon Exchange between Vegetation, Soil and Atmosphere)、BEPS(Boreal Ecosystem Productivity Simulator)和 IBIS(Integrated Biosphere Simulator)等(Zhang H Y et al., 2018)。CEVSA 模型包括生物物理、植物生长和土壤碳氮转化等模块，驱动数据包括气象数据、初始植被土壤数据和大气二氧化碳数据等，评估指标包括光合作用、自养及异养呼吸、土壤水文等(张彦群等，2013)；BEPS 模型以遥感数据为驱动，从能量、碳氮和水等多个角度模拟陆地生态系统水-碳循环过程(翁升恒等，2022)，周艳莲(2022)基于 BEPS 模型研究长时间序列全球陆地生态系统碳通量时空变化特征；IBIS 模型包括植被动态过程模拟、地表水文过程模拟和陆地生物地球化学循环模拟，初始数据以气象(气温、降水、湿度等)和地表(土地覆盖、土壤质地、土壤有机碳含量)为主(黄贤金等，2021)，黄贤金等(2021)基于 IBIS 模型探讨了中国在 2060 年实现碳中和的可行性，杨艳等(2018)基于 IBIS 模型预测中国未来水分状况趋势。水文-生态集成模型包括 DLEM(Dynamic Land Ecosystem)、WASSI-C(Water Supply Stress Index-Carbon)和 RHESSys(Regional Hydro-Ecological Simulation System)等。DLEM 模型以栅格为最小空间单元，以时间区间为最小时间研究单元，核心模块包括生物物理、植物生理、土壤生物地球化学、植被动态和土地利用，通过核心模块的集成化实现对生态系统的模拟(田汉勤等，2010)，Pan 等(2015)基于 DLEM 模型研究全球陆地净初级生产对气候变化的响应效率；WASSI-C 模型基于降水和气温数据，从蒸散发、水循环和碳循环等模块，评估气候变化、土地利用等对陆地水-碳循环的影响(侯晓臣等，2019)，王小辣等(2022)基于 WASSI-C 模型量化珠江流域水-碳循环及其环境响应，侯晓臣(2019)根据焉耆盆地的特点对 WASSI-C 模型进行改进和应用。

15.1.3 人类活动系统水-碳耦合交互过程及空间调控

人类作为陆地系统的主要主体，其活动方式、强度和范围影响水-碳耦合平衡机制，例如人类基于生产生活需求，改变土地利用方式，影响碳源、碳汇及地表径流等空间格局及其演化，进而改变水-碳耦合机制(王波等，2022)。随着人类活动强度增加和范围扩展，人类活动系统和水-碳耦合系统的反馈机制趋于复杂化(薛冰等，2022)。大数据具有大体量、多类型等显著特征(薛冰等，2019)，实现人类活动过程中水及其他能源生产、输送、交易、消费等环节的精密监测以及人类活动和环境变化的精细描绘(胡熠和靳曙畅，2022)，亦为构建多视角多因子驱动的水-碳耦合模拟模型提供数据支撑和技术支持(叶脉等，2020)。目前多数水-碳耦合模拟模型以植被为研究主体，实现其与土壤、大气等系统的动态耦合，但因为信息不对称和精准观测能力有限等因素(邹自明等，2018)，未能构建以人类活动为主体的水-碳耦合模拟模型，动态监管因人类活动导致的水土关系、水能关系和土能关系的变化过程及影响因素(赵荣钦等，2016)。因此，应基于水、碳等要素，采用模块化结构实现初始数据和输出数据在模型间的对接与流转，从而实现水-碳耦合多重关系解析和水-碳耦合平衡方案构建(胡中民等，2009)，在此过程中，大数据的质量、处理环境及手段(多源异构数据的同一化和融合等)、存储、安全等问题值得长期关注(黎建辉等，2018)。

15.2　产业系统水-碳耦合过程及特征机制

产业活动伴随着水、土、能、碳、氮等多种要素的耦合过程，同时要素间的耦合作用机制受到自然因素、经济因素、社会因素等的影响。例如，自然要素条件决定区域各项资源的赋存条件和分布格局；生产效率和技术水平则决定区域资源耦合作用效率和碳排放效率(赵荣钦等，2016)。因此区域产业发展政策的制定需要结合区域自然资源条件等客观现实和产业系统水-碳耦合特征，以提高黄河上游水资源节约集约利用水平，减排增汇，实现绿色低碳发展。

长期以来，国内外对产业活动的水、碳足迹和排放特征的研究主要集中在单要素分析，针对多要素耦合关系的研究相对较少，针对双要素的水-碳耦合研究可分为单一行业研究与多行业研究两大类(Xue et al.，2019)。单一行业研究以水、能源等特定产业系统内的水-碳耦合关系为研究对象。例如，对西藏直孔水电站的研究表明，每实现 1kg 温室气体减排，将消耗 0.704m^3 水，水库每储备 1m^3 水就会有 0.126m^3 水资源因蒸发而损失(Zhang J et al.，2018)。对中国电力部门节水目标和 CO_2 减排目标之间权衡的研究表明,在 2030 年之前,电力部门的碳排放达到峰值,可能会使耗水量增加 34.85Gt(Bao et al.，2020)。一项关于工业碳水足迹的评估研究表明，对于奶粉生产，供水和水处理的综合排放系数约为 1.28 kg CO_2/m^3(Trubetskaya et al.，2021)。对不同灌溉模式下农业水能消耗及碳排放的研究表明，传统漫灌模式下水能消耗及碳排放强度均较高，滴灌模式下水能消耗及碳排放强度明显下降(张慧芳等，2021)。

多行业研究偏重对研究区域内多门类行业水资源消耗和碳排放状况的综合比较及跨区域多部门比较。关于中国产业转型对水资源利用强度和能源相关碳强度的影响进行综合和定量的时空分析表明,第一产业在用水强度中占主导地位,在国家和省级层面上,第二产业在与能源相关的总碳强度中占主导地位。此外，总水资源利用强度与能源相关碳强度呈显著正相关(Cai et al.，2016)。对中国水-碳关系的关联分析研究表明，河北、山东和内蒙古是净前向关联(净出口)的主要水-碳关系节点，即主要出口产品，以满足其他经济部门的需求，体现为大量稀缺水和二氧化碳排放；此外，广东、浙江、山东、江苏和上海是净后向关联(净进口)的主要水-碳关系节点，即主要从其他部门进口产品，以满足其需求，其中包含大量稀缺水和二氧化碳排放(Fang and Chen，2018)。对北京的城市水-碳关系量化研究表明，北京地区电力部门是直接的水-碳关系节点，建筑部门是高密集度地体现水-碳关系节点(Fan et al.，2019)。关于上海能源-水-碳关系压力的关键传输部门的研究识别了关键的能源-水-碳关系传输部门如通信设备、计算机和其他电子设备制造部门，以及产生了显著的能源-水-碳关系压力的部门如化学品和化学产品制造部门(Xue et al.，2019)。对京津冀地区水-碳关系系统进行的分析研究发现，2030 年该地区的农业、服务业和食品业将成为典型的用水者(分别占 35.0%、22.8%和 10.8%)；金属、服务业、电力和热力行业将是典型的二氧化碳排放者(分别占 24.1%、22.0%和 19.7%)(Wang et al.，2022)。对 2012 年河南不同产业的碳水足迹效率进行的对比研究表明，产业的碳足迹和水足迹存在着行业不匹配的现象，并且不同产业碳水足迹效率具有较大的差异(杨文娟等，2019)。

总体上，虽然对于特定产业，其水资源消耗强度、碳排放特征、产业组织结构和技术水平等存在空间异质性，并且产业内部、产业间和跨区域的水-碳耦合关系具有复杂性，但在“双碳”目标和最严格水资源管理制度的大背景下，以电力系统、水系统为典型的产业系统的水资源消耗-碳排放权衡问题是规划区域产业活动、制定地方发展政策面临的共性问题。产业系统中水-碳耦合关系的相关理论和研究成果的实践意义在于加深了对多重决策目标背景下产业动态调控行为的系统性影响的认知，并为区域产业发展政策的制定提供了科学依据。

15.2.1 黄河上游水资源利用与水碳足迹现状

将水-碳关联认知在实际产业系统调控过程中进行演绎还需考虑到区域自然资源约束、生态环境现状和产业发展特征。黄河流域生态环境本底脆弱，并且主要的资源约束来自水资源的严重短缺(金凤君等，2020)。2020 年各水资源一级区中，黄河区水资源总量为 917.4 亿 m^3，仅占全国水资源总量的 2.9%[①]。黄河流域能源重化工业多集中于中、上游区域，该区域集水面积占黄河流域的 47.6%，水资源量仅占全流域的 24.6%(杨文娟等，2019)。在水资源供需方面，黄河 9 省(自治区)中除青海、四川处于水生态盈余状态，其他 7 个省(自治区)均呈水生态赤字状态，其原因包括由水资源供应不足导致的绝对短缺(如宁夏、山西、甘肃、内蒙古)和水资源需求过大导致的相对短缺(如陕西、山东、河南)(朱向梅和王子莎，2020)。

此外，植被覆盖度是陆地生态系统水-碳耦合过程的重要变量(于贵瑞等，2004)。基于多种方法的研究结果表明，近十年黄河流域植被覆盖度整体呈显著增长趋势(张志强等，2021)。黄河流域植被覆盖度的变化除受以降水量为主的气候因素的影响，还受到人为活动的调控，研究表明，空间上黄河流域植被覆盖度增加区域主要分布在陕北黄土高原、甘肃东南部、内蒙古河套平原等退耕还林还草生态工程实施区域，而植被覆盖度显著下降区域则集中分布在关中平原城市群、黄淮海平原及青藏高原等地区。然而，在水-碳耦合机制的作用下，显著增加的植被使黄河流域内耗水呈显著增加趋势，给本就缺水的黄河流域带来压力，但同时也显著提高流域内生态系统的固碳能力(王辰露等，2022)。因此，应当在考虑水-碳耦合机制的背景下进行黄河上游农业、林草产业等的布局规划。

在碳排放和环境承载力方面，对 2005～2017 年黄河流域碳水足迹的评价表明，黄河流域各省(自治区)碳足迹及碳生态承载力存在显著差异。平均碳足迹由高到低依次为山东、山西、内蒙古、河南、陕西、四川、甘肃、宁夏、青海。其中，山东、山西碳足迹总量分别占到黄河流域碳足迹总量的 27.31%、17.01%。河南的碳生态承载力最高，其原因为河南粮食作物种植面积大，固碳能力强；与之相反，宁夏植被覆盖少，固碳能力弱，碳生态承载力最低。综合黄河流域各省(自治区)碳水足迹来看，四川、青海均为碳

① 中华人民共和国水利部. 2021. 2020 年中国水资源公报.

水生态盈余状态，山西呈碳水生态赤字状态，其他省（自治区）均呈碳盈余水赤字状态（朱向梅和王子莎，2020）。

15.2.2　黄河上游产业发展特征与调控建议

从黄河流域产业发展现状来看，2019 年 9 省（自治区）生产总值合计为 247407.66 亿元，占 GDP 的比例为 24.97%，产业结构总体呈现“三、二、一”的发展态势，由于黄河流域矿产资源丰富、工业基础雄厚，第二产业发展优势明显，对区域经济的贡献率较大。以煤炭、石化、电力、钢铁、有色冶金、建材等为主的能源基础原材料产业占比较大，中上游省（自治区）能源基础原材料产业的优势较为明显，相应地加重了地区水资源短缺状况与环境压力（杨文娟等，2019；任保平和豆渊博，2022）。从黄河流域产业发展前景来看，中共中央、国务院印发的《黄河流域生态保护和高质量发展规划纲要》中，在明确将黄河流域建设为全国重要能源基地的发展目标的同时，强调了根据水资源和生态环境承载力，优化能源开发布局，合理确定能源行业生产规模、有序有效开发山西、鄂尔多斯盆地综合能源基地资源，推动宁夏宁东、甘肃陇东、陕北、青海海西等重要能源基地高质量发展、合理控制煤炭开发强度，严格规范各类勘探开发活动等一系列要求。

结合上述内容，对黄河上游未来产业发展的调控政策提出以下建议：①面向不同的产业类别制定差异化的水-碳管理政策。对于能源产业、制造业、建筑业等产业偏重二氧化碳减排政策，对于农业、食品工业、纺织业等产业偏重水资源节约和减排的政策。②重点关注电力部门的水-碳关系权衡。充分考虑电力部门低碳转型面临的水资源消耗压力，加快淘汰落后产能、提高技术水平和生产效率，并关注输电部门在资源节约和减排中的作用。③合理调控退耕还林还草生态工程的区划和规模。在生态保护建设中加强对水资源的高效利用，削减因提高植被覆盖度而增加的流域耗水量。④提高农业生产过程中的水资源利用率。大力推广喷灌、滴灌技术和农业蓄水保水技术，完善农田水利设施，推广旱作农业，改善种植结构。⑤提升供应链管理水平。强化供应链管理，提高供应链中间环节生产效率和资源利用效率。

15.3　城市系统水-碳耦合过程及特征机制

15.3.1　城市系统的水-碳关系

城市系统中水-碳两者之间互相依赖，具有紧密的关联性。例如，远距离咸水脱盐和水泵供水政策虽然可以缓解城市水短缺，但同时会增加能源使用，从而增加碳排放（薛婧妍和刘耕源，2018）。能源-水足迹能够反映能源生产过程中真实的水资源占用情况，是反映城市水-碳关系的主要表征之一。研究发现，中国能源水足迹整体上呈增长趋势，能源水足迹和水资源的不匹配问题也逐渐突出，能源-水关系紧张型区域的能源生产所造成的水资源短缺已经影响到当地其他的经济活动和居民生活。当前，全国能源-水不匹配地区占 1/3，主要分布在华北和陕甘宁地区，其中，华北地区既是能源-水匹配压力大的地区，又是原煤水足迹和火电水足迹的高值区，原煤生产与火力发电的能源-水矛盾最突出。我国能源-水关系制约型区域有内蒙古、甘肃、陕西、河北、山东、北京、上海 7 个省(自治区、直辖市)，均为水资源较为短缺的地区，且这些地区(除上海外)的化石能源水足迹以原煤水足迹为主，这些地区(除甘肃外)的电力水足迹以火电水足迹为主(关伟等，2019)。

15.3.2 城市系统水-碳耦合过程和表现形式

城市系统水-碳耦合系统研究的核心是在系统识别水源、用水户、碳“源”和碳“汇”的基础上，确立配置单元与节点，系统建立水源与用水户的关系、碳排放与碳捕获之间的关系以及水循环与碳循环的相互约束关系(严登华等，2012)。人类在水资源和水能资源开发活动中，改变区域碳排放和碳捕获特征，影响到区域碳平衡。城市系统人类活动主导的水-碳耦合的过程和表现形式主要从土地利用、食物消费、城市污水处理、城市水循环全过程等方面体现。

从人类土地利用视角来看，人类主要的社会经济活动都与土地利用密切相关。对任何一种人类活动方式而言，从土地平整、开发到土地生产和废弃等不同的环节都有一定的水资源、能源的消耗，并产生碳排放。对城市建设活动而言，水能投入主要发生在土地开发、城市建设和建筑物运行等过程中；开展不同土地利用方式下的水资源利用效率和碳排放效率的关系研究，从而对不同土地利用活动的资源利用效率和环境影响进行综合评估，有助于确定不同人类经济活动下适度的土地利用及资源开发强度(赵荣钦等，2016)。

从人类食物消费视角来看，食物消费行为是驱动气候变化的主要原因之一，也是蕴含水-碳耦合关系的载体之一。食物作为人类的必需消费品，全生命周期都伴随着水资源利用和碳排放，其水足迹、碳足迹可反映一个区域人口基本食物需求的水资源消耗、碳排放情况，进而反映出该地区的水-碳耦合关系。研究表明，中国家庭每年食物消费的水足迹达 902Gm^3，根据水足迹网络研究结果，该数量占中国水足迹总量的 65%。可见，食物消费是城市系统中水-碳耦合关系研究中的重要环节，同时受到家庭收入、城乡差异、体力活动强度、年龄结构等因素的影响。

从城市污水处理视角来看，城市污水处理系统是城市主要碳排放源之一，随着城市化过程的不断推进、水资源消耗的增加和碳排放也呈不断增长趋势，水-碳耦合关系的动态性和复杂性也逐渐被学者关注。污水处理的碳排放是一个复杂的系统过程，包含直接碳排放和间接碳排放，由于污水处理量、进出水水质、能源消耗、物质消耗等的不同，相应的碳排放特征有显著差异。城市污水处理系统包括污水进入系统、机械和生化处理，最终达到出水标准的完整过程。直接碳排放包括污水处理生物处理过程中产生的 CH_4 和 N_2O，约占城市污水处理总碳排放的 70%；间接碳排放包括能耗碳排放和物耗碳排放，约占城市污水处理总碳排放的 30%。能耗碳排放来源于污水处理系统运行过程中的提升泵单元、曝气设备、输送配药单元、污泥处理单元和其他处理环节机械设备的电力消耗，物耗碳排放为药剂消耗的碳排放。污水处理系统的碳排放过程是水-碳耦合过程，污水处理工程的能耗碳排放变化不仅受污水处理量的影响，还与不同的污水处理工艺和进出水标准引起的电力消耗差异有关，直接碳排放的贡献率较大，因此降低城市污水处理的直接碳排放是城市污水处理低碳运行模式的关键切入点。

从城市水循环全过程视角来看，城市水系统碳排放来源于城市人类水需求引起的水系统运行过程中与水有关的(包括与水消费伴生的）各种直接或间接的能源消耗,包括取水系统碳排放、给水系统碳排放、用水系统碳排放、排水和污水处理系统碳排放。随着城市生产和生活用水需求不断增加，取水、给水、排水、污水处理全过程的能耗使碳排放不断增加；经济社会用水及家庭用水效率、用水设施及节水潜力、居民节水意识等也会影响能耗和碳排放，如高层建筑输配水环节由于消耗更多能源而增加碳排放；城市水系统能源结构也是影响碳排放的重要因素，如用水环节中清洁能源的比例会影响城市水系统的碳排放等(赵荣钦等，2021)。因此，城市系统中水循环过程及其伴生的碳排放是城市系统中水-碳耦合的主要表现形式，识别城市系统中水-碳耦合机制，对推动城市系统水资源节约与可持续发展具有重要意义。

15.3.3　黄河上游城市系统水-碳协同策略建议

黄河流域是我国华北、西北的重要生态屏障，占据着重要的生态、文化和经济地位。流域内部水资源极度匮乏，仅为长江流域的 5%，2018 年黄河流域煤炭消费量高达 20.57 亿 t，占全国煤炭消耗总量的 45.69%，黄河流域面临着严峻的节能减排压力(岳立和苗菊英，2022)。西北干旱区尤为严重，且多区域属于碳排放超重类型，面临着高碳、缺水的双重压力(朱向梅和王子莎，2020)。宁夏、甘肃等西北干旱地区存在碳赤字威胁和水赤字状态，宁夏、甘肃、内蒙古处于水资源超载及严重超载状态，其中水域承载力最大达到 88%(张宁宁等，2019)。

因此，西北干旱区城市系统水-碳发展主要从以下几方面探索水-碳协调的发展路径：一是应加强水域、重要湿地等的保护与重建，加强城市森林及绿地建设，提高植被保护率，提高碳汇能力以减缓温室气体排放造成的气候变化；二是积极调整西北干旱区能源消费结构，发展清洁能源，充分发挥西北干旱地区气候特征，发展风能、太阳能等可再生能源，提高可再生能源和天然气等清洁能源在城市人类生活能源消费中的占比；三是各地区之间应加强协作、沟通，促进区域经济协调发展，实现区域资源的有效配置，由于碳排放所占用的流量资源具有明显的空间集聚效应，可考虑在整个流域范围内进行碳资源的统筹分配，建立流域碳足迹账户制度并协调区域内的碳额分配，同时建议调整黄河水资源分配方案，统筹各省(自治区、直辖市)生产、生活及生态水资源的分配，建立水权交易机制，促进不同省(自治区、直辖市)间的水权交易，整体提高流域内水资源利用效率，促进黄河上游城市群健康有序发展(陈义忠等，2022)；四是继续保持和增加区域内耕地、林地、草地的固碳能力，发展节能节水技术，倡导节水生产、生活，提高水资源循环利用率；五是在城市系统水资源节约利用的基础上，增加能源节约和碳减排的目标，以此来应对区域尺度上的碳减排压力，探索出一条节水、节能、低碳的生态绿色发展路径。

15.4　村落系统水-碳耦合过程及特征机制

中国农村地区人口占全国总人口的 36.11%，实现该地区的低碳建设对应对全球气候变化及推动地方可持续发展具有特殊意义(Foley et al., 2011)。2018年9月，中共中央、国务院印发了《乡村振兴战略规划(2018—2022年)》，明确指出以农业农村为优先发展导向，加快推进乡村治理体系和治理能力现代化，促进乡村地域系统的可持续发展。乡村地区生产、生活和生态功能的实现，通过物质循环、能量转换、信息交流等过程以及食物、能源、土地、水和环境等要素之间的协同作用实现着内部的演化和外界的交互，实现乡村系统内双要素及多要素之间的协同耦合过程不仅是经济-社会-环境不断发展的根本保障，还是促进农村地区低碳健康发展的关键步骤(林志慧等，2021)。

当前农村地区碳排放来自农业生产和居民生活的各方面(韦慧兰和杨彬如，2014)。侯彩霞等(2014)在对张掖市农户碳足迹的研究中指出，农户的碳足迹主要来自能源消费，然后是房屋建设，而食物生产加工和交通运输所占比例最小；王宝英等(2022)在对黄河流域和长江流域种植业碳足迹的研究中指出，甘肃和宁夏地区的农业碳生态承载力与农业碳足迹相近，并应加强对农业活动如施肥喷药等的整治进程。可以看出，种植业碳减排对推进农业碳减排进程及推动国家的温室气体减排发挥着至关重要的作用(胡婉玲等，2020)。

青藏高原地区作为水资源的富集区，其人均水资源拥有量约为全国的 27 倍，但水资源开发利用率低，自 21 世纪以来青海和西藏的年均水资源利用率仅占总量的 1.2%[①]。从水资源供给角度看，青藏高原地区水资源分布本身具有时空差异性，而从水资源需求角度看，水资源集中利用的地区以谷地和盆地等低海拔地区为主，由此带来了水资源的供需矛盾问题(Zhao et al., 2009)。水资源在提供产品和服务的过程中，人类活动对其产生深刻影响，正确衡量人类对水资源的真实需求和消费，对水资源的合理利用起着关键作用(刘梅等，2017)。

农村地区用水带来的碳排放主要包括以下几方面：农业种植过程产生的碳排放、畜禽养殖过程产生的碳排放、居民生活用水及废水处理过程产生的碳排放以及其他生产生活过程如工厂、公共基础设施等产生的相关碳排放。农业生产水资源的开发利用过程包括引水、蓄水、输水、灌溉及土壤碳库动态变化过程中产生的碳排放(赵荣钦等，2016)。在畜禽养殖过程中，主要包含饲料中所含的虚拟水、动物饮用水、动物饲舍清洁耗水等产生的碳排放(龙爱华等，2003)。在居民家庭生活中，主要包含粮食、果蔬、畜产品、清洁及食物消费等间接隐性用水产生的碳排放(张丽琼等，2014)。

分布在青藏高原地区的农村居民点集聚特征明显，分别在青海东部和南部及西藏南部形成高值集聚中心(李媛媛等，2021)。而大部分村落处于长期相对封闭的环境中，演进速度缓慢，其空间形态特征以尊重自然环境、注重布局形态和秉持民居建筑特色为主(柴宗刚，2021)。以周围典型地区为例，陕甘宁的传统村落在空间上的分布类型为凝聚型，但呈现出区域分布极不平衡的特征(钱磊和党明，2022)；宁夏回族社区依据地域特征现已经形成川地型、坡地型、半川半坡型和河谷型四种分布类型(陈忠祥和马海龙，2021)；青海大通回族土族自治县农村居民点划分成重点发展型、潜力优化型、控制规模型和迁移合并型(何建华等，2021)；而在甘南藏区现已经形成带型、团簇型、沿江沿河型和自由式型分布布局(柴宗刚，2021)。受地理位置的影响，村落的位置多遵循近水、

① 中华人民共和国水利部. 2018. 2017 年中国水资源公报.

近路、便于生活和利于耕作等原则进行分布。

农村地区生态水足迹相对较高，城市地区消费水足迹较高，注重引导城市居民向低水足迹生活方式转变是青藏高原地区重要的节水途径(龙迪等，2022)。同时，可以通过依托绿色农牧业发展，充分发挥种植业的减排能力，核算各地区碳供给与碳需求之间的差距，适当减少农业灌溉用水，通过化肥农药减量增效、秸秆资源化利用、废弃物综合利用，可最大限度减少农牧业温室气体排放，以尽快实现控制中国碳排放总量和强度等目标(何艳秋等，2020)。青藏高原地区可再生能源开发潜力巨大，探索绿色转型、节能减排的新业态，开辟居民低碳排放新路径，将在全国碳中和任务布局中发挥关键作用。

15.5　结　　论

水-碳耦合过程及机理是全球变化的研究热点与前沿，但既有研究成果主要侧重于土壤-大气-植被等交互界面或节点等基于陆地生态系统的研究，而对以人类活动为主导特征的社会生态系统的水-碳耦合过程及机制一直缺乏深度和系统研究。实际上，人类活动系统是当前全球气候变化的主要驱动因素，而人类活动视角下的“水-碳”耦合交互过程贯穿于人类活动圈层，以生态系统服务或环境污染效应等不同形式与地球不同自然圈层形成界面过程及区域效应，并反馈于全球气候变化。在人类活动圈层内部，水-碳耦合关系以虚拟水、碳排放等形式体现在区域产业组织重构、资源生态效率及社会民生福祉等方面，并构成区域“社会-经济-环境”的核心内容。本章讨论多源数据驱动分析方法及指标体系，通过总结揭示产业系统、城市系统及村落系统水-碳耦合过程及特征效应，提出黄河上游人类活动系统的水-碳优化策略建议，未来还需对黄河上游的水、碳等的耦合机制和对人类活动的约束现状进行进一步的量化分析，以期形成针对黄河上游流域产业布局和城乡规划的具备科学性和可操作性的调控方案。

参 考 文 献

柴宗刚. 2021. 甘南藏区传统村落空间形态解析及特色. 兰州交通大学学报, 40(2): 38-43.

陈义忠, 乔友凤, 卢宏玮, 等. 2022. 长江中游城市群水-碳-生态足迹变化特征及其平衡性分析. 生态学报, 42(4): 1368-1380.

陈忠祥, 马海龙. 2003. 宁夏回族社区不同地域类型空间结构变化的规律性研究——以宁夏回族自治区泾源县为例. 人文地理, (1): 40-43.

关伟, 赵湘宁, 许淑婷. 2019. 中国能源水足迹时空特征及其与水资源匹配关系. 资源科学, 41(11): 2008-2019.

何建华, 贾宁, 李亚静, 等. 2021. 青藏高原东北部河湟谷地农村居民点布局优化. 农业工程学报, 37(14): 258-265.

何艳秋, 陈柔, 朱思宇, 等. 2020. 中国农业碳排放空间网络结构及区域协同减排. 江苏农业学报, 36(5): 1218-1228.

侯彩霞, 赵雪雁, 文岩, 等. 2014. 不同生计方式农户的碳足迹研究—以黑河流域中游张掖市为例. 自然资源学报, 29(4): 587-597.

侯晓臣, 孙伟, 李建贵, 等. 2019. WaSSI-C 模型在焉耆盆地的适用性改进与应用. 甘肃农业大学学报, 54(3): 108-116.
胡婉玲, 张金鑫, 王红玲. 2020. 中国种植业碳排放时空分异研究. 统计与决策, 36(15): 92-95.
胡熠, 靳曙畅. 2022. 数字技术助力“双碳”目标实现: 理论机制与实践路径. 财会月刊, (6): 111-118.
胡中民, 于贵瑞, 王秋凤, 等. 2009. 生态系统水分利用效率研究进展. 生态学报, 29(3): 1498-1507.
黄贤金, 张秀英, 卢学鹤, 等. 2021. 面向碳中和的中国低碳国土开发利用. 自然资源学报, 36(12): 2995-3006.
金凤君, 马丽, 许堞. 2020. 黄河流域产业发展对生态环境的胁迫诊断与优化路径识别. 资源科学, 42(1): 127-136.
黎建辉, 李跃鹏, 王华进, 等. 2018. 科学大数据管理技术与系统. 中国科学院院刊, 33(8): 796-803.
李媛媛, 李锋, 陈春. 2021. 青藏高原地区农村居民点空间演化特征及驱动力研究. 农业现代化研究, 42(6): 1114-1125.
林志慧, 刘宪锋, 陈瑛, 等. 2021. 水-粮食-能源纽带关系研究进展与展望. 地理学报, 76(7): 1591-1604.
刘梅, 顾丹丹, 李雅等. 2017. 流域水热耦合过程及其对气候与下垫面变化响应的文献计量分析. 生态学报, 37(23): 8128-8138.
刘梅, 许新宜, 王红瑞, 等. 2012. 基于虚拟水理论的河北省水足迹时空差异分析. 自然资源学报, 27(6): 1022-1034.
刘宁, 孙鹏森, 刘世荣. 2012. 陆地水-碳耦合模拟研究进展. 应用生态学报, 23(11): 3187-3196.
龙爱华, 徐中民, 张志强. 2003. 西北四省(区)2000年的水资源足迹. 冰川冻土, (6): 692-700.
龙笛, 李雪莹, 李兴东, 等. 2022. 遥感反演 2000—2020 年青藏高原水储量变化及其驱动机制. 水科学进展, 33(3): 375-389.
钱磊, 党明. 2022. 陕甘宁地区传统村落空间布局及与乡村振兴的有效衔接. 中国农业资源与区划, 43(3): 187-197.
任保平, 豆渊博. 2022. 碳中和目标下黄河流域产业结构调整的制约因素及其路径. 内蒙古社会科学, 43(1): 7.
田汉勤, 刘明亮, 张弛, 等. 2010. 全球变化与陆地系统综合集成模拟——新一代陆地生态系统动态模型(DLEM). 地理学报, 65(9): 1027-1047.
王宝英, 齐爱云, 王子莎. 2022. 黄河流域与长江经济带种植业碳足迹供需平衡对比研究. 湖北农业科学, 61(3): 53-59.
王波, 雷雅钦, 汪成刚, 等. 2022. 建成环境对城市活力影响的时空异质性研究: 基于大数据的分析. 地理科学, 42(2): 274-283.
王辰露, 余钟波, 刘娣, 等. 2022. 黄河流域植被变化对区域水碳耦合的影响. 水电能源科学, 40(1): 150-154.
王小辣, 段凯, 韦林. 2022. 基于 WaSSI 模型的珠江流域水-碳耦合模拟. 应用生态学报: 33(5): 1377-1386.
韦惠兰, 杨彬如. 2014. 中国农村碳排放核算及分析: 1999—2010. 西北农林科技大学学报(社会科学版), 14(3): 10-15.
翁升恒, 张方敏, 卢燕宇, 等. 2022. 淮河流域蒸散时空变化与归因分析. 生态学报, (16): 1-13.
薛冰, 李京忠, 肖骁, 等. 2019. 基于兴趣点(POI)大数据的人地关系研究综述: 理论、方法与应用. 地理与地理信息科学, 35(6): 51-60.
薛冰, 赵冰玉, 李京忠. 2022. 地理学视角下城市复杂性研究综述——基于近 20 年文献回顾. 地理科学进展, 41(1): 157-172.
薛婧妍, 刘耕源. 2018. 城市生态系统能-水-食物-土地-气候的“物理量与政策效果”双维耦合研究综述. 应用生态学报, 29(12): 4226-4238.
严登华, 秦天玲, 肖伟华, 等. 2012. 基于低碳发展模式的水资源合理配置模型研究. 水利学报, 43(5):

586-593.

杨文娟, 赵荣钦, 张战平, 等. 2019. 河南省不同产业碳水足迹效率研究. 自然资源学报, 34(1): 92-103.

杨艳, 丁菊花, 江洪, 等. 2018. 基于陆地生态系统模型的气候变化条件下中国未来水分状况趋势分析. 水土保持研究, 25(2): 379-386.

叶脉, 张佳琳, 张路路, 等. 2020. 手机信令数据在粤港澳大湾区大气环境风险管理中的应用研究——以江门市为例. 生态学报, 40(23): 8494-8503.

于贵瑞, 王秋凤, 于振良. 2004. 陆地生态系统水-碳耦合循环与过程管理研究. 地球科学进展, (5): 831-839.

岳立, 苗菊英. 2022. 碳减排视角下黄河流域城市能源高效利用的提升机制研究. 兰州大学学报(社会科学版), 50(1): 13-26.

张慧芳, 赵荣钦, 肖连刚, 等. 2021. 不同灌溉模式下农业水能消耗及碳排放研究. 灌溉排水学报, 40(12): 119-126.

张丽琼, 赵雪雁, 郭芳, 等. 2014. 黑河中游不同生计方式农户的水足迹分析. 中国生态农业学报, 22(3): 356-362.

张宁宁, 粟晓玲, 周云哲, 等. 2019. 黄河流域水资源承载力评价. 自然资源学报, 34(8): 1759-1770.

张彦群, 康绍忠, 丁日升, 等. 2013. 西北旱区葡萄园水碳通量耦合模拟. 水利学报, 44(S1): 40-50, 56.

张志强, 刘欢, 左其亭, 等. 2021. 2000—2019 年黄河流域植被覆盖度时空变化. 资源科学, 43(4): 849-858.

赵荣钦, 李志萍, 韩宇平, 等. 2016. 区域“水-土-能-碳”耦合作用机制分析. 地理学报, 71(9): 1613-1628.

赵荣钦, 余娇, 肖连刚, 等. 2021. 基于“水-能-碳”关联的城市水系统碳排放研究. 地理学报, 76(12): 3119-3134.

周艳莲, 居为民, 柳艺博. 2022. 1981—2019年全球陆地生态系统碳通量变化特征及其驱动因子. 大气科学学报, 45(3): 13.

朱向梅, 王子莎. 2020. 黄河流域碳水足迹评价及时空格局研究. 环境科学与技术, 43(10): 200-211.

邹自明, 胡晓彦, 熊森林. 2018. 空间科学大数据的机遇与挑战. 中国科学院院刊, 33(8): 877-883.

Bao J T, Yun W, Bi Y Y, et al. 2020. Co-current analysis among electricity-water-carbon for the power sector in China. Science of the Total Environment, 745: 141005.

Cai J L, He Y, Olli V. 2016. Impacts of industrial transition on water use intensity and energy-related carbon intensity in China: A spatio-temporal analysis during 2003—2012. Applied Energy, 183: 1112-1122.

Fan X M, Geng Y L, Yuan C, et al. 2019. Quantification of urban water-carbon nexus using disaggregated input-output model: A case study in Beijing (China). Energy, 171: 403-418.

Fang D L, Chen B. 2018. Linkage analysis for water-carbon nexus in China. Applied Energy, 225: 682-695.

Foley J, Ramankutty N, Brauman K A, et al. 2011. Solutions for a cultivated planet. Nature, 478(7369): 337-342.

Li C, Wang Y, Qiu G Y. 2013. Water and energy consumption by agriculture in the Minqin oasis region. Journal of Integrative Agriculture, 12(8): 1330-1340.

Pan S F, Tian H Q, Dangal S R S, et al. 2015. Impacts of climate variability and extremes on global net primary production in the first decade of the 21st century. Journal of Geographical Sciences, 9: 1027-1044.

Trubetskaya A, Horan W, Conheady P, et al. 2021. A methodology for industrial water footprint assessment using energy-water-carbon nexus. Processes, 9(2): 393.

Wang J X, Rothausen S G S A, Conway D, et al. 2012. China's water-energy nexus: Greenhouse-gas emissions from groundwater use for agriculture. Environmental Research Letters, 7: 268-272.

Wang P P, Li Y P, Huang G H, et al. 2022. A multivariate statistical input-output model for analyzing water-carbon nexus system from multiple perspectives—Jing-Jin-Ji region. Applied Energy, 310: 118560.

Xue C Y, Shi J Y, Shen Q, et al. 2019. Key transmission sectors of energy-water-carbon nexus pressures in Shanghai, China. Journal of Cleaner Production, 225: 27-35.

Zhang H Y, Fan J W, Wang J B, et al. 2018. Spatial and temporal variability of grassland yield and its response to climate change and anthropogenic activities on the Tibetan Plateau from 1988 to 2013. Ecological Indicators, 95: 141-151.

Zhang J, Lin Y X, Yan P C. 2018. Water-carbon nexus of hydropower: The case of a large hydropower plant in Tibet, China. Ecological Indicators, 92: 107-112.

Zhao M, Kong Q, Wang H, et al. 2009. Mitochondrial genome evidence reveals successful Late Paleolithic settlement on the Tibetan Plateau. Proceedings of the National Academy of Sciences of the United States of America, 106: 21230-21235.

第 16 章

黄河上游食物消费和生产水足迹与社会经济耦合研究

水资源是人类赖以生存的物质基础，在区域发展中具有重要地位，是影响经济社会可持续发展的重要因素之一(Bakker，2012)。随着全球经济的快速发展、人口数量爆炸式增长和耕地灌溉面积不断增加等，农业生产领域面临着水资源数量短缺、水环境污染及水资源的不合理开发和低效利用等问题。然而，20 世纪 90 年代以前，水资源相关研究大多侧重于直接用水，并不能体现水资源的真实利用情况。Allan（1993）提出虚拟水理论，拓展了水资源利用研究的视角和方法。在此基础上，借鉴生态足迹理念，Hoekstra 和 Hung(2002)提出了水足迹概念，用以表述一个国家、区域或一个群体在一定时段内消耗全部产品或服务所需要的水资源总量。水足迹将农作物生产耗水分为蓝水、绿水和灰水，包括作物生长过程中消耗的直接水资源和间接水资源(郭萍等，2021)。

食物消费水足迹可以表征人类食物消费活动所占用的水资源(孙才志和刘淑彬，2017)。关于食物消费水足迹，国内外学者进行了一系列的探索。例如，孙才志和刘淑彬(2017)对中国八大区域膳食水足迹差异进行了研究；尚海洋等(2009)对甘肃食物消费水足迹进行了研究；秦丽杰等(2015)对不同居民类型的食物消费水足迹进行了研究；吴燕等(2011)基于水足迹理论，分析了食物消费过程中的直接与间接的水资源消耗量；Mekonnen 和 Hoekstra(2012)对农业生产过程中的水足迹进行了估算；Zhao 和 Chen(2014)借助 LMDI 模型，得出经济活动是中国农业水足迹变化的主要驱动因素；江文曲等(2021)通过模拟未来人口规模和食物消费，得出人口和食物消费结构是食物消费水足迹的主要驱动因素。

随着全球范围内经济的迅速发展、人口的爆炸式增长及城市化的不断扩张，农业生产及社会经济领域都面临着严重的水资源短缺。Muchara 等(2016)应用残差赋值法对当地的主要农作物的农业用水经济效益进行了评估。Ziolkowska(2015)估算了美国三大平原主要农作物灌溉用水的影子价格，该研究有助于当地种植业权衡农作物生产用水结构和水资源利用保护事业发展。周校培和陈建明(2016)利用多边形图示法对水资源系统和社会经济系统的发展动态进行了分析，并针对发展过程中的问题提出相应建议。文倩等(2017)采用信息熵权法、压力-状态-响应框架和耦合协调度模型等方法对经济发展与水土资源承载力的耦合关系及时空分异进行了分析。夏富强等(2013)构建了城市发展与水资源潜力的综合评价模型及二者的协调度模型，以探讨乌鲁木齐城市发展及水资源潜力的变化与二者的协调关系。潘安娥和陈丽(2014)通过构建水资源消耗与经济增长协调发展脱钩评价模型，对二者的协调关系进行了评价。崔东文(2013)基于支持向量机(SVM)与概率神经网络(PNN)模式识别原理及方法，构建了水资源与经济社会发展协调度识别模型。刘丽萍和唐德善(2014)基于水的社会属性，提出社会资源是解决水资源危机的新思路，并指出准确评估水资源短缺和社会适应能力之间的相互作用机制有助于政策的合理制定。樊慧丽和付文阁(2020)从水足迹视角出发，以长江经济带 11 个省(直辖市)为研究区域，运用水土资源匹配系数法，深入分析了不同区域农业水土资源匹配状况，并进一步利用空间计量模型探究了区域农业水土资源匹配度对农业经济增长的影响。张玉萍等(2014)根据吐鲁番 2001～2011 年旅游-经济-生态环境系统各指标的相关数据,利用主成分分析法，得到各个指标的相关权重，以此构建了相关的综合评价函数，并引入耦合度及耦合协调度模型，对吐鲁番地区的旅游-经济-生态环境的耦合度以及耦合协调度进行了实证研究。由此可知，水资源与社会经济耦合协调发展的相关研究已经取得了不少成果，但基于生态功能区视角，利用水足迹方法，对区域农业水资源利用和社会经济匹配状况及其时空异质性耦合评价的研究仍然很少(Ma et al.，2021)。农业用水结构的优化，不仅可以提升区域农业生产力，使得用于农业生产的水资源分配更为合理、高效，而且对地区社会经济的可持续发展具有促进作用。

综上所述，基于水足迹理论，本研究将开展以下两方面的研究：①以黄河上游(青海、甘肃、宁夏和内蒙古)为研究区，对 1999～2019 年黄河上游食物消费水足迹及其时空演变过程和格局进行分析，并利用修正后的 STIRPAT 模型对食物消费水足迹影响因素进行识别，同时引入脱钩模型衡量黄河上游经济发展与食物消费水足迹的协调发展情况。②以黄河上游甘肃为例，从不同自然生态功能分区视角出发，利用地理加权回归等数学方法，通过分析农产品水足迹与社会经济发展指数之间的协调关系及时空异质性，识别甘肃各地区农业生产活动对水资源的真实占用情况和利用效率，为优化地区农业用水结构和提高水资源利用效率提供科学决策支撑。通过上述对黄河上游食物消费水足迹及甘肃农业水足迹与社会经济耦合发展进行研究，将有助于西北干旱地区突破水资源约束瓶颈，对实现区域高质量发展具有非常重要的现实意义。

16.1　黄河上游食物消费水足迹时空异质性及影响因素

黄河流域是东方人类文明的发源地，孕育了中华民族的原始经济体系。截至 2019 年末，黄河流域汇聚了全国 30.3%的人口，生产总值占 GDP 的 26.5%，黄河流域经济的健康可持续发展对全国的生态发展具有重要作用。黄河流域水资源目前处于赤字状态，水资源承载人口达 7602 万人，水资源利用压力较小的城市仅有 3.4%，人口需求与水资源供给达到平衡的城市有 3.4%，5.1%的城市人口需求与用水矛盾突出，水资源利用处于超载状态，而 88.1%的城市处于严重超载状态(刘旭辉等，2022)。黄河流域人-水关系矛盾突出、水资源利用与管理问题亟待解决。黄河上游作为黄河水源保障区及主要产流区，对黄河流域及其周边地区的生态环境、水资源、人类生活等有着重要的影响。因此，对黄河上游食物消费水足迹与水资源间的影响因素进行分析和研究，有助于通过食物消费结构改变缓解区域用水矛盾、加快实现水资源和社会经济的可持续发展，从而推动黄河上游生态保护和高质量发展。

本研究所采用的粮食(谷物、豆类、薯类)、蔬菜、食用植物油、猪肉、牛羊肉、蛋类、水产品、奶类、水果、GDP、人口总量、人均粮食产量、耕地灌溉面积、城市化率等数据均来源于黄河上游青海、甘肃、宁夏、内蒙古四省(自治区)2000～2020 年统计年鉴及《中国农业年鉴》。

16.1.1　食物消费水足迹计算

食物消费水足迹是维持一个国家、区域或群体基本食物需求所消耗的水资源量，计算公式如下：

$$\mathrm{VWA} = \sum_{i}^{n} P_i \times \mathrm{VWC}_i \tag{16-1}$$

式中，VWA 为食物消费水足迹总量，亿 m^3；P_i 为第 i 种农畜产品的实际消耗量，kg；VWC_i 为第 i 种农畜产品单位产量的虚拟水含量，m^3/kg。不同省(自治区)由于粮食种类、生产方式及畜牧业养殖方式的差异等,单位产量粮食及农畜产品虚拟水含量不同(孙才志等，2013)，分别见表 16-1 和表 16-2。

表 16-1　单位产量粮食虚拟水含量　(单位：mg/kg)

项目	青海	甘肃	宁夏	内蒙古
虚拟水含量	0.555	1.524	1.383	1.206

表 16-2　单位产量农畜产品虚拟水含量　(单位：mg/kg)

项目	蔬菜	食用植物油	猪肉	牛羊肉	蛋类	水产品	奶类	水果
虚拟水含量	0.10	5.24	6.70	19.98	3.55	5.00	1.90	1.00

16.1.2　食物消费水足迹影响因素

1. STIRPAT 模型

Ehrlich 和 Holdren(1971)提出了 IPAT 模型，用以研究经济、能源、环境和人口之间的关系，该模型如下：

$$I = P \times A \times T \tag{16-2}$$

式中，I 为环境承载压力；P 为人口总数；A 为经济发展水平；T 为技术水平。

依据影响因素的差异性和变化性，York 等(2003)提出了可分析变量非线性关系的随机回归环境影响模型 STIRPAT 模型，增强了影响因素评估的准确性，该模型如下：

$$I = aP^{b}A^{c}T^{d}e \tag{16-3}$$

式中，a、b、c、d 均为模型参数；e 为误差。

式(16-3)表示环境、人口、经济和技术之间的非线性关系，进行对数变换以求解模型各个参数。

$$\ln I = \ln a + b\ln P + c\ln A + d\ln T + \ln e \tag{16-4}$$

本研究基于黄河上游食物消费水足迹影响因素研究的需求，对 STIRPAT 模型进行拓展，选定一系列对食物消费水足迹可能产生较大作用的因子代入模型进行驱动机制分析。

$$\ln I = \ln a + b_1\ln P_1 + b_2\ln P_2 + c_1\ln A_1 + c_2\ln A_1^2 + d_1\ln T_1 + d_2\ln T_2 + d_3\ln T_3 \tag{16-5}$$

式中，P_1 为总人口数；P_2 为城市化率；A_1 为 GDP；T_1 为水足迹强度；T_2 为人均粮食产量；T_3 为耕地灌溉面积。

2. 偏最小二乘回归方法修正的 STIRPAT 模型

偏最小二乘回归方法同时具备主成分分析和多元回归分析，并且可有效解决多个变量之间的强共线性，采用经过偏最小二乘回归方法修正的 STIRPAT 模型进行黄河上游食物消费水足迹影响因素研究的结果更加准确、可信度更高(王惠文，1999)。

变量投影重要性指数(VIP)是判定偏最小二乘回归方法的一个重要指标，用以判定自变量对因变量解释意义的显著性，具体含义见表 16-3。其计算公式如下：

$$\mathrm{VIP} = \sqrt{\frac{n\sum_{i=1}^{m} R_i^2 w_i^2}{\sum_{i=1}^{m} R_i^2}} \tag{16-6}$$

式中，n 为自变量个数；m 为自变量中所提取的成分数量；R_i^2 为自变量中第 i 个成分对因变量的解释能力；w_i^2 为自变量对 R_i 成分的贡献权重。

表 16-3　偏最小二乘回归方法 VIP 评价指标含义

VIP	解释意义
>1	显著解释意义
[0.8，1]	中等解释意义
<0.8	无解释意义

3. Tapio 脱钩模型

脱钩与耦合均为从物理学中衍生出来的概念。脱钩表示两个及以上地理要素之间并无相互作用，变化步调相反或不一致；耦合表示在一定程度上能够反映两个及以上地理要素之间相互作用程度。Tapio 脱钩模型认为经济增长与资源及环境压力存在同步变化或变幅各异的情况(潘安娥和陈丽，2014)。本章选取 Tapio 脱钩模型判定黄河上游各省(自治区)经济发展(GDP)与食物消费水足迹之间的关系，该模型如下：

$$E = \frac{\text{CVWA}}{\text{CGDP}} = \frac{\dfrac{\left(\text{VWA}_n - \text{VWA}_{n-1}\right)}{\text{VWA}_{n-1}}}{\dfrac{\left(\text{GDP}_n - \text{GDP}_{n-1}\right)}{\text{GDP}_{n-1}}} \tag{16-7}$$

式中，E 为食物消费水足迹与 GDP 变化的脱钩弹性系数；CVWA 为食物消费水足迹变化率，CGDP 为 GDP 变化率；VWA_n、GDP_n 分别为第 n 年食物消费水足迹、GDP；VWA_{n-1}、GDP_{n-1} 分别为第 $n-1$ 年食物消费水足迹、GDP。Tapio 脱钩模型评价指标体系见表 16-4。

表 16-4 Tapio 脱钩模型评价指标体系

E	CVWA	CGDP	脱钩程度	解释意义
≤0	<0	>0	强脱钩	GDP 增长，食物消费水足迹减少
≤0	>0	<0	强负脱钩	GDP 衰退，食物消费水足迹增长
(0，0.8]	<0	<0	弱负脱钩	GDP 衰退速度大于食物消费水足迹减少速度
(0，0.8]	>0	>0	弱脱钩	GDP 增长速度大于食物消费水足迹增长速度
(0.8，1.2]	<0	<0	衰退耦合	GDP 与食物消费水足迹减少速度基本一致
(0.8，1.2]	>0	>0	扩张耦合	GDP 与食物消费水足迹增长速度基本一致
>1.2	<0	<0	衰退脱钩	GDP 衰退速度小于食物消费水足迹减少速度
>1.2	>0	>0	扩张负脱钩	GDP 增长速度小于食物消费水足迹增长速度

16.1.3 黄河上游食物消费水足迹及其影响因素分析

1. 黄河上游食物消费水足迹比较

1)各省(自治区)食物消费水足迹总量时空动态变化

根据食物消费水足迹计算公式[式(16-1)]，得出 1999～2019 年黄河上游各省(自治区)食物消费水足迹总量及其变化特征，见图 16-1。

从时间尺度来看，黄河上游各省(自治区)食物消费水足迹总量总体均呈现增长状态，其原因是随着各省(自治区)人口的增长、经济的持续发展及社会生活水平的不断提高，粮食、蔬菜及农畜产品的需求量也增大。

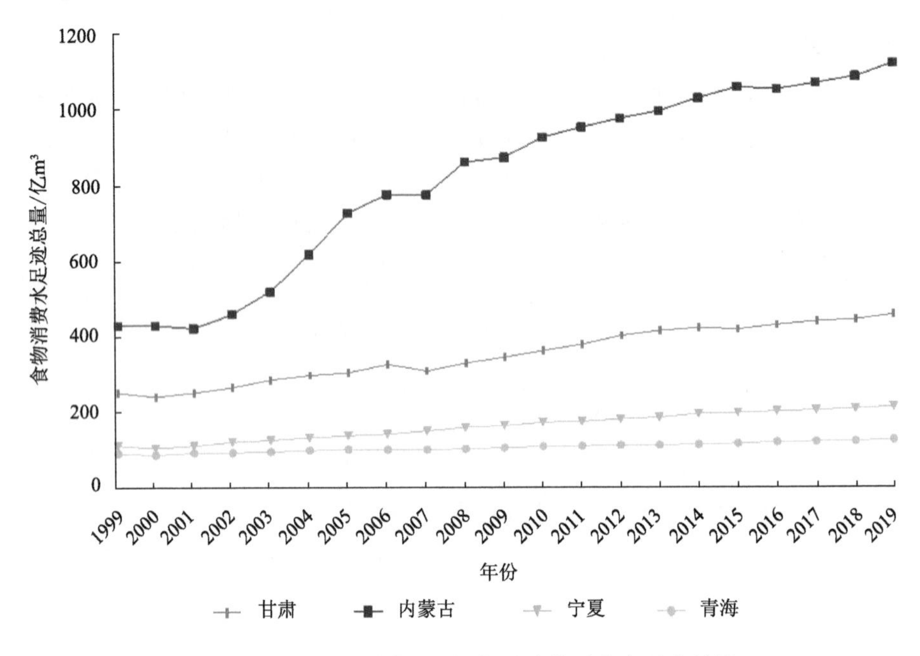

图 16-1　黄河上游各省(自治区)食物消费水足迹总量

从空间分布来看，黄河上游不同省(自治区)食物消费水足迹的增长率相差较大。不同省(自治区)由于地域差异，人口增长量、经济发展速度等各不相同，所消耗的农畜产品数量不同，故而引起增长幅度的不同。内蒙古食物消费水足迹从 1999 年的 407 亿 m^3 增长至 2019 年的 1126 亿 m^3，呈现持续增长的状态，增幅为 177%，增幅达到最大；宁夏增长趋势显著，增幅为 140%；甘肃、青海两省食物消费水足迹呈现平稳上升的状态，食物消费水足迹增长率分别为 95%和 66%。从绝对增长量来看，内蒙古食物消费水足迹绝对增长量最大，表明当地由于农畜产品的消耗，所占用的水资源最多。其他省(自治区)食物消费水足迹绝对增长量从高到低依次为甘肃、宁夏、青海。

2) 黄河上游各省(自治区)食物消费水足迹结构差异分析

黄河上游四省(自治区)食物消费水足迹结构变化情况见图 16-2。

从食物消费水足迹构成来看，黄河上游各个省(自治区)粮食食物消费水足迹占比均呈现下降态势，果蔬和奶蛋产品食物消费水足迹占比均为上升态势，肉类青海、甘肃、宁夏三省均呈现上升趋势，内蒙古呈现下降趋势。这是因为：一方面由于社会经济的发展、人民生活水平的不断提高，人们对合理、均衡、营养食物消费的注重，食物消费偏好发生变化，粮食等消耗量减少，果蔬、奶蛋和畜产品消耗量增加；另一方面单位肉类产品虚拟水含量远大于粮食等其他农产品，对食物消费水足迹结构变化产生一定的影响。

分地区来看，甘肃食物消费水足迹结构中粮食占比最大，其下降趋势也最为明显。因为甘肃城市化水平不高，在城市发展进程中，居民追求更为健康营养的食物，导致食物消费结构转变、粮食消费量降低。另外，由于生活水平的提高，青海、甘肃、宁夏肉类消费占比不断增加，且单位产量肉类虚拟水含量高于其他农产品，导致肉类食物水足迹不断上升，增加当地水资源的压力。

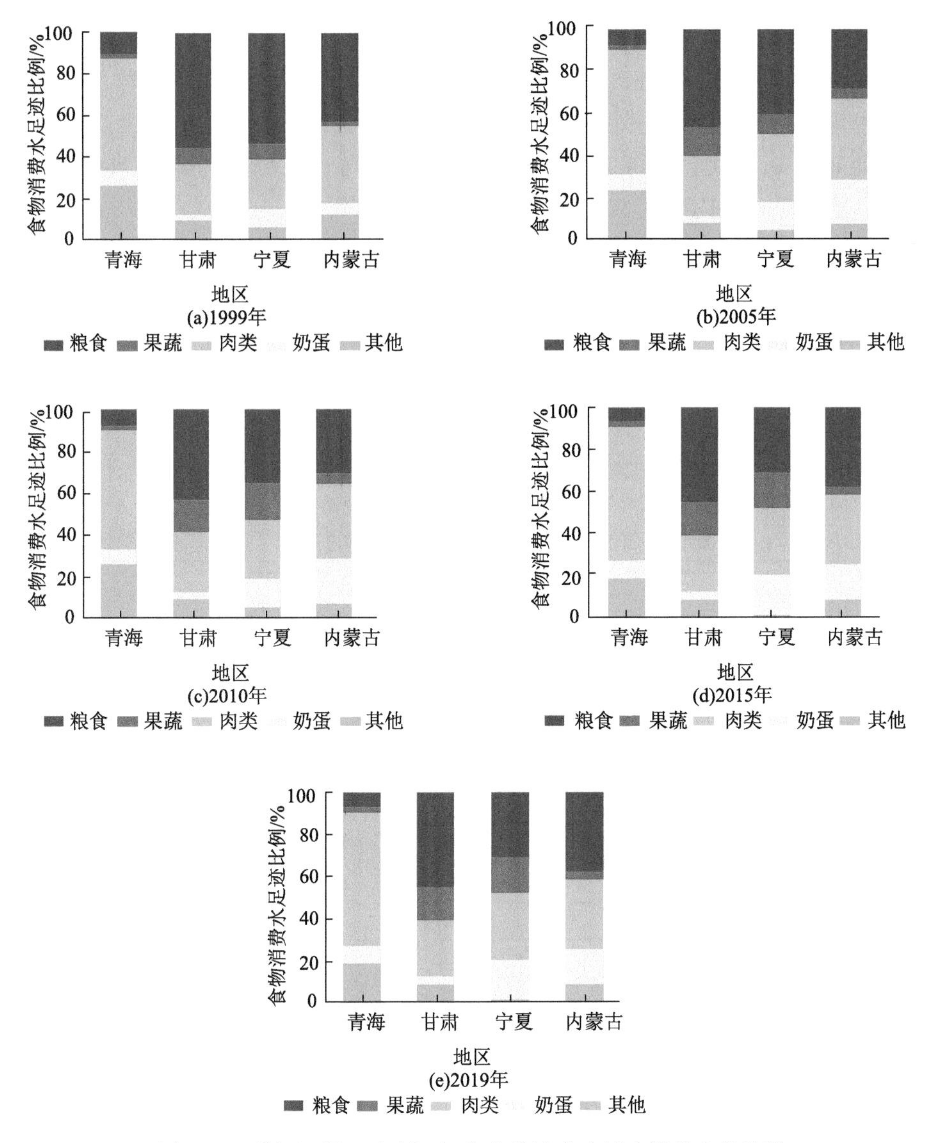

图 16-2　黄河上游四省（自治区）食物消费水足迹结构变化情况

不同地区生活方式对黄河上游不同食物消费起着重要影响作用，水资源的可利用量也制约着农畜产品的生产与发展。合理规划黄河上游各类食物种植培育数量和方式，可以优化该区域各类食物消费水足迹结构，以达到高效利用水资源、缓解水资源压力的作用。

3）人均食物消费水足迹

如图 16-3 所示，黄河上游人均食物消费水足迹具有显著的时空差异。总体上，黄河上游东部人均食物消费水足迹高于西部。1999～2019 年，黄河上游四省（自治区）人均食物消费水足迹均呈现增长趋势，其中内蒙古增长幅度最大，为 170%，绝对增长量达到 2937 m^3，增长最多；青海、甘肃和宁夏三省（自治区）人均食物消费水足迹增长率分别为 39%、87%和 87%。从人均食物消费水足迹结构来看，粮食作为主要的食物供给，黄河上游各省（自治区）人均粮食消费水足迹比例始终较大。其中，内蒙古人均粮食消费水足迹量最大，2019 年达到 1824 m^3，但青海和宁夏呈下降态势，相较于 1999 年，人均粮食消费水足迹分别减少 16 m^3 和 4 m^3。黄河上游四个省(自治区)果蔬、肉类、奶蛋人均消费水足迹量均为增长状态。另外，四个省(自治区)作为主要的牛、羊肉生产区，肉类人均消费水足迹量随着社会经济的发展也不断增长，增长量分别为青海 432 m^3、甘肃 268 m^3、宁夏 475 m^3、内蒙古 900 m^3。

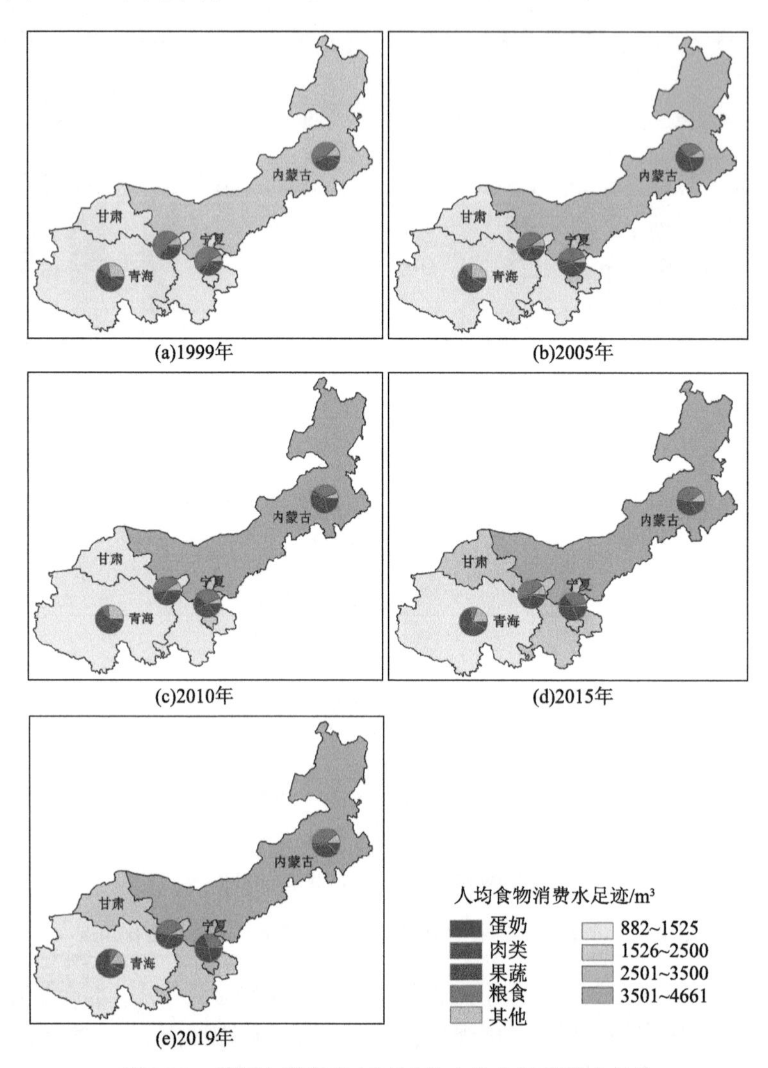

图 16-3　黄河上游各省(自治区)人均食物消费水足迹

2. 影响因素分析

1)影响因素相关性分析

各个影响因素间的皮尔逊相关系数如表 16-5 所示。可以得到，各因素与食物消费水足迹的相关系数均通过了显著性检验，说明本章所选择的影响因素对食物消费水足迹的影响程度很大，且变量间的相关性较强。变量的显著性在置信度为 0.01 或 0.05 时为显著相关，表示变量间存在多重共线性。为提高模型的精确度，消除变量间的严重共线性产生的影响，本研究采用偏最小二乘回归方法求解 STIRPAT 模型中所需的参数。

表 16-5 影响因素皮尔逊相关系数

变量	$\ln I$	$\ln P_1$	$\ln P_2$	$\ln A_1$	$\ln A_1^2$	$\ln T_1$	$\ln T_2$	$\ln T_3$
$\ln I$	1	0.888**	0.306**	0.849**	0.849**	0.005*	0.802**	0.975**
$\ln P_1$		1	−0.108*	0.684**	0.684**	0.136*	0.517**	0.904**
$\ln P_2$			1	0.557**	0.557**	−0.561**	0.482**	0.177*
$\ln A_1$				1	1.000**	−0.524**	0.626**	0.733**
$\ln A_1^2$					1	−0.524**	0.626**	0.733**
$\ln T_1$						1	0.108*	0.184*
$\ln T_2$							1	0.806**
$\ln T_3$								1

**在置信度(双侧)为 0.01 时，相关性是显著的。

*在置信度(双侧)为 0.05 时，相关性是显著的。

注：P_1 为人口总数，P_2 为城市化率，A_1 为 GDP，T_1 为水足迹强度，T_2 为人均粮食产量，T_3 为耕地灌溉面积。

2)偏最小二乘回归方法检验

为了检验偏最小二乘回归方法对本研究的适合度及模型建立的可靠性，对其进行奇异点判定。通过 SMICA-P 软件对其进行奇异点分析，得到黄河上游各省(自治区)主成分 t_1、t_2 的 T^2 椭圆图，见图 16-4。由图 16-4 可以看出，黄河上游中甘肃 1999 年、2018 年与宁夏 1999 年样本点处于 T^2 椭圆图外，其余年份样本点均处于 T^2 椭圆图内，故而剔除该数据进行分析，进行建模的样本是符合要求的，样本质量得以保证。

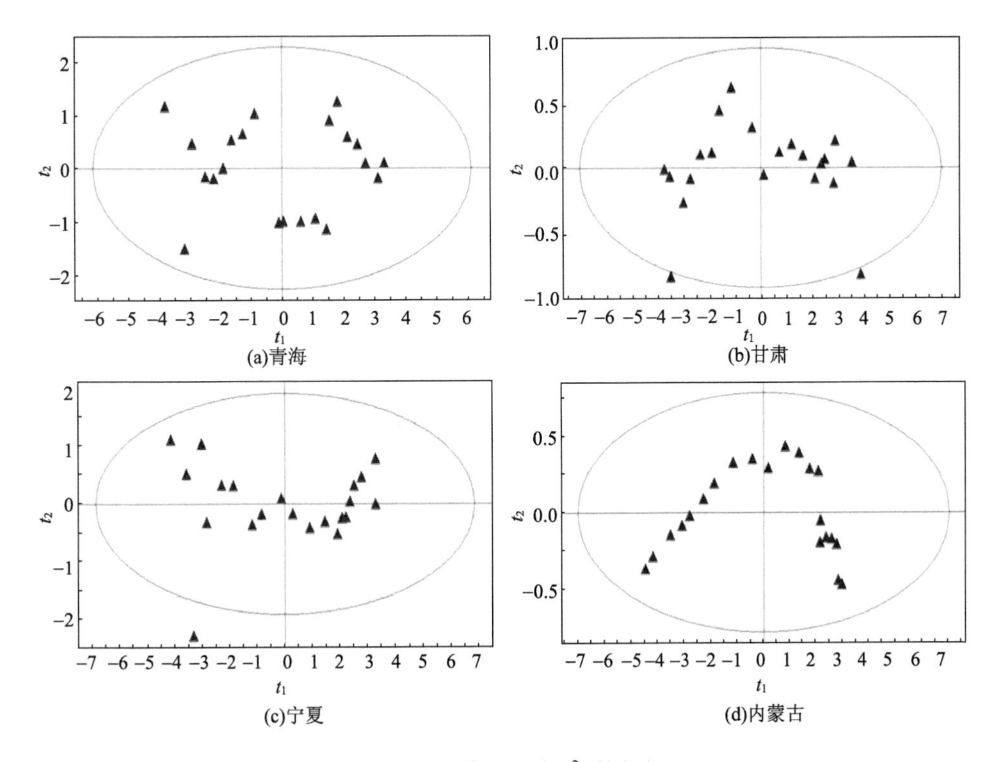

图 16-4 黄河上游 T^2 椭圆图

3）偏最小二乘回归方法回归结果分析

黄河上游各省（自治区）偏最小二乘回归方法回归系数拟合结果见表 16-6，不同因素在不同省（自治区）所产生的影响不同。具体如下。

表 16-6　黄河上游各省（自治区）偏最小二乘回归法回归系数拟合结果

省（自治区）	常数项	$\ln P_1$	$\ln P_2$	$\ln A_1$	$\ln A_1^2$	$\ln T_1$	$\ln T_2$	$\ln T_3$
青海	25.442	0.052	0.007	2.977	1.920	3.974	0.011	0.000
甘肃	24.520	−0.016	0.038	0.335	2.864	2.250	0.004	0.007
宁夏	15.623	0.027	0.003	1.883	0.885	1.839	0.012	0.020
内蒙古	18.020	−0.003	0.172	0.028	2.238	1.421	−0.026	−0.024

人口总数对青海、宁夏食物消费水足迹起着促进作用，对甘肃、内蒙古食物消费水足迹起着抑制作用，且对青海食物消费水足迹的促进作用最明显，人口数量每增加 1%，青海食物消费水足迹将提高 0.052%。我国人口基数大，且在不断完善生育政策，在一定时期内人口数量的增长是必然现象。粮食等农畜产品作为人民生活的基本保障，其消耗量的增长也是较为普遍的。在社会经济的不断发展中，人们采用更加利于身体健康的食物消费结构，且不同农畜产品的单位虚拟水含量不同，对食物消费水足迹的变化产生影响，进而影响水资源的消耗。

城市化率对黄河上游各省（自治区）食物消费水足迹均起到促进作用。在城市化率每增加 1%时，青海、甘肃、宁夏、内蒙古的食物消费水足迹分别上升 0.007%、0.038%、0.003%、0.172%。城市化影响着人们生活中对食品消耗的观念。研究表明，在收入与物价水平相同的情况下，居民从农村搬迁到城市的过程中，粮食的消耗量在减少，而畜产品的消耗量在增加。同等单位下，畜产品所含的虚拟水量大，从而在城市化进程中增加水资源的使用压力。

GDP 对黄河上游各省（自治区）食物消费水足迹均起到了促进作用。在 GDP 每增加 1%时，青海、甘肃、宁夏、内蒙古食物消费水足迹分别提高 2.977%、0.335%、1.883%、0.028%。水资源是社会经济发展必不可少的资源，经济的可持续健康发展也依赖着水资源的高效、合理利用，GDP 对水资源的依赖作用表明经济发展的平稳健康发展模式尚未完整形成。

食物消费水足迹强度对黄河上游各省（自治区）的食物消费水足迹均起到促进作用，对青海食物消费水足迹的促进作用达到最大，食物消费水足迹强度每增加 1%，青海食物消费水足迹将增加 3.974%。表明万元 GDP 所消耗的食物消费水足迹较大，虚拟水的利用效率较低，降低食物消费水足迹强度可以有效缓解水资源利用的压力。

人均粮食产量对青海、甘肃、宁夏的食物消费水足迹产生促进作用，对内蒙古的食物消费水足迹起着抑制作用。粮食生产及灌溉需要的水资源量较大，人均粮食生产能力的提高、粮食种植技术的发展、粮食生产安全的不断进步对降低食物消费水足迹以及水资源的高效合理利用起着重要作用。

耕地灌溉面积对内蒙古的食物消费水足迹起着抑制作用，对其他省（自治区）食物消费水足迹均起到促进作用。耕地灌溉面积每降低 1%，内蒙古食物消费水足迹下降 0.024%。耕地灌溉面积与粮食产量有着密切的关系，在社会经济的发展与工业化进程的加速推进中，以及国家退耕还林还草的政策下，耕地面积减少、水土流失问题日益严重，导致适合种植作物的耕地流失严重，以及粮食产量以及粮食安全问题的发生。因此，增强耕地保护力度、提高耕地作物种植技术的发展、采取高效节水灌溉技术等以在保护耕地质量的前提下提高粮食生产效率，降低水资源的消耗。

4)变量投影重要性指数分析

各变量对黄河上游各省(自治区)食物消费水足迹的 VIP 值见表 16-7。由于各省(自治区)的地域差异及各因素表现状态的不同,对于各个省(自治区)自变量对因变量的解释意义存在一定的差异。具体如下。

表 16-7　黄河上游各省(自治区)各变量对食物消费水足迹的 VIP 值

省(自治区)	$\ln P_1$	$\ln P_2$	$\ln A_1$	$\ln A_1^2$	$\ln T_1$	$\ln T_2$	$\ln T_3$
青海	1.183	1.170	1.165	1.165	1.165	0.197	0.352
甘肃	0.945	1.033	1.024	1.025	1.020	0.979	0.970
宁夏	1.064	0.918	1.052	1.053	1.057	0.810	1.018
内蒙古	0.913	1.000	1.027	1.027	1.000	1.000	1.029

青海：人口总数、城市化率、GDP、食物消费水足迹强度的 VIP 值均大于 1，对食物消费水足迹均具有显著解释意义；人均粮食产量与耕地灌溉面积对食物消费水足迹无解释意义。

甘肃：所有变量的 VIP 值均大于 0.8，城市化率、GDP、食物消费水足迹强度对食物消费水足迹具有显著解释意义，人口总数、人均粮食产量、耕地灌溉面积对食物消费水足迹具有中等解释意义。

宁夏：人口总数、GDP、食物消费水足迹强度、耕地灌溉面积的 VIP 值大于 1，对于食物消费水足迹具有显著解释意义，其余自变量 VIP 值均大于 0.8，对食物消费水足迹具有中等解释意义。

内蒙古：GDP、耕地灌溉面积对食物消费水足迹具有显著解释意义，人口总数、城市化率、食物消费水足迹强度、人均粮食产量的 VIP 值均大于 0.8，具有中等解释意义。

3. *食物消费水足迹总量与经济发展的脱钩效应*

依据 Tapio 脱钩模型，计算可得黄河上游各省(自治区)1999～2019 年的食物消费水足迹与 GDP 脱钩弹性指数，见表 16-8。

表 16-8　食物消费水足迹与 GDP 脱钩弹性指数

年份	青海	甘肃	宁夏	内蒙古
1999～2000	−0.746	−0.488	−0.719	−0.001
2000～2001	0.825	0.752	0.633	−0.162
2001～2002	0.082	0.695	1.156	0.733

续表

年份	青海	甘肃	宁夏	内蒙古
2002～2003	0.355	0.617	0.310	0.609
2003～2004	0.342	0.252	0.433	0.878
2004～2005	0.413	0.210	0.440	0.950
2005～2006	−0.126	0.441	0.215	0.392
2006～2007	0.012	−0.280	0.299	−0.003
2007～2008	0.160	0.516	0.295	0.561
2008～2009	0.870	0.882	0.350	0.106
2009～2010	0.187	0.259	0.270	0.417
2010～2011	0.068	0.230	0.084	0.196
2011～2012	0.282	0.553	0.441	0.240
2012～2013	0.047	0.306	0.279	0.234
2013～2014	0.248	0.240	1.109	0.523
2014～2015	0.355	−1.512	0.359	0.448
2015～2016	0.421	0.556	0.313	−0.085
2016～2017	0.141	0.391	0.104	0.204
2017～2018	0.093	0.115	0.264	0.201
2018～2019	0.695	0.428	0.458	0.505

根据表 16-8 与脱钩程度判别标准，1999～2019 年黄河上游食物消费水足迹与 GDP 的脱钩关系主要呈现强脱钩、弱脱钩和扩张耦合三种状态，三种状态出现次数的比例分别为 12.5%、78.75%和 8.75%。

从空间上来看，青海出现 2 次强脱钩、16 次弱脱钩与 2 次扩张耦合，分别占研究期内的 10%、80%和 10%；甘肃出现 3 次强脱钩与 16 次弱脱钩，分别占研究期内的 15%和 80%，在 2009～2010 年出现 1 次扩张耦合；宁夏出现 1 次强脱钩与 17 次弱脱钩，分别占研究期内的 5%和 85%，在 2001～2002 年和 2013～2014 年分别出现 1 次扩张耦合；内蒙古出现 4 次强脱钩与 14 次弱脱钩，分别占研究期内的 20%和 70%，在 2003～2004 年和 2004～2005 年分别出现 1 次扩张耦合。

从整体来看，黄河上游各个省（自治区）食物消费水足迹与 GDP 处于弱脱钩状态占比大于强脱钩状态，表明 1999～2019 年黄河上游经济增长速率快于食物消费水足迹增长速率，两者的发展并未达到理想状态下的可持续发展。在未来经济发展中需要投入更多的资源用以建设及健全健康可持续的经济发展模式，以达到减缓水资源压力、同时提高水资源的合理开发及高效利用。

16.2　甘肃农业水足迹与社会经济耦合协调发展评估

甘肃地处中国西北内陆地区，东邻陕西，西邻新疆，南邻四川、青海，北邻宁夏、内蒙古，全省面积为 42.59 万 km^2。位于黄土高原、内蒙古高原、青藏高原三大高原交会处，地形呈狭长状。甘肃地貌类型复杂多样，高原、山地、平川、河谷、戈壁、沙漠交错分布(薛书明等，2021)。甘肃大部分地区属于干旱区，多年平均降水量仅为 300mm 左右，且不同年份降水量也有较大的差别。2019 年甘肃耕地总面积为 537.67 万 hm^2，但从甘肃水土资源分布来看，水资源丰富地区的耕地面积较少，大部分耕地都位于水资源缺乏的干旱区。

根据甘肃发展战略定位和主体功能区规划，可以将甘肃分为五大生态功能区(图 16-5)，具体如下：南部秦巴山地区(Ⅰ)，该地区处于长江上游的甘肃“两江一水”地区，包括天水市、陇南市，是我国秦巴山生物多样性生态功能区的重要组成部分，也是长江上游水源涵养区。甘南高原地区(Ⅱ)，该地区包括甘南藏族自治州和临夏回族自治州的大部分市(州)，是我国青藏高原东端最大的高原湿地和黄河上游重要水源补给区。陇东陇中黄土高原地区(Ⅲ)，该地区包括庆阳市、平凉市、定西市，是我国黄土高原丘陵沟壑水土保持生态功能区极具代表性的地区。中部沿黄河地区(Ⅳ)，该地区包括兰州市、白银市，是全国“两横三纵”城市化战略格局陆桥通道的重要支点，也是甘肃产业和人口聚集度最高的核心经济区。河西内陆地区(Ⅴ)，该地区包括酒泉市、嘉峪关市、张掖市、金昌市、武威市，是我国“两屏三带”青藏高原生态屏障和北方防沙带的关键区域，也是西北草原荒漠化防治核心区。

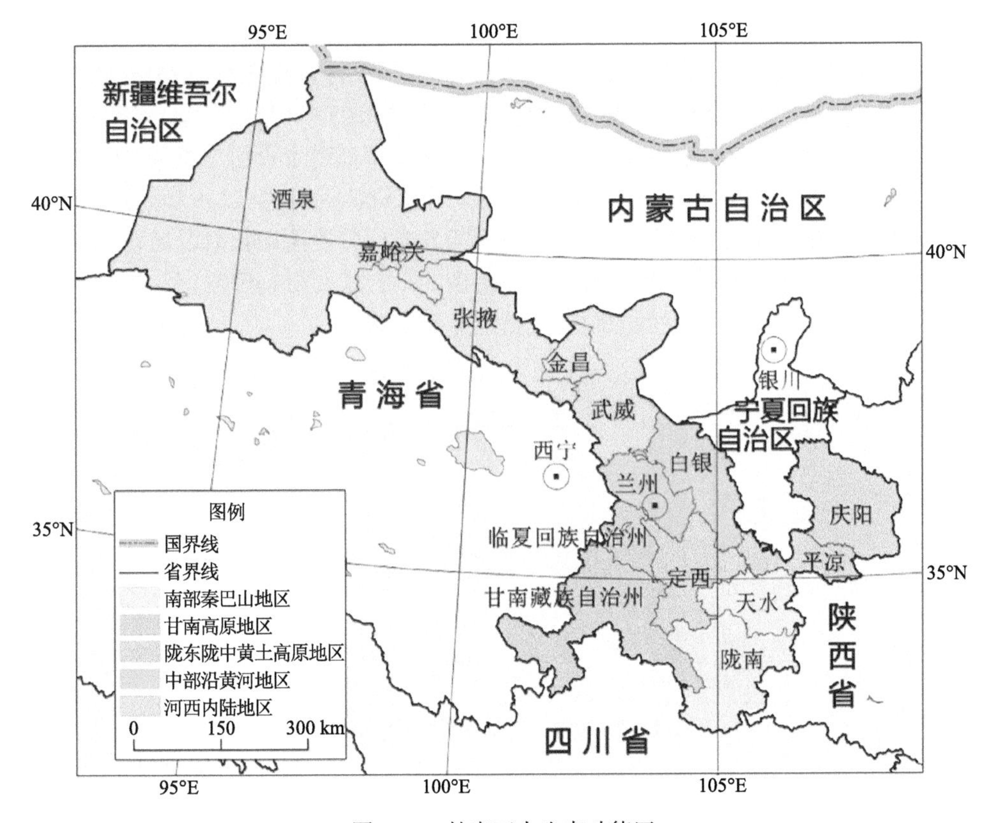

图 16-5　甘肃五大生态功能区

自 2000 年国家实施西部大开发战略以来，甘肃作为西部重点城市，在经济发展方面取得了很大进步，三次产业结构稳步改善，见图 16-6。2000 年，甘肃总人口为 2556 万人，非农业人口为 491 万人，城镇化率为 19%，第一产业总产值为 193.36 亿元，第二产业总产值为 439.88 亿元，第三产业总产值为 350.12 亿元。2020 年，甘肃总人口为 2647.43 万人，其中城镇人口为 1283.74 万人，城镇化率为 48%，第一产业总产值为 1198.14 亿元、第二产业总产值为 2852.03 亿元、第三产业总产值为 4966.53 亿元。由此可以看出，2000～2020 年甘肃的人口总数及经济发展都有了明显的提升，城市化进程也在不断加快，但与全国其他地区相比，甘肃整体经济水平还是较为落后的，存在贫富差距大、发展难度高等问题。

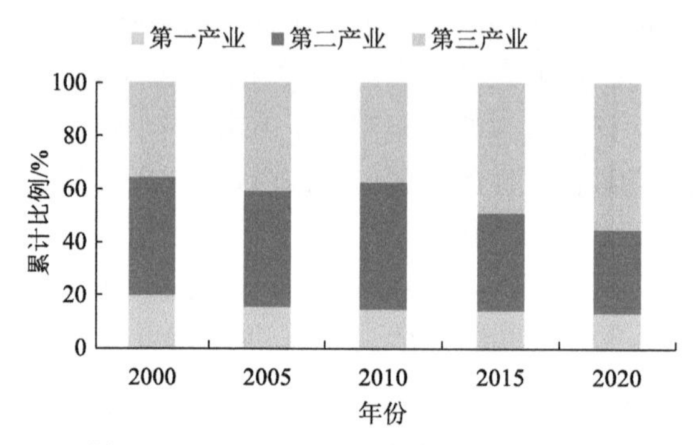

图 16-6　2000～2020 年甘肃三次产业结构

2000 年，甘肃总用水量为 122.7 亿 m^3，其中农业(含林牧渔畜业)用水量最多，为 97.4 亿 m^3，占 79.4%。2020 年，甘肃总用水量为 109.9 亿 m^3，其中农业(含林牧渔畜业)用水量为 83.7 亿 m^3，占比达到 81%(图 16-7)。2020 年甘肃水资源总量为 410.9 亿 m^3，人均水资源量为 1642.2 m^3，低于 2020 年全国人均水资源拥有量(2239.8 m^3)，甘肃为典型的以农业为主的水资源短缺地区。近年来，随着人口的快速增长以及城市化的发展，人类对水资源的需求在不断增加，然而用水结构的不合理使得甘肃水资源供求矛盾日趋加大(图 16-8)，对社会经济发展的制约变得越来越明显。

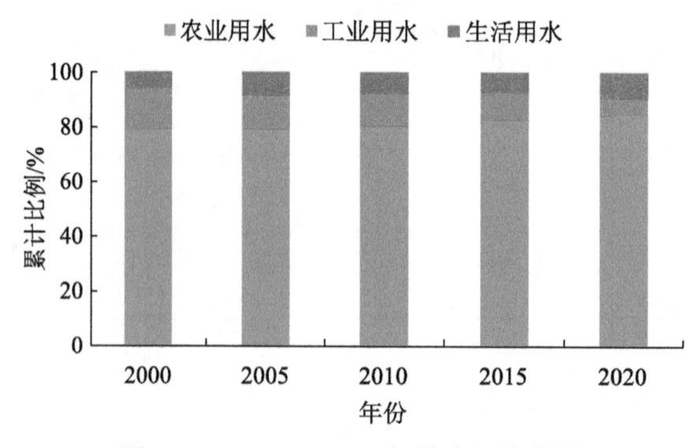

图 16-7　2000～2020 年甘肃用水结构

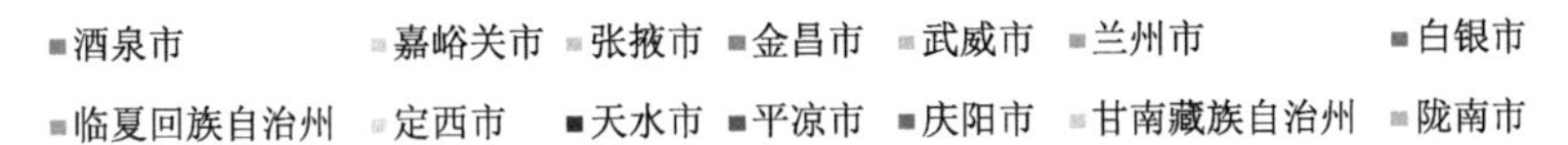

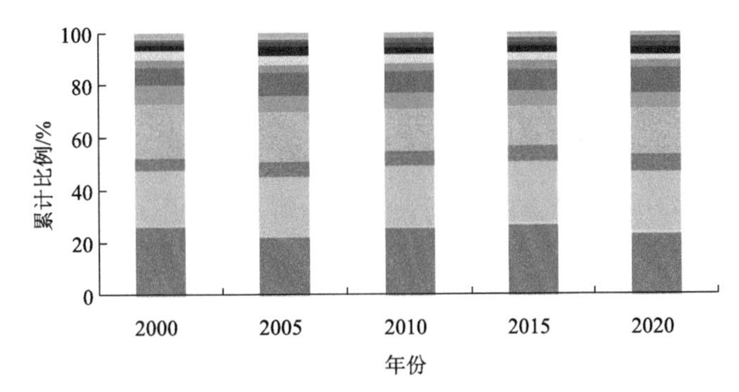

图 16-8　2000～2020 甘肃各市(州)农业用水占比结构

本次研究所需气象数据资料主要来源于中国气象数据网，包括甘肃各市日照时数、平均风速、相对湿度、平均最高气温、平均最低气温、降水量等；农作物生长数据如播收日期、根深、作物系数等参数来源于国内外相关文献。此外，计算农作物蓝水、绿水足迹所需的各市农作物面积、农作物产量、畜产品产量、水果产量、GDP、人口等数据均来源于甘肃 2000～2020 年统计年鉴，以及所需的农田灌溉用水量、农业灌溉面积等数据来源于甘肃 2000～2020 年水资源公报。

16.2.1　农业水足迹与社会经济耦合评价方法

1. 农作物水足迹计算

因为灰水足迹对农作物生长过程没有影响，所以本研究只考虑绿水足迹和蓝水足迹，并未对灰水足迹进行研究。农作物在生长过程中的用水需求主要与农作物类型、土壤条件、收获时间和气候条件等有关，本研究采用联合国粮食及农业组织(FAO)推荐的 CROPWAT 8.0 模型计算农作物需水量。计算农作物需水量首先需要输入当地的气象数据，如日照时长、平均最高气温、平均最低气温、相对湿度、平均风速和降雨等数据；其次需要输入农作物的相关信息，如收获时间、根深等；最后在 CWR 模块获得农作物在生长过程中的需水量。在本研究中，当有效降雨大于 ET_c 时，假设农作物生长过程中只消耗雨水，即 ET_c 为绿水；当有效降雨小于 ET_c 时，假设有效降水量全部被用于植物生长，有效降雨为绿水。

1) 蓝水足迹

甘肃地跨四个干湿带，但大部分处于干旱区，农作物普遍灌溉不足，蓝水消耗量小于蓝水需求量，因此本研究的蓝水足迹是根据实际灌溉用水量进行计算的，蓝水足迹(BWF)计算如下：

$$\mathrm{BWF} = W_i \times \eta \tag{16-8}$$

式中，W_i 为指实际灌溉用水量；η 为农作物灌溉水有效利用系数。

2）绿水足迹

$$ET_g = \sum \min(ET_c, P_e) \tag{16-9}$$

$$GMF = 10A \times ET_g \tag{16-10}$$

式中，ET_g为绿水蒸发量，生长期以每 10 d 计算一次；ET_c为每 10 d 农作物水分蒸发量；P_e为有效降水量；A 为农作物的种植面积；因子 10 为将水资源需求量的单位由深度（mm）换算成体积（m^3）的系数。

2. 畜产品水足迹计算

畜产品水足迹包括动物养殖阶段的耗水量和畜产品后续处理阶段的耗水量两部分。畜产品水足迹与动物的种类、养殖方式、养殖区域等诸多因素有关，计算过程较为复杂。本研究对畜产品水足迹的计算参考了 Chapagain 和 Hoekstra（2003）的研究结果（表 16-2），畜产品水足迹计算如下：

$$WF_{ani} = UWF \times Y \tag{16-11}$$

式中，UWF 为每千克畜产品的虚拟水含量；Y 为畜产品的产量。

3. 标准差椭圆及重心移动轨迹

近年来，以空间统计的方式分析自然要素、社会经济等时空分布的研究方法逐渐受到国内外学者的关注。作者通过阅读国内外相关文献，选取了适用于农业水足迹与社会经济各因子耦合协调的标准差椭圆模型进行研究。农业水足迹重心反映社会经济各因子与农业水足迹耦合协调发展程度在空间分布上的中心点（方叶林等，2013）。通过对水足迹重心移动轨迹的观察分析，了解甘肃农业水足迹的时空演变进程，对实现农业水足迹与社会经济耦合协调发展有着重大意义。

本研究运用标准差椭圆模型计算出不同年份甘肃各市（州）农业水足迹分布重心，通过观察 2000～2020 年甘肃农业水足迹重心的移动轨迹，可以从全局、空间的角度分析 2000～2020 年甘肃各市（州）的农业水足迹与社会经济耦合协调程度的变化趋势及空间分布特征（金淑婷等，2015）。具体公式如下：

$$\overline{X_i} = \frac{\sum_{i=1}^{n} AWF_i x_i}{\sum_{i=1}^{n} AWF_i} \tag{16-12}$$

$$\overline{Y_i} = \frac{\sum_{i=1}^{n} AWF_i y_i}{\sum_{i=1}^{n} AWF_i} \tag{16-13}$$

$$\theta = \arctan\left\{ \frac{\left(\sum_{i=1}^{n} w_i^2 \bar{X}_i^2 - \sum_{i=1}^{n} w_i^2 \bar{Y}_i^2\right) + \sqrt{\left(\sum_{i=1}^{n} w_i^2 \bar{X}_i^2 - \sum_{i=1}^{n} w_i^2 \bar{Y}_i^2\right)^2 + 4\left(\sum_{i=1}^{n} w_i^2 \bar{X}_i \bar{Y}\right)^2}}{2\sum_{i=1}^{n} w_i^2 \bar{X}_i \bar{Y}_i} \right\} \tag{16-14}$$

$$\bar{X} = x_i - \bar{X}_i, \quad \bar{Y} = y_i - \bar{Y}_i \tag{16-15}$$

$$\sigma_X = \sqrt{\frac{\sum_{i=1}^{n}\left(w_i \bar{X}_i \cos\theta - w_i \bar{Y}_i \sin\theta\right)^2}{\sum_{i=1}^{n} w_i^2}}, \quad \sigma_Y = \sqrt{\frac{\sum_{i=1}^{n}\left(w_i \bar{X}_i \sin\theta - w_i \bar{Y}_i \cos\theta\right)^2}{\sum_{i=1}^{n} w_i^2}} \tag{16-16}$$

式中，$\overline{X_i}$、$\overline{Y_i}$ 为标准差椭圆中心点(重心)的横、纵坐标；AWF_i 为第 i 个地区农作物水足迹总量；θ 为标椭圆方位角，是正北方向顺时针旋与椭圆长轴所形成的夹角；σ_X 和 σ_Y 分别为沿 X 轴和 Y 轴的标准差；w_i 为权重。

4. 农业水足迹与社会经济耦合评估

1)基尼系数

基尼系数是意大利经济学家基尼在洛伦兹曲线概念的基础上提出的。根据基尼系数的定义，引入“水足迹与社会经济因素的基尼系数”来识别区域农业水足迹与社会经济因素匹配的空间差异。计算公式如下：

$$\text{Gini} = \sum_{i=1}^{n} M_i N_i + 2\sum_{i=1}^{n} M_i \left(1 - V_i\right) - 1 \tag{16-17}$$

式中，n 为生态区(或市)的个数；M_i 为甘肃生态区(或市)i 的社会经济因素(农作物种植面积、人口数量、农业 GDP)；N_i 为甘肃生态区(或市)的水足迹的比例；V_i 为水足迹的累计比例。

2)不平衡指数

基尼系数只能反映水足迹与社会经济因素的整体空间匹配程度。因此，为了了解甘肃各生态区的具体不平衡情况，本研究引入水足迹和社会经济因素不平衡指数，计算方法如下：

$$I_i = \frac{N_i}{M_i} \tag{16-18}$$

式中，I_i 为 i 生态区的不平衡指数，当 I_i 大于 1 时，代表 i 生态区单位种植面积(单位人口或单位 GDP)水足迹消耗高于甘肃平均水平；当 I_i 小于 1 时，代表 i 生态区单位种植面积(单位人口或单位 GDP)水足迹消耗小于甘肃平均水平；当 I_i 越接近 1 时，代表水足迹与社会经济因素的匹配程度越高。

16.2.2 农业水足迹分布格局及动态演变过程

从地域分布上分析，虽然 2000～2020 年甘肃农业水足迹总体呈上升趋势(图 16-9)，但不同的区域受气候变化、城市化进程及居民饮食结构转变等影响，农业水足迹增长存在明显差异。其中在 2000～2020 年增长幅度最为显著的是河西内陆地区(Ⅴ)，其农业水足迹从 2000 年的 3.42×10^9 m^3 增加到 2020 年的 5.31×10^9 m^3，增加 1.89×10^9 m^3。其中，农作物水足迹增加 6.3×10^8 m^3，约占 33%；畜产品水足迹增加 1.26×10^9 m^3，约占 67%。主要是由于河西内陆地区地域宽广，在水、土地资源需求越来越大的形势下，许多干旱土地得到改善和发展，耕地面积不断增加，因此提高农作物和畜产品的生产，促进农作物水足迹与畜产品水足迹的逐年上升。

从时间序列上分析，2000～2020 年，甘肃农业水足迹总量呈总体上升的趋势，从 2000 年的 1.082×10^{10} m^3 增加到 2020 年的 1.516×10^{10} m^3，增加 4.34×10^9 m^3。其中，农作物水足迹也从 2000 年的 7.99×10^9 m^3 增加到 2020 年的 9.80×10^9 m^3；畜产品水足迹从 2000 年的 2.82×10^9 m^3 增加到 2020 年的 5.36×10^9 m^3。主要是由于随着社会经济的发展，人口增长及人民物质需求的进一步提高在很大程度上促进农业、畜产品的发展，各种农作物、畜产品生产增加，导致农业水足迹逐年提升。

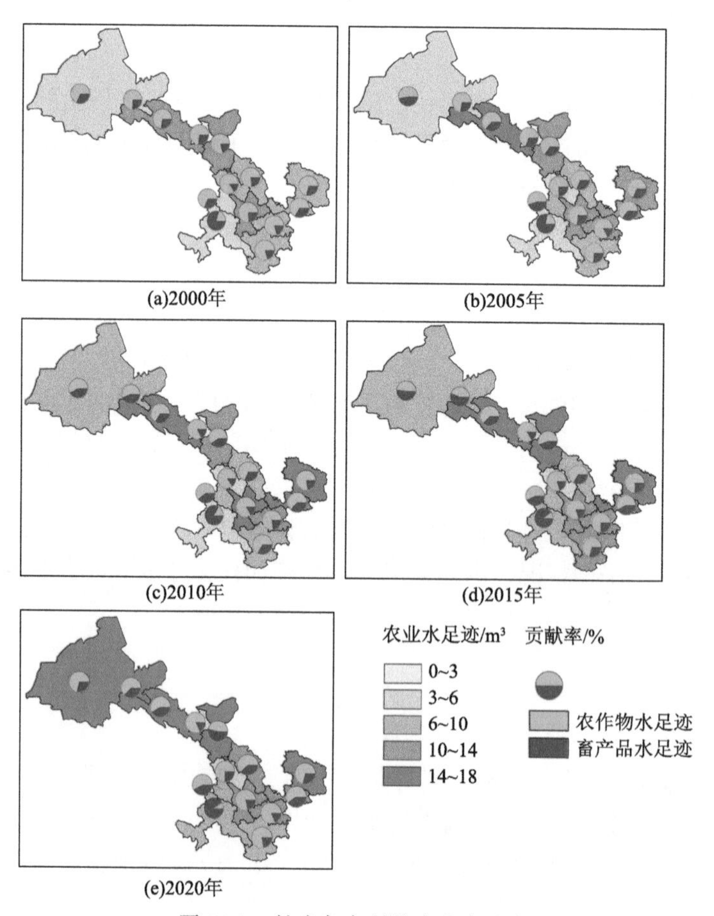

图 16-9 甘肃各市(州)农业水足迹

1. 农作物水足迹动态变化分析

2000～2020 年，甘肃农作物水足迹总体呈上升趋势，从 2000 年的 7.99×10^9 m^3 增加到 2020 年的 9.80×10^9 m^3。由图 16-10 可知，2000～2020 年，甘肃农作物水足迹的组成发生明显的变化。2000 年，在 6 种主要农作物中，春小麦的水足迹为 2.79×10^9 m^3，约占总农作物水足迹的 35%，到 2020 年，春小麦的水足迹为 1.84×10^9 m^3，约占总农作物水足迹的 19%。而玉米的水足迹则从 2000 年的 1.57×10^9 m^3(占比 20%)增加到 2020 年 3.76×10^9 m^3(占比 38%)。由此看出，2000～2020 年甘肃水足迹的主要贡献者从春小麦转移到玉米，这与居民饮食习惯的改变有着很大关系。

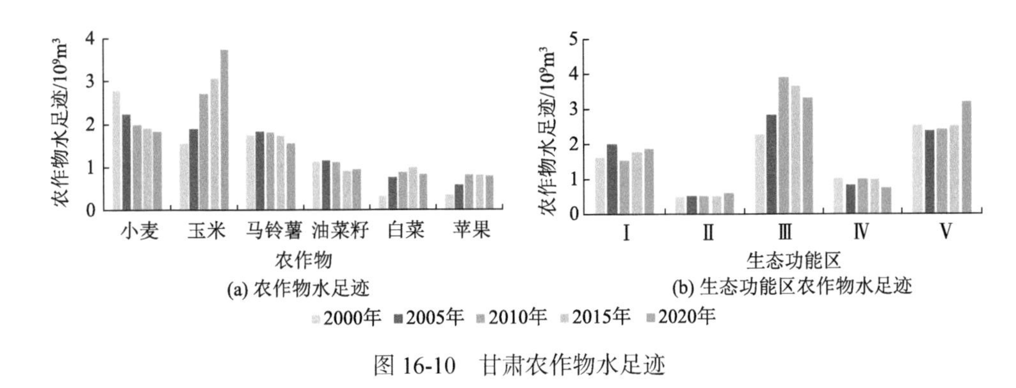

图 16-10　甘肃农作物水足迹

从各个市(州)的角度来看，2000～2020 年农作物水足迹存在浮动，但总体仍呈增长趋势。2000 年，农作物水足迹贡献最大的是天水市，农作物水足迹为 7.4×10^8 m^3，约占 9.3%。而到 2020 年，对农作物水足迹贡献最大的是庆阳市，农作物水足迹为 1.15×10^9 m^3，约占 11.7%。

由图 16-11 可知，在所有生态功能区中，小麦、玉米、马铃薯这三类的占比总和均超过 60%，是各个生态功能区水足迹的主要来源。与 2000 年相比，2020 年各生态功能区小麦、马铃薯的水足迹占比都有所下降，而玉米水足迹占比有着显著增加。其中，Ⅱ地区的差异最为明显，2000 年Ⅱ地区的小麦、马铃薯水足迹占比分别为 29%、27%，到 2020 年小麦、马铃薯水足迹占比变成了 10%、19%，而Ⅱ地区的玉米水足迹占比则从 2000 年的 25%增长到 2020 年的 44%。在所有生态功能区中，苹果水足迹占比较大的地区主要为Ⅰ和Ⅲ地区。2000～2020，Ⅰ地区苹果水足迹占比从 9%增长到 15%，Ⅲ地区苹果水足迹占比从 7%增长到 14%，其他生态功能区苹果水足迹占比较小且幅度并不明显。白菜水足迹占比变化最为显著的是Ⅳ地区，从 2000 年的 8%增长到 2020 年的 24%。这些变化的产生都与各地区人们饮食结构改变、农业发展方向和农业经济结构改进有关。

从甘肃蓝水足迹与绿水足迹比例来看(图 16-12)，总体上，甘肃绿水足迹贡献率一直保持在 60%左右，而蓝水足迹也一直维持在 40%左右，整体蓝、绿水足迹比例维持在 4∶6。从各个生态功能区的角度来看，绿水足迹占比最大的是Ⅲ地区，从 2000 年的 42%增长到 2020 年的 50%。绿水足迹占比较小的是Ⅱ、Ⅳ、Ⅴ地区，这三者之间差距不大且维持在 5%～10%。蓝水足迹占比最大的是Ⅴ地区，占甘肃蓝水足迹的一半以上，从

2000 年的 67%增长到 2020 年的 76%，因此Ⅴ地区是甘肃蓝水足迹贡献率最大的地区。而蓝水足迹占比最小的是Ⅱ地区，一直维持在 3%～5%。

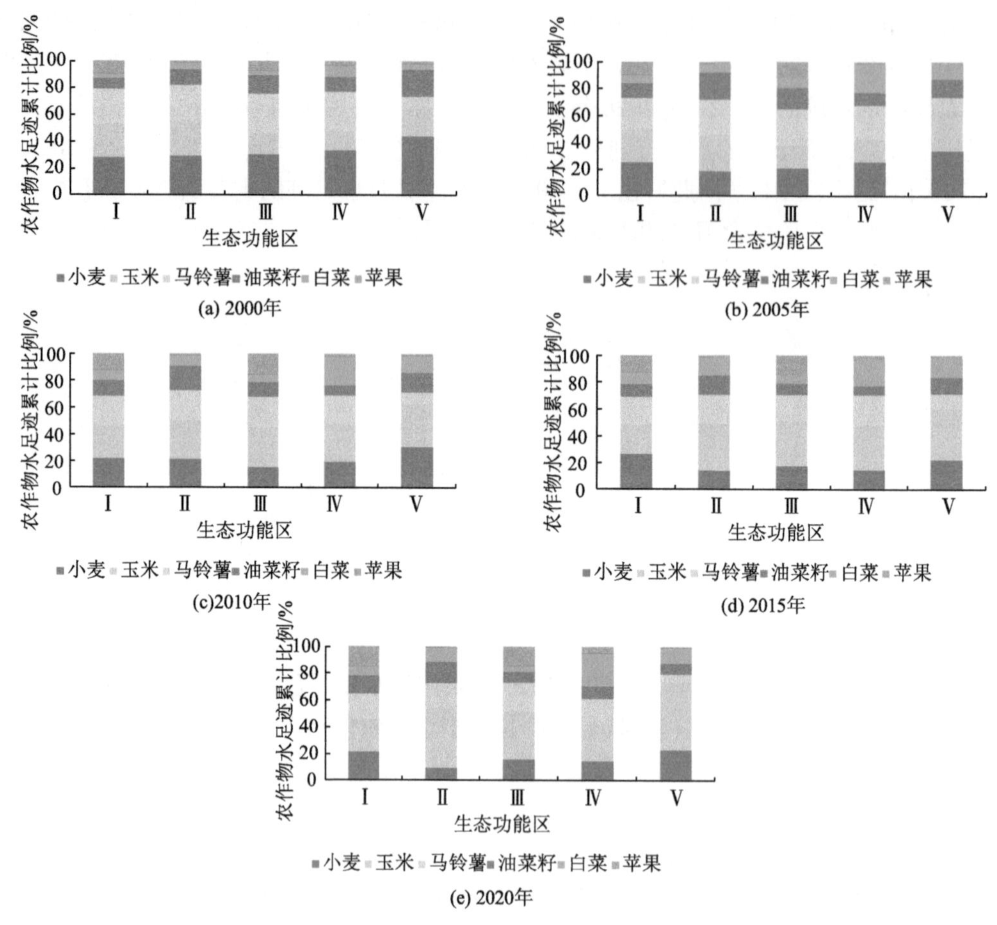

图 16-11　甘肃农作物水足迹比例

从各个生态功能区农作物水足迹组成来看，2000～2020 年，在Ⅰ地区六种主要种植作物中，玉米是绿水足迹的主要贡献来源，小麦仅次于玉米，绿水足迹最少的是白菜；蓝水足迹的主要贡献者则是小麦，白菜仅次于小麦，蓝水足迹最少的是苹果。在Ⅱ地区，六种主要种植作物中，绿水足迹主要贡献来源是玉米，马铃薯仅次于玉米，而苹果的绿水足迹最少；蓝水足迹的主要贡献来源是白菜，玉米仅次于白菜，而苹果的蓝水足迹最少。在Ⅲ地区六种主要种植作物中，绿水足迹的主要贡献来源是玉米，马铃薯仅次于玉米，而白菜的绿水足迹最少；蓝水足迹的主要贡献来源是马铃薯，小麦仅次于马铃薯，而苹果的蓝水足迹最少；在Ⅳ地区六种主要种植作物中，绿水足迹的主要贡献来源是玉米，马铃薯仅次于玉米，而苹果的绿水足迹最少；蓝水足迹的主要贡献来源是小麦，马铃薯仅次于小麦，而苹果的蓝水足迹最少。在Ⅴ地区六种主要种植作物中，绿水足迹的主要贡献来源是玉米，小麦仅次于玉米，而苹果的绿水足迹最少；蓝水足迹的主要贡献来源是玉米，小麦仅次于玉米，而苹果的蓝水足迹最少。

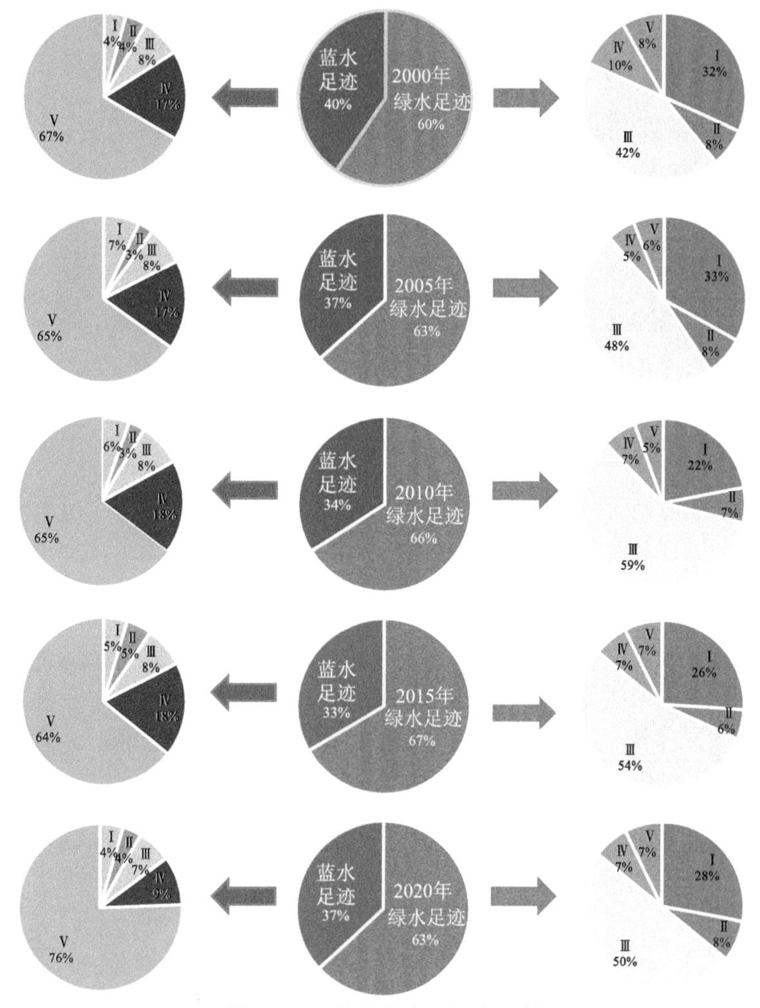

图 16-12　甘肃蓝水、绿水比例

2. 畜产品水足迹动态变化分析

由图 16-13 可知，2000～2020 年，甘肃畜产品水足迹总体呈上升趋势，由 2000 年的 2.82×10^9 m^3 增长到 2020 年的 5.36×10^9 m^3。其中，牛肉水足迹最大且增长速率最快，由 2000 年的 1.46×10^9 m^3 增长到 2020 年的 2.95×10^9 m^3。2000 年畜产品水足迹最少的是羊肉，而到 2020 年，畜产品水足迹最少的变成猪肉，虽然猪肉和羊肉水足迹总体都是在上升，但猪肉的水足迹增长速率明显小于羊肉的水足迹增长速率，这与地方畜产品发展方向及人口对畜产品需求量的不同有关。

对于甘肃各市，2020 年畜产品水足迹最大且 2000～2020 年畜产品水足迹增长最多的是武威市，从 2000 年的 2.95×10^8 m^3 增长到 2020 年的 9.49×10^8 m^3。受到土地面积等的影响，畜产品水足迹最小的是嘉峪关市，但总体来看，2000～2020 年嘉峪关市的畜产品水足迹还是呈上升趋势。

由图 16-13 可知，Ⅲ地区和Ⅴ地区是甘肃畜产品水足迹的主要贡献地区，2000～2020 年，二者占畜产品水足迹的比例始终超过 60%，其中Ⅴ地区是畜产品水足迹最大的地区，由 2000 年的 8.63×10^8 m^3 增长到 2020 年的 2.12×10^9 m^3。Ⅳ地区是畜产品水足迹占比最小的地区，2000～2020 年，Ⅳ地区畜产品水足迹所占比例一直维持在 7%～9%，但总体还是呈上升的趋势，从 2000 年的 2.46×10^8 m^3 增长到 2020 年的 3.9×10^8 m^3。

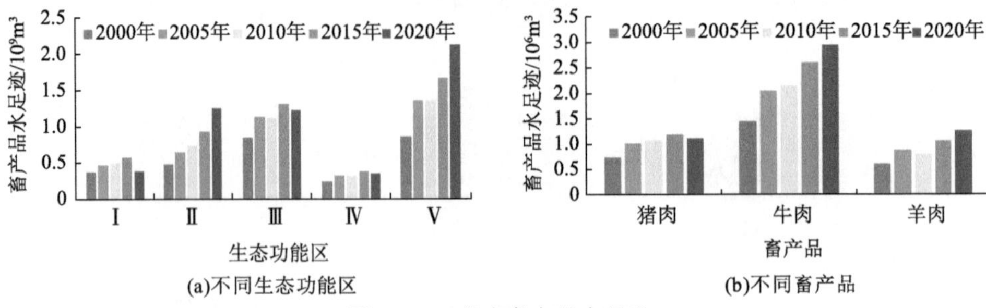

图 16-13　甘肃畜产品水足迹

对于生态功能区畜产品水足迹组成(图 16-14)，2000～2020 年，在Ⅰ地区畜产品水足迹中，猪肉的水足迹最大，羊肉水足迹最小，猪肉和牛肉水足迹是该地区畜产品水足迹的

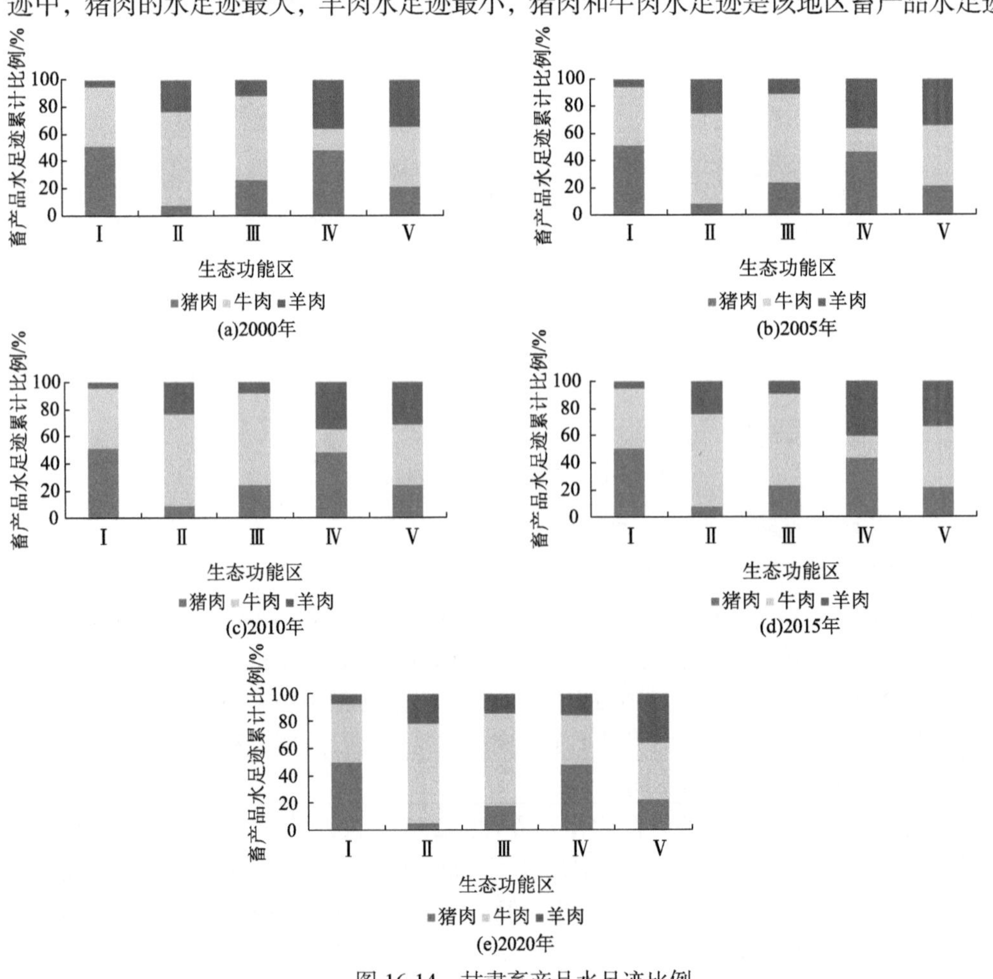

图 16-14　甘肃畜产品水足迹比例

主要贡献来源。在Ⅱ地区畜产品水足迹中，牛肉的水足迹占比最大，猪肉的水足迹占比最小，牛肉生产是Ⅱ地区的主要畜产品生产。在Ⅲ地区的畜产品水足迹中，牛肉的水足迹占比最大，羊肉的水足迹占比最小。在Ⅳ地区的畜产品水足迹中，猪肉的水足迹占比最大，牛肉的水足迹占比最小。在Ⅴ地区的畜产品水足迹中，牛肉的水足迹占比最大，猪肉的水足迹占比最小，但从五个生态功能区来看，Ⅴ地区的三种畜产品水足迹最为均衡。

3. 水足迹重心移动轨迹

如图 16-15 所示，从水足迹重心移动的路径来看：①农作物水足迹。2000～2005 年甘肃农作物水足迹重心位于皋兰县，并逐渐向东南方向移动；2005～2015 年农作物水足迹重心位于榆中县，并逐渐向东北方向移动，但幅度不大；2015～2020 年农作物水足迹逐渐向西北方向移动，重心移动到皋兰县西北部地区。②畜产品水足迹。2000～2005 年畜产品水足迹重心位于永登县东南部，并逐渐向西北方向移动；2005～2010 年畜产品水足迹重心位于永登县东部，并向西南方向移动；2010～2020 年畜产品水足迹逐渐向西北方向移动，且移动速度逐渐加快。③2000～2005 年甘肃农业水足迹重心位于皋兰县中部地区，并逐渐向东南方向移动；2005～2015 年农业水足迹重心迁移到榆中县北部地区，且移动速度逐渐减慢。2015～2020 年农业水足迹重心向西北方向移动且移动速度大幅提高，从榆中县北部地区移动到皋兰县西北部。

16.2.3　农业水足迹与社会经济协调发展分析

甘肃是典型的以旱作农业为主的地区，随着社会的发展，水资源短缺成为制约甘肃社会经济可持续发展的主要因素。因此，本节将通过对农业水足迹与社会经济各因素的研究，分析其内在联系，为甘肃农业水资源与社会经济协调发展提供科学依据。

1. 匹配度分析

1) 农业水足迹与播种面积

由图 16-16 可知，2000～2020 年，种植业水足迹与播种面积的基尼系数分别为 2000 年 0.34、2005 年 0.15、2010 年 0.15、2015 年 0.12、2020 年 0.24。由此看出，在生态功能区尺度上，种植业水足迹与播种面积的空间分布由 2000 年的“相对合理”状态转变为 2020 年的“相对平衡”状态。

2000～2020 年，蓝水足迹与播种面积的基尼系数分别为 2000 年 0.71、2005 年 0.62、2010 年 0.63、2015 年 0.63、2020 年 0.65。由此看出，在生态功能区尺度上，蓝水足迹与播种面积的空间分布始终处于“高度不平衡”状态。

2000～2020 年，绿水足迹与播种面积的基尼系数分别为 2000 年 0.19、2005 年 0.18、2010 年 0.20、2015 年 0.15、2020 年 0.22。由此看出，在生态功能区尺度上，绿水足迹与播种面积的空间分布由 2000 年的“高平衡”状态下降到 2020 年的“相对平衡”状态。

总体上，2000～2020 年，绿水足迹的空间分布比蓝水足迹更加均衡。

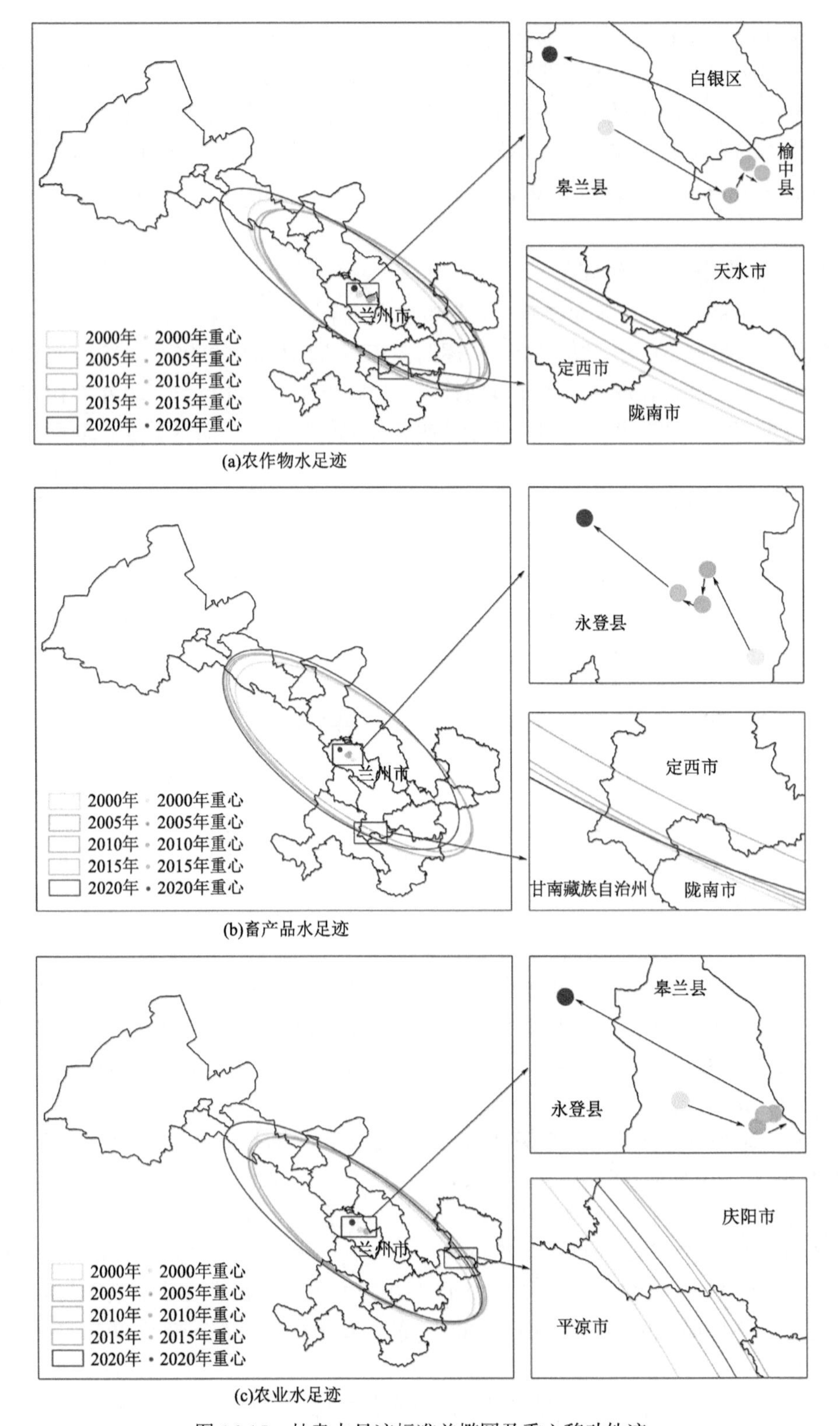

图 16-15　甘肃水足迹标准差椭圆及重心移动轨迹

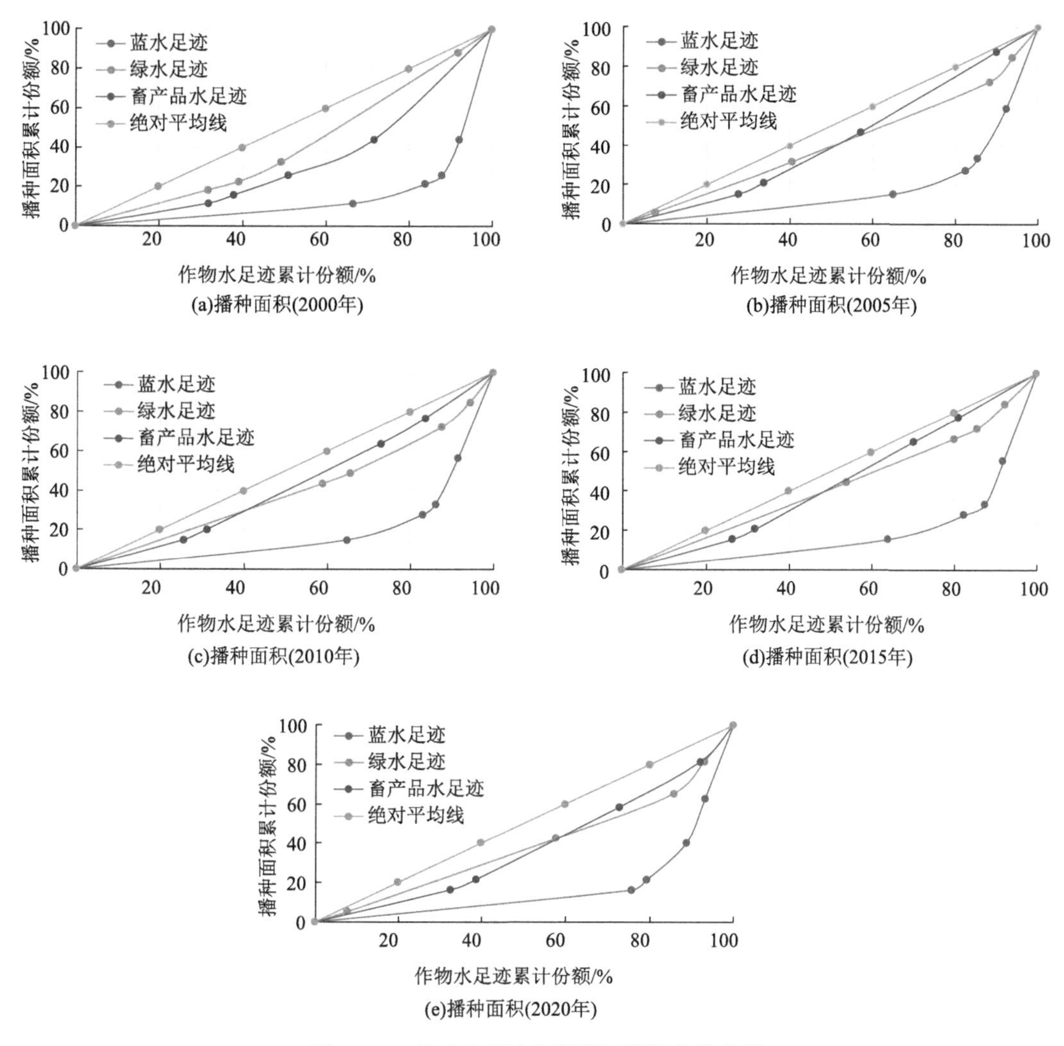

图 16-16 甘肃水足迹与播种面积洛伦兹曲线

2)农业水足迹与 GDP

由图 16-17 可知，2000～2020 年，农业水足迹与农业 GDP 的基尼系数分别为 2000 年 0.096、2005 年 0.14、2010 年 0.13、2015 年 0.13、2020 年 0.21。由此看出，在生态功能区尺度上，农业水足迹与农业 GDP 的空间分布由 2000 年的“高平衡”状态下降到 2020 年的“相对平衡”状态。

2000～2020 年，畜产品水足迹与畜产品 GDP 的基尼系数分别为 2000 年 0.15、2005 年 0.13、2010 年 0.13、2015 年 0.14、2020 年 0.10。由此看出，在生态功能区尺度上，畜产品水足迹与畜产品 GDP 的空间分布始终处于“高平衡”状态。

因此，在 2000～2020 年，畜产品水足迹与畜产品 GDP 的空间匹配度高于农业水足迹与农业 GDP 的空间匹配度。

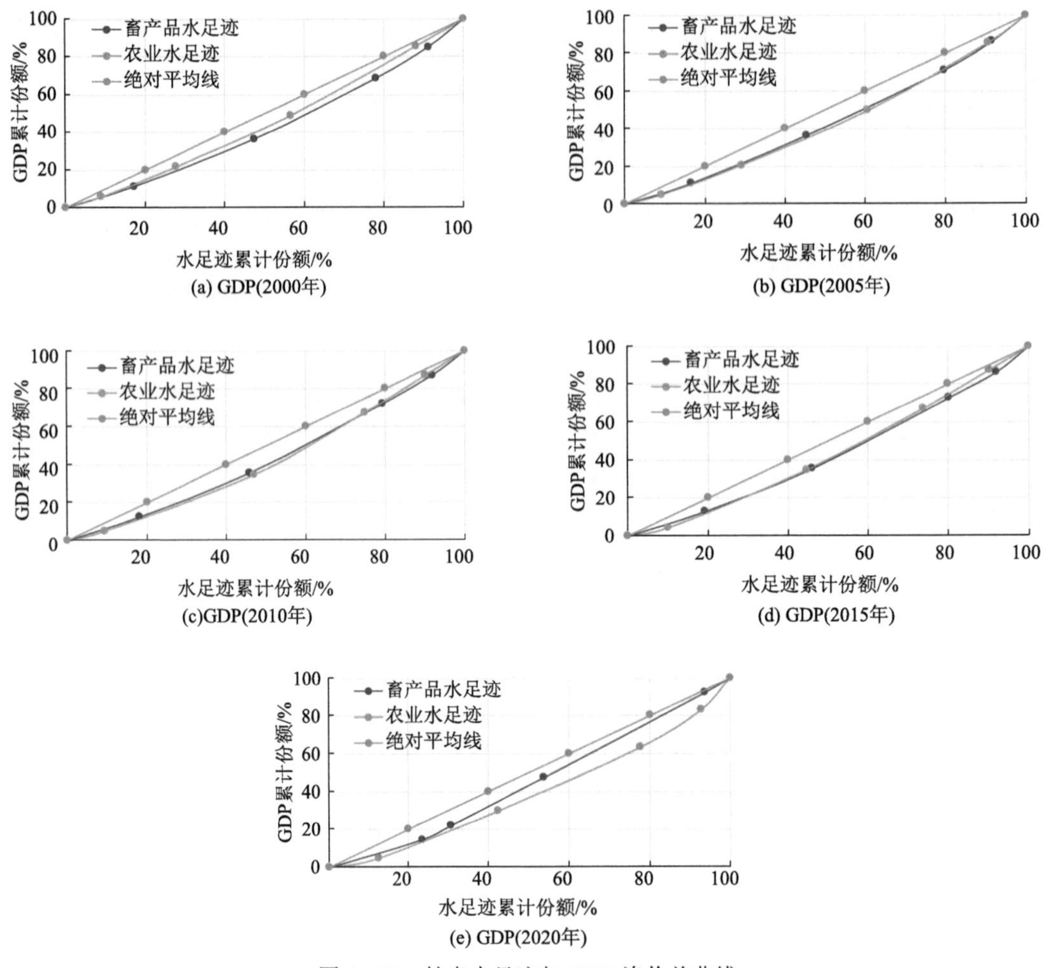

图 16-17　甘肃水足迹与 GDP 洛伦兹曲线

3）农业水足迹与人口

由图 16-18 可知，2000～2020 年，种植业水足迹与人口的基尼系数分别为 2000 年 0.18、2005 年 0.18、2010 年 0.24、2015 年 0.21、2020 年 0.33。由此看出，在生态功能区尺度上，2000～2020 年种植业水足迹与人口的空间分布由“高平衡”状态下降到“相对合理”状态。

2000～2020 年，畜产品水足迹与人口的基尼系数分别为 2000 年 0.26、2005 年 0.29、2010 年 0.30、2015 年 0.31、2020 年 0.44。由此看出，在生态功能区尺度上，2000～2020 年畜产品水足迹与人口的空间分布由“相对平衡”状态下降到“差距偏大”状态。

2000～2020 年，农业水足迹与人口的基尼系数分别为 2000 年 0.18、2005 年 0.19、2010 年 0.23、2015 年 0.22、2020 年 0.34. 由此看出，在生态功能区尺度上，2000～2020 年农业水足迹与人口的空间分布由“高平衡”状态下降到“相对合理”状态。

因此，在 2000～2020 年，农业水足迹与人口的空间分布逐渐趋于不平衡。

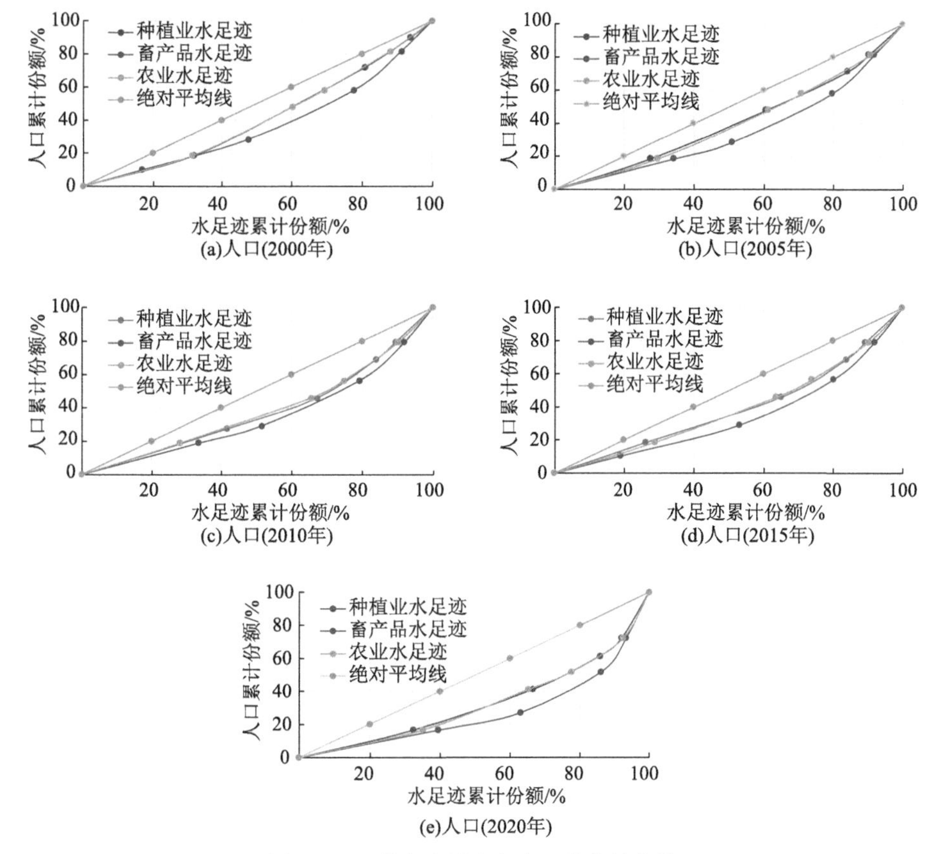

图 16-18　甘肃水足迹与人口洛伦兹曲线

2. 不平衡指数分析

如图 16-19(a)所示，2000～2020 年，Ⅰ、Ⅱ、Ⅲ地区的蓝水足迹与播种面积的不平衡指数始终小于 1，表示Ⅰ、Ⅱ、Ⅲ地区单位面积耕地的蓝水足迹低于平均水平。而Ⅳ、Ⅴ地区在大多数年份，蓝水足迹与播种面积的不平衡指数都大于 1，表示Ⅳ、Ⅴ地区单位面积耕地的蓝水足迹总量高于平均水平。如图 16-19(b)所示，2000～2020 年，Ⅰ、Ⅱ、Ⅲ地区在大部分年份绿水足迹与播种面积的不平衡指数都大于 1，表示Ⅰ、Ⅱ、Ⅲ地区单位面积耕地的绿水足迹总量高于平均水平，而Ⅳ、Ⅴ地区在大部分年份绿水足迹与播种面积的不平衡指数都小于 1，表示Ⅳ、Ⅴ地区单位面积耕地的绿水足迹总量低于平均水平。从总体上看，绿水足迹与播种面积的不平衡指数比蓝水足迹与播种面积的不平衡指数在平衡线附近更为集中，因此绿水足迹空间分布更均衡。

2000～2020 年，Ⅰ、Ⅱ、Ⅳ地区在大部分年份农业水足迹与人口的不平衡指数都小于 1，表示Ⅰ、Ⅱ、Ⅳ地区人均水足迹总量小于平均水平。Ⅲ、Ⅴ地区在大部分年份农业水足迹与人口的不平衡指数都大于 1，表示Ⅲ、Ⅴ地区人均农业水足迹总量高于平均值。2000 年与 2020 年相对比，发现 2000 年各生态功能区农业水足迹与人口的不平衡指数比 2020 年各生态功能区农业水足迹与人口的不平衡指数在平衡线附近更为集中，说明 2000～2020 年各生态功能区人均农业水足迹总量差异在增加。

2000～2020 年，Ⅰ、Ⅱ、Ⅲ、Ⅴ地区在大部分年份农业水足迹与农业 GDP 的不平衡指数都大于 1，表示这些生态功能区单位 GDP 农业水足迹消耗量高于平均值。Ⅳ地区农业水足迹与农业 GDP 的不平衡指数小于 1，表示Ⅳ地区单位 GDP 农业水足迹消耗量小于平均值。从总体上看，2000～2020 年除Ⅴ地区农业水足迹与农业 GDP 的不平衡指数有所上升外，其余生态功能区不平衡指数都有所下降，表明Ⅴ地区单位 GDP 农业水足迹消耗量有所上升，而其余生态功能区单位 GDP 农业水足迹消耗量都有所下降。

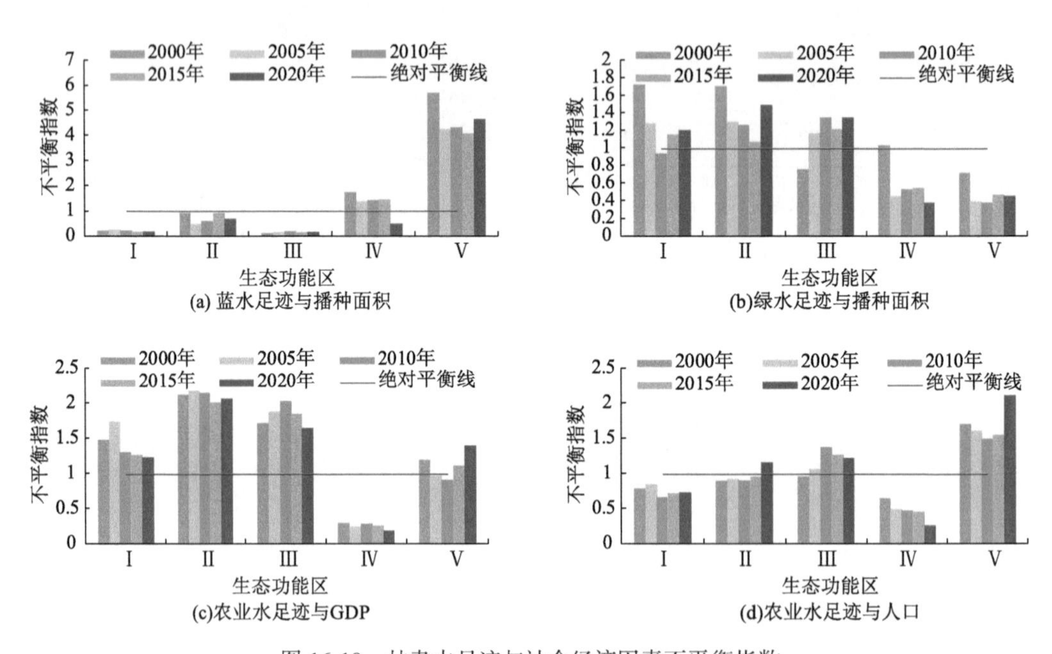

图 16-19　甘肃水足迹与社会经济因素不平衡指数

16.3　结　　论

16.3.1　改善居民食物消费结构

我国水资源总量较多，但是用于人民生产生活的直接用水较为拮据。2019 年，中国人均水资源量只有 2078 m^3，而食物消费水足迹增加，表示维持人们正常消费活动的水资源消耗量也在增加，且不同种类农畜产品生产过程中所消耗的水资源量各不相同，肉类产品虚拟水含量较蔬菜、水果及奶类产品更高。因此，可倡导人们在维持基本生活需要的营养时，将营养成分来源食物种类多样化，通过改善食物消费结构，在获得等量营养成分的情况下，尽可能减少水资源的间接消耗。

另外，我国是一个农业大国，可以通过改进农牧业的生产技术，利用现代科技提升农畜产品的生产效率，在保障农业产量和 GDP 的同时，有效降低单位 GDP 水足迹消耗量，提高水资源的利用效率。而黄河上游作为黄河流域水资源的源头及水资源安全的重要保护区域，区域内水资源的科学规划使用对保障黄河流域水安全有着重要意义，可通过提升居民对日常消费与水资源关系的认识、加强节约水资源意识，从而促进人与自然和谐发展。

16.3.2　提升农业生产水资源利用效率

水资源是基础性自然资源和战略性经济资源，水资源与社会经济协调耦合发展是实现可持续发展的先决条件。甘肃地处中国西北内陆，水资源相对短缺，多年平均降水量仅为 300mm 左右，2020 年甘肃人均水资源量为 1642 m^3，远低于全国平均水平，按照国际标，属于中度缺水地区。然而，甘肃又是以农业为主的地区，农业用水比例较大，2000 年甘肃总耗水量为 73.5 亿 m^3，其中农业耗水量为 59.4 亿 m^3，占比达 81%。到 2020 年甘肃总耗水量为 70.2 亿 m^3，其中农业耗水量高达 60.1 亿 m^3，占比达到 86%。综上所述，甘肃总耗水量虽然有所下降，但农业耗水量却呈上升趋势，并且所占比例也逐渐增大。

受自然条件影响，甘肃水土资源空间分布并不均衡，南部水资源量多而耕地面积少，北部水资源量少而耕地面积多。水土资源匹配程度形成“西高东低、北高南低”的格局（梁变变等，2016）。2020 年，甘肃耕地面积为 8065.05 万亩，耕地有效灌溉面积为 2007.9 万亩，耕地实灌面积为 1783.2 万亩，人均耕地面积远高于全国平均水平，由此可以看出，甘肃水土资源的空间分布并不平衡，成为制约经济发展的一大因素。通过分析各社会经济因素与农业水足迹的空间异质性，将有助于识别甘肃各地区农业生产活动对水资源的真实占用情况和利用效率，从而为优化地区农业用水结构和提高水资源利用效率提供科学决策支撑。

参 考 文 献

崔东文. 2013. 基于模式识别的区域水资源与经济社会协调度评价. 水利经济, 31(5): 15-19, 75-76.

樊慧丽, 付文阁. 2020. 水足迹视角下我国农业水土资源匹配及农业经济增长——以长江经济带为例. 中国农业资源与区划, 41(10): 193-203.

方叶林, 黄震方, 陈文娣, 等. 2013. 2001—2010 年安徽省县域经济空间演化. 地理科学进展, 32(5): 831-839.

郭萍, 赵敏, 张妍, 等. 2021. 基于水足迹的河套灌区多目标种植结构优化调整与评价. 农业机械学报, 52(12): 346-357.

江文曲, 李晓云, 刘楚杰, 等. 2021. 城乡居民膳食结构变化对中国水资源需求的影响——基于营养均衡的视角. 资源科学, 43(8): 1662-1674.

金淑婷, 李博, 杨永春, 等. 2015. 中国城市分布特征及其影响因素. 地理研究, 34(7): 1352-1366.

刘昌明, 郑红星. 2003. 黄河流域水循环要素变化趋势分析. 自然资源学报, (2): 129-135.

刘楚杰, 李晓云, 江文曲. 2022. 粮食主产区粮食生产与农业水资源压力脱钩关系研究. 农业资源与环境学报, (2): 479-489.

梁变变, 石培基, 王伟, 等. 2016. 甘肃省农业水土资源时空匹配格局. 资源开发与市场, 32(12): 1461-1465.

刘丽萍, 唐德善. 2014. 水资源短缺与社会适应能力评价及耦合协调关系分析. 干旱区资源与环境, 28(6): 13-19.
刘旭辉, 张超, 赵钟楠, 等. 2022. 黄河流域水资源压力变化及其驱动因素分析. 人民黄河, 44(2): 7.
潘安娥, 陈丽. 2014. 湖北省水资源利用与经济协调发展脱钩分析——基于水足迹视角. 资源科学, 36(2): 328-333.
秦丽杰, 侯希明, 梅婷, 等. 2015. 中国城乡居民膳食水足迹的时空分异研究. 生态经济, 31(11): 19-22.
尚海洋, 陈克恭, 徐中民. 2009. 甘肃省 1992 年～2005 年城镇不同收入群体的虚拟水消费特征. 资源科学, 31(3): 406-412.
孙才志, 陈栓, 赵良仕. 2013. 基于 ESDA 的中国省际水足迹强度的空间关联格局分析. 自然资源学报, 28(4): 571-582.
王惠文. 1999. 偏最小二乘回归方法及其应用. 北京: 国防工业出版社.
王宁, 李兆耀, 田晓飞, 等. 2021. 基于 ESDA 方法的黄河流域水足迹强度及空间关联分析. 环境科学与技术, 44(2): 196-202.
王秀芬, 陈百明, 毕继业. 2012. 基于县域尺度的中国农业水资源利用效率评价. 灌溉排水学报, 31(3): 6-10.
文倩, 孟天醒, 郧雨旱. 2017. 河南省农业水土资源时空分异与匹配格局. 水土保持研究, 24(5): 233-239.
吴燕, 王效科, 逯非. 2011. 北京市居民食物消耗生态足迹和水足迹. 资源科学, 33(6): 1145-1152.
夏富强, 唐宏, 杨德刚, 等. 2013. 干旱区典型绿洲城市发展与水资源潜力协调度分析. 生态学报, 33(18): 5883-5892.
薛书明, 杨雪, 马继洲, 等. 2021. 自然禀赋价值挖掘、国家生态屏障功能实现与绿色金融支持——基于国家战略视角下对甘肃省的实证研究. 甘肃金融, (10): 28-32.
余灏哲, 韩美. 2017. 基于水足迹的山东省水资源可持续利用时空分析. 自然资源学报, 32(3): 474-483.
张凡凡, 张启楠, 李福夺, 等. 2019. 中国水足迹强度空间关联格局及影响因素分析. 自然资源学报, 34(5): 934-944.
张瀚亓, 李璐骥, 高坤. 2022. 东北地区农业水足迹的空间差异及其影响因素分析. 湖北农业科学, 61(5): 214-221.
张容, 李杨. 2018. 农业水足迹影响因素研究及展望. 商业经济, (8): 100-104, 184.
张玉萍, 瓦哈甫·哈力克, 党建华, 等. 2014. 吐鲁番旅游-经济-生态环境耦合协调发展分析. 人文地理, 29(4): 140-145.
赵慧, 尹庆民, 田贵良. 2014. 居民虚拟水消费测算模型及实证研究. 江苏农业科学, 42(2): 320-324.
赵良仕, 孙才志, 邹玮. 2013. 基于空间效应的中国省际经济增长与水足迹强度收敛关系分析. 资源科学, 35(11): 2224-2231.
郑翔益, 孙思奥, 鲍超. 2019. 中国城乡居民食物消费水足迹变化及影响因素. 干旱区资源与环境, 33(1): 17-22.
周玲玲, 王琳, 王晋. 2013. 水足迹理论研究综述. 水资源与水工程学报, 24(5): 106-111.
周校培, 陈建明. 2016. 南京市水资源与社会经济耦合协调发展研究. 水利经济, 34(4): 26-30, 34, 74.
Allan J, Flecker A S. 1993. Biodiversity conservation in running waters. BioScience, 43: 32-43.
Bakker K. 2012. Water security: research challenges and opportunities. Science, 337(6097): 914-915.
Chapagain A K, Hoekstra A Y. 2003. Virtual Water Flows between Nations in Relation to Trade in Livestock and Livestock Products. Delft, The Netherlands: UNESCO-IHE.
Ehrlich P R, Holdren J P. 1971. Impact of population growth: Complacency concerning this component of man’s predicament is unjustified and counterproductive. Science, 171: 1212-1217.
Hoekstra A Y, Hung P Q. 2002. Virtual water trade: A quantification of virtual water flows between nations in

relation to international crop trade. Water Science & Technology, 49(11): 203-209.

Ma W, Meng L, Wei F, et al. 2021. Spatiotemporal variations of agricultural water footprint and socioeconomic matching evaluation from perspective of ecological function zone. Agricultural Water Management, 249: 106803.

Mekonnen M M, Hoekstra A Y. 2012. A global assessment of the water footprint of farm animal products. Ecosystems, 15(3): 401-415.

Muchara B, Ortmann G, Mudhara M, et al. 2016. Irrigation water value for potato farmers in the Mooi River Irrigation Scheme of KwaZulu-Natal, South Africa: A residual value approach. Agricultural Water Management, 164(Part 2): 243-252.

York A P E, Xiao T, Green M L H. 2003. Brief overview of the partial oxidation of me thane to synthesis gas. Topics in Catalysis, 22: 345-358.

Zhao C, Chen B. 2014. Driving force analysis of the agricultural water footprint in china based on the LMDI method. Environmental Science & Technology, 48(21): 12723-12731.

Ziolkowska J R. 2015. Shadow price of water for irrigation—A case of the High Plains. Agricultural Water Management, 153: 20-31.